普通高等院校“十四五”计算机基础系列教材

# 计算机文化基础

主　编◎曾党泉　黄炜钦　郭一晶
副主编◎郭丽清　吴天宝　陈南南　陈晓凌　张思民

## 内 容 简 介

本书从培养学生的计算思维出发，融入了课程思政元素，兼顾了计算机软件和硬件的最新发展以及计算机技术的理论与实践，具有内容系统全面、通俗易懂、图文并茂、易教易学的特点，加强了教材的基础性、应用性和创新性，旨在提高大学生计算机应用能力，并为学习后续课程打下扎实的基础。

全书共分 8 章，包括计算机基础知识、Windows 10 操作系统管理、Word 2016 文字处理、Excel 2016 电子表格处理、PowerPoint 2016 演示文稿制作、计算机网络与 Internet 技术基础、计算机信息安全、多媒体技术等。

本书配有《计算机文化基础实训教程》、电子教案以及内容丰富的教学资源库，便于广大师生的教和学，适合作为普通高校计算机基础教育“计算机基础”课程的教材。

**图书在版编目（CIP）数据**

计算机文化基础/曾党泉，黄炜钦，郭一晶主编. —北京：中国铁道出版社有限公司，2022.8（2024.1 重印）
普通高等院校“十四五”计算机基础系列教材
ISBN 978-7-113-29383-3

Ⅰ.①计… Ⅱ.①曾…②黄…③郭… Ⅲ.①电子计算机-高等学校-教材 Ⅳ.①TP3

中国版本图书馆 CIP 数据核字（2022）第 114878 号

**书　　名：** 计算机文化基础
**作　　者：** 曾党泉　黄炜钦　郭一晶

---

**策　　划：** 贾　星　　　　**编辑部电话：**（010）63549501
**责任编辑：** 贾　星　包　宁
**封面设计：** 刘　颖
**责任校对：** 焦桂荣
**责任印制：** 樊启鹏

---

**出版发行：** 中国铁道出版社有限公司（100054，北京市西城区右安门西街 8 号）
**网　　址：** http://www.tdpress.com/51eds/
**印　　刷：** 三河市宏盛印务有限公司
**版　　次：** 2022 年 8 月第 1 版　2024 年 1 月第 5 次印刷
**开　　本：** 787 mm×1 092 mm 1/16　**印张：** 20.5　**字数：** 473 千
**书　　号：** ISBN 978-7-113-29383-3
**定　　价：** 56.00 元

---

# 前　言

当前，信息技术正以前所未有的速度发展。党的二十大明确指出："实施科教兴国战略，强化现代化建设人才支撑。"科学技术、经济、文化和军事的发展都需要各类人才具备良好的信息技术素质。计算思维对于人类社会生活无所不在的渗透，已使其成为人类思考的一种方式和习惯，是人类理解自然和社会的基本语言。计算机技术与信息技术的应用已渗透大学所有的专业和学科,对各专业学生的计算机应用能力提出了更高的要求。让大学生真正理解计算机及计算的本质，理解计算的方法和模型，具备计算思维能力，并能够运用计算思维解决各个领域的实际问题，是目前大学计算机课程的基本方向和目标。因此，大学生除了掌握计算机的操作使用外，还应了解计算思维、计算科学以及计算机和信息处理技术的基本概念、原理和方法，以便更好地在专业学习和研究中应用。

本书具有内容系统全面、通俗易懂、图文并茂、易教易学的特点，加强了教材的基础性、应用性和创新性，旨在提高大学生计算机应用能力，并为学习后续课程打下扎实的基础。

本书的主要特色如下：

1. 着重对计算机文化基础理论知识进行讲解和介绍。

2. 力求通过深入浅出的风格，讲授计算机和计算思维之间相互支撑和相互制约的关系。

3. 将"计算思维"的新理念贯穿始终，达到提升计算机应用能力的教学目的。

4. 将理论知识和实际应用相结合，让学生清楚地了解计算机擅长哪些方面、计算机能做什么，如何利用计算机解决实际问题。

本书系统地介绍了计算机基础知识、计算机系统基本结构和工作原理、计算机网络及其基本操作，包括 Windows 10 的基本操作，Word 2016、Excel 2016、PowerPoint 2016 的相关知识，介绍局域网的组成及互联网的常用操作技能。分模块从应用的角度讲解计算机基本操作与技能，并涵盖《全国计算机等级考试（一级）考试大纲》要求的知识点，是学习计算机基本操作技能的良师益友。

本书的编者都是多年从事大学计算机专业教学的一线教师，在各自从事的专业领域具有丰富的教学经验。各章节中很多编写素材也经历了多年一线教学实践的检验。本书由曾党泉、黄炜钦、郭一晶任主编，由郭丽清、吴天宝、陈南南、陈晓凌、张思民任副主编，具体编写分工如下：第1章由曾党泉编写，第2章由张思民编写，第3章由陈晓凌编写，第4章由郭丽清编写，第5章由黄炜钦编写，第6章由吴天宝编写，第7章由陈南南编写，第8章由郭一晶编写。全书由曾党泉统稿和定稿。

由于编者水平有限，时间仓促，书中难免存在疏漏和不足之处，恳请广大读者批评指正。

编　者

2023年7月

# 目　录

# 第1章

# 计算机基础知识 ‹‹‹

本章介绍计算机的产生和发展以及我国计算机的发展历史，特别是超级计算机的发展和CPU芯片的发展。我国超级计算机从最初的银河-Ⅰ到现在的神威·太湖之光，在全球超级计算机500强中，中国在2016年6月开始超越美国，占据榜首，神威·太湖之光超级计算机曾连续获得全球超级计算机500强四届冠军。西方的芯片禁运反而缩短了中国的研制周期，使我们研发出了完全自主的高性能处理器和完全自主可控的超级计算机，西方的芯片禁运对中国利大于弊，也让世界惊叹中国在超算领域的技术进步。龙芯是我国拥有自主知识产权的通用高性能微处理芯片，龙芯芯片的研发成功，是我国计算机发展史和民族科技产业化道路上的里程碑，标志着我国在自主研发CPU的道路上迈出了重要的一步，它打破了美国对我国的CPU技术封锁与市场垄断。此外，在5G通信及人工智能等高科技方面，我国也是走在世界前列。因此，作为新时代的大学生要增强对我国科技发展的自信心，树立科技强国理念，坚定“四个自信”，奋发图强，在相关领域做出自己的贡献。

自从第一台电子计算机诞生以来，计算机技术成为发展最快的技术之一，在短短70多年的时间里，已经发展了4代。时至今日，计算机发展的脚步从未减缓，仍然向新的方向快速前进。在当今的信息社会中，计算机已成为最基本的信息处理工具。因此，掌握计算机基础知识，是高效地获取信息和处理信息的基本要求。

本章首先简要介绍计算机的发展和应用，然后重点介绍微型计算机系统的基本组成、数制的概念、信息的二进制编码表示、计算机的硬件/软件常识以及计算机科学前沿技术。

## 1.1 计算机的发展

### 1.1.1 计算机发展简史

在人类的发展史上，计算工具的发展经历了从简单到复杂、从低级到高级的过程，如算盘、计算尺和机械计算机等，这些计算工具在不同的历史时期都发挥了各自的作用，同时也为现代电子计算机的产生和发展奠定了基础。

**1. 第一台电子计算机**

20世纪初，电子技术得到了迅猛发展。1904年，英国电气工程师弗莱明（John

Ambrose Fleming）研制出了真空二极管；1906 年，美国发明家、科学家福雷斯特（D. Forest）发明了真空晶体管，这些都为电子计算机的出现奠定了基础。1943 年，正值第二次世界大战时期，由于军事上的需要，美国军械部与宾夕法尼亚大学的莫尔学院签订合同，研制一台电子计算机，取名为 ENIAC（Electronic Numerical Integrator And Computer，电子数字积分计算机）。在莫希利（J. W. Mauchly）和埃克特（W. J. Eckert）的领导下，ENIAC 于 1945 年底研制成功。1946 年 2 月 15 日，人们为 ENIAC 举行了揭幕典礼，所以通常认为世界上第一台电子计算机诞生于 1946 年。ENIAC 重 30 t，占地 167 $m^2$，使用了 18 000 多个电子管、1 500 多个继电器、70 000 多个电阻、10 000 多个电容，功率为 150 kW。ENIAC 每秒可完成 5 000 次加减法运算，虽然其运算速度远不及现在的计算机，但它的诞生宣布了电子计算机时代的到来。

**2. 电子计算机的发展**

自 ENIAC 诞生以来，由于人们不断将最新的科学技术成果应用在计算机上，同时科学技术的发展也对计算机提出了更高的要求，再加上计算机公司之间的激烈竞争，计算机技术得到了突飞猛进的发展，计算机体积越来越小、功能越来越强、价格越来越低、应用越来越广。通常人们按电子计算机所采用的器件将其划分为四代。

1）第一代计算机（1945—1958 年）

这一时期计算机的元器件大都采用电子管，因此又称电子管计算机。这时计算机软件还处于初始发展阶段，人们使用机器语言与符号语言编写程序，应用领域主要是科学计算。第一代计算机不仅造价高、体积大、耗能多，而且故障率高。第一代计算机的代表性产品有 ENIAC（1946 年）、ISA（1946 年）、EDVAC（1951 年）、UNIVACl（1951 年）、IBM 701（1953 年）等。

2）第二代计算机（1959—1964 年）

这一时期计算机的元器件大都采用晶体管，因此又称晶体管计算机。其软件开始使用计算机高级语言，出现了较为复杂的管理程序，在数据处理和事务处理等领域得到应用。这一代计算机的体积大大减小，具有运算速度快、可靠性高、使用方便、价格便宜等优点。第二代计算机的代表性产品有 Univac LARC（1960 年）、IBM 7030（1962 年）、ATLAS（1962 年）等。

3）第三代计算机（1965—1970 年）

这一时期计算机的元器件大都采用中小规模集成电路，因此又称中小规模集成电路计算机。软件出现了操作系统和会话式语言，应用领域扩展到文字处理、企业管理、自动控制等。第三代计算机的体积和功耗都进一步减小，可靠性和速度也得到了进一步提高，产品实现系列化和标准化。第三代计算机的代表性产品有 IBM 360（1965 年）、CDC 7600（1969 年）、PDPⅡ（1970 年）等。

4）第四代计算机（1971 年至今）

这一时期计算机的元器件大都采用大规模集成电路或超大规模集成电路（VLSI），因此又称大规模或超大规模集成电路计算机。软件也越来越丰富，出现了数据库系统、可扩充语言、网络软件等。这一代计算机的各种性能都得到大幅度提高，并随着微型计算机网络的出现，其应用已经渗透国民经济的各个领域，在办公自动化、数据库管

理、图像识别、语音识别、专家系统及家庭娱乐等领域中大显身手。第四代计算机的代表性产品有CRAY Ⅰ（1976年）、VAX Ⅱ（1977年）、IBM 4300（1979年）、IBM PC（1981年）等。

### 3. 微型计算机的发展

在第四代计算机发展过程中，人们采用超大规模集成电路技术，将计算机的中央处理器（CPU）制作在一块集成电路芯片内，并将其称为微处理器。由微处理器、存储器和输入/输出接口等部件构成的计算机称为微型计算机。

1971年，英特尔（Intel）公司研制成功第一个微处理器Intel 4004，同年以这个微处理器构造了第一台微型计算机MSC4，此后这一系列的微处理器不断发展，不仅领导了微处理器发展的潮流，而且还领导了微型计算机发展的潮流。

自Intel 4004问世以来，微处理器发展极为迅速，大约每两三年就换代一次。依据微处理器的发展进程，微型计算机的发展大致可分为五代。

1）第一代微型计算机（1971—1973年）

第一代微型计算机采用的微处理器有Intel公司的4004、4040、8008等，其集成度达到每片2 000个晶体管。这些微处理器是4位、8位微处理器，功能简单。这一代微型计算机的代表性产品有Intel公司的MSC4和MSC8。

2）第二代微型计算机（1974—1977年）

第二代微型计算机采用的微处理器有Intel公司的8080、8085，Motorola公司的M6800和Zilog公司的Z80等，其集成度达到每片9 000个晶体管。这些微处理器都是8位微处理器，这一代微型计算机又称8位微型计算机。其代表性产品有RadioShack公司的TRS80和Apple公司的Apple Ⅱ。特别是Apple Ⅱ，被誉为微型计算机发展的第一个里程碑。

3）第三代微型计算机（1978—1983年）

第三代微型计算机采用的微处理器有Intel公司的8086、8088、80286，Motorola公司的M68000和Zilog公司的Z8000等，其集成度达到每片29 000个晶体管。这些微处理器都是16位微处理器，这一代微型计算机又称16位微型计算机。其代表性产品有DEC公司的LSI 11、DGC公司的NOVA和IBM公司的IBM PC。特别是IBM PC，其性能优良、功能强大，被誉为微型计算机发展的第二个里程碑。

4）第四代微型计算机（1984—2001年）

第四代微型计算机采用的微处理器有Intel公司的80386、80486、Pentium、Pentium Ⅱ、Pentium Ⅲ，Motorola公司的M68020和HP公司的HP32等，其集成度达到每片10万个晶体管以上，具有32位地址线和32位数据总线。这些微处理器都是32位微处理器，这一代微型计算机又称32位微型计算机。其代表性产品有Compaq公司的Compaq 486、Compaq 586，AST公司的AST 486、AST 586等。这些微型计算机的性能已经达到或超过小型计算机。

5）第五代微型计算机（2001年至今）

2001年Intel公司发布第一款64位的产品Itanium（安腾）微处理器。2003年4月，AMD公司推出了基于64位运算的Opteron（皓龙）微处理器。2003年9月，AMD

公司的 Athlon（速龙）微处理器问世，标志着 64 位计算时代的到来。经过多年的发展，CPU 的发展由原来的单核心、单线程朝多核心、多线程发展。目前主流的 CPU 系统有 Intel 酷睿 i5、i7 以及 i9 的 12 代系列，AMD Ryzen 5、Ryzen 7 以及 Ryzen 9 的 5000 系列。这些 CPU 至少都有六核，多的可达十六核，线程数也可达到十二线程至二十线程。

### 1.1.2 计算机的特点及分类

#### 1. 计算机的特点

1）运算速度快

计算机可以高速准确地完成各种算术运算。当今计算机系统的运算速度已达到每秒万亿次，微机也可达每秒亿次以上，使大量复杂的科学计算问题得以解决。例如，卫星轨道的计算、大型水坝的计算、24 小时天气的计算等需要几年甚至几十年，而现在，用计算机只需几分钟即可完成计算。

运算速度是指计算机每秒能执行多少条指令，常用单位是 MIPS，即每秒执行多少个百万条指令。例如，主频为 2 GHz 的 Pentium 4 微机的运算速度为每秒 40 亿次，即 4 000 MIPS。

2）计算精度高

科学技术的发展特别是尖端科学技术的发展，需要高度精确的计算。计算机控制的导弹之所以能准确地击中预定的目标，是与计算机的精确计算分不开的。一般计算机可以有十几位甚至几十位（二进制）有效数字，计算精度可由千分之几到百万分之几，是任何计算工具所望尘莫及的。例如，Pentium 4 微机内部数据位数为 32 位（二进制），可精确到 15 位有效数字（十进制）。圆周率 $\pi$ 的计算，有人曾利用计算机算到小数点后 200 万位。

3）记忆能力强

计算机的存储器（内存储器和外存储器）类似于人的大脑，能够记忆大量的信息。它能把数据、程序存入，进行数据处理和计算，并把结果保存起来。

4）存储容量大

计算机内部的存储器具有记忆特性，可以存储大量的信息，这些信息，不仅包括各类数据信息，还包括加工这些数据的程序。

5）逻辑判断能力强

计算机不仅能进行精确计算，还具有逻辑运算功能，能对信息进行比较和判断。计算机能把参加运算的数据、程序以及中间结果和最后结果保存起来，并能根据判断的结果自动执行下一条指令以供用户随时调用。

逻辑判断是计算机的一个基本能力，在程序执行过程中，计算机能够进行各种基本的逻辑判断，并根据判断结果决定下一步执行哪条指令。这种能力，保证了计算机信息处理的高度自动化。

6）自动化程度高

由于计算机具有存储记忆能力和逻辑判断能力，所以人们可以将预先编写好的程序

组纳入计算机内存，在程序控制下，计算机可以连续、自动地工作，不需要人的干预。

2. 计算机的分类

随着计算机的不断发展，各种计算机类型都得到了广泛应用。随着计算机技术的迅速发展，计算机的种类也非常多，可以按不同的方法对计算机进行分类，这些分类方法在不同时期会有所不同。

1）按计算机性能分类

这是常用的一种分类方法，按这种方法可将计算机分为巨型机、大型机、小型机、微型机、工作站和服务器。

（1）巨型机

巨型机又称超级计算机，是目前功能最强、速度最快，价格最昂贵的计算机，一般用于气象、航空、能源等尖端科学研究和战略武器研制中的复杂计算，巨型机主要用在国家的高级研究机关，如国防的尖端技术、空间技术、重大灾害预报等。

巨型机的开发研制是一个国家综合国力和国防实力的体现，世界上只有少数几个国家能生产这种机器，如美国克雷公司生产的 Cray-1、Cray-2 和 Cray-3，我国生产的银河–III、曙光 2000 型和神威千亿次机都属于巨型机。我国的神威·太湖之光和天河二号超级计算机在最新的（2021 年 11 月）全球 Top 500 强中分列第 4 位和第 7 位。其中神威·太湖之光超级计算机曾连续获得 Top 500 强四届冠军（分别是 2016 年 6 月，2016 年 11 月，2017 年 6 月以及 2017 年 11 月），该系统全部使用中国自主知识产权的处理器芯片，这也打破了美国对中国在 CPU 芯片方面的卡脖子问题。天河二号曾经 6 次蝉联冠军，采用麒麟操作系统，目前使用英特尔处理器，将来计划用国产处理器替换。在全球超级计算机 500 强中，中国在 2016 年 6 月开始超越美国，中国占有 167 个席位，美国占有 165 个席位；而近几年已远远领先，2019 年比美国多出 111 台上榜；2020 年，中国占有的席位上升至 226 个，美国仅有 109 个席位，领先 117 个；2021 年最新一期榜单中，中国上榜的有 173 台，占比为 34.6%，排名第二的是美国为 149 台，占比为 29.8%。我国在超算方面取得的巨大成就也从另外一个方面说明美国对我国的芯片封锁从长远来看是错误的，也是无效的，美国的芯片禁运反而缩短了中国的研制周期，使我们研发出了完全自主的高性能处理器和完全自主可控的超级计算机，西方的芯片禁运对中国利大于弊，也让世界惊叹中国在超算领域的技术进步。

（2）大型机

大型机也有较高的运算速度和较大的存储容量，规模较巨型机小，允许有几十个用户同时使用，如 IBM 4300 系列、IBM 9000 系列等都属于大型机。

大型机主要用于科学计算、银行业务、大型的企业等。

（3）小型机

小型机规模比大型机要小，但仍可以支持十几个用户同时使用，这类机器价格便宜，适合中小型单位使用，如 DEC 公司生产的 VAX 系统、IBM 公司生产的 AS/400 系列都是典型的小型机。

（4）微型机

微型机又称个人计算机（Personal Computer，PC），采用微处理器芯片、半导体存储器芯片和输入/输出芯片等主要元件组装，最大的特点是体积小、价格便宜、灵活性好，最适合家庭个人使用，因此更有利于普及和推广。微型机已广泛应用于办公自动化、信息检索、数据库管理、企业管理、图像识别、家庭教育和娱乐等。

通常的微型机包括台式机和笔记本计算机。除此之外，掌上计算机、PDA（个人数字助理）、平板计算机、智能手机等也属于微型机。

（5）工作站

工作站与功能较强的高档微机之间已经没有明显差别，通常它比微型机有较大的存储容量、较快的运算速度和较强的通信能力，同时还配备有大屏幕显示器。因此，工作站主要用于图像处理和计算机辅助设计等领域。

（6）服务器

服务器是一种可以被网络用户共享的高性能计算机，为了提供较高的运行速度，很多服务器都配置多个 CPU，同时具有大容量的存储设备和丰富的外部接口。

服务器用于存放各类网络资源并为网络用户提供不同的资源共享服务，常用的服务器有 Web 服务器、电子邮件服务器、域名服务器、用于文件传输的 FTP 服务器等。

2）按处理数据的形态分类

按处理数据的形态，可将计算机分为模拟计算机、数字计算机和混合计算机。

模拟计算机处理的数据是连续的，称为模拟量，模拟量可以用电信号的幅值表示数值或物理量的大小，如电流、温度等。

数字计算机处理的数据都是用“0”或“1”表示的二进制数字，用二进制数字表示在时间上和幅度上都离散的量，它的基本运算部件是数字逻辑电路，运算结果也是以数字形式保存，然后通过输出设备将其转换为相应的模拟信号形式进行输出。

模拟计算机的优点是运算速度快；缺点是精度差，通用性差。数字计算机的优点是精度高、存储量大、通用性强。混合计算机则是集模拟和数字计算机的优点于一身。

普遍使用的计算机全称是微型电子数字计算机。

3）按使用范围分类

按使用范围可将计算机分为通用计算机和专用计算机。通用计算机适用于科学计算、工程设计和数据处理等，通常所说的计算机是指通用计算机。

专用计算机是为处理某种特殊应用需要而设计的计算机，其运行程序不变，速度快、效率高、精度高。

### 1.1.3 计算机的发展趋势

#### 1. 巨型化

巨型化是指发展高速度、大存储容量和强功能的超级巨型计算机。这既是诸如天文、气象、原子、核反应等尖端科学技术的需要，也是为了让计算机具有人脑学习、推理的复杂功能。现在的超级巨型计算机，其运算速度每秒有的超过百亿次，有的已达到万亿次。巨型机的研制水平，可以衡量整个国家的科技能力。我国在 1985 年成功制造了运算速度为每秒 10 亿次的“银河-Ⅱ”。1997 年 6 月 2 日研制出了运算速度为每秒 130 亿次的“银河-Ⅲ”。

2. 微型化

由于超大规模集成电路技术的发展，计算机的体积越来越小，功耗越来越低，性能越来越强。微型计算机已广泛应用到社会的各个领域。除了台式微型计算机外，还出现了笔记本型、掌上型微型计算机。随着微电子技术和超大规模集成电路的发展，计算机的体积趋向微型化。从 20 世纪 80 年代开始，微机得到了普及，随后又出现了笔记本计算机、掌上计算机、手表计算机等，并且微处理器已应用到仪表、家电等电子化产品中。

3. 网络化

现代信息社会的发展趋势就是实现资源共享，即利用计算机和通信技术，将各个地区的计算机互连起来，形成一个规模巨大，功能强大的计算机网络，使信息能得到快速、高效的传递。

计算机网络就是将分布在不同地点的计算机，由通信线路连接而组成一个规模大、功能强的网络系统，可灵活方便地收集、传递信息，共享相互的硬件、软件、数据等计算机资源。

4. 智能化

智能化是指发展具有人类智能的计算机。智能计算机是能够模拟人的感觉、行为和思维的计算机。智能计算机又称新一代计算机，目前许多国家都在投入大量资金和人员研究这种更高性能的计算机。

### 1.1.4 未来的计算机

尽管计算机的发展日新月异，但就其原理来讲仍是基于冯·诺依曼体系结构，元器件都是采用大规模或超大规模集成电路，未来的计算机将打破传统的冯·诺依曼体系结构或采用新型元器件，从而设计和制造出性能远优于传统计算机的新型计算机。

1. 分子计算机

分子计算机体积小、耗电少、运算速度快、存储量大。分子计算机的运行是吸收分子晶体上以电荷形式存在的信息，并以更有效的方式进行组织排列。分子芯片体积大大减小，而效率大大提高，分子计算机完成一项运算，所需的时间仅为 10 ps（皮秒），比人的思维速度快 100 万倍。分子计算机具有惊人的存储容量，1 $m^3$ 的 DNA 溶液可存储 1 万亿亿的二进制数据。分子计算机消耗的能量非常小，只有电子计算机的十亿分之一。

2. 量子计算机

量子计算机是利用原子所具有的量子特性进行信息处理的一种全新概念的计算机。量子理论认为，非相互作用下，原子在任一时刻都处于两种状态，称为量子超态。原子会旋转，即同时沿上、下两个方向自旋，这正好与电子计算机“0”与“1”完全吻合。如果把一群原子聚在一起，它们不会像电子计算机那样进行线性运算，而是同时进行所有可能的运算，例如量子计算机处理数据时不是分步进行而是同时完成。只要 40 个原子一起计算，就相当于今天一台超级计算机的性能。量子计算机以处于量子状态的原子作为中央处理器和内存，其运算速度可能比奔腾 4 芯片快 10 亿倍，就像一枚信息火箭，在一瞬间搜寻整个互联网。

### 3．光子计算机

1990年初，美国贝尔实验室制成世界上第一台光子计算机。

光子计算机是一种由光信号进行数字运算、逻辑操作、信息存储和处理的新型计算机。光子计算机的基本组成部件是集成光路，要有激光器、透镜和核镜。由于光子比电子速度快，光子计算机的运行速度可高达每秒一万亿次。它的存储量是现代计算机的几万倍，还可以对语言、图形和手势进行识别与合成。

许多国家都投入巨资进行光子计算机的研究。随着现代光学与计算机技术、微电子技术相结合，在不久的将来，光子计算机将成为人类普遍的工具。

### 4．纳米计算机

纳米计算机是用纳米技术研发的新型高性能计算机。纳米管元件尺寸在几到几十纳米之间，质地坚固，有着极强的导电性，能代替硅芯片制造计算机。"纳米"（nm）是一个计量单位，1 nm=$10^{-9}$ m，大约是氢原子直径的10倍。纳米技术是从20世纪80年代初迅速发展起来的新的前沿科研领域，最终目标是人类按照自己的意志直接操纵单个原子，制造出具有特定功能的产品。纳米技术正从微电子机械系统起步，把传感器、电动机和各种处理器都放在一个硅芯片上而构成一个系统。应用纳米技术研制的计算机内存芯片，其体积只有数百个原子大小，相当于人的头发丝直径的千分之一。纳米计算机几乎不需要耗费任何能源，而且其性能要比今天的计算机强大许多倍。

### 5．生物计算机

20世纪80年代以来，生物工程学家对人脑、神经元和感受器的研究倾注了很大精力，以期研制出可以模拟人脑思维、低耗、高效的第六代计算机——生物计算机。用蛋白质制造的计算机芯片，存储量可以达到普通计算机的10亿倍。生物计算机元件的密度比大脑神经元的密度高100万倍，传递信息的速度也比人脑思维的速度快100万倍。其特点是可以实现分布式联想记忆，并能在一定程度上模拟人和动物的学习功能。它是一种有知识、会学习、能推理的计算机，具有能理解自然语言、声音、文字和图像的能力，并且具有说话的能力，使人机能够用自然语言直接对话，它可以利用已有的和不断学习到的知识，进行思维、联想、推理，并得出结论，能解决复杂问题，具有汇集、记忆、检索有关知识的能力。

## 1.2　计算机的应用领域

计算机的应用领域已渗透各行各业，改变了人们的工作、学习和生活方式，推动着社会的发展。计算机的主要应用领域有：

### 1．科学计算

科学计算是计算机最早的应用领域。与人工计算相比，计算机不仅速度快，而且精度高，特别是对于大量的重复计算，计算机不会感到疲劳和厌烦。

### 2．自动控制

自动控制用计算机控制机床，加工速度比普通机床快10倍以上。现代军用飞机

控制，可用计算机在很短的时间内计算出敌机的各种飞行技术参数，进而采取相应的攻击方案。

3. 电子商务

电子商务（Electronic Commerce）是利用计算机技术、网络技术和远程通信技术，实现整个商务（买卖）过程中的电子化、数字化和网络化。人们不再是面对面地看着实实在在的货物靠纸介质单据（包括现金）进行买卖交易，而是通过网络，通过网上琳琅满目的商品信息、完善的物流配送系统和方便安全的资金结算系统进行交易（买卖）。

4. 信息管理

信息管理是以数据库管理系统为基础，辅助管理者提高决策水平，改善运营策略的计算机技术。信息处理具体包括数据的采集、存储、加工、分类、排序、检索和发布等一系列工作。信息处理已成为当代计算机的主要任务，是现代化管理的基础。据统计，80%以上的计算机主要应用于信息管理，成为计算机应用的主导方向。信息管理已广泛应用于办公自动化、企事业计算机辅助管理与决策、情报检索、图书馆、电影电视动画设计、会计电算化等各行各业。

计算机的应用已渗透社会的各个领域，正在日益改变着人们的工作、学习和生活方式。科学计算是计算机最早的应用领域，是指利用计算机完成科学研究和工程技术中提出的数值计算问题。在现代科学技术工作中，科学计算的任务是大量的和复杂的。利用计算机的运算速度高、存储容量大和连续运算的能力，可以解决人工无法完成的各种科学计算问题。例如，工程设计、地震预测、气象预报、火箭发射等都需要由计算机承担庞大而复杂的计算量。

5. 过程控制

过程控制是利用计算机实时采集数据、分析数据，按最优值迅速地对控制对象进行自动调节或自动控制。采用计算机进行过程控制，不仅可以大大提高控制的自动化水平，而且可以提高控制的时效性和准确性，从而改善劳动条件、提高产量及合格率。因此，计算机过程控制已在机械、冶金、石油、化工、电力等部门得到广泛应用。

6. 辅助技术

计算机辅助技术包括CAD、CAM和CAI等。

1）计算机辅助设计

计算机辅助设计（Computer Aided Design，CAD）是利用计算机系统辅助设计人员进行工程或产品设计，以实现最佳设计效果的一种技术。CAD技术已应用于飞机设计、船舶设计、建筑设计、机械设计、大规模集成电路设计等。采用计算机辅助设计，可缩短设计时间，提高工作效率，节省人力、物力和财力，更重要的是提高了设计质量。

2）计算机辅助制造

计算机辅助制造（Computer Aided Manufacturing，CAM）是利用计算机系统进行产品的加工控制过程，输入的信息是零件的工艺路线和工程内容，输出的信息是刀具的运动轨迹。将CAD和CAM技术集成，可以实现设计产品生产的自动化，这种技术称为计算机集成制造系统。有些国家已把CAD和计算机辅助制造、计算机辅助测试

（Computer Aided Test，CAT）及计算机辅助工程（Computer Aided Engineering，CAE）组成一个集成系统，使设计、制造、测试和管理有机地组成一体，形成高度的自动化系统，因此产生了自动化生产线和“无人工厂”。

3）计算机辅助教学

计算机辅助教学（Computer Aided Instruction，CAI）是利用计算机系统进行课堂教学。教学课件可以用 PowerPoint 或 Flash 等制作。CAI 不仅能减轻教师的负担，且教学内容生动、形象，能够动态演示实验原理或操作过程，激发学生的学习兴趣，提高教学质量，为培养现代化高质量人才提供了有效的方法。

**7．翻译**

1947 年，美国数学家、工程师沃伦·韦弗与英国物理学家、工程师安德鲁·布思提出了以计算机进行翻译（简称“机译”）的设想，机译从此步入历史舞台，并走过了一条曲折而漫长的发展道路。机译被列为 21 世纪世界十大科技难题，与此同时，机译技术也拥有巨大的应用需求。

机译消除了不同文字和语言间的隔阂，堪称高科技造福人类之举。但机译的译文质量长期以来一直是个问题，离理想目标仍相差甚远。中国数学家、语言学家周海中教授认为，在人类尚未明了大脑是如何进行语言的模糊识别和逻辑判断的情况下，机译要想达到“信、达、雅”的程度是不可能的。这一观点恐怕道出了制约译文质量的瓶颈所在。

**8．多媒体应用**

随着电子技术特别是通信和计算机技术的发展，人们已经有能力把文本、音频、视频、动画、图形和图像等各种媒体综合起来，构成一种全新的概念——多媒体（Multimedia）。在医疗、教育、商业、银行、保险、行政管理、军事、工业、广播、交流和出版等领域中，多媒体的应用发展很快。

**9．计算机网络**

计算机网络是由一些独立的和具备信息交换能力的计算机互连构成的，以实现资源共享的系统。计算机在网络方面的应用使人类之间的交流跨越了时间和空间障碍。计算机网络已成为人类建立信息社会的物质基础，它给人们的工作带来了极大的方便和快捷，如在全国范围内银行信用卡的使用、火车和飞机票系统的使用等。可以在全球最大的互联网——Internet 上进行浏览、检索信息、收发电子邮件、阅读书报、玩网络游戏、选购商品、参与众多问题的讨论、实现远程医疗服务等。

## 1.3 信息与数制系统

### 1.3.1 信息与数据

“信息”一词在英文、法文、德文、西班牙文中均是 information，我国古代用的是“消息”。但作为科学术语，最早出现在哈特莱（R.V.Hartley）于 1928 年撰写的《信息传输》一文中。20 世纪 40 年代，信息的奠基人香农（C.E.Shannon）给出了信息的明确定义，此后许多研究者从各自的研究领域出发，给出了不同的定义。具有代

表意义的表述如下：

信息奠基人香农（Shannon）认为“信息是用来消除随机不确定性的东西”，这一定义被人们看作经典性定义并加以引用。

控制论创始人维纳（Norbert Wiener）认为“信息是人们在适应外部世界，并使这种适应反作用于外部世界的过程中，同外部世界进行互相交换的内容和名称”，它也被作为经典性定义加以引用。

数据又称数值，也就是人们通过观察、实验或计算得出的结果。数据有很多种，最简单的是数字。数据也可以是文字、图像、声音等。数据可用于科学研究、设计、查证等。

### 1.3.2 计算机进制转换与数值表示法

数制又称计数制，数制是用一组固定的符号和一套统一规则表示数值的方法。进位计数制是指按指定进位方式计数的数制。表示数值大小的数码与它在数中所处的位置有关，简称进位制。在计算机发展中，人们通常采用的数制有二进制、十进制、八进制和十六进制。

计算机虽然能极快地进行运算，但其内部并不像人类在实际生活中使用的十进制，而是使用只包含 0 和 1 两个数值的二进制。当然，人们输入计算机的十进制被转换成二进制进行计算，计算后的结果又由二进制转换成十进制，这都由操作系统自动完成，并不需要人们手工去做。学习汇编语言，就必须了解二进制、八进制和十六进制。

#### 1. 二进制编码的概念

编码就是选用少量的基本符号，采用一定的组合原则，以表示大量复杂多样的信息。基本符号的种类和这些符号的组合规则是一切信息编码的两大要素。例如，用 10 个阿拉伯数码表示数字，用 26 个英文字母表示英文词汇等，都是编码的典型例子。在计算机中，广泛采用的是只用“0”和“1”两个基本符号组成的基二码，又称二进制码。

在计算机中能直接表示和使用的数据有数值数据和字符数据两大类。数值数据用于表示数量的多少，可带有表示数值正负的符号位。日常所使用的十进制数要转换成等值的二进制数才能在计算机中存储和操作。非数值数据又称字符数据，包括英文字母、汉字、数字、运算符号以及其他专用符号。它们在计算机中也要转换成二进制编码的形式。

#### 2. 计算机中的进位计数制

了解计算机中的进位计数制，先要了解一些基本概念。

1）数码

数码是数制中表示基本数值大小的不同数字符号。例如，十进制有 10 个数码：0、1、2、3、4、5、6、7、8、9。

2）基数

基数是数制所使用数码的个数。例如，二进制的基数为 2，十进制的基数为 10。

3）位权

位权是数制中某一位上的 1 所表示数值的大小（所处位置的价值）。例如，十进制的 123，1 的位权是 100，2 的位权是 10，3 的位权是 1。二进制中的 1011，第一个 1 的位权是 8，0 的位权是 4，第二个 1 的位权是 2，第三个 1 的位权是 1。

4）数制

数制是计数的规则。在人们使用最多的进位计数制中，表示数的符号在不同位置上时所代表数的值是不同的。

5）十进制（Decimal Notation）

十进制是人们日常生活中最熟悉的进位计数制。十进制的特点如下：

（1）有 10 个数码：0、1、2、3、4、5、6、7、8、9。

（2）运算规则：逢十进一，借一当十。

（3）进位基数是 10。

设任意一个具有 $n$ 位整数、$m$ 位小数的十进制数 $D$，可表示为

$$D = D_{n-1} \times 10^{n-1} + D_{n-2} \times 10^{n-2} + \cdots + D_1 \times 10^1 + D_0 \times 10^0 + D_{-1} \times 10^{-1} + \cdots + D_{-m} \times 10^{-m}$$

上式称为“按权展开式”。

**【例 1.1】**将十进制数 $(153.75)_{10}$ 按权展开。

解：$(153.75)_{10}=1 \times 10^2+5 \times 10^1+3 \times 10^0+7 \times 10^{-1}+5 \times 10^{-2}$

6）二进制（Binary Notation）

二进制是在计算机系统中采用的进位计数制。二进制的特点如下：

（1）有 2 个数码：0、1。

（2）运算规则：逢二进一，借一当二。

（3）进位基数是 2。

设任意一个具有 $n$ 位整数、$m$ 位小数的二进制数 $B$，可表示为

$$B = B_{n-1} \times 2^{n-1} + B_{n-2} \times 2^{n-2} + \cdots + B_1 \times 2^1 + B_0 \times 2^0 + B_{-1} \times 2^{-1} + \cdots + B_{-m} \times 2^{-m}$$

权是以 2 为底的幂。

**【例 1.2】**将$(10011010.11)_2$按权展开。

解：$(10011010.11)_2=1\times2^7+0\times2^6+0\times2^5+1\times2^4+1\times2^3+0\times2^2+1\times2^1+0\times2^0+1\times2^{-1}+1\times2^{-2}$

二进制不符合人们的使用习惯，在日常生活中不经常使用，计算机内部的数是用二进制表示的，其主要原因如下：

（1）电路简单。二进制数只有 0 和 1 两个数码，计算机是由逻辑电路组成的，因此可以很容易地使用电气元件的导通和截止表示这两个数码。

（2）可靠性强。用电气元件的两种状态表示两个数码，数码在传输和运算中不易出错。

（3）简化运算。二进制的运算法则很简单。例如，求和法则只有 3 个，求积法则也只有 3 个，而如果使用十进制则要烦琐得多。

（4）逻辑性强。计算机在数值运算的基础上还能进行逻辑运算，逻辑代数是逻辑运算的理论依据。二进制的两个数码，正好代表逻辑代数中的“真”（True）和“假”（False）。

7）八进制（Octal Notation）

八进制的特点如下：

（1）有 8 个数码：0、1、2、3、4、5、6、7。

（2）运算规则：逢八进一，借一当八。

（3）进位基数是 8。

设任意一个具有 $n$ 位整数、$m$ 位小数的八进制数 $Q$，可表示为

$$Q = Q_{n-1} \times 8^{n-1} + Q_{n-2} \times 8^{n-2} + \cdots + Q_1 \times 8^1 + Q_0 \times 8^0 + Q_{-1} \times 8^{-1} + \cdots + Q_{-m} \times 8^{-m}$$

**【例 1.3】** 将$(654.23)_8$按权展开。

解：$(654.23)_8 = 6 \times 8^2 + 5 \times 8^1 + 4 \times 8^0 + 2 \times 8^{-1} + 3 \times 8^{-2}$

8）十六进制（Hexadecimal Notation）

十六进制是人们在计算机指令代码和数据的书写中经常使用的数制。十六进制的特点如下：

（1）有 16 个数码：0、1、2、3、4、5、6、7、8、9、A、B、C、D、E、F（或 a、b、c、d、e、f）。16 个数码中的 A、B、C、D、E、F 这 6 个数码，分别代表十进制数中的 10、11、12、13、14、15。

（2）运算规则：逢十六进一，借一当十六。

（3）进位基数是 16。

设任意一个具有 $n$ 位整数、$m$ 位小数的十六进制数 $H$，可表示为：

$$H = H_{n-1} \times 16^{n-1} + H_{n-2} \times 16^{n-2} + \cdots + H_1 \times 16^1 + H_0 \times 16^0 + H_{-1} \times 16^{-1} + \cdots + H_{-m} \times 16^{-m}$$

权是以 16 为底的幂。

**【例 1.4】** $(3A6E.5)_{16}$按权展开。

解：$(3A6E.5)_{16} = 3 \times 16^3 + 10 \times 16^2 + 6 \times 16^1 + 14 \times 16^0 + 5 \times 16^{-1}$

各种进制数值对照表见表 1-1。

**表 1-1 各种进制数值对照表**

| 十进制 | 二进制 | 八进制 | 十六进制 |
| --- | --- | --- | --- |
| 0 | 0 | 0 | 0 |
| 1 | 1 | 1 | 1 |
| 2 | 10 | 2 | 2 |
| 3 | 11 | 3 | 3 |
| 4 | 100 | 4 | 4 |
| 5 | 101 | 5 | 5 |
| 6 | 110 | 6 | 6 |
| 7 | 111 | 7 | 7 |
| 8 | 1000 | 10 | 8 |
| 9 | 1001 | 11 | 9 |
| 10 | 1010 | 12 | A |
| 11 | 1011 | 13 | B |
| 12 | 1100 | 14 | C |

续表

| 十 进 制 | 二 进 制 | 八 进 制 | 十 六 进 制 |
|---|---|---|---|
| 13 | 1101 | 15 | D |
| 14 | 1110 | 16 | E |
| 15 | 1111 | 17 | F |
| 16 | 10000 | 20 | 10 |
| 17 | 10001 | 21 | 11 |
| 18 | 10010 | 22 | 12 |

9）数制符号

在程序设计中，为了区分不同进制数，通常在数字后用一个英文字母做后缀以示区别。

（1）十进制数（Decimal）。数字后加 D 或不加，如 10D 或 10。

（2）二进制（Binary）。数字后加 B，如 10010B。

（3）八进制（Octal）。数字后加 O，如 123O。

（4）十六进制（Hexadecimal）。数字后加 H，如 2A5EH。

### 1.3.3 计算机中的数据单位

在计算机内部，数据都是以二进制的形式存储和运算的。计算机数据的表示经常用到以下几个概念：

1）位

二进制数据中的一个位（bit）简写为 b，音译为比特，是计算机存储数据的最小单位。一个二进制位只能表示 0 或 1 两种状态，要表示更多的信息，就要把多个位组合成一个整体，一般以 8 位二进制组成一个基本单位。

2）字节

字节是计算机数据处理的最基本单位，并主要以字节为单位解释信息。字节（Byte）简记为 B，规定一个字节为 8 位，即 1 B=8 bit。每个字节由 8 个二进制位组成。一般情况下，1 个 ASCII 码占用 1 字节，1 个汉字国际码占用 2 字节。

3）字

一个字通常由一个或若干个字节组成。字（Word）是计算机进行数据处理时，一次存取、加工和传送的数据长度。由于字长是计算机一次所能处理信息的实际位数，所以，它决定了计算机数据处理的速度，是衡量计算机性能的一个重要指标，字长越长，性能越好。

4）数据的换算关系

1 B=8 bit

1 KB=1 024 B

1 MB=1 024 KB

1 GB=1 024 MB

1 TB=1 024 GB

计算机型号不同，其字长不同，常用的字长有8、16、32和64位。一般情况下，IBM PC/XT的字长为8位，80286微机字长为16位，80386/80486微机字长为32位，Pentium系列微机字长为64位。

如何表示正负和大小，在计算机中采用什么计数制，是学习计算机的一个重要问题。数据是计算机处理的对象，在计算机内部，各种信息都必须通过数字化编码后才能进行存储和处理。

由于技术原因，计算机内部一律采用二进制，而人们在编程中经常使用十进制，有时为了方便还采用八进制和十六进制。理解不同计数制及其相互转换是非常重要的。

### 1.3.4 二进制运算法则

二进制数的运算规则与十进制数一样，同样可以进行加、减、乘、除四则运算。其算法规则如下：

1．二进制加法运算法则

0 + 0 = 0

0 + 1 = 1

1 + 0 = 1

1 + 1 = 0（逢2向高位进1）

【例1.5】求$(1101)_2+(1011)_2$的和。

解：

$$\begin{array}{r} 1101 \\ +1011 \\ \hline 11000 \end{array}$$

得：$(1101)_2+(1011)_2=(11000)_2$

【例1.6】求$(10011.01)_2+(100011.11)_2$的和。

解：

$$\begin{array}{r} 10011.01 \\ +100011.11 \\ \hline 110111.00 \end{array}$$

得：$(10011.01)_2+(100011.11)_2=(110111.00)_2$

2．二进制减法运算法则

0−0 = 0

1−0 = 1

1−1 = 0

0−1 = 1　（向高位借1当2）

【例1.7】求$(10110.01)_2-(1100.10)_2$的差。

解：

$$\begin{array}{r} 10110.01 \\ -\quad 1100.10 \\ \hline 1001.11 \end{array}$$

得：$(10110.01)_2-(1100.10)_2=(1001.11)_2$

### 3．二进制乘法运算法则

$0 \times 0 = 0$

$1 \times 0 = 0$

$0 \times 1 = 0$

$1 \times 1 = 1$

任何数乘以“0”时为“0”；或只有同时为“1”时结果才为“1”。

【例 1.8】求$(1101.01)_2 \times (110.11)_2$的积。

解：

```
         1 1 0 1 . 0 1
     ×     1 1 0 . 1 1
     ------------------
           1 1 0 1 0 1
         1 1 0 1 0 1
       0 0 0 0 0 0
     1 1 0 1 0 1
   1 1 0 1 0 1
   --------------------
   1 0 1 1 0 0 1 . 0 1 1 1
```

得：$(1101.01)_2 \times (110.11)_2 = (1011001.0111)_2$

### 4．二进制除法运算法则

$0 \div 0 = 0$

$1 \div 0 =$ 无意义

$0 \div 1 = 0$

$1 \div 1 = 1$

【例 1.9】求$(11011)_2 \div (11)_2$的商。

解：

```
           1 0 0 1
      11/1 1 0 1 1
        ----------
         1 1
           0 0
           0 0
        ----------
             0 1
             0 0
        ----------
               1 1
               1 1
        ----------
                 0
```

得：$(11011)_2 \div (11)_2 = (1001)_2$

## 1.3.5 进制转换

### 1．二进制与十进制之间的转换

二进制转换成十进制只需按权展开后相加即可。

【例 1.10】$(10010.11)_2 = 1\times2^4 + 0\times2^3 + 0\times2^2 + 1\times2^1 + 0\times2^0 + 1\times2^{-1} + 1\times2^{-2}$
$= (18.75)_{10}$

十进制转换成二进制时，整数部分的转换与小数部分的转换是不同的。

1）整数部分

除 2 取余，逆序排列。将十进制数反复除以 2，直到商是 0 为止，并将每次相除之后所得的余数按次序记下来，第一次相除所得余数是 $K_0$，最后一次相除所得的余数是 $K_{n-1}$，则 $K_{n-1}\ K_{n-2}\cdots K_2\ K_1\ K_0$ 即为转换所得的二进制数。

【例 1.11】将十进制数 $(123)_{10}$ 转换成二进制数。

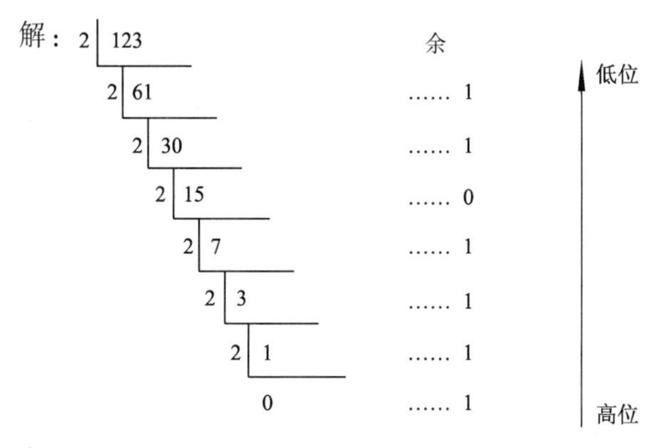


得：$(123)_{10} = (1111011)_2$

2）小数部分

乘 2 取整，顺序排列。将十进制数的纯小数反复乘以 2，直到乘积的小数部分为 0 或小数点后的位数达到精度要求为止。第一次乘以 2 所得的结果是 $K_{-1}$，最后一次乘以 2 所得的结果是 $K_{-m}$，则所得二进制数为 $0.K_{-1}\ K_{-2}\cdots K_{-m}$。

【例 1.12】将十进制数 $(0.2541)_{10}$ 转换成二进制。

解：

$0.2541\times2 = 0.5082\ \cdots\cdots 0 = (K_{-1})$

$0.5082\times2 = 1.0164\ \cdots\cdots 1 = (K_{-2})$

$0.0164\times2 = 0.0328\ \cdots\cdots 0 = (K_{-3})$

$0.0328\times2 = 0.0656\ \cdots\cdots 0 = (K_{-4})$

取整数部分，得：$(0.2541)_{10} = (0.0100)_2$

【例 1.13】将十进制数 $(123.2541)_{10}$ 转换成二进制数。

解：对于这种既有整数又有小数的十进制数，可以将其整数部分和小数部分分别转换为二进制，然后再组合起来，就是所求的二进制数。

$(123)_{10} = (1111011)_2$

$(0.2541)_{10} = (0.0100)_2$

$(123.2541)_{10} = (1111011.0100)_2$

同理，十进制数转换成八进制、十六进制数值时遵循类似的规则，即整数部分除基取余、反向排列，小数部分乘基取整，顺序排列。

**2. 二进制与八进制、十六进制之间的转换**

同样数值的二进制数比十进制数占用更多的位数，书写长，容易混淆，为了方便识读，人们采用八进制和十六进制表示数。由于 $2^3=8$、$2^4=16$，八进制与二进制的关系是 1 位八进制数对应 3 位二进制数，十六进制与二进制的关系是 1 位十六进制数对应 4 位二进制数。

将二进制转换成八进制时，以小数点为中心向左和向右两边分组，每 3 位一组进行分组，两头不足补零。

**【例 1.14】** 将二进制 $(1101101110.110101)_2$ 转换为八进制。

$(001\ 101\ 101\ 110.110\ 101)_2=(1556.65)_8$

将二进制转换成十六进制时，以小数点为中心向左和向右两边分组，每 4 位一组进行分组，两头不足补零。

**【例 1.15】** 将二进制 $(1101101110.110101)_2$ 转换成十六进制。

$(0011\ 0110\ 1110.1101\ 0100)_2=(36E.D4)_{16}$

## 1.3.6 计算机数值表示法

**1. 机器数**

1）机器数的范围

机器数的范围由硬件（CPU 中的寄存器）决定。当使用 8 位寄存器时，字长为 8 位，所以一个无符号整数的最大值是 $(11111111)_2=(255)_{10}$，机器数的范围为 0～255。

当使用 16 位寄存器时，字长为 16 位，所以一个无符号整数的最大值是 $(FFFF)_{16}=(65535)_{10}$，机器数的范围为 0～65 535。

2）机器数的符号

在计算机内部，任何数据都只能用二进制的两个数码“0”和“1”表示。除了用“0”和“1”的组合表示数值的绝对值大小外，其正负号也必须以“0”和“1”的形式表示。通常规定最高位为符号位，并用“0”表示正，用“1”表示负。这时在一个 8 位字长的计算机中，数据的格式如图 1-1 所示。最高位 $D_7$ 为符号位，$D_6$～$D_0$ 为数值位。把符号数字化，常用的有原码、反码、补码 3 种。

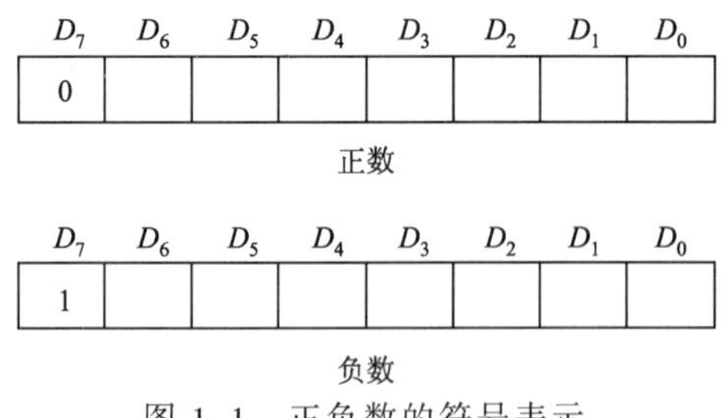


图 1-1 正负数的符号表示

**2. 定点数和浮点数**

1）定点数

对于定点整数，小数点的位置约定在最低位的右边，用来表示整数，如图 1-2 所示；对于定点小数，小数点的位置约定在符号位之后，用来表示小于 1 的纯小数，如

图 1-3 所示。

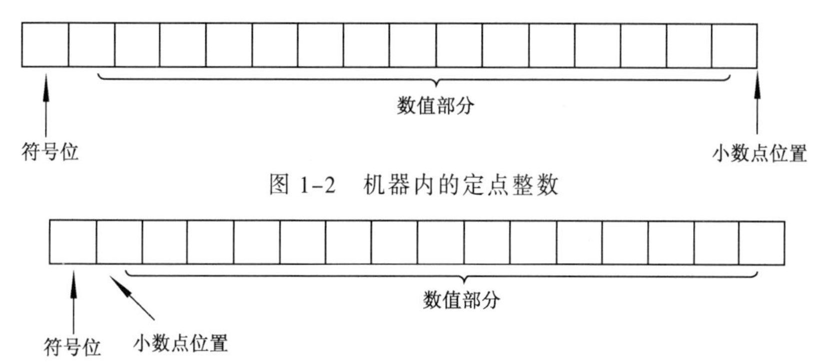


图 1-2 机器内的定点整数

图 1-3 机器内的定点小数

2）浮点数

一个二进制数 $N$ 也可以表示为 $N = \pm S \times 2^{\pm P}$。式中的 $N$、$P$、$S$ 均为二进制数。$S$ 称为 $N$ 的尾数，即全部有效数字（数值小于 1），$S$ 前面的 ± 号是尾数的符号；$P$ 称为 $N$ 的阶码（通常是整数），即指明小数点的实际位置，$P$ 前面的 ± 号是阶码的符号。

在计算机中一般浮点数的存放形式如图 1-4 所示。

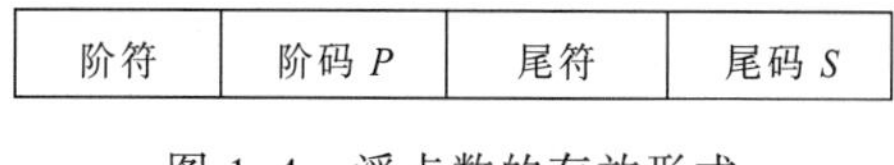


图 1-4 浮点数的存放形式

在浮点数表示中，尾数的符号和阶码的符号各占一位。阶码是定点整数，阶码的位数决定了所表示数的范围；尾数是定点小数，尾数的位数决定了数的精度。在不同字长的计算机中，浮点数所占的字长不同。

**3．原码、反码和补码**

在计算机内，定点数有 3 种表示法：原码、反码和补码。反码是数值存储的一种，但是由于补码更能有效地表现数字在计算机中的形式，所以多数计算机都不采用反码表示数。

1）原码

原码是在数值前直接加一位符号位的表示法。

例如：符号位　数值位

$[+7]_{原}$=　0　0000111 B

$[-7]_{原}$=　1　0000111 B

**注意：**

（1）数 0 的原码有两种形式：

$[+0]_{原}$=00000000B

$[-0]_{原}$=10000000B

（2）8 位二进制原码的表示范围为-127～+127。

2）反码

正数：正数的反码与原码相同。

例如：

$[+7]_{原}$= 0 0000111 B

$[+7]_{反}$= 0 0000111 B

负数：负数的反码，符号位为“1”，数值部分按位取反。

例如：符号位　　数值位

$[+7]_{反}$=　　0　　　0000111 B

$[-7]_{反}$=　　1　　　1111000 B

**注意：**

（1）数 0 的反码也有两种形式：

$[+0]_{反}$=00000000B

$[-0]_{反}$=11111111B

（2）8 位二进制反码的表示范围为-127～+127。

3）补码

（1）模的概念。把一个计量单位称为模或模数，例如，时钟是以十二进制进行计数循环的，即以 12 为模。在时钟上，时针加上（正拨）12 的整数位或减去（反拨）12 的整数位，时针的位置不变。14 点在舍去模 12 后，成为（下午）2 点（14 模 12=14−12=2）。从 0 点出发逆时针拨 10 格即减去 10 小时，也可看成从 0 点出发顺时针拨 2 格（加上 2 小时），即 2 点（0−10=−10，−10+12=2）。因此，在模 12 的前提下，−10 可映射为+2。由此可见，对于一个模数为 12 的循环系统来说，加 2 和减 10 的效果是一样的；因此，在以 12 为模的系统中，凡是减 10 的运算都可以用加 2 代替，这就把减法问题转化成加法问题（注：计算机的硬件结构中只有加法器，所以大部分运算都必须最终转换为加法）。10 和 2 对模 12 而言互为补数。

同理，计算机的运算部件与寄存器都有一定字长的限制（假设字长为 8），因此它的运算也是一种模运算。当计数器计满 8 位也就是 256 个数后会产生溢出，又从头开始计数。产生溢出的量就是计数器的模，显然，8 位二进制数，它的模数为 $2^8 = 256$。在计算中，两个互补的数称为“补码”。

（2）补码的表示。

正数：正数的补码和原码相同。

负数：负数的补码则是符号位为“1”。并且，这个“1”既是符号位，也是数值位。数值部分按位取反后再在末位（最低位）加 1。也就是“反码+1”。

例如：符号位　　数值位

$[+7]_{补}$=　　0　　　0000111 B

$[-7]_{补}$=　　1　　　1111001 B

补码在微型机中是一种重要的编码形式，须注意：

① 采用补码后，可以方便地将减法运算转化成加法运算，运算过程得到简化。正数的补码即它所表示数的真值，而负数的补码的数值部分却不是它所表示数的真值。采用补码进行运算，所得结果仍为补码。

② 与原码、反码不同，数值 0 的补码只有一个，即 $[0]_{补}$=00000000B。

③ 若字长为 8 位，则补码所表示的范围为−128～+127；进行补码运算时，应注意所得结果不应超过补码所能表示数的范围。

4）转换

由于正数的原码、补码、反码表示方法均相同，不需要转换。在此，仅对负数情况进行分析。

（1）已知原码，求补码。

**【例 1.16】**已知某数 $X$ 的原码为 10110100B，试求 $X$ 的补码和反码。

解：由$[X]_{原}$=10110100B 可知，$X$ 为负数。求其反码时，符号位不变，数值部分按位求反；求其补码时，再在其反码的末位加 1。

1 0 1 1 0 1 0 0 原码

1 1 0 0 1 0 1 1 反码，符号位不变，数值位取反

补码=反码+1

1 1 0 0 1 1 0 0 补码

故：$[X]_{补}$=11001100B，$[X]_{反}$=11001011B。

（2）已知补码，求原码。

分析：按照求负数补码的逆过程，数值部分应是最低位减 1，然后取反。但是对二进制数来说，先减 1 后取反和先取反后加 1 得到的结果是一样的，故仍可采用取反加 1 的方法。

**【例 1.17】**已知某数 $X$ 的补码为 11101110B，试求其原码。

解：由$[X]_{补}$=11101110B 可知，$X$ 为负数。

采用逆推法

1 1 1 0 1 1 1 0 补码

1 1 1 0 1 1 0 1 反码（末位减 1）

1 0 0 1 0 0 1 0 原码（符号位不变，数值位取反）

### 1.3.7 计算机中的字符编码

如果用放大镜看一下，可以看出屏幕上的文字是由一个个像素点组成的，每个字符用一组像素点拼接出来，这些像素点组成一幅图像，变成了文字。

计算机是如何将文字保存起来的？是用一个个点组成的图像将文字保存起来的吗？当然不是。例如，英文是拼音文字，实际上所有的英文字符和符号加起来也不超过 100 个，但在文字中存在大量的重复符号，这就意味着保存每个字符的图像会有大量的重复，比如 e 就是出现最多的符号。所以在计算机中，实际上不会保存字符的图像。

#### 1．字符编码的定义

由于文字中存在大量重复字符，而计算机天生就是用来处理数字的，为了减少需要保存的信息量，可以使用一个数字编码表示一个字符，通过对每个字符规定唯一的数字代号。然后，对应每个代号建立其相对应的图形，这样，在每个文件中，只需要保存每个字符的编码，这就相当于保存了文字，在需要显示时，先取得保存起来的编码；然后通过编码表，查到字符对应的图形；再将这个图形显示出来，这样就可以看到文字。

这些用来规定每一个字符所使用的代码的表格称为编码表。编码是对日常使用字符的一种数字编号。

**2. 第一个编码表**

最初，美国人制定了第一张编码表《美国标准信息交换码》，简称 ASCII 码，它共规定了 128 个符号所对应的数字代号，使用了 7 位二进制位表示这些数字。其中包含了英文的大小写字母、数字、标点符号等常用的字符，数字代号从 0～127，ASCII 码的表示内容如下：

0～31：　控制符号
32：　空格
33～47：　常用符号
48～57：　数字
58～64：　符号
65～90：　大写字母
91～96：　符号
97～127：　小写字母

注意，32 表示空格，虽然在纸上写字时，只要手移动一下就可以留出一个空格，但是，在计算机上，空格与普通的字符一样也需要用一个编码来表示。33～127 共 95 个编码用来表示符号、数字和英文的大小写字母。比如数字 1 对应的数字代号为 49，大写字母 A 对应的代号为 65，小写字母 a 对应的代号为 97。所以代码“hello，world”保存在文件中时，实际上是保存了一组数字 104 101 108 108 111 44 32 119 111 114 108 100。在程序中比较英文字符串的大小时，实际上也是比较字符对应的 ASCII 编码的大小。由于 ASCII 码出现最早，因此各种编码实际上都受到了它的影响，并尽量与其相兼容。

**3. 扩展**

美国人顺利解决了字符的问题，可是欧洲的各个国家还没有解决，如法语中就有许多英语中没有的字符，因此 ASCII 码不能帮助欧洲人解决编码问题。为了解决这个问题，人们借鉴 ASCII 码的设计思想，创造了许多使用 8 位二进制数来表示字符的扩充字符集，这样就可以使用 256 种数字代号表示更多的字符。在这些字符集中，0～127 的代码与 ASCII 码保持兼容，128～255 用于其他的字符和符号。由于有很多种语言，它们有着各自不同的字符，于是人们为不同的语言制定了大量不同的编码表，在这些编码表中，128～255 表示各自不同的字符，其中国际标准化组织的 ISO 8859 标准得到了广泛使用。

在 ISO 8859 的编码表中，编号 0～127 与 ASCII 码保持兼容，编号 128～159 共 32 个编码保留给扩充定义的 32 个扩充控制码，160 为空格，161～255 的 95 个数字用于新增加的字符代码。编码的布局与 ASCII 码的设计思想如出一辙，由于在一张编码表中只能增加 95 种字符的代码，所以 ISO 8859 实际上不是一张编码表，而是一系列标准，包括 14 个字符码表。例如，西欧的常用字符就包含在 ISO 88591 字符表中，在 ISO 88597 中则包含了 ASCII 和现代希腊语字符。

ISO 8859 标准解决了大量的字符编码问题，但也带来了新的问题，比如说，没有办法在一篇文章中同时使用 ISO 88591 和 ISO 88597，也就是说，在同一篇文章中不能同时出现希腊文和法文，因为它们的编码范围是重合的。例如，在 ISO 88591 中 217 号编码表示字符 ù，而在 ISO 88597 中则表示希腊字符 Ω，这样，一篇使用 ISO 88591 保存的文件，在使用 ISO 88597 编码的计算机上打开时，将看到错误的内容。为了同时处理一种以上的文字，出现了一些同时包含原来不属于同一张编码表的字符的新编码表。

4. 汉字字符编码

无论如何，欧洲的拼音文字都还可以用一个字节来保存，一个字节由 8 个二进制位组成，用来表示无符号的整数，范围正好是 0～255。但是，更严重的问题出现在亚洲，中国、朝鲜、日本等国家和地区的文字包含大量的符号。例如，我国的文字不是拼音文字，汉字的个数有数万之多，远远超过 256 个字符，因此 ISO 8859 标准实际上不能处理中文字符。

通过借鉴 ISO 8859 的编码思想，中国的专家灵巧地解决了中文的编码问题。既然一个字节的 256 种字符不能表示中文，那么就使用 2 字节来表示一个中文，在每个字符的 256 种可能中，为了与 ASCII 码保持兼容，不使用低于 128 的编码。借鉴 ISO 8859 的设计方案，只使用从 160 以后的 96 个数字，2 字节分成高位和低位，高位的取值范围为 176～247 共 72 个，低位的取值范围为 161～254 共 94，这样 2 字节就有 72 × 94 = 6 768 种可能，也就是可以表示 6 768 种汉字，这个标准就是 GB 2312—1980。

1）汉字编码分类

汉字在不同的处理阶段有不同的编码。

（1）汉字的输入：输入码。

（2）汉字的机内表示：机内码。

（3）汉字的输出：字形码。

各种编码之间的关系如图 1-5 所示。

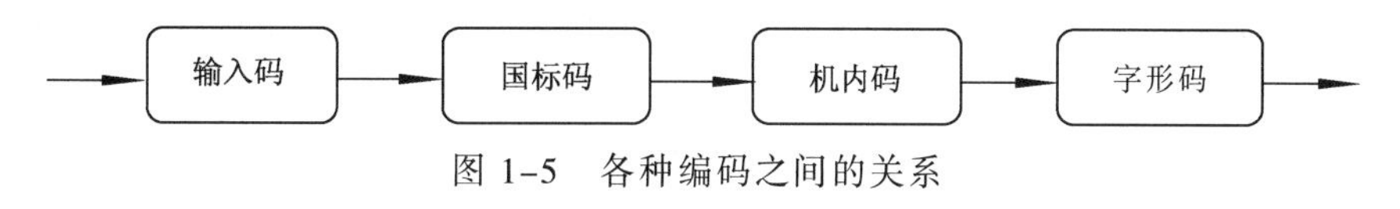


图 1-5 各种编码之间的关系

2）汉字的机内表示——机内码

计算机在信息处理时表示汉字的编码称为机内码。现在我国都用国标码（GB 2312）作为机内码，GB 2312—1980 规定如下：

（1）一个汉字由 2 字节组成，为了与 ASCII 码区别，最高位均为“1”。

（2）汉字 6 763 个：一级汉字 3 755 个，按汉字拼音字母顺序排列；二级汉字 3 008 个，按汉字部首笔画排列。

（3）汉字分区：94 行（区），94 列（位）（区位码）。

3）汉字的输入——汉字输入码

（1）数字码（或流水码），如电报码、区位码、纵横码。

优点：无重码，不仅能对汉字编码，还能对各种字母、数字符号进行编码。

缺点：是人为规定的编码，属于无理码，只能供专业人员使用。

（2）字音码，如全拼、双拼、微软拼音。

优点：简单易学。

缺点：汉字同音字多，所以重码很多，输入汉字时要选字。

（3）字形码，如五笔字型、表形码、大众码、四角码。

优点：不考虑字的读音，见字识码，一般重码率较低，经强化训练后可实现盲打。

缺点：拆字法没有统一的国家标准，拆字难，编码规则烦琐，记忆量大。

（4）音形码，如声形、自然码。

优点：利用音码和形码可有效减少重码。

缺点：既要考虑字音，又要考虑字形，比较麻烦。

4）汉字的输出——字形码

（1）点阵字形：按照显示和打印输出格式的需要，通常将汉字在计算机中的点阵字形分为 16×16、24×24、48×48 等几种。

（2）轮廓字形：用一组直线和曲线勾画出字的笔画轮廓形成的轮廓字形。

5）区位码、国标码与机内码的转换关系

（1）区位码先转换成十六进制数表示。

（2）国标码 =(区位码的十六进制表示) + 2020H。

（3）机内码 = 国标码+ 8080H 或机内码 =(区位码的十六进制表示) +A0A0H。

**【例 1.18】**以汉字“大”为例，“大”字的区位码为 2083。

解：

① 区号为 20，位号为 83。

② 将区位号 2083 转换为十六进制表示为 1453H。

③ 1453H+ 2020H =3473H，得到国标码 3473H。

④ 3473H+ 8080H =B4F3H，得到机内码为 B4F3H。

6 763 个汉字显然不能表示全部的汉字，但是这个标准是在 1980 年制定的，那时计算机的处理能力、存储能力都还很有限，所以在制定这个标准时，实际上只包含了常用汉字，这些汉字是通过对日常生活中的报纸、电视、电影等使用的汉字进行统计得出的，大概占常用汉字的 99%。因此，时常会碰到一些名字中的特殊汉字无法输入到计算机中的问题，就是由于这些生僻的汉字不在 GB 2312 的常用汉字中的缘故。

由于 GB 2312 规定的字符编码实际上与 ISO 8859 是冲突的，所以，当在中文环境下看一些西文的文章、使用一些西文的软件时，时常在屏幕上出现一些古怪的汉字，这实际上就是因为西文中使用了与汉字编码冲突的字符被系统生硬地翻译成中文造成的。

不过，GB 2312 统一了中文字符编码的使用，现在所使用的各种电子产品实际上都是基于 GB 2312 来处理中文的。

GB 2312—1980 仅收录 6 763 个汉字，大大少于现实中的汉字，随着时间的推移及汉字文化的不断延伸推广，有些原来很少用的字，现在变成了常用字，例如，“镕”字未收入 GB 2312—1980，只得使用（金+容）、（金容）、（左金右容）等来表示，形式不同，这使得表示、存储、输入、处理都非常不方便，而且这种表示没有统一标准。

6）GBK码

全国信息技术化技术委员会于 1995 年 12 月 1 日制定了《汉字内码扩展规范》（GBK）。GBK 向下与 GB 2312 完全兼容，向上支持 ISO 10646 国际标准，在前者向后者过渡过程中起到承上启下的作用。GBK 亦采用双字节表示，总体编码范围为 8140～FEFE，高字节在 81～FE，低字节在 40～FE，不包括 7F。在 GBK 1.0 中共收录了 21 886 个符号，汉字有 21 003 个，包括：

（1）GB 2312 中的全部汉字、非汉字符号。

（2）BIG5 中的全部汉字。

（3）与 ISO 10646 相应的国家标准 GB 13000 中的其他 CJK 汉字，以上合计 20 902 个汉字。

（4）其他汉字、部首、符号，共计 984 个。

微软公司自 Windows 95 简体中文版开始支持 GBK 代码。

GBK 编码区分为 3 部分。

① 汉字区。

GBK/2：0xBOA1～F7FE，收录 GB 2312 汉字 6 763 个，按原序排列。

GBK/3：0x8140～AOFE，收录 CJK 汉字 6 080 个。

GBK/4：0xAA40～FEAO，收录 CJK 汉字和增补的汉字 8 160 个。

② 图形符号区。

GBK/1：0xA1A1～A9FE，除 GB 2312 的符号外，还增补了其他符号。

GBK/5：0xA840～A9AO，扩充非汉字区。

③ 用户自定义区。即 GBK 区域中的空白区，用户可以自定义字符。

7）GB 18030

GB 18030 是最新的汉字编码字符集国家标准，向下兼容 GBK 和 GB 2312 标准。GB 18030 编码是一二四字节变长编码。一字节部分从 0x0～0x7F，与 ASCII 编码兼容。二字节部分，首字节范围为 0x81～0xFE，尾字节范围为 0x40～0x7E 以及 0x80～0xFE，与 GBK 标准基本兼容。四字节部分，第一字节范围为 0x81～0xFE，第二字节范围为 0x30～0x39，第三和第四字节的范围和前两个字节分别相同。

5. Unicode

20 世纪 80 年代后期互联网出现，一夜之间，地球村上的人们可以直接访问远在天边的服务器，电子文件在全世界传播。在数字化的今天，文件中的数字到底代表什么字？实际上问题的根源在于我们有太多的编码表。如果整个地球村都使用一张统一的编码表，那么每个编码就会有一个确定的含义，就不会有乱码的问题出现。

实际上，在 20 世纪 80 年代就有一个称为 Unicode 的组织，这个组织制定了一个能够覆盖几乎任何语言的编码表，在 Unicode 3.0.1 中就包含了 49 194 个字符，将来 Unicode 中还会增加更多的字符。

Unicode（Universal Multiple-Octet Coded Character Set）简称 UCS。由于要表示的字符太多，所以 Unicode 1.0 编码一开始就使用连续的两个字节，也就是一个 Word 来表示编码，比如“汉”的 UCS 编码为 6C49。这样在 Unicode 的编码中就可以表示 256 × 256 = 65 536 种符号。

直接使用一个 Word 相当于 2 字节来保存编码可能是最为自然的 Unicode 编码方式，这种方式称为 UCS2，又称 ISO 10646，在这种编码中，每个字符使用 2 字节来表示。例如，“中”使用 11598 来编码，而大写字母 A 仍然使用 65 表示，但它占用了两个字节，高位用 0 进行补齐。

每个 Word 表示一个字符，但是对于不同的计算机，实际上对 Word 有两种不同的处理方式，高字节在前，或者低字节在前。为了在 UCS2 编码的文档中能够区分到底是高字节在前，还是低字节在前，使用一组不可能在 UCS2 中出现的组合进行区分。通常情况下，低字节在前，高字节在后，通过在文档的开头增加 FFFE 进行表示；高字节在前，低字节在后，称为大头在前，即 Big Endian，使用 FFFE 进行表示。这样，程序可以通过文档的前两个字节，立即判断出该文档是否是高字节在前。

UCS2 虽然理论上可以统一编码，但仍然面临现实的困难。

首先，UCS2 不能与现有的所有编码兼容，现有的文档和软件必须针对 Unicode 进行转换才能使用。即使是英文也面临着单字节到双字节的转换问题。

其次，许多国家和地区已经以法律的形式规定了其所使用的编码，更换为一种新的编码不现实。一般我国规定 GB 2312 是软件、硬件编码的基础。

第三，现在还有大量使用中的软件和硬件是基于单字节的编码实现的，UCS2 双字节表示的字符不能可靠地在其上工作。

为了尽可能与现有软件和硬件相适应，美国又制定了一系列用于传输和保存 Unicode 的编码标准 UTF，这些编码称为 UCS 传输格式码，也就是将 UCS 的编码通过一定的转换达到使用的目的。常见的有 UTF7、UTF8、UTF16 等。其中 UTF8 编码得到了广泛应用，UTF8（UCS Transformation Format 8，UCS 编码的 8 位传输格式）使用单字节的方式对 UCS 进行编码，使 Unicode 编码能够在单字节的设备上正常处理。

## 1.4 计算机系统的组成与工作原理

### 1.4.1 计算机系统的组成

早期的计算机主要用于数值计算，现代计算机已经渗透科学技术的各个领域和社会生活的各个方面。不但能计算，而且还有很高的记忆、分析、判断能力。不但能处理各种文字信息和语音信息，还能协助人们处理和解决学习、工作和生活中的种种琐事。

计算机系统包括硬件系统和软件系统，硬件系统是看得见、摸得着的实体部分；软件系统是为了更好地利用计算机而编写的程序及文档。

#### 1. 计算机系统的基本组成

微型计算机（简称微型机）系统的基本组成如图 1-6 所示。

#### 2. 计算机硬件

计算机硬件按照冯·诺依曼计算机组成结构可归纳为五大功能模块，分别是控制器、运算器、存储器、输入设备和输出设备，如图 1-7 所示。

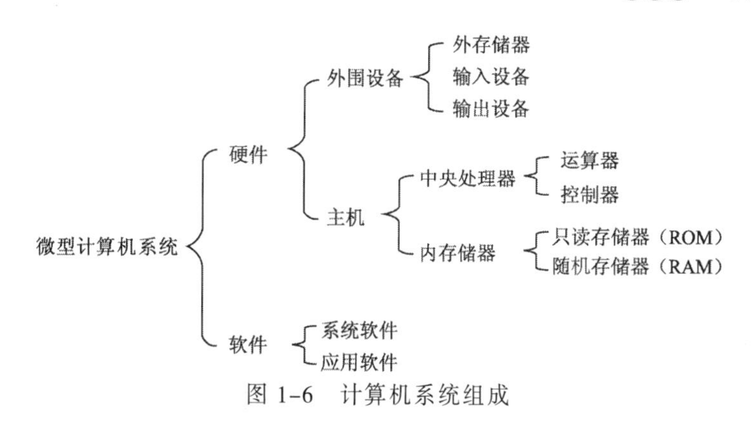


图 1-6　计算机系统组成

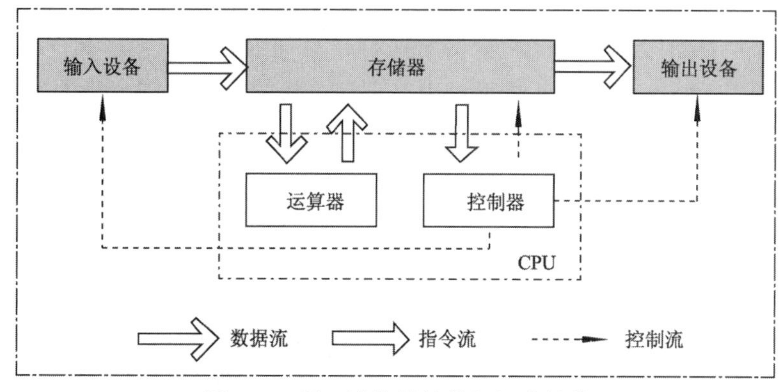


图 1-7　冯·诺依曼计算机组成结构

硬件系统的核心是中央处理器（Central Processing Unit，CPU），它主要由控制器、运算器等组成，是采用大规模集成电路工艺制成的芯片，又称微处理器芯片。

1）运算器

运算器又称算术逻辑单元（Arithmetic Logic Unit，ALU），是计算机对数据进行加工处理的部件，包括算术运算（如加、减、乘、除等）和逻辑运算（如与、或、非、异或、比较等）。

2）控制器

控制器负责从存储器中取出指令，并对指令进行译码；根据指令的要求，按时间的先后顺序，负责向其他部件发出控制信号，保证各部件协调一致地工作，一步一步地完成各种操作。控制器主要由指令寄存器、译码器、程序计数器、操作控制器等组成。

3）存储器

存储器是计算机记忆或暂存数据的部件。计算机中的全部信息，包括原始的输入数据，经过初步加工的中间数据以及最后处理完成的有用信息都存放在存储器中。而且，指挥计算机运行的各种程序，即规定对输入数据如何进行加工处理的一系列指令也都存放在存储器中。存储器分为内存储器（内存）和外存储器（外存）两种。

4）输入设备

输入设备是给计算机输入信息的设备，是重要的人机接口，负责将输入的信息（包括数据和指令）转换成计算机能识别的二进制代码，送入存储器保存。

5）输出设备

输出设备是输出计算机处理结果的设备。在大多数情况下，它将这些结果转换成便于人们识别的形式。

**3. 软件是组成计算机系统的重要部分**

计算机软件是计算机程序和对该程序的功能、结构、设计思想以及使用方法等的整套文字资料说明（即文档）。

微型计算机系统的软件分为两大类，即系统软件和应用软件。

**4. 硬件和软件的关系**

（1）硬件与软件是相辅相成的，硬件是计算机的物质基础，没有硬件就无所谓计算机。

（2）软件是计算机的灵魂，没有软件，计算机的存在就毫无价值。

（3）硬件系统的发展给软件系统提供了良好的开发环境，而软件系统的发展又给硬件系统提出了新的要求。

### 1.4.2 计算机工作原理

计算机基本工作原理即“存储程序”原理，它是由美籍匈牙利数学家冯·诺依曼于 1946 年提出的。他将计算机工作原理描述为：将编好的程序和原始数据，输入并存储在计算机的内存储器中（即“存储程序”），计算机按照程序逐条取出指令加以分析，并执行指令规定的操作（即“程序控制”）。这一原理称为“存储程序”原理，是现代计算机的基本工作原理，如图 1-8 所示。

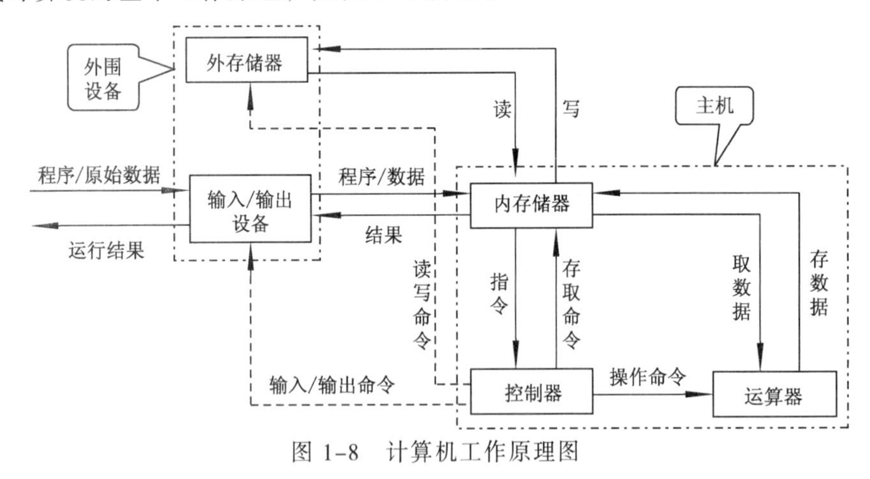


图 1-8 计算机工作原理图

## 1.5 微型计算机的硬件系统

计算机硬件的主要组成可归纳为以下两大部分：主机（CPU 和内存储器）和外部辅助设备（输入设备、外存储器和输出设备）。微型机的硬件设备主要包括以下几部分：

**1. 主板**

主板又称主机板、系统板或母板。它安装在机箱内，是计算机最基本的也是最重要的部件之一，如图 1-9 所示。

图 1-9　计算机主板

主板一般为矩形电路板，上面安装了组成计算机的主要电路系统，一般有 BIOS 芯片、I/O 控制芯片、键盘和面板控制开关接口、指示灯插接件、扩充插槽、主板及插卡的直流电源供电接插件等元件。主板接口如图 1-10 所示。

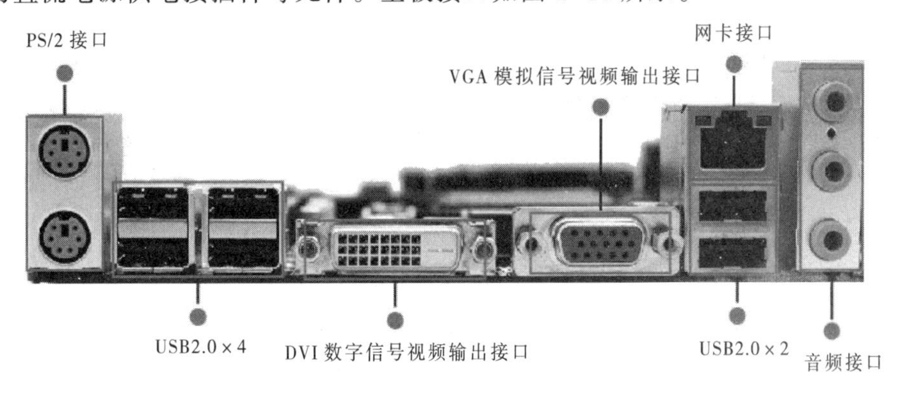


图 1-10　主板接口

1）主板的特点

主板采用了开放式结构。主板上大都有 6～8 个扩展插槽，供 PC 外围设备的控制卡（适配器）插接。通过更换这些插卡，可以对计算机的相应子系统进行局部升级，使厂家和用户在配置机型方面有更大的灵活性。总之，主板在整个计算机系统中扮演着举足轻重的角色。可以说，主板的类型和档次决定整个计算机系统的类型和档次，主板的性能影响整个计算机系统的性能。

2）主板的工作原理

在电路板下面，是错落有致的电路布线；在上面，则为棱角分明的各个部件：插槽、芯片、电阻、电容等。当主机加电时，电流会在瞬间通过 CPU、南北桥芯片、内存插槽、AGP 插槽、PCI 插槽、IDE 接口以及主板边缘的串口、并口、PS/2 接口等。随后，主板会根据 BIOS（基本输入/输出系统）来识别硬件，并进入操作系统发挥出支撑系统平台工作的功能。

3）主板的构成

（1）芯片部分。

BIOS 芯片：是一块方块状的存储器，里面存有与该主板搭配的基本输入/输出系统程序。能够让主板识别各种硬件，还可以设置引导系统的设备，调整 CPU 外频等。BIOS 芯片是可以写入的，这方便用户更新 BIOS 的版本，以获取更好的性能及对计算机最新硬件的支持；不利的一面是会让主板遭受诸如 CIH 病毒的袭击。

南北桥芯片：横跨 AGP 插槽左右两边的两块芯片就是南北桥芯片。南桥多位于 PCI 插槽的上面；而 CPU 插槽旁边，被散热片盖住的就是北桥芯片。芯片组以北桥芯片为核心，一般情况，主板的命名都是以北桥的核心名称命名的。北桥芯片主要负责处理 CPU、内存、显卡三者间的“交通”，由于发热量较大，因而需要散热片散热；南桥芯片则负责硬盘等存储设备和 PCI 之间的数据流通。南桥和北桥合称芯片组。芯片组在很大程度上决定了主板的功能和性能。

RAID 控制芯片：相当于一块 RAID 卡的作用，可支持多个硬盘组成各种 RAID 模式。目前主板上集成的 RAID 控制芯片主要有两种：HPT372 RAID 控制芯片和 Promise RAID 控制芯片。

（2）扩展槽部分。

内存插槽：内存插槽一般位于 CPU 插座下方。

AGP 插槽：颜色多为深棕色，位于北桥芯片和 PCI 插槽之间。AGP 插槽有 1×、2×、4×和 8×之分。AGP 4×的插槽中间没有间隔，AGP 2×的插槽中间则有间隔。在 PCI Express 出现之前，AGP 显卡较为流行，其传输速率最高可达到 2 133 MB/s(AGP 8×)。

PCI Express 插槽：随着 3D 性能要求的不断提高，AGP 已越来越不能满足视频处理带宽的要求，目前主流主板上显卡接口多转向 PCI Express。PCI Express 插槽有 1×、2×、4×、8×和 16×之分。

CNR 插槽：多为淡棕色，长度只有 PCI 插槽的一半，可以接 CNR 的软 Modem 或网卡。

（3）对外接口部分。

硬盘接口：硬盘接口可分为 IDE 接口和 SATA 接口。在型号较旧的主板上，多集成 2 个 IDE 口，通常 IDE 接口都位于 PCI 插槽下方，从空间上则垂直于内存插槽（也有横着的）。而新型主板上，IDE 接口大多缩减，甚至没有，代之以 SATA 接口。

软驱接口：连接软驱所用，多位于 IDE 接口旁，比 IDE 接口略短一些，因为它是 34 针的，所以数据线也略窄一些。目前软驱已被淘汰，所以当前的主板上已经没有了软驱接口。

COM 接口（串口）：目前大多数主板都提供了两个 COM 接口，分别为 COM1 和 COM2，作用是连接串行鼠标和外置 Modem 等设备。

PS/2 接口：PS/2 接口的功能比较单一，仅能用于连接键盘和鼠标。一般情况下，鼠标的接口为绿色、键盘的接口为紫色。PS/2 接口的传输速率比 COM 接口稍快一些，但这么多年使用之后，虽然现在绝大多数主板依然配备该接口，但支持该接口的鼠标和键盘越来越少，大部分外设厂商也不再推出基于该接口的外设产品，更多的是推出 USB 接口的外设产品，不过值得一提的是，由于该接口使用非常广泛，因此很多使用者即使在使用 USB 也仍然通过 PS/2 转 USB 转接器插到 PS/2 上使用，现在该接口已基本被 USB 接口所取代。

USB 接口：USB 接口是现在最为流行的接口，最大可以支持 127 个外设，并且可以独立供电，其应用非常广泛。USB 接口可以从主板上获得 500 mA 的电流，支持热拔插，真正做到了即插即用。一个 USB 接口可同时支持高速和低速 USB 外设的访问，由一条四芯电缆连接，其中两条是正负电源，另外两条是数据传输线。高速外设的传输速率为 12 Mbit/s，低速外设的传输速率为 1.5 Mbit/s。此外，USB 2.0 标准最高传输速率可达 480 Mbit/s，USB 3.0 的最大传输带宽高达 5.0 Gbit/s（500 MB/s）。

LPT 接口（并口）：一般用来连接打印机或扫描仪。现在使用 LPT 接口的打印机与扫描仪已经很少，多为使用 USB 接口的打印机与扫描仪。

MIDI 接口：声卡的 MIDI 接口和游戏杆接口是共用的。接口中的两个针脚用来传送 MIDI 信号，可连接各种 MIDI 设备，如电子键盘等，现在市面上已很难找到基于该接口的产品。

SATA 接口：SATA（Serial Advanced Technology Attachment，一种基于行业标准的串行硬件驱动器接口）规范，SATA 1.0 将硬盘的外部传输速率理论值提高到了 150 MB/s，SATA 2.0 的数据传输率达到 300 MB/s，最新的 SATA 3.0 实现了 600 MB/s 的数据传输率。

M.2 接口：M.2 接口是 Intel 推出的一种替代 mSATA 新的接口规范。M.2 接口有两种类型：Socket 2（B key——ngff）和 Socket 3（M key——nvme），其中 Socket2 支持 SATA、PCI-E ×2 接口，而如果采用 PCI-E 2× 接口标准，理论最高速度可达 2 000 MB/s。而其中的 Socket 3 可支持 PCI-E 4× 接口，理论带宽可达 4 000 MB/s。

### 2. 中央处理器

中央处理器（CPU）是计算机硬件系统的核心，是计算机的心脏，在微型计算机中又称微处理器。中央处理器包括运算器和控制器两部分。运算器的功能是对数据进行各种算术运算和逻辑运算，即对数据进行加工处理。控制器是整个计算机的中枢神经，其功能是对程序规定的控制信息进行解释，根据其要求进行控制，调度程序、数据、地址，协调计算机各部分工作及内存与外设的访问等。

中央处理器是一块超大规模的集成电路，是一台计算机的运算核心和控制核心。它的功能主要是解释计算机指令以及处理计算机软件中的数据。CPU 品质的高低直接决定了计算机系统的档次。

1）基本结构

CPU从存储器或高速缓冲存储器中取出指令，放入指令寄存器，并对指令译码。它把指令分解成一系列微操作，然后发出各种控制命令，执行微操作系列，从而完成一条指令的执行。

指令是计算机规定执行操作的类型和操作数的基本命令。指令是由一个字节或者多个字节组成，其中包括操作码字段、一个或多个有关操作数地址的字段以及一些表征机器状态的状态字和特征码。有的指令中也直接包含操作数本身。

中央处理器的工作速度与工作主频和体系结构都有关系。中央处理器的速度一般都在几MIPS（每秒执行100万条指令）以上，有的已经达到几百MIPS。

速度最快的中央处理器的电路已采用砷化镓工艺。在提高速度方面，流水线结构是几乎所有现代中央处理器设计中都已采用的重要措施。中央处理器工作频率的提高已逐渐受到物理上的限制，而内部执行性（指利用中央处理器内部的硬件资源）的进一步改进是提高中央处理器工作速度而维持软件兼容的一个重要方向。

2）性能指标

（1）主频。主频又称时钟频率，单位是MHz或GHz，用来表示CPU的运算、处理数据的速度。

CPU的主频等于外频×倍频系数。主频和实际的运算速度存在一定的关系，但并不是一个简单的线性关系。所以，CPU的主频与CPU实际的运算能力没有直接关系，主频表示在CPU内数字脉冲信号震荡的速度。在Intel的处理器产品中，也可以看到这样的例子：1 GHz Itanium芯片能够表现得差不多与2.66 GHz至强（Xeon）/Opteron一样快，或是1.5 GHz Itanium 2大约与4 GHz Xeon/Opteron一样快。CPU的运算速度还要看CPU的流水线、总线等各方面的性能指标。

主频仅仅是CPU性能表现的一个方面，不代表CPU的整体性能。

（2）外频。外频是CPU的基准频率，单位是MHz。CPU的外频决定整块主板的运行速度。在台式机中，所说的超频都是超CPU的外频。

（3）CPU的位和字长。

位：在数字电路和计算机技术中采用二进制，代码只有“0”和“1”，其中无论是“0”或是“1”，在CPU中都是一“位”。

字长：计算机技术中对CPU在单位时间内（同一时间）能一次处理的二进制数的位数称为字长。所以能处理字长为8位数据的CPU通常称为8位的CPU。同理，32位的CPU就能在单位时间内处理字长为32位的二进制数据。

字节和字长的区别：由于常用的英文字符用8位二进制表示，所以通常将8位称为1字节。字长的长度是不固定的，对于不同的CPU，字长的长度也不一样。8位的CPU一次只能处理1字节，而32位的CPU一次就能处理4字节。同理，字长为64位的CPU一次可以处理8字节。

（4）倍频系数。倍频系数是指CPU主频与外频之间的相对比例关系。在相同的外频下，倍频越高，CPU的频率也越高。

（5）缓存。缓存大小也是CPU的重要指标之一，而且缓存的结构和大小对CPU

速度的影响非常大，CPU 内缓存的运行频率极高，一般是和处理器同频运作，工作效率远远大于系统内存和硬盘。实际工作时，CPU 往往需要重复读取同样的数据块，而缓存容量的增大，可以大幅度提升 CPU 内部读取数据的命中率，而不用再到内存或者硬盘上寻找，以此提高系统性能。但是从 CPU 芯片面积和成本的因素来考虑，缓存都很小。

L1 Cache（一级缓存）是 CPU 第一层高速缓存，分为数据缓存和指令缓存。内置的 L1 高速缓存的容量和结构对 CPU 的性能影响较大，不过高速缓存均由静态 RAM 组成，结构较复杂，在 CPU 管芯面积不能太大的情况下，L1 级高速缓存的容量不可能做得太大。一般服务器 CPU 的 L1 缓存的容量通常为 32～256 KB。

L2 Cache（二级缓存）是 CPU 的第二层高速缓存，分内部和外部两种芯片。内部的芯片二级缓存运行速度与主频相同，而外部的二级缓存则只有主频的一半。L2 高速缓存容量也会影响 CPU 的性能，原则是越大越好，以前家庭用 CPU 容量最大的是 512 KB，现在笔记本计算机中也可以达到 2 MB，而服务器和工作站上所用 CPU 的 L2 高速缓存更高，可以达到 8 MB 以上。

L3 Cache（三级缓存）分为两种，早期的是外置，现在的都是内置。L3 缓存的应用可以进一步降低内存延迟，同时提升大数据量计算时处理器的性能。降低内存延迟和提升大数据量计算能力对游戏都很有帮助；而在服务器领域增加 L3 缓存在性能方面仍然有显著的提升。

（6）制造工艺。制造工艺的微米是指 IC 内电路与电路之间的距离。制造工艺的趋势是向密集度愈高的方向发展。密度愈高的 IC 电路设计，意味着在同样大小面积的 IC 中，可以拥有密度更高、功能更复杂的电路设计。现在主要的有 180 nm、130 nm、90 nm、65 nm、45 nm。Intel 的 32 nm 的制造工艺的酷睿 i5 / i7 系列是目前主流的 CPU。

（7）多线程。同时多线程（Simultaneous Multithreading，SMT）可通过复制处理器上的结构状态，让同一个处理器上的多个线程同步执行并共享处理器的执行资源。多线程技术可以为高速的运算核心准备更多的待处理数据，减少运算核心的闲置时间。这对于桌面低端系统来说无疑十分具有吸引力。Intel 从 3.06 GHz Pentium 4 开始，所有处理器都支持 SMT 技术。

（8）多核心。多核心也指单芯片多处理器（Chip Multiprocessors，CMP），是将大规模并行处理器中的 SMP（对称多处理器）集成到同一芯片内，各个处理器并行执行不同的进程。多核处理器可以在处理器内部共享缓存，提高缓存利用率，同时简化多处理器系统设计的复杂度。

3）主流的生产厂商

（1）Intel 公司。Intel 是生产 CPU 的老大哥，在个人计算机市场占有 75%多的市场份额，Intel 生产的 CPU 就成了事实上的 x86 CPU 技术规范和标准。个人计算机平台最新的酷睿 i5、酷睿 i7 和酷睿 i9 的 12 代系列 CPU，在性能上大幅领先其他厂商的产品，如图 1-11（a）所示。

（2）AMD 公司。目前使用的 CPU 有好几家公司的产品，除 Intel 公司外，最有挑战的是 AMD 公司，最新的产品有 Ryzen 5、Ryzen 7 以及 Ryzen 9 的 5000 系列，如图 1-11（b）所示。

（a）

（b）

图 1-11　Intel 和 AMD 的中央处理器

（3）国产龙芯。龙芯（Loongson，旧称 Godson）是由中国科学院计算技术研究所、龙芯中科、神州龙芯等机构、公司所设计的一系列各种芯片（包括通用中央处理器、SoC、微控制器、芯片组等），采用 MIPS、LoongISA、LoongArch 精简指令集架构，由 MIPS 科技公司授权使用 MIPS 指令集。2002 年 8 月 10 日诞生的"龙芯一号"是我国首枚拥有自主知识产权的通用高性能微处理芯片。龙芯从 2001 年以来共开发了 1 号、2 号、3 号三个系列处理器和龙芯桥片系列,龙芯 1 号系列为 32 位低功耗、低成本处理器，主要面向低端嵌入式和专用应用领域；龙芯 2 号系列为 64 位低功耗单核或双核系列处理器，主要面向工控和终端等领域；龙芯 3 号系列为 64 位多核系列处理器，主要面向桌面和服务器等领域。

2019 年 12 月 24 日，龙芯 3A4000/3B4000 在北京发布，使用与上一代产品相同的 28nm 工艺，通过设计优化，实现了性能的成倍提升。龙芯坚持自主研发，芯片中的所有功能模块，包括 CPU 核心等在内的所有源代码均实现自主设计，所有定制模块也均为自主研发。2021 年 4 月龙芯自主指令系统架构（Loongson Architecture，简称龙芯架构或 LoongArch）的基础架构通过国内第三方知名知识产权评估机构的评估。2021 年 7 月 23 日，公司正式发布基于自主指令集架构研发的新一代国产 PC 处理器"龙芯 3A5000"。龙芯 3A5000 处理器是首款采用 LoongArch 指令系统的处理器芯片，以及采用了 12nm 工艺。最新的龙芯处理器为龙芯 3C5000L，如图 1-12 所示。该处理器核心数量达到 16 核，主频可达 2.0 ~ 2.2 GHz。

图 1-12　龙芯 3C5000L 中央处理器

龙芯芯片的研发成功，是我国计算机发展史和民族科技产业化道路上的里程碑，标志着我国在自主研发 CPU 的道路上迈出了重要的一步,它打破了美国对我国的 CPU 技术封锁与市场垄断。

**【提示】CPU 选购技巧**

散装 CPU 只有一颗 CPU，无包装。通常店保 1 年。一般是厂家提供给装机商，经装机商流入市场。

原包 CPU 又称盒装 CPU，是厂家为零售市场推出的 CPU 产品，带原装风扇和厂家 3 年质保。其实散装和盒装 CPU 本身是没有质量区别的，主要区别在于渠道不同，从而质保不同，盒装基本都保 3 年，而散装基本只保 1 年，盒装 CPU 所配的风扇是原厂封装的风扇，而散装不配搭风扇，或者由经销商自己配搭风扇。

黑盒 CPU 是指由厂家推出的顶级不锁频 CPU,比如 AMD 的黑盒 5000+,这类 CPU 不带风扇，是厂家专门为超频用户而推出的零售产品。

深包 CPU 又称翻包 CPU，经销商将散装 CPU 自行包装，加风扇。没有厂家质保，只能店保，通常是店保 3 年。或进行二次包装，加风扇。价格比散装略便宜。

工程样品 CPU 是指处理器厂商在处理器推出前提供给各大板卡厂商以及 OEM 厂商用来测试的处理器样品。生产的制成品属于早期产品，但品质并不都低于最终零售 CPU，其最大的特点是不锁倍频，某些功能特殊，是精通 DIY 的首选。市面上偶尔也能看见此类 CPU 销售，这些工程样品会给厂商打上“ES”标志（Engine Sample）。这里同样需要注意的是，很多此类 CPU 的稳定性很差，功耗很大，有些发热量也大得惊人，个别整机、笔记本存在使用工程样品 CPU 的现象，选购时需要注意。

对于市面上的 Intel 和 AMD 的 CPU 而言，一般用户买的都是盒装产品。

对盒装产品而言，用户可以参照如下方法鉴别：

从 CPU 外包装开的小窗往里看，原装产品 CPU 表面会有编号，从小窗往里看是可以看到编号的，原装 CPU 的编号清晰，而且与外包装盒上贴的编号一致，很多翻包 CPU 会把 CPU 上的编号抹掉，这一点注意鉴别。

### 3. 存储器

存储器的主要功能是存放程序和数据。使用时，可以从存储器中取出信息来查看、运行程序，称其为存储器的读操作；也可以把信息写入存储器、修改原有信息、删除原有信息，称其为存储器的写操作。存储器通常分为内存储器和外存储器。

存储器的最小存储单位是字节，1 字节能存放 1 个英文字母，而 1 个汉字占 2 字节。

1）内存储器（内存）

内存是内部存储器的简称。要执行的程序、要处理的信息和数据，都必须先从外存储器中取出再存入内存，才能由 CPU 进行处理。

（1）内存的分类。

① ROM 称为只读存储器。ROM 中存储的数据只能读出，它的最大优点是断电后保存的数据不会丢失，因此用来保存计算机经常使用且固定不变的程序和数据。ROM 中保存的最重要的程序是基本输入/输出系统（BIOS），这是一个对输入/输出设备进行管理的程序。

只读存储器（ROM）的特点：存储的信息只能读（取出）不能写（存入或修改），其信息在制作该存储器时就被写入；断电后信息不会丢失。

用途：一般用于存放固定不变的、控制计算机的系统程序和数据。

② RAM称为随机读写存储器。RAM中存储的数据可以随时取出来（称为读出），也可以随时存入新数据（称为写入）或对原来的数据进行修改。它的缺点是断电后所存储的任何数据都将丢失。目前计算机上所采用的“内存条”是把一些存储器芯片组在一小条印制电路板上做成的。现在常用的RAM容量有4 GB、8 GB、16 GB、32 GB等。

随机存储器RAM的特点：既可读，也可写；断电后信息丢失。

用途：临时存放程序和数据。

③ 高速缓冲存储器（Cache）：指在CPU与内存之间设置的一级或两级高速小容量存储器，通常集成在CPU中。在计算机工作时，系统先将数据由外存读入RAM中，再由RAM读入Cache中，然后CPU直接从Cache中取数据进行操作，如图1-13所示。

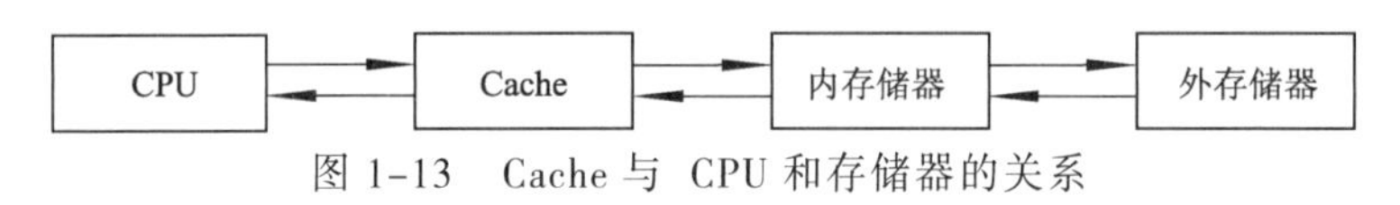


图1-13　Cache与CPU和存储器的关系

（2）内存频率。内存主频和CPU主频一样，习惯上被用来表示内存的速度，它代表该内存所能达到的最高工作频率。内存主频是以MHz为单位计量的。内存主频越高，在一定程度上代表内存所能达到的速度越快。内存主频决定该内存最高能在什么样的频率正常工作。

2）外存储器（外存）

外存储器是指除计算机内存及CPU缓存以外的存储器，此类存储器一般断电后仍能保存数据。PC常见的外存储器有磁盘存储器、光盘存储器、U盘等。磁盘有软磁盘和硬磁盘两种，光盘有只读型光盘（CD-ROM）、一次写入型光盘（WORM）和可重写型光盘（MO）3种。外存储器一般用来存储需要长期保存的各种程序和数据。它不能被CPU直接访问，必须先调入内存才能被CPU利用。与内存相比，外存存储容量比较大，但速度比较慢。

（1）软盘。常用软盘直径为3.5 in，存储容量为1.44 MB，软盘通过软盘驱动器读取数据，现已被淘汰。

（2）U盘。U盘可以通过计算机的USB口存储数据。与软盘相比，由于U盘的体积小、存储量大及携带方便等优点，已经取代软盘的地位。

（3）硬磁盘。硬磁盘是由涂有磁性材料的铝合金圆盘组成的，每个硬盘都由若干个磁性圆盘组成。

（4）磁带存储器。磁带又称顺序存取存储器SAM。它存储容量很大，但查找速度很慢，一般仅用作数据后备存储。计算机系统使用的磁带机有3种类型：盘式磁带机、数据流磁带机及螺旋扫描磁带机。

（5）光盘存储器。光盘存储器指的是利用光学方式进行信息存储的圆盘。它应用了光存储技术，即使用激光在某种介质上写入信息，然后利用激光读出信息。光盘存储器可分为CD-ROM、CD-R、CD-RW和DVD-ROM等。

（6）固态硬盘（Solid State Disk或Solid State Drive，SSD）。固态硬盘具有传统机械硬盘不具备的快速读写、质量小、能耗低以及体积小等特点，同时相比之下其劣

势也较为明显。其价格仍较为昂贵，容量较小，一旦硬件损坏，数据较难恢复等，特别是固态硬盘的耐用性（寿命）相对较短，一般只有 3 000 ~ 5 000 擦写次数。

【提示】内存储器和外存储器的区别

从冯·诺依曼的存储程序工作原理及计算机的组成来说，计算机分为运算器、控制器、存储器和输入/输出设备，这里的存储器就是指内存，而硬盘属于输入/输出设备。

CPU 运算所需要的程序代码和数据来自于内存，内存中的东西则来自于硬盘，所以硬盘并不直接与 CPU 打交道。硬盘相对于内存来说就是外部存储器。

内存储器最突出的特点是存取速度快，但是容量小、价格贵；外存储器的特点是容量大、价格低，但是存取速度慢。内存储器用于存放那些立即要用的程序和数据；外存储器用于存放暂时不用的程序和数据。内存储器和外存储器之间常常频繁地交换信息。外存储器通常是磁性介质或光盘，像硬盘、磁带、CD 等，能长期保存信息，并且不依赖于电来保存信息，但是由机械部件带动，速度与 CPU 相比就慢得多。

4. 输入设备

输入设备是用户和计算机系统之间进行信息交换的主要装置之一，用于把原始数据和处理这些数据的程序输入到计算机中，是计算机与用户或其他设备通信的桥梁。计算机能够接收各种各样的数据，既可以是数值型数据，也可以是各种非数值型的数据，如数字、模拟量、文字符号、语音和图形图像等形式。对于这些信息形式，计算机往往无法直接处理，必须把它们转换成相应的数字编码后才能进行存储、处理和输出。键盘、鼠标、摄像头、扫描仪、光笔、手写输入板、游戏杆、语音输入装置等都属于输入设备。

计算机的输入设备按功能可分为下列几类：

（1）字符输入设备：键盘。

（2）光学阅读设备：光学标记阅读机、光学字符阅读机。

（3）图形输入设备：鼠标、操纵杆、光笔。

（4）图像输入设备：摄像机、扫描仪、传真机、数码照相机、数字摄影机等。

（5）模拟输入设备：语言模数转换识别系统。

（6）触摸屏。

下面介绍一些常用的输入设备：

1）键盘

键盘（Keyboard）是常用的输入设备，它由一组开关矩阵组成，包括数字键、字母键、符号键、功能键及控制键等。每个按键在计算机中都有其唯一代码。当按下某个键时，键盘接口将该键的二进制代码送入计算机主机中，并将按键字符显示在显示器上。当快速大量输入字符，主机来不及处理时，先将这些字符的代码送往内存的键盘缓冲区，然后再从该缓冲区中取出进行分析处理。键盘接口电路多采用单片微处理器，由它控制整个键盘的工作，如上电时对键盘的自检、键盘扫描、按键代码的产生、发送及与主机的通信等。

2）鼠标

鼠标（Mouse）是一种手持式屏幕坐标定位设备，它是为适应菜单操作的软件和图形处理环境而出现的一种输入设备，特别是在现今流行的 Windows 图形操作系统环境下应用鼠标方便快捷。常用鼠标有两种，一种是机械式的，另一种是光电式的。

机械式鼠标的底座上装有一个可以滚动的金属球，当鼠标在桌面上移动时，金属球与桌面摩擦，发生转动。金属球与 4 个方向的电位器接触，可测量出上、下、左、右 4 个方向的位移量，用以控制屏幕上光标的移动。光标和鼠标的移动方向是一致的，而且移动的距离成比例。

光电式鼠标的底部装有两个平行放置的小光源。这种鼠标在反射板上移动，光源发出的光经反射板反射后，由鼠标接收，并转换为电移动信号送入计算机，使屏幕的光标随之移动。其他方面与机械式鼠标一样。

有的鼠标上有 2 个键，有的鼠标上有 3 个键。最左边的键是拾取键，最右边的键为消除键，中间的键是菜单选择键。由于鼠标所配的软件系统不同，对上述 3 个键的定义有所不同。一般情况下，鼠标左键可在屏幕上确定某一位置，该位置在字符输入状态下是当前输入字符的显示点；在图形状态下是绘图的参考点。在菜单选择中，左键（拾取键）可选择菜单项，也可以选择绘图工具和命令。当做出选择后系统会自动执行所选择的命令。鼠标能够移动光标，选择各种操作和命令，并可方便地对图形进行编辑和修改，但却不能输入字符和数字。

3）图像扫描仪

图形（图像）扫描仪是利用光电扫描将图形（图像）转换成像素数据输入到计算机中的输入设备。目前一些部门已开始把图像输入用于图像资料库的建设中。例如，人事档案中的照片输入、公安系统案件资料管理、数字化图书馆的建设、工程设计和管理部门的工程图管理系统等，都使用了各种类型的图形（图像）扫描仪。

4）语音输入设备

语音输入设备由麦克风、声卡和语音输入软件系统组成。

5）书写板

书写板又称手写板，用特制的电子笔在触摸屏上书写文字，通过软件将手工书写的字转换为标准的编码，并输入到计算机中。

6）数字化输入设备

数字化输入设备如数字照相机、录像机、录音笔、数字录音机等，可以在不同场合录制图像、图片和声音。

7）触摸屏

触摸屏又称“触控屏”“触控面板”，是一种可接收触点等输入信号的感应式液晶显示装置，当接触了屏幕上的图形按钮时，屏幕上的触觉反馈系统可根据预先编写的程序驱动各种连接装置，可用以取代机械式的按钮面板，并借由液晶显示画面制造出生动的影音效果。触摸屏作为一种最新的计算机输入设备，其是目前最简单、方便、自然的一种人机交互方式。它赋予了多媒体以崭新的面貌，是极富吸引力的全新多媒体交互设备。主要应用于公共信息的查询、工业控制、军事指挥、电子游戏、点歌点菜、多媒体教学、房地产预售等。

从技术上来区别触摸屏，可分为 5 个基本种类：矢量压力传感技术触摸屏、电阻技术触摸屏、电容技术触摸屏、红外线技术触摸屏、表面声波技术触摸屏。

5. 输出设备

输出设备（Output Device）是人与计算机交互的一种部件，用于数据的输出。它把各种计算结果数据或信息以数字、字符、图像、声音等形式表示出来。

常见的有显示器、打印机、绘图仪、影像输出系统、语音输出系统、磁记录设备等。

1）显示器

显示器（Display）又称监视器，是实现人机对话的主要工具。它既可以显示键盘输入的命令或数据，也可以显示计算机数据处理的结果。

常用的显示器主要有两种类型：一种是 CRT（Cath-ode Ray Tube，阴极射线管）显示器，用于一般的台式微机；另一种是液晶显示器（Liquid Crystal Display，LCD），用于便携式微机和台式机，是目前的主流显示器。

彩色显示器按颜色区分，可分为单色（黑白）显示器和彩色显示器。它有两种基本工作方式：字符方式和图形方式。在字符方式下，显示内容以标准字符为单位，字符的字形由点阵构成，字符点阵存放在字形发生器中。在图形方式下，显示内容以像素为单位，屏幕上的每个点（像素）均可由程序控制其亮度和颜色，因此能显示出较高质量的图形或图像。

显示器的分辨率分为高、中、低 3 种。分辨率的指标是用屏幕上每行的像素数与每帧（每个屏幕画面）行数的乘积表示的。乘积越大，也就是像素点越小，数量越多，分辨率就越高，图形就越清晰、美观。

2）显示适配器

显示适配器又称显示控制器，是显示器与主机的接口部件，以硬件插卡的形式插在主板上。显示器的分辨率不仅决定于阴极射线管本身，也与显示适配器的逻辑电路有关。常用的适配器有：

（1）CGA（Colour Graphics Adapter，彩色图形适配器），俗称 CGA 卡，适用于低分辨率的彩色和单色显示器。

（2）EGA（Enhanced Graphics Adapter，增强型图形适配器），俗称 EGA 卡，适用于中分辨率的彩色图形显示器。

（3）VGA（Video Graphics Array，视频图形阵列），俗称 VGA 卡，适用于高分辨率的彩色图形显示器。标准的分辨率为 640 像素 × 480 像素，256 种颜色。使用的多是增强型 VGA 卡，如 SuperVGA 卡等，分辨率为 800 像素 × 600 像素、1024 像素 × 768 像素等，256 种颜色。

（4）中文显示适配器。我国在开发汉字系统过程中，研制了一些支持汉字的显示适配器，如 GW-104 卡、CEGA 卡、CVGA 卡等，解决了汉字的快速显示问题。

3）打印机

打印机（Printer）是将计算机的处理结果打印在纸张上的输出设备。人们常把显示器的输出称为软拷贝，把打印机的输出称为硬拷贝。将计算机输出数据转换成印刷字体的设备，从使用角度看可分为两类：一类具有键盘输入功能，速度较慢，但与计算机有对话能力。它价格低廉，除计算机和终端常用外，通信系统也把它用作常规设备；另一类没有键盘输入功能，这类打印机又可分为条式打印机、窄行式打印机、串行打印机、行式打印机和页式打印机等。按照物理结构，打印机又可分为击打式和非击打式两类。

按传输方式，可分为一次打印一个字符的字符打印机、一次打印一行的行式打印机和一次打印一页的页式打印机。

按工作机构，可分为击打式打印机和非击打式印字机。其中击打式打印机又分为字模式打印机和点阵式打印机。非击打式打印机又分为喷墨打印机、激光打印机、热敏打印机和静电打印机。

（1）针式打印机。微型计算机早期使用的是点阵式打印机。点阵针式打印机的特点：结构简单，体积小，价格低，字符种类不受限制，对打印介质要求不高，可以打印多层介质。结构：打印头与字车、输纸机构、色带机构。控制器：与显示控制器类似。它的打印头上安装有若干个针，打印时控制不同的针头通过色带打印纸面即可得到相应的字符和图形。因此，又常称为针式打印机。日常使用的多为 9 针或 24 针的打印机，主要是 24 针打印机。

（2）喷墨打印机。喷墨式是通过磁场控制一束很细墨汁的偏转，同时控制墨汁的喷与不喷，即可得到相应的字符或图形。喷墨打印机是类似于用墨水写字一样的打印机，可直接将墨水喷射到普通纸上实现印刷，如喷射多种颜色墨水则可实现彩色输出。喷墨打印机的喷墨技术有连续式和随机式两种，目前市场上流行的各种型号打印机，大多采用随机式喷墨技术。而早年的喷墨打印机以及当前输出的大幅面打印机采用连续式喷墨技术。

（3）激光打印机。激光打印机则是利用电子照相原理，由受到控制的激光束射向感光鼓表面，在不同位置吸附上厚度不同的碳粉，通过温度与压力的作用把相应的字符或图形印在纸上。它与静电复印机的方式相似。激光打印机分辨率高，印出字形清晰美观，但价格较高。

普通激光打印机的打印分辨率都能达到 300 DPI（每英寸 300 个点）或 400 DPI，甚至 600 DPI。特别是对汉字或图形/图像输出，是理想的输出设备。激光打印机为“页式输出设备”，用每分钟输出的页数（Pages Per Minute，PPM）来表示，高速输出在 100 PPM 以上；中速输出为 30～60 PPM，它们主要用于大型计算机系统；低速输出为 10～20 PPM，甚至 10 PPM 以下，主要用于办公自动化系统和文字编辑系统。

（4）热转印打印机。热转印打印机的打印质量优于点阵针式打印机，与喷墨打印机相当，打印速度比较快，分辨率能达到 360 DPI。

热转印打印机中的打印头是用半导体集成电路技术制成的薄膜头，头中有发热电阻，它由一种能耐高功率密度和耐高温的薄膜材料组成。将具有热敏性能的油墨涂在涤纶基膜上便构成热转印色带，色带位于热印字头与记录纸之间。打印时，脉冲信号将打印头中的发热电阻加热到几百摄氏度（如 300 ℃），而打印头又压在涤纶膜上，使膜基上的油墨熔化而转移到记录纸上留下色点，由色点组成字符、图形或图像。

若打印汉字，对于装有汉字库的打印机可直接打印，打印速度快。如无汉字库，在微机中则需安装该种打印机的汉字驱动程序，使用微机的汉字库，打印速度较慢。

打印机控制器又称打印机适配器，是打印机的控制机构。也是打印机与主机的接

口部件，以硬件插卡的形式插在主板上。标准接口是并行接口，它可以同时传送多个数据，比串行接口传输速度快。

4）绘图仪

自动绘图仪是直接由电子计算机或数字信号控制，用以自动输出各种图形、图像和字符的绘图设备，可采用联机或脱机的工作方式，是计算机辅助制图和计算机辅助设计中广泛使用的一种外围设备。常见的绘图仪按绘图方式分为跟踪式绘图仪（如笔式绘图仪）和扫描式绘图仪（如静电扫描绘图仪、激光扫描绘图仪、喷墨式扫描绘图仪）等。按机械结构分为滚筒式（鼓式）绘图仪和平台式绘图仪两大类。数控绘图仪的传动方式有钢丝或钢带传动；有滚珠丝杠或齿轮齿条传动；有电机传动，如采用开环控制方式的直线步进电动机和采用闭环控制的伺服电动机等。绘图仪能按照人们的要求自动绘制图形，它可将计算机的输出信息以图形的形式输出，主要可绘制各种管理图表和统计图、大地测量图、建筑设计图、电路布线图、各种机械图与计算机辅助设计图等。最常用的是 X-Y 绘图仪。现代的绘图仪已具有智能化的功能，它自身带有微处理器，可以使用绘图命令，具有直线和字符演算处理以及自检测等功能。这种绘图仪一般还可选配多种与计算机连接的标准接口。

绘图仪是一种输出图形的硬拷贝设备。绘图仪在绘图软件的支持下可绘制出复杂、精确的图形，是各种计算机辅助设计不可缺少的工具。绘图仪的性能指标主要有绘图笔数、图纸尺寸、分辨率、接口形式及绘图语言等。

绘图仪一般由驱动电动机、插补器、控制电路、绘图台、笔架、机械传动等部分组成。绘图仪除了必要的硬件设备之外，还必须配备丰富的绘图软件。只有软件与硬件结合起来，才能实现自动绘图。

绘图仪的种类很多，按结构和工作原理可分为滚筒式和平台式两大类：①滚筒式绘图仪。当 X 向步进电动机通过传动机构驱动滚筒转动时，链轮就带动图纸移动，从而实现 X 方向的运动。Y 方向的运动，是由 Y 向步进电动机驱动笔架实现的。这种绘图仪结构紧凑，绘图幅面大。但它需要使用两侧有链孔的专用绘图纸。②平台式绘图仪。绘图平台上装有横梁，笔架装在横梁上，绘图纸固定在平台上。X 向步进电动机驱动横梁连同笔架，作 X 方向的运动；Y 向步进电动机驱动笔架沿着横梁导轨，作 Y 方向的运动。图纸在平台上的固定方法有 3 种，即真空吸附、静电吸附和磁条压紧。平台式绘图仪绘图精度高，对绘图纸无特殊要求，应用比较广泛。

**6．总线和接口**

1）总线

计算机中传输信息的公共通路称为总线（BUS）。一次能够在总线上同时传输的信息二进制位数称为总线宽度。CPU 是由若干基本部件组成的，这些部件之间的总线称为内部总线；而连接系统各部件间的总线称为外部总线，又称系统总线。按照总线上传输信息的不同，总线可分为数据总线（DB）、地址总线（AB）和控制总线（CB）3 种。计算机的总线结构如图 1-14 所示。

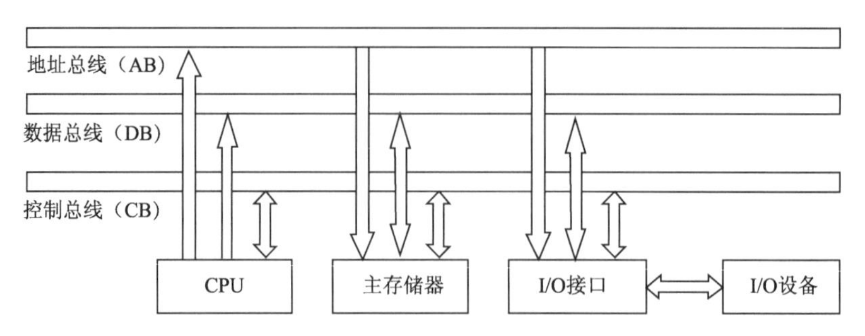


图 1-14　计算机的总线结构

2）接口

不同的外围设备与主机相连都必须根据不同的电气标准和机械标准，采用不同的接口来实现。主机与外围设备之间信息通过两种接口传输：一种是串行接口，如鼠标；一种是并行接口，如打印机。串行接口按机器字的二进制位，逐位传输信息，传送速度较慢，但准确率高；并行接口一次可以同时传送若干个二进制位的信息，传送速度比串行接口快，但器材投入较多。现在的微型机上都配备了串行接口与并行接口。

计算机常用的硬件接口有：

（1）电源接口（黑色）。用于连接三相 220 V 电源，以使机箱内部的电源正常供电。

（2）Line In 接口（天蓝色）。Line In 线性输入接口（音频输入接口），通常另一端连接外部声音设备的 Line Out 端。

（3）Line Out 接口（淡绿色）。Line Out 接口是提供双声道音频输出，可以接在喇叭或其他放音设备的 Line In 接口中。

（4）MIC 接口（粉红色）。MIC 接口用于连接麦克风。

（5）PS/2 键盘接口（紫色）。PS/2 接口用于连接 PS/2 类型的键盘。

（6）USB 接口。USB 接口用于连接键盘、鼠标、外置 Modem、打印机、扫描仪、光存储器、游戏杆、数码照相机、MP3 播放器、数字音箱等。

（7）显示器接口（DVI）。分为两种：一种是 DVI-D 接口，只能接收数字信号；另一种是 DVI-I 接口，可同时兼容模拟和数字信号。

（8）显示器接口（VGA）。VGA 接口又称 D-Sub 接口，用于显卡上输出模拟信号，是应用最为广泛的显卡接口类型。

（9）串口鼠标接口。串口就是串行接口，是连接鼠标的接口。

（10）S-Video 接口。S-Video 接口是应用最普遍的视频接口，提供快捷、高清晰度的视频传输。

（11）TV-Out 接口。TV-Out 是指显卡具备输出信号到电视的相关接口，把显示画面输出到电视。

（12）PS/2 鼠标接口（绿色）。PS/2 鼠标接口连接 PS/2 类型的鼠标。

（13）RJ-45 接口。RJ-45 接口用于连接计算机的以太网卡。

（14）并行接口（大红色）。并行接口用于连接并口设备，如光驱、磁带机、外部硬盘、打印机、扫描仪等。

# 1.6 计算机软件系统

软件是指计算机程序以及开发、使用和维护程序所需要的相关的技术文档资料。

根据软件的用途可以将软件分为系统软件和应用软件两大类。

系统软件是指管理、维护计算机，为用户使用计算机提供服务的软件，系统软件一般与具体的应用无关，目的是确保计算机的正常工作和为用户提供使用计算机的操作环境，系统软件包括操作系统、语言处理程序、数据库系统和服务软件等。

## 1.6.1 操作系统

操作系统是管理、控制和监督计算机硬件、软件资源、协调程序运行的系统，由一系列具有不同管理和控制功能的程序组成。

操作系统则是在裸机之上最基本的系统软件，是系统软件的核心，使用操作系统有两大目的：一是统一管理计算机系统的所有资源；二是为方便用户使用计算机而在用户和计算机之间提供接口。

### 1. 操作系统的管理功能

从资源管理的角度上看，操作系统的管理功能主要体现在以下 4 个方面：

1）处理器管理

处理器管理的主要工作是进行处理器的分配调度，主要是解决当同时运行多个程序时，处理器即 CPU 的时间分配。

2）存储器管理

存储器管理主要是指内存管理，目的是为各个程序分配存储空间，并保证程序之间互不干扰，保护存储在内存中的程序和数据不被破坏。

3）设备管理

设备管理负责对各类外围设备的管理，根据用户提出使用设备的请求进行设备分配，目的是提高设置的使用效率。

4）文件管理

文件管理负责保存在外存中文件的存储、检索、共享和保护，对用户实现按名存取，为用户提供方便的诸如文件的存储、检索、共享、保护等操作。

不同的操作系统其结构和内容差异较大，但从管理功能上都应具有上述 4 个方面的功能。

### 2. 操作系统的分类

按操作系统的功能和特性，可以将操作系统分为批处理操作系统、分时操作系统和实时操作系统等；按同时管理用户数的多少分为单用户操作系统和多用户操作系统等，下面是按操作系统的发展先后进行的分类。

1）单用户操作系统

单用户操作系统的主要特点是计算机系统内一次只能运行一个用户程序。微型机中早期的 DOS 就属于这一类，它的最大缺点是计算机系统的资源不能得到充分利用。

2）批处理操作系统

批处理操作系统是20世纪70年代运行于大、中型计算机上的操作系统，为了提高CPU的使用效率和充分利用I/O设备资源，产生了多道批处理系统，多道是指多个程序或多个作业同时存在和运行，故又称多任务操作系统。

3）分时操作系统

使用分时操作系统时，可以在一台计算机上连接多个终端，每个用户可以在各自的终端上以交互的方式控制作业运行。

分时操作系统将 CPU 时间资源划分成极短的时间片，轮流分给每个终端用户使用，当一个用户的时间片用完后，CPU就转给另一个用户，前一个用户只能等待下一次轮到。由于人操作速度比CPU的速度慢很多，所以感觉是独占计算机。UNIX是最流行的分时操作系统。

4）实时操作系统

实时是指对随机发生的外部事件做出及时的响应，并能在限定的时间内完成对输入的信息进行处理和送出结果。例如在自动控制系统中，计算机必须对测得的数据做及时、快速地处理和反应，这就需要实时操作系统。

5）网络操作系统

网络操作系统主要提供网络通信功能和网络资源的共享功能。

6）微机操作系统

微机操作系统随着微机硬件技术的发展而发展，例如 Microsoft 公司最早开发的 DOS 是一个单用户单任务系统，后来的 Windows 操作系统经过几十年的发展，已从 Windows 3.1 发展到 Windows NT、Windows 2000、Windows XP、Windows Vista、Windows 7、Windows 8、Windows 10 和 Windows 11。

Linux 是一个源代码公开的操作系统，已被越来越多的用户所采用。

7）手机操作系统

手机操作系统主要应用在智能手机上。主流的智能手机有 Google Android 和苹果的 iOS 等。智能手机与非智能手机都支持 Java，智能机与非智能机的区别主要看能否基于系统平台的功能扩展。应用在手机上的操作系统主要有 Android（谷歌）、iOS（苹果）、Windows Phone（微软）、Symbian（诺基亚）、BlackBerry OS（黑莓）、web OS（LG）、Windows Mobile（微软）、Harmony OS（鸿蒙）等。

### 1.6.2 语言处理程序

计算机硬件能识别和执行的是用机器语言编写的程序，如果使用汇编语言或高级语言编写的程序，在执行之前要先进行翻译的处理过程，完成这个翻译过程的工具称为语言处理程序。语言处理程序有汇编程序、解释程序和编译程序。

#### 1. 汇编程序

汇编程序的作用是将用汇编语言编写的源程序翻译成机器语言的目标程序。

#### 2. 解释程序

将高级语言编写的源程序翻译成机器语言指令时，有两种翻译方式，分别是“解

释”方式和“编译”方式，分别由解释程序和编译程序完成。

解释方式是通过解释程序对源程序一边翻译一边执行，早期的 BASIC 语言采用的就是解释方式。解释方式的过程如图 1-15 所示。

3. 编译程序

编译过程是首先将源程序编译成目标程序，目标程序文件的扩展名是.OBJ，然后再通过连接程序将目标程序和库文件相连接形成可执行文件，可执行文件的扩展名是.EXE。编译处理的过程如图 1-16 所示。

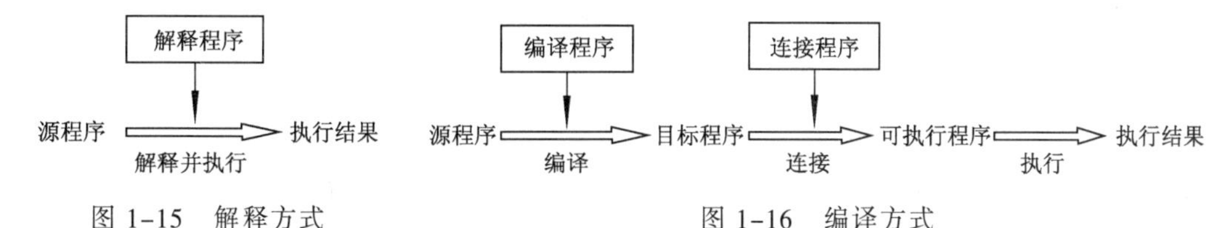


图 1-15 解释方式　　图 1-16 编译方式

大多数高级语言编写的程序采用编译的方式，不同的高级语言对应了不同的编译程序。

由于编译后形成的可执行文件独立于源程序，因此可以反复运行，运行时只要给出可执行程序的文件名即可，因此运行速度较快。

### 1.6.3 数据库系统

数据库系统是计算机科学中发展最快的领域之一，主要是解决数据处理的非数值计算问题。数据库系统可以用于档案管理、图书管理、财务管理、仓库管理等的数据处理。数据处理的特点是数据量大，处理的主要内容是数据的存储、查询、修改、分类等，数据库技术就是针对这类数据处理而产生和发展起来的。

数据库系统是一个复杂而庞大的系统，通常由硬件、操作系统、数据库、数据库管理系统和应用程序组成。

数据库（DataBase，DB）是指按一定的组织方式组织起来的数据的集合，它具有数据冗余度小、可以共享等特点。

数据库管理系统（DataBase Management System，DBMS）是一类软件，它的主要作用一方面是对数据库进行统一的管理，包括建立数据库、数据的维护、检索、统计等；另一方面是使用数据库编程语言并结合数据进行应用程序的开发。

常用的 DBMS 有 Visual FoxPro、Oracle、Access、SQL Server、MySQL 等。

数据库系统中的应用程序是指使用 DBMS 开发的用于数据管理的应用系统。

### 1.6.4 服务软件

服务软件提供常用的服务功能，包括诊断程序、调试程序等，为用户开发程序和使用计算机提供了方便。

### 1.6.5 应用软件

应用软件是为某一个特定的应用目的而开发的软件，是为解决各类实际问题而设计的，按其服务对象不同，可分为通用软件和专门软件。

**1. 通用软件**

通用软件是为解决某一类问题而开发的，这类问题是大多数用户都会遇到和使用的，如文字处理、表格处理、演示文稿、电子邮件的收发、图像处理等。

**2. 专用软件**

专用软件是针对特殊用户要求而开发的软件。例如，在某个医院里，病房的监护系统就是一个专用软件。

# 1.7 计算机科学前沿技术

## 1.7.1 人工智能技术

人工智能（Artificial Intelligence，AI）亦称智械、机器智能，指由人制造出来的机器所表现出来的智能。目前还没有统一的定义，人工智能的定义依赖于对智能的定义，但智能本身无严格定义。一般解释，用人工的方法在计算机上实现智能，又称机器智能、计算机智能。用计算机模拟或者实现智能，研究的主要目标，是使计算机能够胜任一些通常需要人类智能才能完成的复杂工作。AI 的核心问题包括建构能够与人类似甚至超越人类的推理、知识、规划、学习、交流、感知等各项能力。目前弱人工智能已经有初步成果，甚至在一些影像识别、语言分析、棋类游戏等单方面的能力达到了超越人类的水平。但达到具备思考能力的强人工智能还有待于更深入的研究。人工智能目前应用在很多工具上，如数学优化、搜索等，并在机器人、经济政治决策、控制系统、仿真系统中得到应用。

人工智能基本的应用可分为四大部分：

**1. 感知能力**（Perception）

感知能力指的是人类通过感官所收到环境的刺激，察觉消息的能力，简单地说就是人类五官的看、听、说、读、写等能力，学习人类的感知能力是 AI 目前主要的研究热点之一，包括：

“看”：计算机视觉（Computer Vision）、图像识别（Image Recognition）、人脸识别（Face Recognition）、对象侦测（Object Detection）。

“听”：语音识别（Sound Recognition）。

“读”：自然语言处理（Natural Language Processing，NLP）、语音转换文本（Speech-to-Text）。

“写”：机器翻译（Machine Translation）。

“说”：语音生成（Sound Generation）、文本转换语音（Text-to-Speech）。

**2. 认知能力**（Cognition）

认知能力指的是人类通过学习、判断、分析等心理活动来了解消息、获取知识的过程与能力，对人类认知的模仿与学习也是目前 AI 第二个研究热点，主要包括：

分析识别能力：例如医学图像分析、产品推荐、垃圾邮件识别、法律案件分析、犯罪侦测、信用风险分析、消费行为分析等。

预测能力：例如 AI 运行的预防性维修（Predictive Maintenance）、智能天然灾害预测与防治。

判断能力：例如 AI 下围棋、自动驾驶车、健保诈欺判断、癌症判断等。

学习能力：例如机器学习、深度学习、增强式学习等各种学习方法。

3．创造力（Creativity）

创造力指的是人类产生新思想、新发现、新方法、新理论、新设计，创造新事物的能力，它是结合知识、智力、能力、个性及潜意识等各种因素优化而成，这个领域目前人类仍遥遥领先 AI，但 AI 也试着急起直追，主要研究领域包括：AI 作曲、AI 作诗、AI 小说、AI 绘画、AI 设计等。

4．智能（Wisdom）

智能指的是人类深刻了解人、事、物的真相，能探求真实真理、明辨是非，指导人类可以过着有意义生活的一种能力，这个领域牵涉人类自我意识、自我认知与价值观，是目前 AI 尚未触及的一部分，也是人类最难以模仿的一个领域。

## 1.7.2 云计算技术

云计算（cloud computing）是分布式计算的一种，指的是通过网络“云”将巨大的数据计算处理程序分解成无数个小程序，然后，通过多部服务器组成的系统进行处理和分析这些小程序得到结果并返回给用户。云计算早期，简单地说，就是简单的分布式计算，解决任务分发，并进行计算结果的合并。因而，云计算又称网格计算。通过这项技术，可以在很短的时间内（几秒）完成对数以万计数据的处理，从而达到强大的网络服务。现阶段所说的云服务已经不单单是一种分布式计算，而是分布式计算、效用计算、负载均衡、并行计算、网络存储、热备份冗杂和虚拟化等计算机技术混合演进并跃升的结果。目前，云计算的主要服务形式有：SaaS（Software as a Service）、PaaS（Platform as a Service）、IaaS（Infrastructure as a Service）。

云计算技术已经普遍应用于现如今的互联网服务中,成为了社会生活中的一部分，常见的应用有以下四个方面。

1．存储云

存储云又称云存储，是在云计算技术上发展起来的一个新的存储技术。云存储是一个以数据存储和管理为核心的云计算系统。用户可以将本地的资源上传至云端，可以在任何地方连入互联网获取云上的资源。大家所熟知的谷歌、微软等大型网络公司均有云存储的服务，在国内，阿里云、华为云、腾迅云是市场占有量最大的存储云。存储云向用户提供了存储容器服务、备份服务、归档服务和记录管理服务等，大大方便了使用者对资源的管理。

2．医疗云

医疗云是指在云计算、移动技术、多媒体、4G 通信、大数据以及物联网等新技术基础上，结合医疗技术，使用“云计算”来创建医疗健康服务云平台，实现了医疗资源的共享和医疗范围的扩大。因为云计算技术的运用与结合，医疗云提高了医疗机构的效率，方便居民就医。像现在医院的预约挂号、电子病历、医保等都是云计算与医疗领域结合的产物，医疗云还具有数据安全、信息共享、动态扩展、布局全国的优势。

3．金融云

金融云是指利用云计算的模型，将信息、金融和服务等功能分散到庞大分支机构构成的互联网“云”中，旨在为银行、保险和基金等金融机构提供互联网处理和运行服务，同时共享互联网资源，从而解决现有问题并且达到高效、低成本的目标。在2013年11月27日，阿里云整合阿里巴巴旗下资源并推出来阿里金融云服务。快捷支付现在基本普及了，因为金融与云计算的结合，只需要在手机上简单操作，就可以完成银行存款、购买保险和基金买卖。目前，不仅阿里巴巴推出了金融云服务，苏宁金融、腾讯等企业也推出了自己的金融云服务。

4．教育云

教育云实质上是指教育信息化的一种发展。具体来说，教育云可以将所需要的任何教育硬件资源虚拟化，然后将其传入互联网中，以向教育机构和学生老师提供一个方便快捷的平台。现在流行的慕课就是教育云的一种应用。慕课（MOOC）指的是大规模开放的在线课程。现阶段慕课的三大优秀平台为Coursera、edX以及Udacity，在国内，中国大学MOOC也是非常好的平台。在2013年10月10日，清华大学推出来MOOC平台——学堂在线，许多大学现已使用学堂在线开设了一些课程的MOOC。

### 1.7.3 大数据技术

大数据（Big Data）是指数据规模大，尤其是因为数据形式多样性、非结构化特征明显，导致数据存储、处理和挖掘异常困难的那类数据集。大数据需要管理的数据集规模很大，数据的增长快速，类型繁多，如文本、图像和视频等。处理包含数千万个文档、数百万张照片或者工程设计图的数据集等，如何快速访问数据成为核心挑战。大数据是指无法用常规的软件工具捕捉、处理的数据集合。麦肯锡全球研究所给出的定义是：一种规模大到在获取、存储、管理、分析方面大大超出了传统数据库软件工具能力范围的数据集合，具有海量的数据规模、快速的数据流转、多样的数据类型和价值密度低四大特征，通常数据量要达到PB（1 PB=1024 TB）数量级。

大数据通常应用在大科学、天文学、大气学、交通运输、基因组学、生物学、大社会数据分析、互联网文件处理、制作互联网搜索引擎索引、通信记录明细、军事侦查、金融海量数据、医疗海量数据、社交网络、医疗记录、照片图像和影像封存、大规模的电子商务等。

大数据的主要应用场景有：

1．政务服务应用

政府掌握着全社会量最大、最核心的数据。政务服务大数据的集中整合、互惠互享、深度应用，有利于实现“一网、一门、一次”的政务服务新模式。充分利用大数据技术和方法创新政府网络服务模式，对提升“互联网+政务服务”的效能具有重要意义。例如，上海政务的“一网通办”移动端App“随申办市民云”已实现了面向个人和法人办事的指南查询、在线预约、亮证扫码、进度查询、服务找茬这五个方面的功能。

### 2. 社会学应用

大数据产生的背景离不开社交网络的兴起，人们每天通过这种自媒体传播信息或者沟通交流，由此产生的信息被网络记录下来，社会学家可以在这些数据的基础上分析人类的行为模式、交往方式等。例如，通过一些社交 App 收集用户活动的数据资料，将这些数据传送到一个医疗资料库，收集完成的数据经过人工智能系统分析，然后利用预测程序实时监测受测者是否会做出一般认为具有伤害性的行为，以便能够提前采取有效的预防措施。

### 3. 商业应用

大数据可以帮助企业运用现有的数据资源进行营销分析，进而实现有效的精准营销策略，能根据客户的个性化需求提供有针对性的服务，增强客户忠诚度。

另外，现在的电商行业拥有海量的用户数据、商品数据和交易数据，是天然的大数据公司。当今电子电商企业高度重视数据的利用，通过大数据平台深入了解用户的状态、爱好、需求等，从而提供商品推荐、促销建议等有针对性的服务。

### 4. 安防与防灾

通过对安防监控大数据的挖掘，可以及时发现地震、海啸等自然灾害，恐怖袭击、病毒扩散等恐怖事件，提高应急处理能力和安全防范能力。

## 1.7.4 物联网技术

物联网（Internet of Things，IoT）即“万物相连的互联网”，是互联网基础上延伸和扩展的网络，将各种信息传感设备与互联网结合起来而形成的一个巨大网络，实现在任何时间、任何地点，人、机、物的互联互通。随着技术的发展和社会的进步，物联网技术逐步应用于各个领域，主要有以下几个方面的应用。

### 1. 消费者应用

（1）Google Nest 的自动调温器，可报告能源使用和当地天气情况。

（2）August Home 公司的智能门锁，支持 HomeKit、Google 个人助理、Amazon Alexa 等多平台。

（3）苹果公司的 HomeKit 为该公司之智能家庭平台，用户可以通过 iPhone、iPad、Apple Watch 等设备的 App 接口，或是由 Siri 语音控制支持 Apple HomeKit 标准的家用设备，如电视、电灯、空调、水龙头等。

（4）另一项主要的应用为辅助老年人与残疾人士，例如语音控制可以帮助行动不便人士，警报系统可以连接至听障人士的人工耳蜗。另外，还有监控跌倒或癫痫等紧急情况的传感器，这些智能家庭技术可以给用户提供更多的自由和更高的生活质量。

### 2. 工业应用

物联网在工业的应用称为工业物联网（Industrial Internet of Things，IIoT）。工业物联网专注于机器对机器（Machine to Machine，M2M）的通信，利用大数据、人工智能、云计算等技术，让工业运作有更高的效率和可靠度。工业物联网涵盖了整个工业应用，包括了机器人、医疗设备和软件定义生产流程等，为第四次工业革命中，产业转型至工业 4.0 中不可或缺的一部分。

大数据分析在生产设备的预防性维护中扮演关键角色，其核心为网宇实体系统（又称信息物理融合系统）。可通过5C“连接（Connection）、转换（Conversion）、联网（Cyber），认知（Cognition）、配置（Configuration）”架构来设计网宇实体系统，将收集来的数据转化为有用的资料，并借以优化生产流程。

3. 农业应用

物联网在农业中的应用包括收集温度、降水、湿度、风速、病虫害和土壤成分的数据，并加以分析与运用。这样的方式称为精准农业，其利用决策支持系统，将收集来的数据做出精准分析，借以提高产出的质量和数量，并减少浪费。

4. 商业应用

医疗物联网（Internet of Medical Things，IoMT）为物联网应用于医疗保健，包括数据收集、分析、研究与监控方面的应用，用以创建数字化的医疗保健系统。物联网设备可用于激活远程健康监控和紧急情况通知系统，包括简易的设施如血压计、便携式生理监控器，可监测植入人体的设备，如心律调节器、人工耳蜗等。世界卫生组织规划利用移动设备收集医疗保健数据，并进行统计、分析，创建m-health体系。

5. 交通应用

物联网可以帮助集成通信、控制与信息处理。物联网的应用可以扩展至运输系统层面，包括载具、基础设施以及驾驶人。物联网组件之间的信息传递，使得载具内以及不同载具之间可以互相通信，达成智能交通灯信号、智能停车、电子道路收费系统、物流和车队管理、主动巡航控制系统，以及安全和道路辅助等应用。

6. 基础设施应用

物联网在基础设施的运用主要在监控与控制各类基础设施，如铁轨、桥梁，海上与陆上的风力发电厂、废弃物管理等。通过监控任何事件或结构状况的变化，以便高效地安排维修和保养活动。

7. 军事应用

军事物联网（Internet of Military Things，IoMT）是物联网在军事领域的应用，目的是侦察、监控与战斗有关的目标。军事物联网相关领域包括传感器、车辆、机器人、武器、可穿戴式智能产品，以及在战场上相关智能技术的使用。

战地物联网（The Internet of Battlefield Things，IoBT）是一个美国陆军研究实验室（ARL）的研究项目，着重研究与物联网相关的基础科学，以增强陆军士兵的能力。

### 1.7.5 区块链技术

区块链（blockchain或block chain）是借由密码学串接并保护内容的串联文字记录（又称区块）。每个区块包含前一个区块的加密散列、相应时间戳记以及交易资料（通常用默克尔树（Merkle tree）算法计算的散列值表示），这样的设计使得区块内容具有难以篡改的特性。用区块链技术所串接的分布式账本能让两方有效记录交易，且可永久查验此交易。区块链类型分为公有区块链、联盟（行业）区块链和私有区块链。

区块链技术目前的应用也较广泛，有以下几个方面的应用。

### 1. 金融领域

区块链在国际汇兑、信用证、股权登记和证券交易所等金融领域有着潜在的巨大应用价值。将区块链技术应用在金融行业中，能够省去第三方中介环节，实现点对点的直接对接，从而在大大降低成本的同时，快速完成交易支付。

比如 Visa 推出基于区块链技术的 Visa B2B Connect，它能为机构提供一种费用更低、更快速和安全的跨境支付方式来处理全球范围的企业对企业的交易。要知道传统的跨境支付需要等 3 ~ 5 天，并为此支付 1% ~ 3%的交易费用。

### 2. 物联网和物流领域

区块链在物联网和物流领域也可以天然结合。通过区块链可以降低物流成本，追溯物品的生产和运送过程，并且提高供应链管理的效率。该领域被认为是区块链一个很有前景的应用方向。

区块链通过节点连接的散状网络分层结构，能够在整个网络中实现信息的全面传递，并能够检验信息的准确程度。这种特性一定程度上提高了物联网交易的便利性和智能化。区块链+大数据的解决方案就利用了大数据的自动筛选过滤模式，在区块链中建立信用资源，可双重提高交易的安全性，并提高物联网交易便利程度。为智能物流模式应用节约时间成本。区块链节点具有十分自由的进出能力，可独立参与或离开区块链体系，不对整个区块链体系有任何干扰。区块链+大数据解决方案就利用了大数据的整合能力，促使物联网基础用户拓展更具有方向性，便于在智能物流的分散用户之间实现用户拓展。

### 3. 公共服务领域

区块链在公共管理、能源、交通等领域都与民众的生产生活息息相关，但是这些领域的中心化特质也带来了一些问题，可以用区块链来改造。区块链提供的去中心化的完全分布式 DNS 服务通过网络中各个节点之间的点对点数据传输服务就能实现域名的查询和解析，可用于确保某个重要的基础设施的操作系统和固件没有被篡改，可以监控软件的状态和完整性，发现不良的篡改，并确保使用了物联网技术的系统所传输的数据没有经过篡改。

### 4. 数字版权领域

通过区块链技术，可以对作品进行鉴权，证明文字、视频、音频等作品的存在，保证权属的真实、唯一性。作品在区块链上被确权后，后续交易都会进行实时记录，实现数字版权全生命周期管理，也可作为司法取证中的技术性保障。例如，美国纽约一家创业公司 Mine Labs 开发了一个基于区块链的元数据协议，这个名为 Mediachain 的系统利用 IPFS 文件系统，实现数字作品版权保护，主要是面向数字图片的版权保护应用。

### 5. 保险领域

在保险理赔方面，保险机构负责资金归集、投资、理赔，往往管理和运营成本较高。通过智能合约的应用，既无须投保人申请，也无须保险公司批准，只要触发理赔条件，实现保单自动理赔。一个典型的应用案例就是 LenderBot，是 2016 年由区块链企业 Stratumn、德勤与支付服务商 Lemonway 合作推出，它允许人们通过 Facebook

Messenger 的聊天功能，注册定制化的微保险产品， 为个人之间交换的高价值物品进行投保，而区块链在贷款合同中代替了第三方角色。

**6. 公益领域**

区块链上存储的数据，高可靠且不可篡改，适合用在社会公益场景。公益流程中的相关信息，如捐赠项目、募集明细、资金流向、受助人反馈等，均可以存放于区块链上，并且有条件地进行透明公开公示，方便社会监督。

## 小　　结

本章主要介绍了计算机的发展、计算机的应用领域、信息与数制系统、计算机系统的组成与工作原理、微型计算机的硬件系统、计算机软件系统和计算机科学前沿技术。掌握好本章计算机的基础知识，将为后面章节的进一步学习打下良好的基础。

## 习　　题

**一、选择题**

1. CPU 主要由运算器与控制器组成，下列说法中正确的是（　　）。
   A. 运算器主要负责分析指令，并根据指令要求做相应的运算
   B. 运算器主要完成对数据的运算，包括算术运算和逻辑运算
   C. 控制器主要负责分析指令，并根据指令要求做相应的运算
   D. 控制器直接控制计算机系统的输入与输出操作
2. I/O 接口应位于（　　）之间。
   A. 总线和 I/O 设备　　B. 主机和 I/O 设备
   C. 主机和总线　　D. CPU 和内存储器
3. 计算机的内存储器比外存储器（　　）。
   A. 价格便宜　　B. 存储容量大　　C. 读写速度快　　D. 读写速度慢
4. 下列叙述中正确的是（　　）。
   A. 指令由操作数和操作码两部分组成
   B. 常用参数×× MB 表示计算机的速度
   C. 计算机的一个字长总是等于两字节
   D. 计算机语言是完成某一任务的指令集
5. 和十进制数 255 相等的二进制数是（　　）。
   A. 11101110　　B. 11111110　　C. 10000000　　D. 11111111
6. 十进制数 1385 转换成十六进制数为（　　）。
   A. 586　　B. 569　　C. D85　　D. D55
7. 与十进制数 511 等值的十六进制数为（　　）。
   A. 1FF　　B. 2FF　　C. 1FE　　D. 2FE
8. 下列设备中，既能向主机输入数据又能接受主机输出数据的是（　　）。
   A. 显示器　　B. 扫描仪　　C. 磁盘存储器　　D. 音响设备

9. 目前微型计算机中采用的逻辑元件是（　　）。
   A. 小规模集成电路　　B. 中规模集成电路
   C. 大规模和超大规模集成电路　　D. 分立元件
10. 下列无符号十进制数中，能用八位二进制表示的是（　　）。
   A. 256　　B. 299　　C. 199　　D. 312
11. 下列不同进制的无符号整数中，数值最小的是（　　）。
   A. $(10010010)_2$　　B. $(221)_8$　　C. $(147)_{10}$　　D. $(94)_{16}$
12. 微型计算机中普遍使用的字符编码是（　　）。
   A. BCD 码　　B. 拼音码　　C. 补码　　D. ASCII 码
13. 下列字符中，ASCII 码值最大的是（　　）。
   A. k　　B. a　　C. Q　　D. M
14. 存储一个汉字 24×24 点阵字形需要的字节数为（　　）。
   A. 24　　B. 48　　C. 72　　D. 96
15. 关于解释程序和编译程序的叙述中，正确的是（　　）。
   A. 解释程序产生目标程序
   B. 编译程序产生目标程序
   C. 解释程序和编译程序都产生目标程序
   D. 解释程序和编译程序都不产生目标程序
16. 在微型计算机中，运算器的主要功能是进行（　　）。
   A. 逻辑运算　　B. 算术运算
   C. 算术运算和逻辑运算　　D. 复杂方程的求解
17. 下列存储器中，存取速度最快的是（　　）。
   A. 软磁盘存储器　　B. 硬磁盘存储器
   C. 光盘存储器　　D. 内存储器
18. 下列打印机中，打印效果最佳的是（　　）。
   A. 点阵打印机　　B. 激光打印机
   C. 热敏打印机　　D. 喷墨打印机
19. 在微型计算机中，属于控制器功能的是（　　）。
   A. 存储各种控制信息　　B. 传输各种控制信号
   C. 产生各种控制信息　　D. 输出各种信息
20. 微型计算机配置高速缓冲存储器是为了解决（　　）。
   A. 主机与外设之间速度不匹配问题
   B. CPU 与辅助存储器之间速度不匹配问题
   C. 内存储器与辅助存储器之间速度不匹配问题
   D. CPU 与内存储器之间速度不匹配问题
21. 下列叙述中，属于 RAM 特点的是（　　）。
   A. 可随机读写数据，且断电后数据不会丢失
   B. 可随机读写数据，断电后数据将全部丢失
   C. 只能顺序读写数据，断电后数据将部分丢失

D. 只能顺序读写数据，且断电后数据将全部丢失

22. 下列设备中，属于输入设备的是（　　）。

A. 声音合成器　B. 激光打印机　C. 光笔　D. 显示器

二、填空题

1. 国标 GB 2312—1980《信息交换用汉字编码字符集　基本集》中，使用频率最高的一级汉字，是按________顺序排列的，而二级汉字则是按________顺序排列的。

2. 4 位二进制数可以表示________种状态。

3. 数字符号 9 的 ASCII 码值的十进制表示为 57，则数字符号 0 的 ASCII 码值的十六进制表示为________。

4. 没有软件的计算机称为________。

5. 将用高级语言编写的源程序转换成等价的目标程序的过程称为________。

6. 以国标码为基础的汉字机内码是两个字节的编码，每个字节的最高位恒为________。

7. 为了将汉字输入计算机而编制的代码，称为汉字________码。

8. 微型计算机能直接识别并执行的程序设计语言是________语言。

9. 某微型机的运算速度为 2 MIPS，则该微型机每秒执行________条指令。

10. 字形码用于汉字的打印或________。

# 第2章

# Windows 10 操作系统管理 «

随着信息技术和互联网的快速发展普及，电子商务在我国的繁荣发展，云计算、大数据应用日趋成熟，信息系统面临着来自各个方面日益严重的安全威胁。信息安全关系到国家安全的大局，影响着国家的长远利益。操作系统作为各种信息系统赖以存在的基础系统软件，其安全性是其他各种安全措施能够有效实施的基本保障。因此，国产操作系统是国家信息安全的重要保障，操作系统的国产化也是在一直不断发展。从中标麒麟、深度 Linux（Deepin）和起点（StartOS）等主流操作系统，到近期华为发布的鸿蒙（HarmonyOS）操作系统，从前期国内操作系统技术被“卡脖子”，到后期我国科研人员奋起直追，我国在操作系统方面已取得了长足的进步，虽然与 Windows 等操作系统还存在一定的差距，但只要我们一直不断努力，相信这个差距会越来越小，直至超越。作为新时代的大学生，应树立“科技强国”的坚定信念，培养自主学习意识、创新创业实践意识，以满足中国特色社会主义新时代信息工程人才的要求。

Windows 10 是微软公司在 2015 年 7 月正式推出的新一代跨平台及设备应用的操作系统，应用范围覆盖 PC 端、游戏主机端和移动设备端。与 Windows 的其他操作系统版本相比，增加了许多新功能，兼容性和安全性更强。

## 2.1 Windows 10 操作系统的新增功能和运行环境

### 2.1.1 Windows 10 操作系统的新增功能

Windows 10 操作系统能让人们的日常计算机操作更加简单和快捷，使人们的生活和工作更加高效，其常用的新增功能如下：

**1. 全新的“开始”菜单**

Windows 10 恢复了在 Windows 8 中被取消的“开始”按钮，但单击后出现的菜单发生了重大变化。它将传统风格和现代风格结合，在传统的程序列表的右边增加了“开始”屏幕区域。

**2. 虚拟桌面**

Windows 10 运行创建多个虚拟桌面，不同的虚拟桌面间可以进行切换。用户可以将多个运行任务分类到不同的虚拟桌面，使用户专注于某种应用场景，从多任务窗口的繁杂切换工作中解放出来。

### 3. 语音助手 Cortana

在 Windows 10 中，增加了一个基于云的跨平台个人助理——Cortana。它通过记录用户日常的行为和使用习惯，读取和“学习”设备中的数据，从而为用户提供个性化的服务，如日程安排、问题回答甚至对话等。Cortana 是微软发布的全球第一款个人智能助理。

### 4. 浏览器 Microsoft Edge

Microsoft Edge 是 Windows 10 推出的一款速度更快、更安全的浏览器。它内置了阅读器、笔记和分享功能，支持语音和扩展功能，在地址栏中输入搜索内容，即可获得搜索建议、来自网页的搜索结果、浏览的历史记录和收藏夹。

### 5. 任务视图

Windows 10 在任务栏中增加了任务视图按钮，用户可以通过该按钮快速预览所有打开的程序窗口并进行切换，也可以管理多个虚拟桌面。

### 6. 通知中心

用户在通知中心可以查看来自不同应用的通知，同时底部提供了一些系统设置的快捷开关，如无线网络、蓝牙、飞行模式等。

### 7. Microsoft Store（微软商店）

用户可在微软商店购买 Windows 移动设备或计算机的 Windows 应用。Windows 通用应用平台（uwp）不同于传统的桌面应用（.exe）。

## 2.1.2 Windows 10 操作系统的运行环境

虽然 Windows 10 增加了许多新的功能，但为了兼顾各种使用需求的用户，对硬件配置的要求并不太高，能够安装 Windows 7 和 Windows 8 的计算机都可以安装 Windows 10。系统最低配置要求见表 2-1。

表 2-1 Windows 10 系统最低配置要求

| 设备名称 | 安装 32 位操作系统 | 安装 64 位操作系统 |
|---|---|---|
| CPU | 1.0 GHz 32 位处理器 | 1.0 GHz 64 位处理器 |
| 内存 | 1 GB | 2 GB |
| 硬盘 | 16 GB | 20 GB |
| 显卡 | 带有 WDDM 驱动程序的 Microsoft DirectX 9 图形设备 | |
| 其他 | 光驱、主板、声卡、键盘和鼠标等 | |

# 2.2 Windows 基础

## 2.2.1 Windows 的发展历史

微软公司自从 1985 年发布第一个图形用户接口（Graphical User Interface，GUI）系统以来，随着计算机硬件技术的不断进步，微软公司的操作系统功能也在不断完善，

如今，Windows 操作系统在全世界的个人计算机操作系统中占有绝对的垄断地位。

Windows 10 是 Windows 8 的下一代操作系统，代号为 Windows Threshold 的 Windows 10 于 2014 年 10 月 2 日发布技术预览版，于 2015 年 7 月 29 日发行正式版。几款主要的个人操作系统发布时间见表 2-2。

表 2-2 Windows 个人操作系统发布历程

| 版本号 | 个人操作系统名称 | 发布年份 | 版本号 | 个人操作系统名称 | 发布年份 |
|---|---|---|---|---|---|
| 1.0 | Windows 1.0 | 1985 年 | NT 5.1（32 位）<br>NT 5.2（64 位） | Windows XP | 2001 年 |
| 2.0 | Windows 2.0 | 1987 年 | NT 6.0.6000 | Windows Vista | 2005 年 |
| 3.0 | Windows 3.0 | 1990 年 | NT 6.1.7600 | Windows 7 | 2009 年 |
| 4.0 | Windows 95 | 1995 年 | NT 6.2.9200 | Windows 8 | 2012 年 |
| 4.1 | Windows 98 | 1998 年 | NT 10.0.10240 | Windows 10 | 2015 年 |
| 4.9 | Windows ME | 2000 年 | | | |

Windows 10 共分为 7 个版本，分别是家庭版、专业版、企业版、教育版、移动版、移动企业版和物联网核心版。

（1）Windows 10 家庭版（Home）。主要面向个人或家庭计算机用户，包括 Windows 10 的所有基本功能，目前大部分笔记本计算机厂家预装的均为该版本。

（2）Windows 10 专业版（Professional）。以家庭版为基础，增添了管理设备和应用，保护敏感的企业数据，支持远程和移动办公，使用云计算技术。另外，它还带有 Windows Update for Business，可以控制更新部署，适用于个人和企业用户。

（3）Windows 10 企业版（Enterprise）。以专业版为基础，增添了大中型企业用来防范针对设备、身份、应用和敏感企业信息的现代安全威胁的先进功能，供微软的批量许可（Volume Licensing）客户使用。

（4）Windows 10 教育版（Education）。以企业版为基础，面向学校职员、管理人员、教师和学生。

（5）Windows 10 移动版（Mobile）。面向配置触摸屏的移动设备，如智能手机、平板计算机等。

（6）Windows 10 移动企业版（Mobile Enterprise）。以 Windows 10 移动版为基础，增加了企业管理更新，面向企业用户。

（7）Windows 10 物联网核心版（IoT Core）。面向物联网设备的轻量级 Windows 10 操作系统。

### 2.2.2 桌面及其设置

进入 Windows 10 操作系统，首先看到的是“桌面”。Windows 10 恢复了在 Windows 8 中被取消的“开始”按钮，保留了“开始”菜单磁贴。桌面共包括桌面背景、桌面图标、“开始”按钮、“任务栏”等部分，如图 2-1 所示。

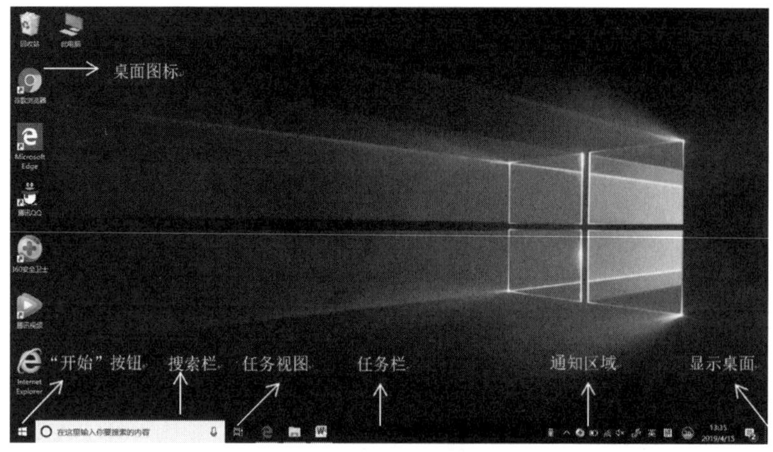


图 2-1　桌面组成

### 1. 桌面背景

桌面背景可以是任意数字图片，用户可以选择 Windows 10 自带的图片或者自己收藏的精美图片作为背景图片。

在桌面空白处右击，在弹出的快捷菜单中选择“个性化”命令，打开图 2-2 所示的“设置”窗口，单击窗口左侧的“背景”按钮，可进一步选择对应的图片或者计算机中的图片作为桌面。

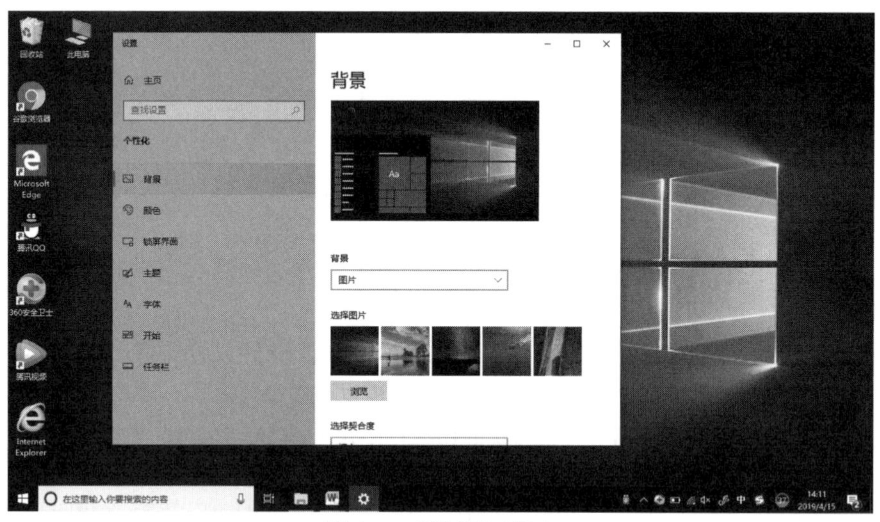


图 2-2　“设置”窗口

### 2. 桌面图标

桌面图标由文字和图片组成，用户双击桌面上的图标可以快速打开相应的文件、文件夹或者应用程序。新安装的 Windows 10 操作系统中，桌面图标默认只有一个“回收站”图标。可以在“设置”窗口中单击左侧的“主题”按钮，在“主题”设置窗口中单击“桌面图标设置”超链接，弹出图 2-3 所示的“桌面图标设置”对话框，可设置在桌面上是否显示“计算机”“回收站”“用户的文件”“控制面板”“网络”等图标。

图 2-3　桌面图标设置

3. 任务栏

“任务栏”位于桌面底部，显示正在运行的程序、系统通知等，包括“开始”按钮、搜索栏、任务视图、系统通知区域和“显示桌面”按钮。当鼠标指针指向任务栏上的图标时，便会立即显示出该程序的缩略图预览；鼠标指针指向该缩略图时还可看到该程序的全屏幕预览。也可以按【Alt+Tab】组合键快速在不同窗口之间切换。

4.“开始”按钮

Windows 10 恢复了在 Windows 8 中被取消的“开始”按钮，单击“开始”按钮即可打开“开始”菜单，如图 2-4 所示。左侧为应用程序列表，右侧为“开始”屏幕，沿用了 Windows 8 的现代设计风格，用户可以将常用的软件以图形方块的形式固定在“开始”屏幕，称为磁贴。

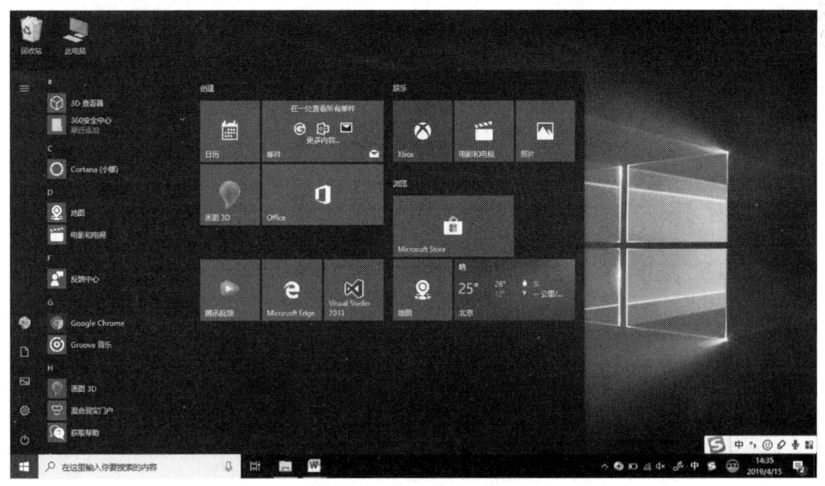

图 2-4　“开始”菜单

用户可以在程序列表或桌面图标中右击需要设置磁贴的程序图标，在弹出的快捷菜单中选择“固定到‘开始’屏幕”命令，如图 2-5 所示。下次只需要直接单击磁贴即可打开程序。若要取消，则右击磁贴，在弹出的快捷菜单中选择从“‘开始’屏幕取消固定”命令即可。磁贴的大小和排列顺序也可以进行修改。

图 2-5 “开始”屏幕磁贴设置

5. 搜索框

在搜索框中输入关键词，即可快速搜索应用程序、网页以及本地文件等。

6. 任务视图

单击任务栏上搜索框右侧的“任务视图”按钮▣，可切换打开的程序窗口，也可创建和使用虚拟桌面。在打开的图 2-6 所示的任务视图中，右击窗口中的缩略图，可将程序移动到其他虚拟桌面。

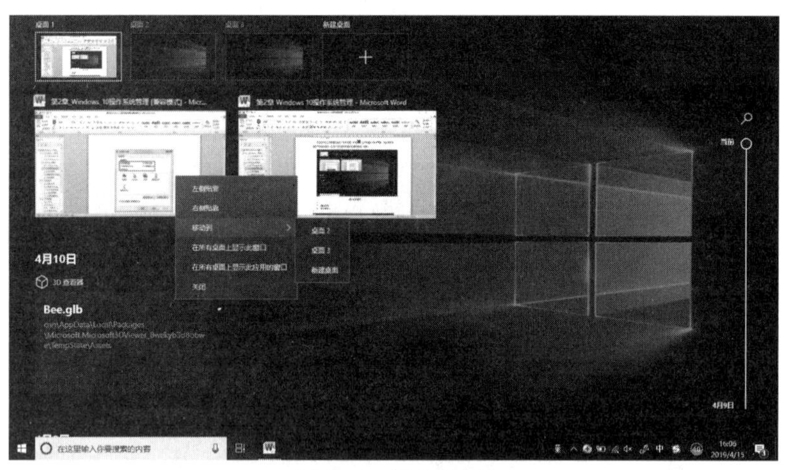


图 2-6 任务视图

### 2.2.3 Windows 10 账户

通过用户账户，可以在拥有自己的文件和设置的情况下与多人共享使用计算机，每个人都可以使用用户名和密码访问其用户账户。

Windows 10 中提供两种类型的账户：

（1）Microsoft 账户。Microsoft 账户是用于登录 Outlook、OneDrive、Windows Phone 或 Xbox Live 等一系列微软服务的电子邮件地址和密码的组合，可以在不同的设备上同步用户的设置、内容、使用习惯以及搜索历史等。

（2）本地账户。如果没有 Microsoft 账户，也可以使用本地账户进行登录。本地账户又分为两类：管理员账户和标准用户，分别具有不同的计算机控制级别。用户在首次使用 Windows 10 时，系统会以计算机的名称创建本地账户。

【提示】只有具有管理员权限的用户才能创建和删除用户。

选择“开始”→“设置”命令，在打开的窗口中单击“账户”超链接，如图 2-7 所示，可看到本机的所有用户和所属类别。

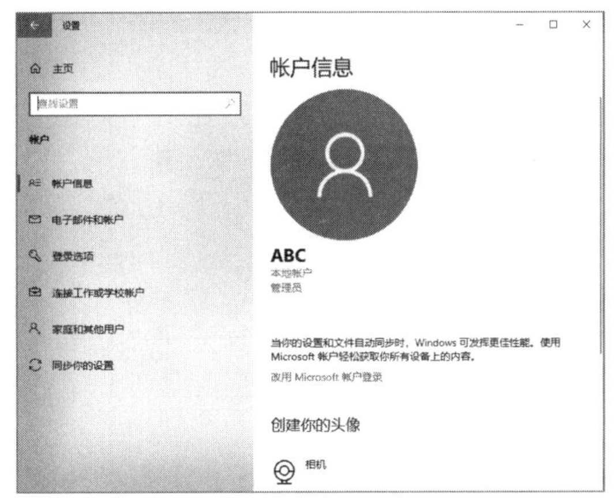

图 2-7　查看账户信息

如果要改变 Microsoft 账户，就需要注册或登录。单击图 2-7 中的“改用 Microsoft 账户登录”超链接，出现图 2-8 所示的“Microsoft 账户”界面，单击“下一步”按钮，创建新的 Microsoft 账户。

在图 2-7 中，也可以对账户进行相关设置，包括账户头像、登录密码等。依次单击“家庭和其他用户”→“其他用户”→“将其他人添加到这台电脑”超链接，出现图 2-9 所示的界面，单击“下一步”按钮，添加其他拥有 Microsoft 账户的用户。若要创建本地账户，则单击“我没有这个人的登录信息”超链接，添加一个没有 Microsoft 账户的用户。

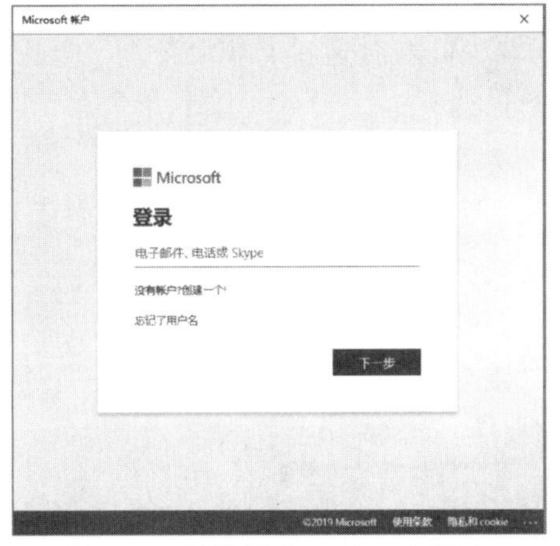

图 2-8　创建新的 Microsoft 账户

图 2-9　添加其他用户

Windows10 中提供了多样化的登录选项，包括刷脸登录 Windows Hello、指纹验证、PIN 码登录、图片密码、手势登录。最传统的是密码登录，但是这样可能会因泄露密码而导致账户被盗。而 PIN 只针对这台设备，即使别人知道 PIN 登录密码，仍然不会影响账户安全。另外，针对一些公用设备，不需要密码限制，可以设置账户自动登录。

【例 2.1】设置账户自动登录功能。

操作步骤如下：

（1）在任务栏搜索框中输入 netplwiz 并按【Enter】键，弹出图 2-10 所示的对话框。

（2）取消勾选“要使用本计算机，用户必须输入用户名和密码”复选框，单击“应用”按钮，弹出“自动登录”对话框，要求输入密码进行验证，如图 2-11 所示。

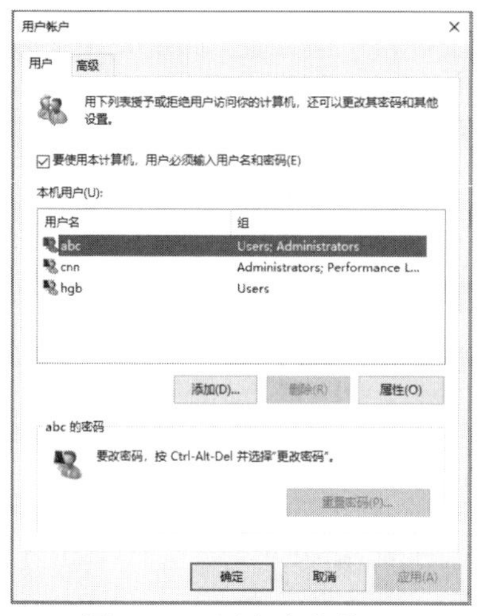


图 2-10　用户账户设置

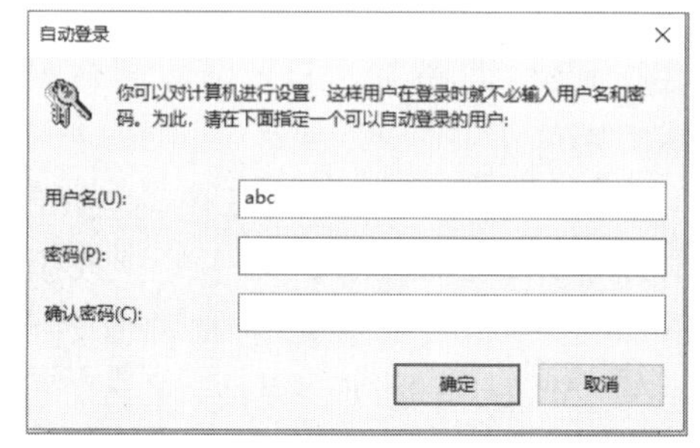


图 2-11　“自动登录”对话框

## 2.2.4　帮助和支持系统

Windows 10 设置了多种不同的方法为用户提供帮助和支持，包括任务栏的搜索框、“使用技巧”应用以及“获取帮助”应用。

（1）搜索帮助。在搜索框中输入问题或关键字，可以从 Microsoft、网页和 Cortana 获得解答。

（2）“获取帮助”。在操作过程中遇到问题，可随时通过“获取帮助”查找答案。选择“开始”→“获取帮助”命令或者在任务栏搜索框中输入“获取帮助”，即可启动“获取帮助”，如图 2-12 所示。

（3）“使用技巧”。Window 10 中增加了“使用技巧”应用，用户可查看 Windows 各项功能的使用技巧，如图 2-13 所示。

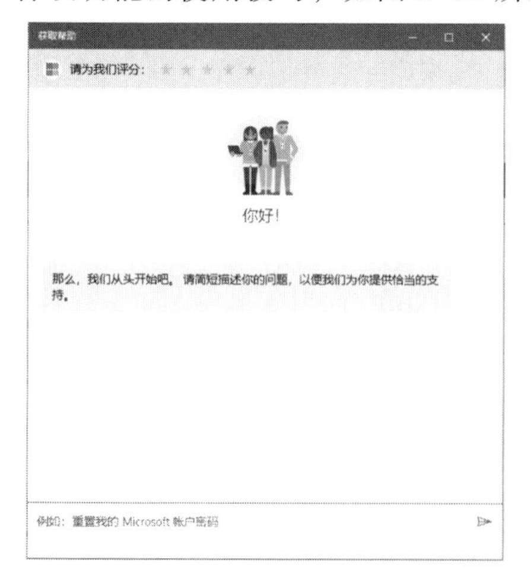


图 2-12　“获取帮助”界面

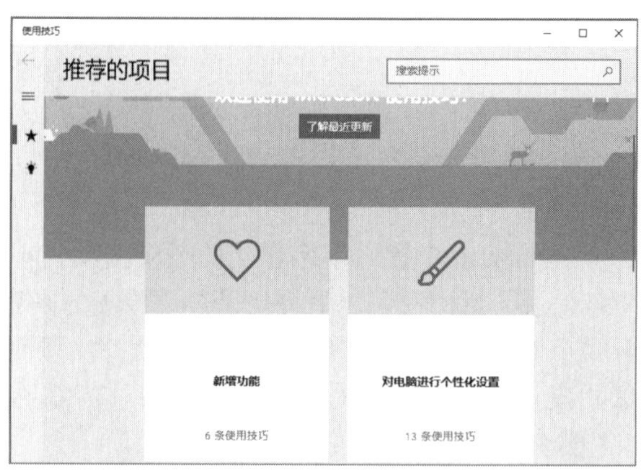


图 2-13　“使用技巧”界面

### 2.2.5 Windows 设置

可以使用“设置”选项调整 Windows 的设置，可涉及 Windows 外观和工作方式的所有设置，使其符合用户的需要。

选择“开始”→“设置”命令，即可进入“Windows 设置”界面，如图 2-14 所示，包括“系统”“账户”“网络和 Internet”“个性化”“设备”“时钟和语言”“应用”“手机”等常见设置内容，单击每一类下面的常用操作可直接进入相应的设置页面。或者在页面上方的搜索框中输入关键字，即可进行搜索。

图 2-14 “Windows 设置”界面

## 2.3 程序管理

### 2.3.1 程序文件

在计算机上做的每一件事几乎都需要使用程序。例如，若要浏览 Internet，需要使用称为 Web 浏览器的程序（如 Microsoft Edge）；若要编写材料，需要使用字处理程序（如 Microsoft Office Word）；若要编辑图片，需要使用图片处理程序（如 Adobe Photoshop）。

在不同的操作系统环境下，可执行程序的扩展名不太一样，在 Windows 操作系统下，可执行程序可以是*.exe 文件、*.com 和*.sys 等类型文件。

### 2.3.2 程序的运行和退出

通过“开始”菜单可以访问计算机上的所有程序。单击“开始”按钮即可打开“开始”菜单，如图 2-15 所示。

“开始”菜单的左侧窗格中列出了所有应用程序，单击应用程序名称即可直接打开某个程序。右侧为“开始”屏幕，可以将常用应用固定到这里。

如果未找到要打开的程序，但是大致知道它的名称，可在任务栏的搜索框中输入全部或部分名称。显示搜索结果后，单击相关程序即可打开它。

退出程序有如下 3 种方式：

（1）单击程序窗口右上角的“关闭”按钮。

（2）单击菜单栏最左侧的“文件”菜单（也可能是应用程序对应的图标），然后选择“退出”命令（也可能是“关闭”命令）。

（3）按【Alt+F4】组合键。

如果在退出程序时存在尚未保存的修改时，程序将自动弹出一个对话框，询问是否保存文档（如果要保存目前所做的修改，则单击“保存”按钮；如果不想保存，则单击“不保存”按钮），如图 2-16 所示，这时如果想放弃退出，可单击“取消”按钮继续使用程序。

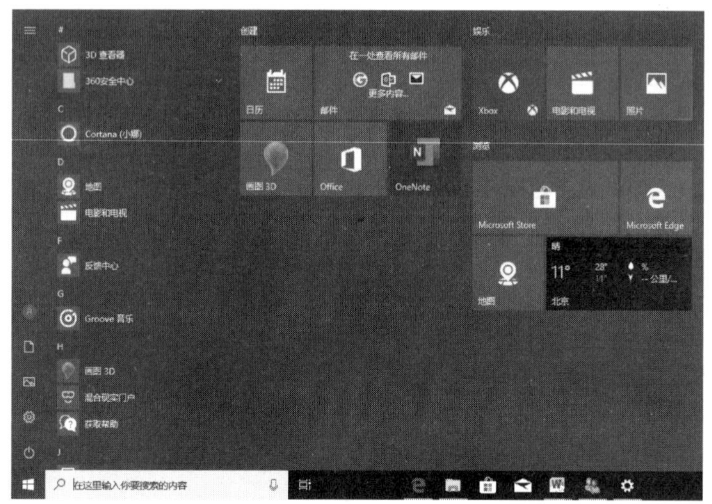


图 2-15 “开始”菜单

【提示】有些程序不小心会自动关闭重新启动，为了避免未及时保存而造成的损失，使用程序时应养成“随手”保存的好习惯，间隔一段时间就要进行保存操作（大部分程序按【Ctrl+S】组合键即可保存）。

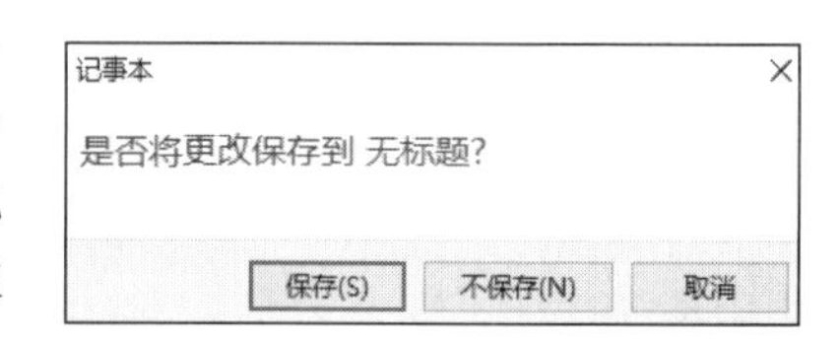


图 2-16 询问是否保存的对话框

### 2.3.3 应用程序快捷方式

快捷方式可以让用户方便地打开相应的应用程序，不少程序在安装时即会提示用户选择“是否在桌面建立快捷方式”，比如▣是 QQ 聊天软件的快捷方式（快捷方式图标的左下角有一个小箭头），双击该图标即可打开 QQ 聊天软件。

如果不小心删除了某应用程序的快捷方式，可以重新建立快捷方式。打开“开始”菜单，在应用列表中找到相应程序目录中的执行程序图标，拖动程序图标到桌面，即可在桌面创建快捷方式。

【提示】不仅是应用程序，文件和文件夹也可以创建快捷方式。右击某个文件或者文件夹，在弹出的快捷菜单中选择“创建快捷方式”命令，即可在当前位置创建相应的快捷方式。为方便使用，可继续将该快捷方式复制到桌面。

### 2.3.4 任务管理器

任务管理器是一个非常实用的管理小工具，可显示本机目前正在运行的程序、进程和服务，还可以监视本机的性能或者关闭没有响应的程序；如果计算机与网络连接，还可以查看本机的网络状态；如果有多个用户连接到计算机，可以看到谁在连接、他们在做什么，甚至可以给他们发送消息。

右击任务栏空白区域，在弹出的快捷菜单中选择“任务管理器”命令，即可打开任务管理器，如图 2-17 所示。

【提示】可以通过按【Ctrl+Shift+Esc】组合键打开任务管理器，或者按【Ctrl+Alt+Del】组合键后单击“启动任务管理器”按钮打开任务管理器。

在“进程”选项卡中，可以查看本用户的所有应用程序列表以及本机的进程列表；在“性能”选项卡中，可以查看 CPU 使用率和物理内存使用率的情况。选中某个应用程序，如“Microsoft Edge”，再单击“结束任务”按钮即可关闭该应用程序，如图 2-18 所示。

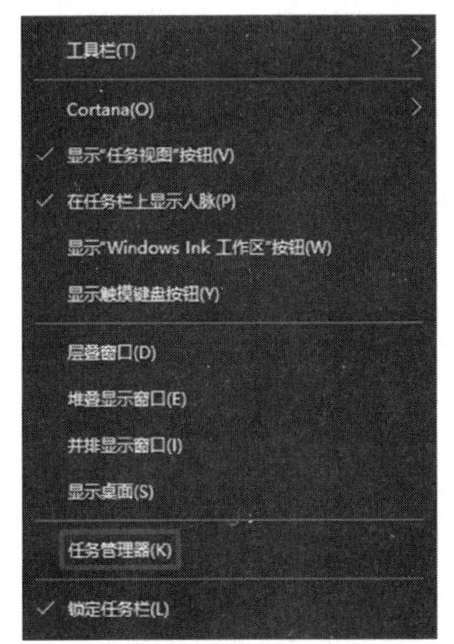


图 2-17　选择“任务管理器”命令

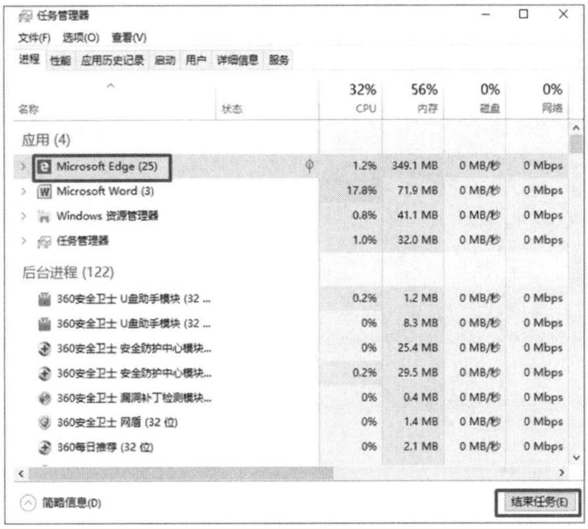

图 2-18　关闭某应用程序

## 2.3.5　安装或删除应用程序

应用程序是为了某种特定应用而开发的，帮助用户完成各种各样的日常工作，比如用户为了方便输入，可安装某种特定的中文输入法；应用程序是计算机系统的重要组成部分，掌握常见应用程序的安装和删除相当重要。

### 1. 应用程序的安装

用户可以购买 CD 或 DVD 安装新程序，也可以从 Internet 下载程序（免费或付费）。“安装”一个程序意味着将其添加到计算机上，程序顺利安装完成后，一般会显示在“开始”菜单的“应用程序”列表中，有些程序还可能在桌面上添加快捷方式。

【例 2.2】在个人计算机上完整安装 QQ 聊天程序。

操作步骤如下：

（1）启动 Microsoft Edge 浏览器，使用搜索引擎或者到 QQ 聊天软件所在的网站主页（http://www.qq.com）找到对应的下载地址，即 http://im.qq.com/download。

图 2-19　下载页面

（2）找到该软件的 PC（Personal Computer，个人计算机）版本，如图 2-19 所示，单击下方的“下载”按钮，将其保存到硬盘上（如 D:\download 目录），看到 QQ9.1.1.24953 图标即表示下载完成。

（3）双击 QQ9.1.1.24953 图标，弹出“腾讯 QQ 安装向导”提示框，提示“正在检查安装环境，请稍候...”，几秒之后弹出图 2-20 所示的对话框，勾选“阅读并同意软件许可协议和青少年上网安全指导”复选框。

（4）勾选“自定义选项”复选框，展开图 2-21 所示的选项，默认安装在 C 盘，因 C 盘是系统盘，存放重要的系统文件，建议将 C 盘改成 D 盘或其他相应盘符，还有一些选项可根据个人需要进行修改。设置完成后单击上方的“立即安装”按钮。

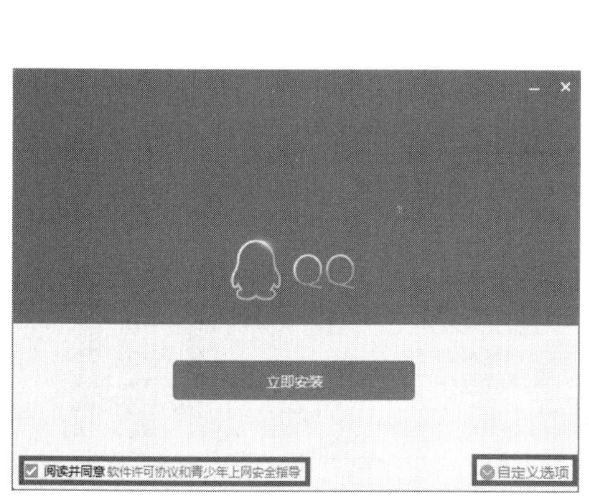


图 2-20　软件许可协议

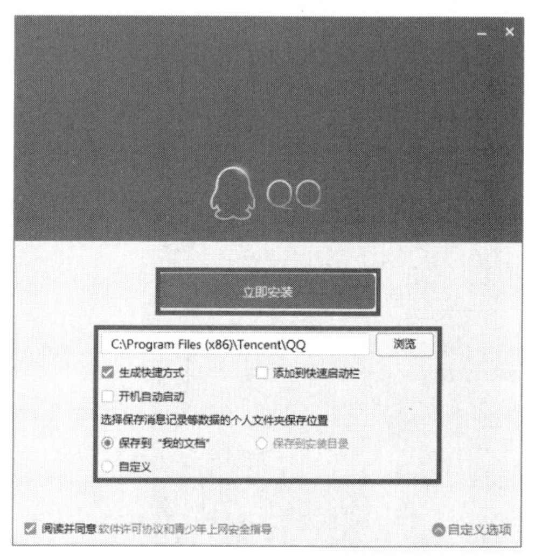


图 2-21　设置自定义选项

（5）出现图 2-22 所示的界面，上方是一些新功能演示，下方是进度条，等待数字变成 100%表示安装完成。

（6）安装完成后出现图 2-23 所示界面，上方是腾讯公司的其他产品，如果不需要可取消勾选对应的复选框，最后单击下方的“完成安装”按钮即可。

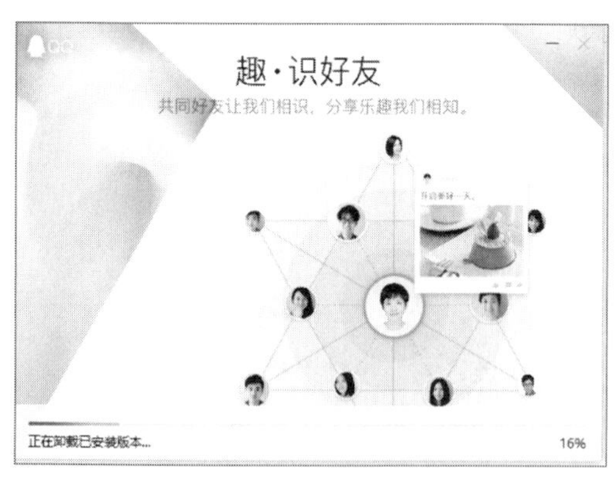


图 2-22　安装进度条

图 2-23　完成安装

顺利安装完成后，在桌面上将出现图标，“开始”菜单的“应用列表”中将看到“腾讯软件”和“腾讯 QQ”的目录。

【提示】下载软件时有时会让用户选择下载 64 位或者 32 位的应用程序，取决于本机的 CPU 配置，可右击“此电脑”图标，在弹出的快捷菜单中选择“属性”命令查看计算机的基本信息，如图 2-24 所示，则应该下载 64 位的应用程序。

图 2-24 计算机的基本信息

有些旧版本的应用程序会因为兼容性问题无法在 Windows 10 上使用，通过右击该应用程序，在弹出的快捷菜单中选择“属性”命令，在弹出的对话框中选择“兼容性”选项卡，如图 2-25 所示，可尝试勾选“以兼容模式运行这个程序”复选框（一般情况下可在下拉列表中选择“Windows 10”），同时根据需要在中间位置进行设置，如果必要，可勾选“以管理员身份运行此程序”复选框（此选项同时会带来一些风险，所以用户必须充分信任该应用程序）。

图 2-25 兼容性设置

## 2. 应用程序的删除

如果不想再使用某个程序，或者希望释放硬盘上的空间，则可以从计算机上卸载该程序。

**【例 2.3】** 在个人计算机上卸载 QQ 聊天程序。

操作步骤如下：

（1）在“开始”菜单的应用列表中找到“腾讯软件”和“QQ”的目录，如图 2-26 所示，选择“卸载腾讯 QQ”命令。

（2）弹出图 2-27 所示的“您确定要卸载此产品吗？”提示对话框，单击“是”按钮。

（3）稍后会出现图 2-28 所示的确认框，单击“确定”按钮，删除完成。

【提示】也可以从“设置”→“应用”→“应用和功能”窗口中选择相应程序，单击“删除/卸载”按钮；碰到一些不易删除的应用程序，可以借助第三方软件（如“360 安全卫士”）提供的“强力卸载”功能删除。

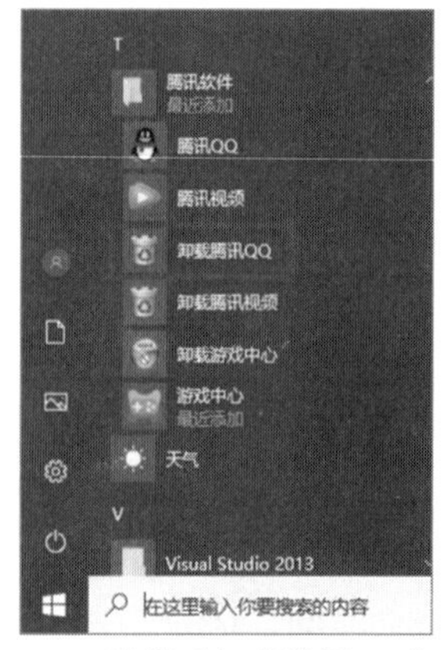


图 2-26　选择“卸载腾讯 QQ”命令

图 2-27　卸载提示对话框

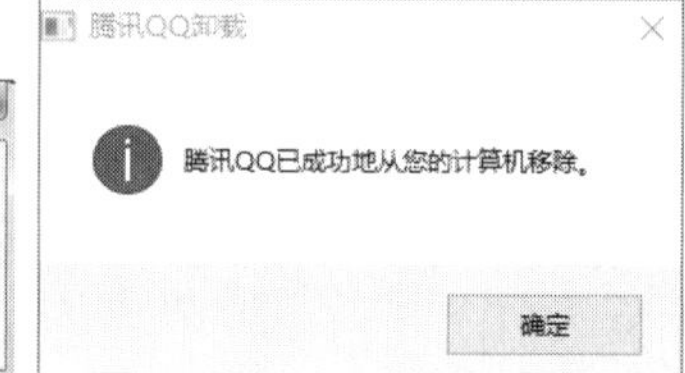


图 2-28　已成功删除

## 2.4　文件管理

计算机具有强大的存储功能，可以存储各式各样的数据，各种数据都是以文件的形式存储在计算机系统中，所以文件管理是计算机系统的重要组成部分，也与用户的日常操作息息相关，用户一定要掌握好文件管理。

### 2.4.1　文件

文件是指计算机中存储的某种相关信息的集合。在计算机系统中，文件是最小的数据组织单位，其内容可以是文档、图片、音乐或视频等。每个文件都有具体的文件名称，也有特定的文件类型。

在 Windows 10 操作系统中，文件命名可使用长文件名，最长可以到 255 个英文字符（包括扩展名），文件命名允许由字母、数字、空格、下划线、汉字和部分符号等组成，但不能包含/、\、：、*、?、"、<、>和|等特殊符号。

操作系统使用扩展名区分不同的文件类型。比如，文档文件的扩展名是.txt、.doc和.pdf 等，图片文件的扩展名是.jpg、.bmp 和.png 等，音乐文件的扩展名是.wav 和.mp3等，视频文件的扩展名是.rmvb、.avi 和.mp4 等。

### 2.4.2　文件夹

为了更方便地管理文件，操作系统中引入文件夹对文件进行分类和汇总，文件夹是存放文件或文件夹的容器，文件夹没有扩展名，它具有以下特点：

（1）同一文件夹中不能出现同名文件或文件夹，但不同文件夹下允许出现同名文件或文件夹。

（2）对文件夹进行复制、移动或者删除等操作，将对文件夹中的所有内容同时有效。

（3）只要存储空间不受限制，一个文件夹可以根据需要存放相关材料。

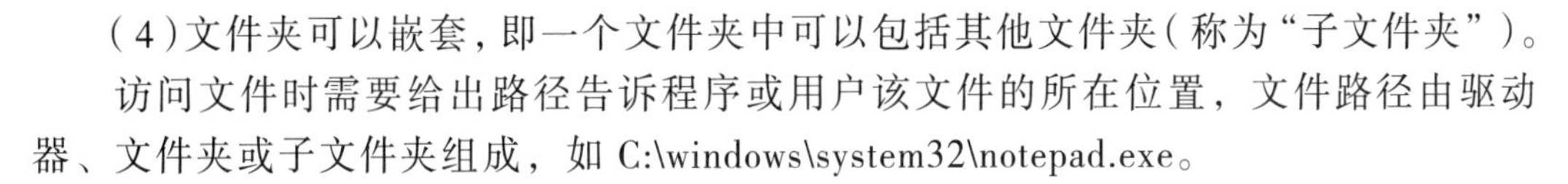

（4）文件夹可以嵌套，即一个文件夹中可以包括其他文件夹（称为“子文件夹”）。

访问文件时需要给出路径告诉程序或用户该文件的所在位置，文件路径由驱动器、文件夹或子文件夹组成，如 C:\windows\system32\notepad.exe。

【**提示**】在 Windows 10 操作系统中，用户可以方便地在地址栏的文件路径上直接跳转，比如当前地址栏上的文件路径是 C:\windows\system32\，单击“OS(C:)”，则马上跳转到 C 盘，单击路径后面的 > 标志，还可显示出当前路径下的所有目录，可以用鼠标左键直接进行选择，如图 2-29 所示。

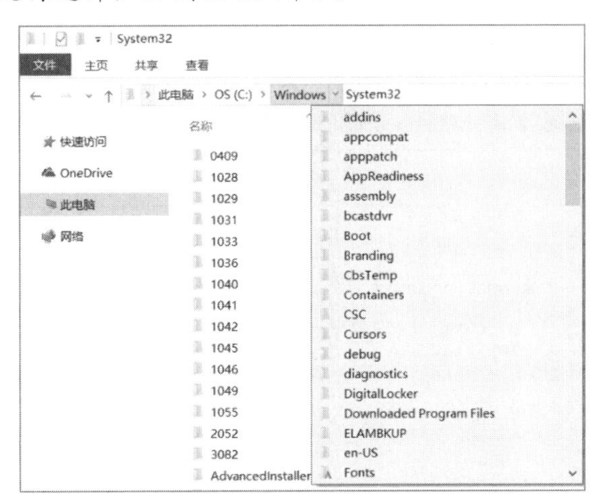


图 2-29　地址栏的文件路径跳转

### 2.4.3 “此电脑”窗口

双击“此电脑”图标，打开图 2-30 所示的窗口，可以看到该窗口由地址栏、导航窗格、搜索框、菜单栏、内容显示窗格和状态栏等部分组成。

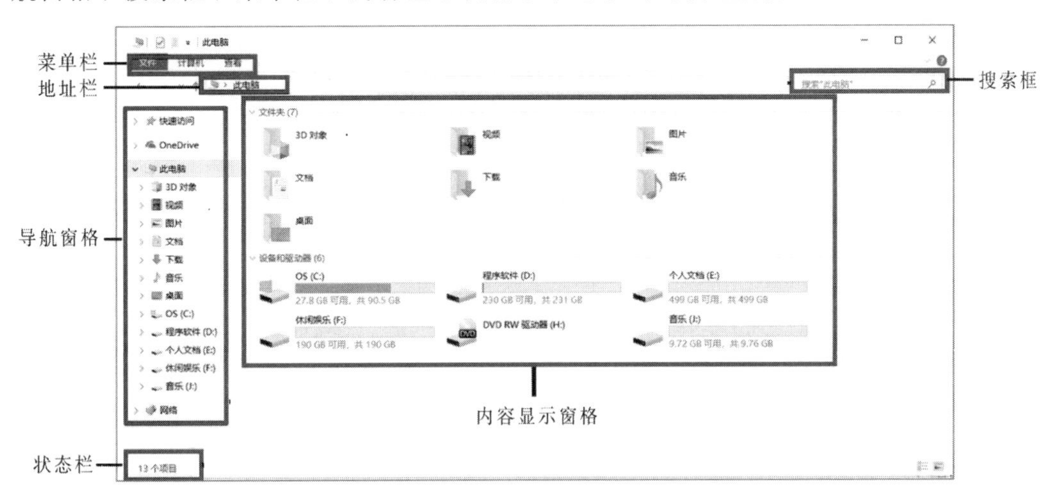


图 2-30　“此电脑”窗口

选择导航窗格中的“图片”选项，双击内容显示窗格中的“图片”，此处可看到 6 张图片。“查看”选项卡中提供了多种查看方式，图 2-31 所示的窗口是以“超大图标”

显示，图 2-32 所示的窗口是以“列表”显示，图 2-33 所示的窗口是以“大图标”显示。

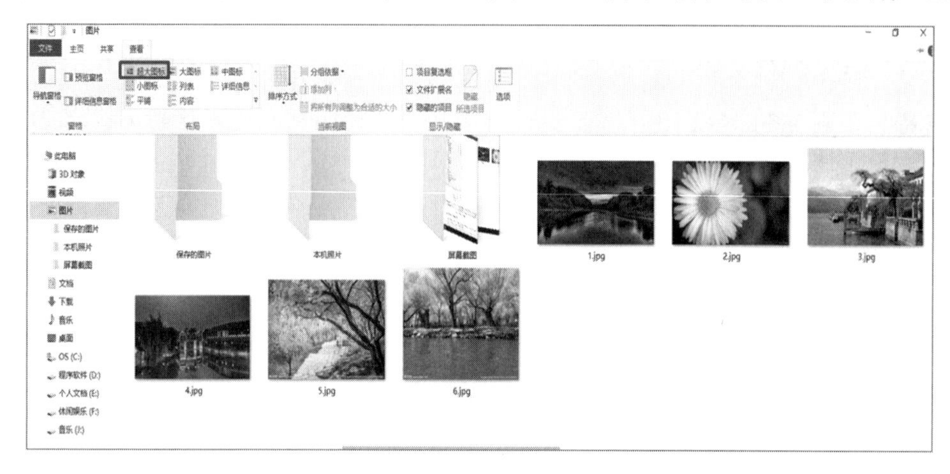


图 2-31 “超大图标”显示

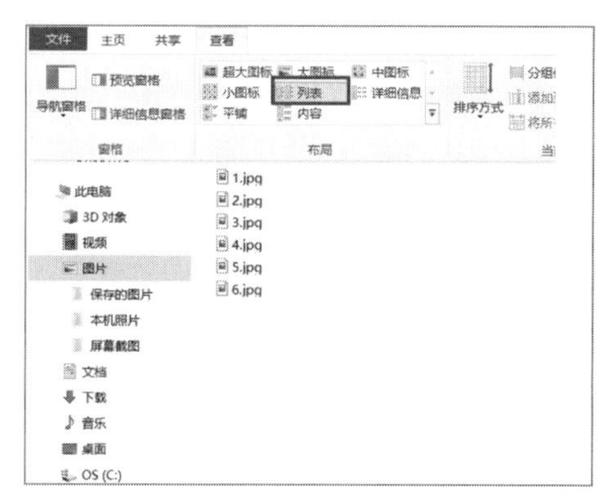


图 2-32 “列表”显示

图 2-33 “大图标”显示

## 2.4.4 管理文件和文件夹

在 Windows 10 操作系统中，文件和文件夹的常用操作主要包括新建和重命名、复制和移动、删除和恢复、隐藏和显示、查找等，下面分别进行介绍。

### 1. 新建和重命名

新建文件的常用方法有两种，第一种是通过右键快捷菜单进行新建；第二种是通过应用程序的菜单进行新建。下面以新建“文本文档”为例进行介绍。

图 2-34　选择“新建”→“文本文档”命令

双击“此电脑”窗口中的“D 盘”，在空白位置右击，在弹出的快捷菜单中选择“新建”→“文本文档”命令，如图 2-34 所示，即可看到“D 盘”目录下多了个新建文本文档图标，此时文件名处于可编辑状态，直接输入自己的文件名，并按【Enter】键或者在空白位置单击，即完成对该文件的重命名操作，接下来可双击该文本文件进行内容编辑。

也可双击打开任意一个已存在的文本文档，选择“文件”→“新建”命令，即可新建一个“无标题”的文本文档；选择“文件”→“另存为”命令，在弹出的对话框中选择“此电脑”→“D 盘”，在“文件名”文本框中输入自己的文件名，单击“保存”按钮，如图 2-35 所示，即完成对该文件的保存和重命名操作。接下来可继续对该文本文件进行内容编辑。

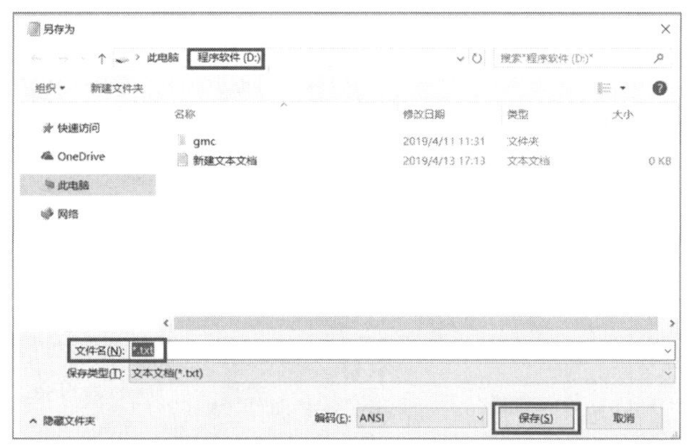

图 2-35　“另存为”文本文档

新建“文件夹”的常用方法也有两种，第一种是通过右键快捷菜单进行新建；第二种是通过工具栏中的“新建”按钮进行新建。

与新建“文本文档”类似，在“D 盘”窗口空白位置右击，在弹出的快捷菜单中选择“新建”→“文件夹”命令，如图 2-36 所示，即可看到 D 盘目录下多了个新建文件夹图标，此时文件夹名字处于可编辑状态，直接输入自己的文件夹名字，并按【Enter】键或者在空白位置单击，即可完成对该文件夹的重命名操作。

也可单击“D 盘”窗口上方工具栏右侧的“新建文件夹”按钮，即可看到 D 盘目

录下多了个 新建文件夹 图标，接下来可继续重命名操作。

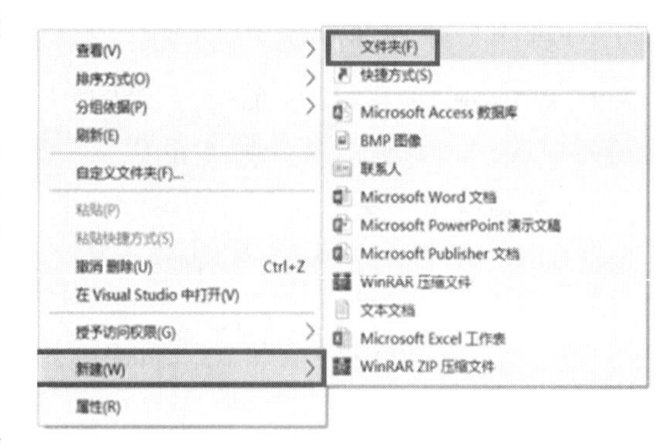


图 2-36 选择“新建”→“文件夹”命令

【提示】如果以后还需要对某个文件或文件夹重新命名，右击该文件或文件夹，在弹出的快捷菜单中选择“重命名”命令，其名字处于可编辑状态时，即可输入自己的文件夹名字。

### 2. 复制和移动

“复制”文件或文件夹是指在另一个位置创建一个文件或文件夹的备份，而原位置的文件或文件夹仍然保留；“移动”文件或文件夹是指将文件或文件夹从一个目录移动到另一个目录，而原来的位置将不存在该文件或文件夹。

操作之前，首先应选定相关文件或文件夹，单击要选定的某个文件或文件夹，被选定的文件或文件夹将以蓝底形式显示，如 123.txt 是选中的文件， 456 是选中的文件夹。如果要取消选择，单击空白位置即可。

**【例 2.4】**将 D 盘下的“123.txt”复制到 E 盘。

操作步骤如下：

（1）选中“D 盘”的“123.txt”文件后右击，在弹出的快捷菜单中选择“复制”命令，如图 2-37 所示。

（2）打开“E 盘”并右击，在弹出的快捷菜单中选择“粘贴”命令，如图 2-38 所示，可以看到“E 盘”中多了一个与“D 盘”一模一样的“123.txt”文件。

移动“123.txt”与复制“123.txt”操作的区别在于第（1）步，选中文件后右击，在弹出的菜单中选择“剪切”命令，与第（2）步操作相同，操作完成后可以看到“D 盘”中的“123.txt”已经不存在。

【提示】按【Ctrl+C】组合键或者单击“主页”选项卡中的“复制”按钮，与上述“复制”功能一样。按【Ctrl+X】组合键或者单击“主页”选项卡中的“剪切”按钮，与上述“剪切”功能一样。按【Ctrl+V】组合键或者单击“编辑”选项卡中的“粘贴”按钮，与上述“粘贴”功能一样。

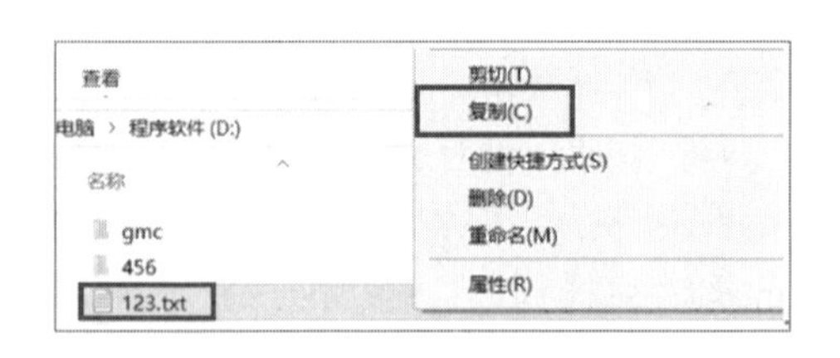


图 2-37 “复制”某个文件

图 2-38 在另一位置“粘贴”某个文件

若想选中多个文件一起进行复制或移动等相关操作，有以下操作技巧：

（1）按【Ctrl+A】组合键或者单击“主页”选项卡中的“全部选择”按钮，可选中当前目录下的所有文件。

（2）按住【Ctrl】键不放，单击任意多个文件，可选中任意多个文件；按住【Ctrl】键不放，再次单击某个文件，则该文件将被取消选中。

（3）单击文件 A，按住【Shift】键不放，再单击同一目录下的另一个文件 B，则可选中从文件 A 到文件 B 的所有文件。

（4）按住鼠标左键不放，拖出一个矩形形状（如从左上角到右下角），则落在该矩形范围中的所有文件将被选中。

3. 删除和还原

文件或文件夹的删除，就是将文件或文件夹暂时移动到桌面的“回收站”中，若需要，用户可以从“回收站”中恢复到原位置。

选中要删除的若干文件或文件夹，如“123.txt”，按【Del】键（或者右击，在弹出的快捷菜单中选择“删除”命令），则“123.txt”将被移动到“回收站”中，如图 2-39 所示。

双击“回收站”图标，可看到刚被删除的“123.txt”，右击该文件，出现图 2-40 所示的快捷菜单，选择“还原”命令，“123.txt”将还原到原位置。

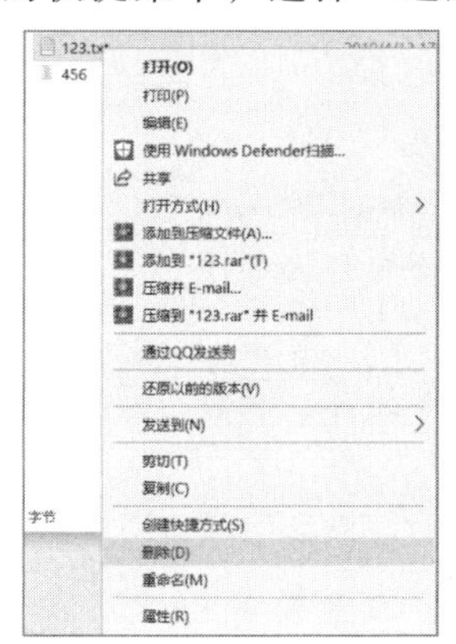


图 2-39 “删除”某个文件

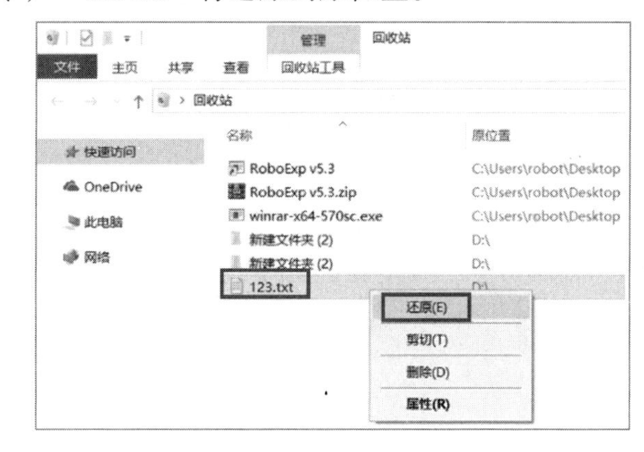


图 2-40 从回收站还原

右击“回收站”图标，选择“清空回收站”命令，弹出图 2-41 所示的提示对话框，单击“是”按钮，则永久删除回收站中的内容，无法再还原到原位置。

图 2-41 确认删除

【提示】按【Shift+Del】组合键删除某些文件或者文件夹，将直接永久删除而不放入回收站，建议少用；若永久删除后还想再还原，则要尽量避免再次进行硬盘的写操作，并使用专门的数据恢复软件尝试找回。

4．隐藏与显示

对于一些比较重要的私人文件或者文件夹，可以设置它的属性为“隐藏”，其他用户就无法看到它。

【例 2.5】设置“私人文件.txt”的属性为“隐藏”。

操作步骤如下：

（1）右击“私人文件.txt”，在弹出的快捷菜单中选择“属性”命令，如图 2-42 所示。

（2）在弹出的对话框中选择“常规”选项卡，勾选“隐藏”复选框。

（3）单击“确定”按钮，如图 2-43 所示。

可以看到，在目录下显示出了“私人文件.txt”的半透明图标，但用户还是能看到该文件；若要真正隐藏，还需要进一步设置不显示隐藏的文件。

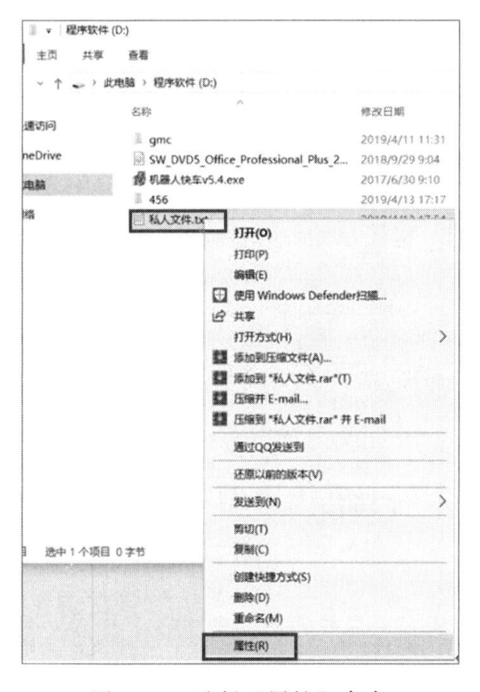


图 2-42　选择“属性”命令

图 2-43　勾选“隐藏”复选框

【例 2.6】设置不显示隐藏的文件。

操作步骤如下：

（1）双击“此电脑”图标，在打开的窗口中选择“查看”选项卡，如图 2-44 所示。

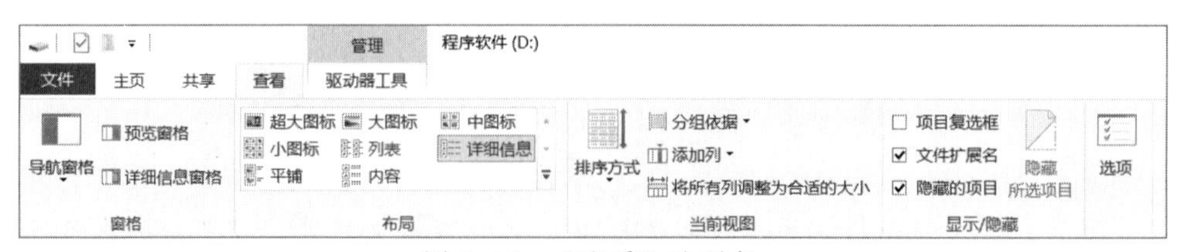


图 2-44　“查看”选项卡

（2）勾选“隐藏的项目”复选框，如图 2-45 所示。

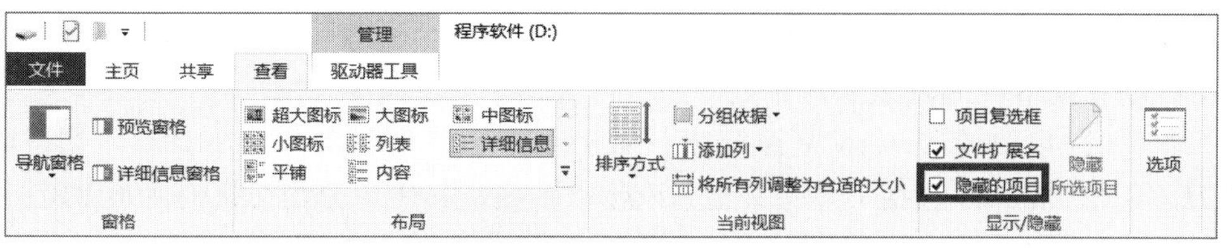


图 2-45　勾选“隐藏的项目”复选框

在图 2-45 中取消勾选“隐藏的项目”复选框，目录下的“私人文件.txt”已完全隐藏，包括用户自己也看不到。如果重新显示已隐藏的文件，在图 2-45 中勾选“隐藏的项目”复选框，此时可看到隐藏文件均显示出半透明图标，右击该文件，在弹出的快捷菜单中选择“属性”命令，在弹出的对话框中取消勾选“隐藏”复选框即可。

**5. 查找**

为了方便用户查找文件，Windows 10 系统提供了方便的“查找”功能。

**【例 2.7】**在 D 盘下查找文件名中包含 ab 的文本文档文件。

操作步骤如下：

（1）双击“此电脑”图标，在打开的窗口中选择“D 盘”。

（2）在地址栏旁边的搜索框中输入搜索词，如本例为*ab*.txt，输入完成后按【Enter】键。

窗口中将开始持续显示结果，如图 2-46 所示。

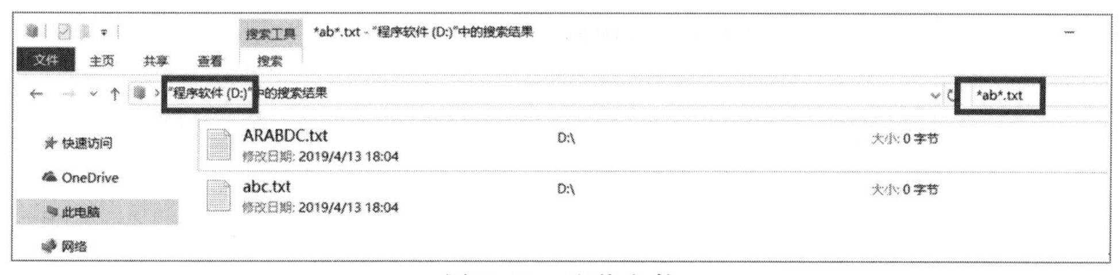


图 2-46　查找文件

## 2.5 磁 盘 管 理

磁盘管理是计算机使用时的一项常规任务，以一组磁盘管理应用程序的形式提供给用户，它位于“计算机管理”控制台中，包括逻辑驱动器的相关操作、磁盘格式化、磁盘碎片整理和磁盘整理等功能。

### 2.5.1 磁盘分区与创建逻辑驱动器

磁盘分区是指将磁盘划分成若干个逻辑部分来操作；划分成分区之后，不同类型的目录与文件可以存储到不同的分区。用户可根据自己的需要，仔细考虑分区的大小，以后可方便地进行管理。

**【例 2.8】**查看本机的磁盘分区情况。

操作步骤如下：

（1）右击“此电脑”图标，在弹出的快捷菜单中选择“管理”命令。

（2）打开“计算机管理”窗口，单击“存储”→“磁盘管理”选项，稍等几秒即可在右侧看到本机的磁盘分区情况。

如图 2-47 所示，C 盘是系统盘，属于主分区，大小为 90.56 GB，可用空间为 26.25 GB，扩展分区包括 D 盘、E 盘、F 盘和 G 盘。其中未分配分区有 890 MB，用不同颜色进行标识。

接下来创建新的逻辑驱动器，由于本机不存在未分配的空间，所以需要先对某个逻辑驱动器进行“压缩卷”，才能创建新的逻辑驱动器。

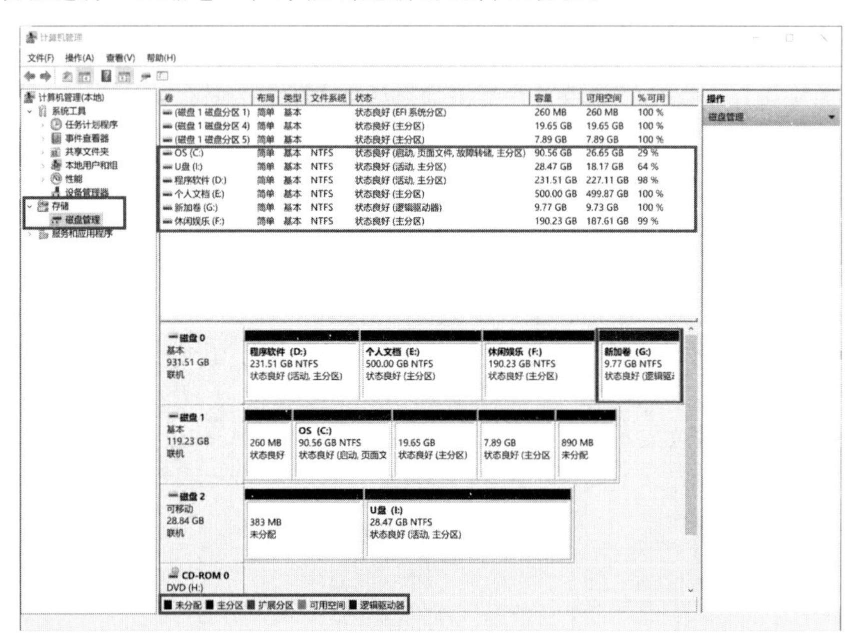


图 2-47　磁盘分区情况

【例 2.9】对 F 盘“压缩卷”，调整出 10 000 MB 的可用空间。

操作步骤如下：

（1）在图 2-47 中，右击“F 盘”，在弹出的快捷菜单中选择“压缩卷”命令。

（2）弹出“查询压缩空间”对话框，如图 2-48 所示。

（3）等几秒后，出现提示 F 盘情况的窗口，在“输入压缩空间量”文本框中输入“10000”，单击“压缩”按钮，如图 2-49 所示。

图 2-48　“查询压缩空间”对话框

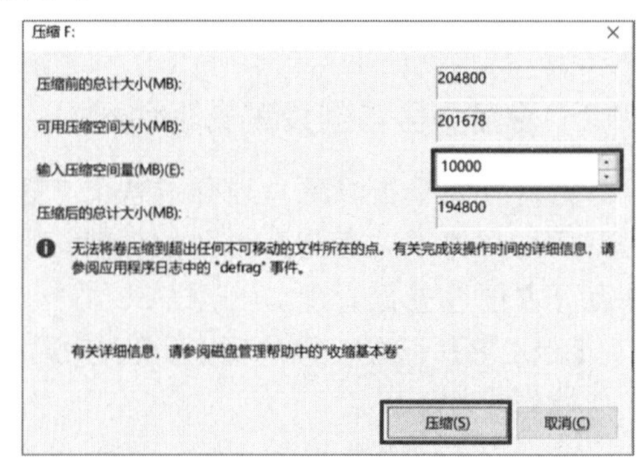


图 2-49　设置压缩空间量

稍等几分钟后，出现 9.77 GB（即 10 000 MB）的可用空间，如图 2-50 所示，以墨绿色标识，同时注意到 F 盘减少了相应的空间。

图 2-50　出现新的可用空间

【例 2.10】对调整出的可用空间进行分配，并命名为“J 盘”。

操作步骤如下：

（1）在图 2-47 中，右击“可用空间”，在弹出的快捷菜单中选择“新建简单卷”命令，弹出“新建简单卷向导”界面，单击“下一步”按钮，如图 2-51 所示。

（2）在“指定卷大小”界面的“简单卷大小”微调框中输入“10000”，单击“下一步”按钮，如图 2-52 所示。

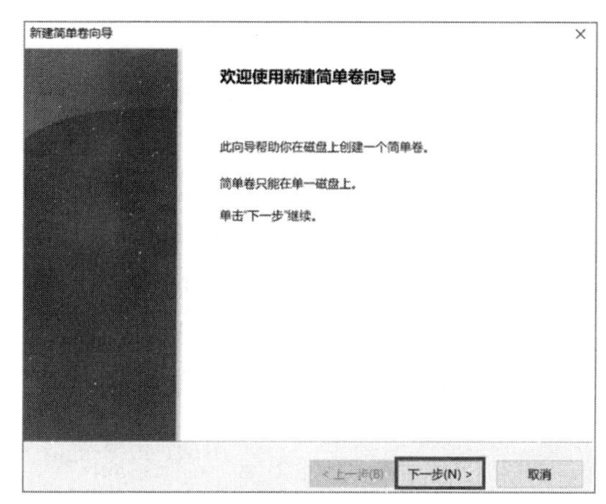


图 2-51　“新建简单卷向导”界面

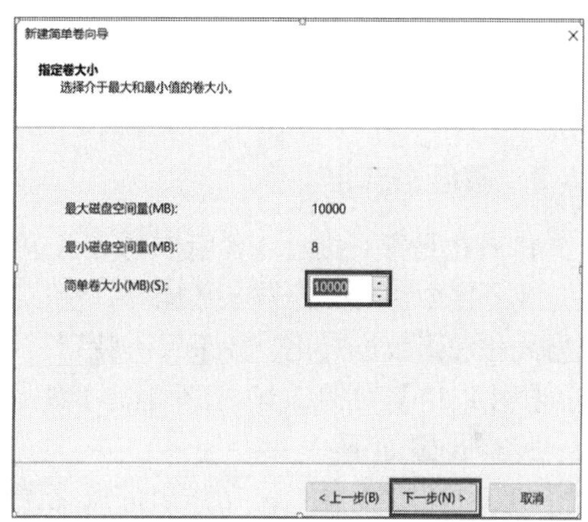


图 2-52　设置简单卷大小

（3）在“分配以下驱动器号”下拉列表中选择“J”，单击“下一步”按钮，如图 2-53 所示。

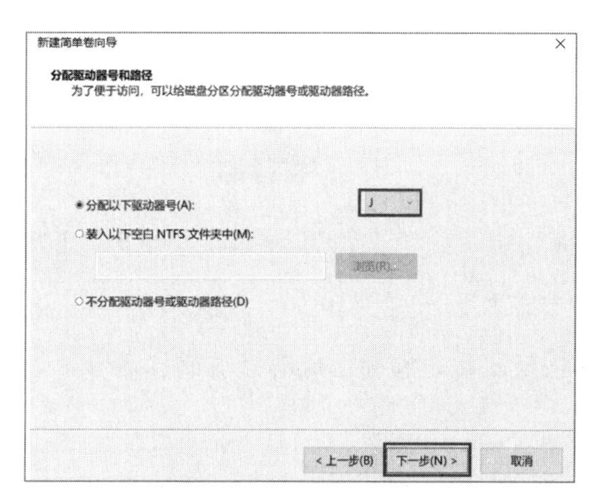


图 2-53　“分配驱动器号和路径”界面

（4）在“格式化分区”界面中保持默认设置，单击“下一步”按钮，如图 2-54 所示。

（5）在“正在完成新建简单卷向导”界面中确认刚才的设置，单击“完成”按钮，如图 2-55 所示。

可以看到，系统中新增加了一个逻辑驱动器 J 盘。

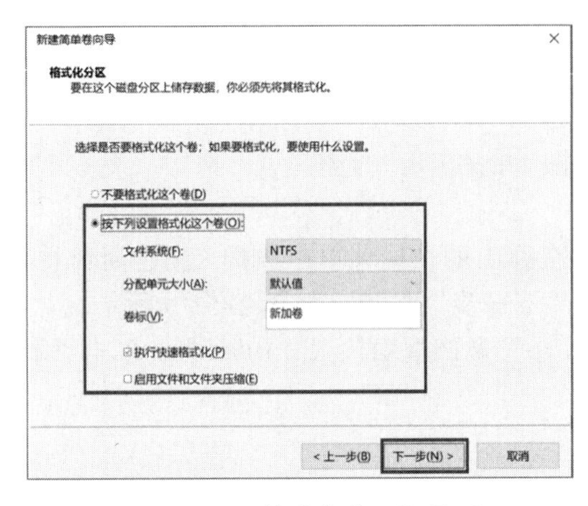


图 2-54　“格式化分区”界面

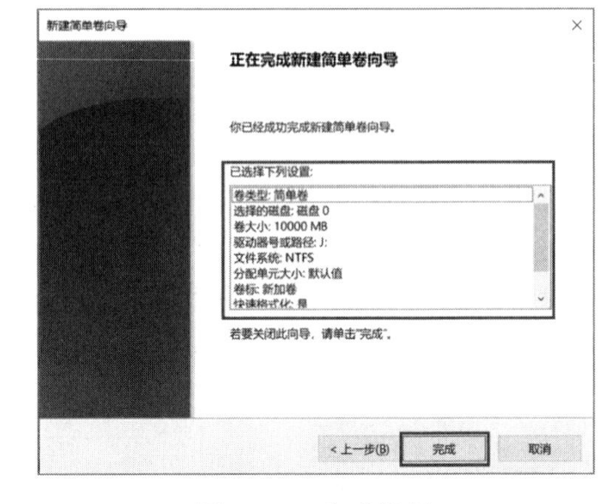


图 2-55　完成设置

## 2.5.2　磁盘格式化

格式化是指对磁盘或磁盘中的分区进行初始化的一种操作，这种操作会导致现有的磁盘或分区中所有文件被永久删除，所以用户一定要提前备份相关数据。格式化分为低级格式化和高级格式化，如果没有特别指明，对硬盘的格式化通常是指高级格式化。

**【例 2.11】**对例 2.10 中新建的 J 盘进行格式化，并把卷标修改成“音乐”。

操作步骤如下：

（1）右击“J 盘”，在弹出的快捷菜单中选择“格式化”命令。

（2）在“格式化 J:”对话框中将卷标修改为“音乐”，单击“确定”按钮，如图 2-56 所示。

（3）系统提示用户再次确认已备份好数据，如图 2-57 所示，单击“确定”按钮。

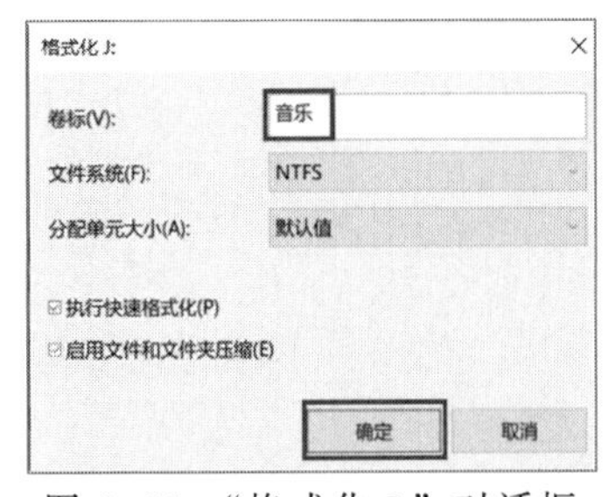


图 2-56　“格式化 J:”对话框

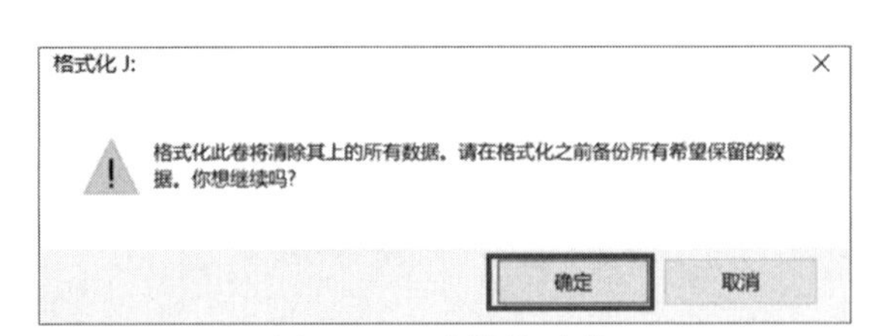


图 2-57　确认格式化

可以看到，J 盘已被格式化，卷标已成功修改成“音乐”。

## 2.5.3　磁盘碎片整理

磁盘碎片又称文件碎片，是由于文件被分散保存到整个磁盘的不同地方，而不是

连续地保存在磁盘连续的簇中形成的。文件碎片过多会使系统在读文件时来回读取，从而引起系统性能下降。

磁盘碎片整理，就是通过系统软件或者专业的磁盘碎片整理软件对磁盘在长期使用过程中产生的碎片重新整理，可提高计算机的整体性能和运行速度。

【例 2.12】通过系统软件，对 J 盘进行碎片整理。

操作步骤如下：

（1）右击“J 盘”，在弹出的快捷菜单中选择“属性”命令。

（2）在“属性”对话框中，选择“工具”选项卡，单击“优化”按钮，如图 2-58 所示。

（3）在“优化驱动器”窗口中，选中“J 盘”，单击“优化”按钮，如图 2-59 所示。

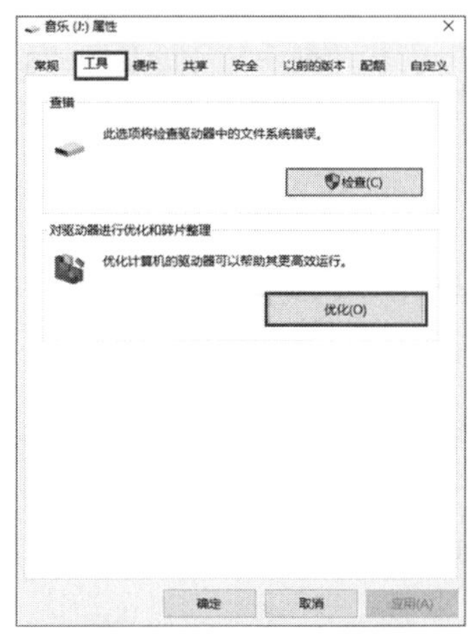

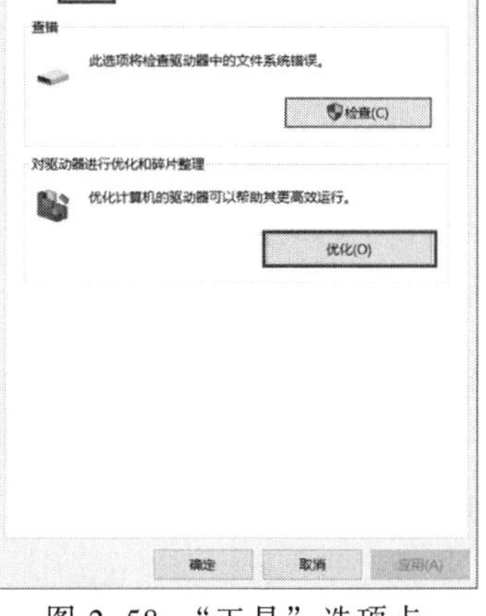


图 2-58 “工具”选项卡

图 2-59 “优化驱动器”窗口

稍等几分钟后，发现 J 盘已进行碎片整理，在“上一次运行时间”列表中将显示本次运行的时间。

【提示】一般家庭用户约每个月进行一次磁盘碎片整理，商业用户及服务器约半个月整理一次；也可根据碎片比例来考虑，在 Windows 10 系统中，碎片超过10%时需要整理。

### 2.5.4 磁盘清理

磁盘清理的目的是清理磁盘中的垃圾，释放磁盘空间。

【例 2.13】对 C 盘进行磁盘清理。

操作步骤如下：

（1）右击“C 盘”，在弹出的快捷菜单中选择“属性”命令。

（2）在“属性”对话框中选择“常规”选项卡，单击“磁盘清理”按钮，如图 2-60 所示。

图 2-60 磁盘清理程序

（3）弹出“正在计算...”提示对话框，如图 2-61 所示。

（4）稍等几分钟后，弹出磁盘清理对话框，如图 2-62 所示，确认要清理的内容，单击“确定”按钮。

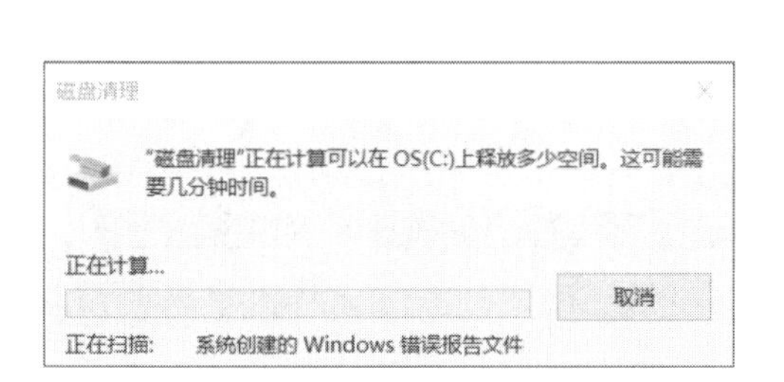


图 2-61　计算可以释放的空间

图 2-62　确认清理的内容

（5）弹出“确实要永久删除这些文件吗？”提示对话框，如图 2-63 所示，单击“删除文件”按钮。

弹出“正在清理驱动器 OS（C:）”提示对话框，如图 2-64 所示，稍等几分钟后，C 盘清理完成。

图 2-63　“确认要永久删除这些文件吗?”提示对话框

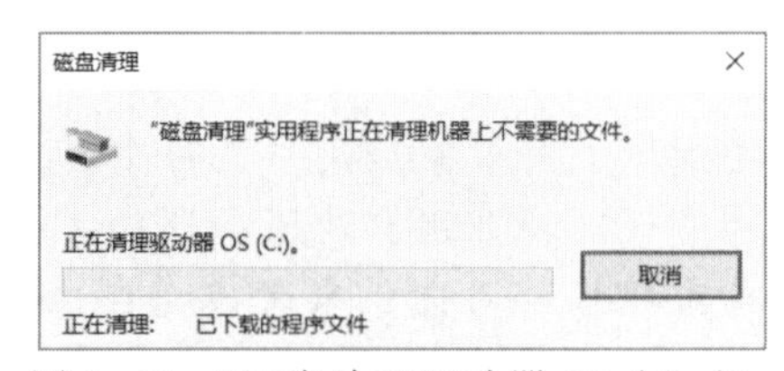


图 2-64　“正在清理驱动器 OS（C:）”提示对话框

## 2.6　设备管理

Windows 10 系统对硬件配置的要求相对较高，在硬件的兼容性上也有要求。接下来介绍日常工作生活中常用的即插即用设备的安装和卸载，同时介绍设备管理器的基本使用。

### 2.6.1　即插即用设备

即插即用（Plug-and-Play，PNP）的任务是让物理设备和软件相配合，在每个设备和其驱动程序之间建立通信信道。常见的即插即用设备包括 U 盘、移动硬盘和数码照相机的存储卡等。

在计算机上安装硬件后，用户还必须安装硬件本身的驱动程序才能使用它。为了方便用户，Windows 系统使用“即插即用”功能解决这个问题，也就是在 Windows 系统中，内置常用硬件的驱动程序。当安装了硬件之后，如果 Windows 系统中能找到此硬件的驱动程序，就会自动安装；如果没有找到，用户需要另外安装相应的驱动程序。Windows 10 自动更新驱动程序，在设置中选择系统更新，即可让系统自动更新

【例 2.14】Windows 10 自动更新驱动。

操作步骤如下：

（1）单击“开始”按钮，选择“设置”命令，如图 2-65 和图 2-66 所示。

图 2-65 “开始”按钮

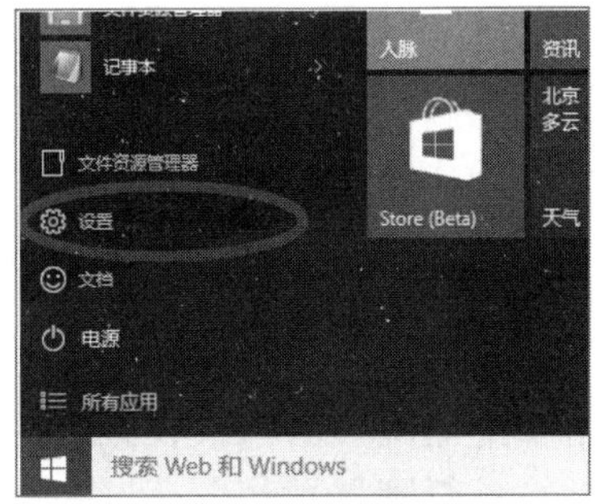


图 2-66 选择“设置”命令

（2）在“设置”窗口中单击“更新和安全”按钮，如图 2-67 所示。

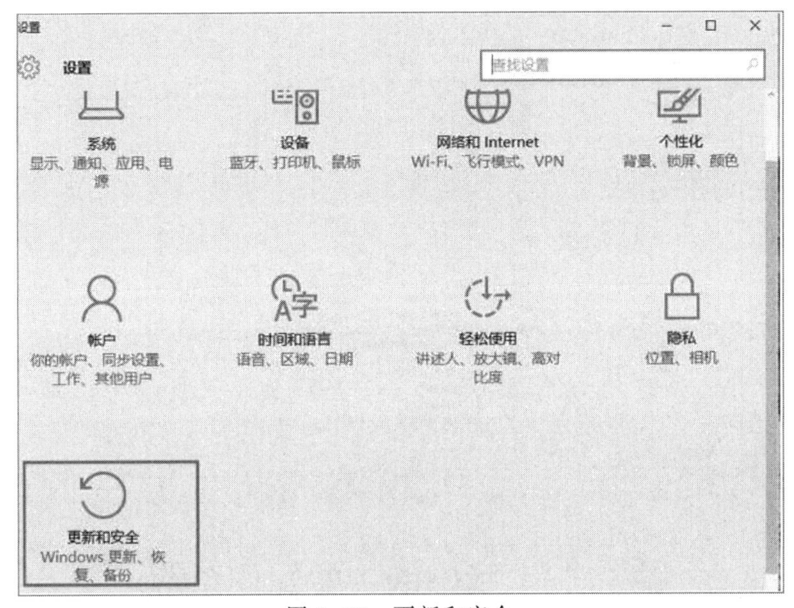


图 2-67 更新和安全

（3）在弹出的对话框中系统会检测新版本驱动，然后自动下载更新，如图 2-68 所示。

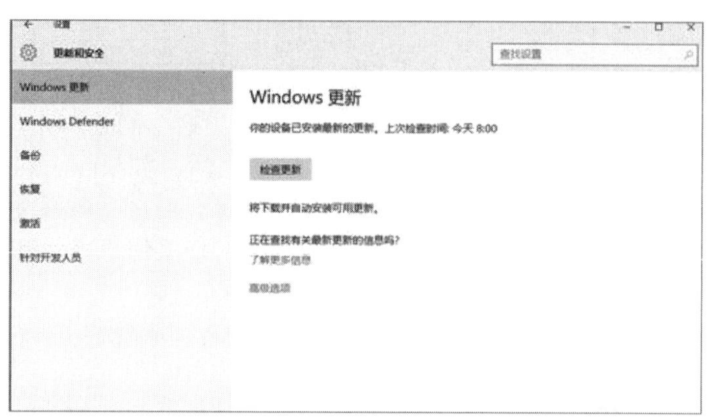


图 2-68 “Windows 更新”对话框

## 2.6.2 设备管理器

使用设备管理器可以查看计算机中已安装的硬件设备情况，还可以进行更改设置和更新驱动程序等操作。

【例 2.15】利用设备管理器查看硬件情况。

操作步骤如下：

右击“此电脑”图标，在弹出的快捷菜单中选择“属性”命令，在打开的窗口中单击“设备管理器”超链接，在打开的窗口中即可看到本机的硬件情况列表，如图 2-69 所示。

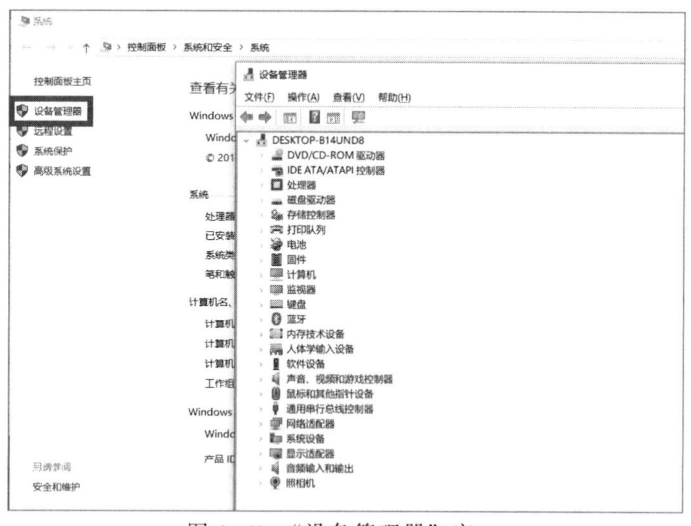


图 2-69 “设备管理器”窗口

# 2.7 我国的主要操作系统

随着计算机系统应用越来越广泛，保证信息的安全性和可靠性是我国信息化建设中需要解决的重要问题。而操作系统是信息安全的“底座”，要想让应用真正安全，应大力开发自主创新的国产操作系统。目前主要的国产操作系统基本上是基于 Linux

开源内核开发的，如中标麒麟（NeoKylin）、深度Linux（Deepin）、统一（Unity Operating System，UOS）、起点（StartOS）、鸿蒙操作系统（HarmonyOS）等。

### 2.7.1 中标麒麟（NeoKylin）

中标麒麟（NeoKylin）操作系统是由民用的“中标 Linux”操作系统和军用“银河麒麟”操作系统合并而来，并以“中标麒麟”品牌出现在市场。中标麒麟操作系统采用强化的Linux内核，分成桌面版、通用版、高级版和安全版等，满足不同客户的要求，已经广泛使用在能源、金融、交通、政府、央企等行业领域。

中标麒麟增强安全操作系统采用银河麒麟KACF强制访问控制框架和RBA角色权限管理机制，支持以模块化方式实现安全策略，提供多种访问控制策略的统一平台，是一款真正超越“多权分立”的B2级结构化保护操作系统产品。

### 2.7.2 深度Linux（Deepin）

深度操作系统（Deepin）是由武汉深之度科技有限公司发行的一个致力于为全球用户提供美观易用、安全稳定服务的桌面操作系统。它清新的视觉设计、化繁为简的交互、丰富的功能、支持使用安卓应用，给用户带来更好的应用管理及使用体验。系统支持安全启动，确保设备引导受信任的软件，为系统安全保驾护航。Deepin团队专注于使用者对日常办公、学习、生活和娱乐的操作体验的极致，适合笔记本计算机、桌面计算机和一体机。它包含了所需要的应用程序，网页浏览器、幻灯片演示、文档编辑、电子表格、娱乐、声音和图片处理软件，即时通信软件等。深度操作系统拥有自主设计的特色软件：深度软件中心、深度截图、深度音乐播放器和深度影音，全部使用自主的DeepinUI，其中有深度桌面环境，DeepinTalk（深谈）等。

深度操作系统是国内比较活跃的Linux发行版，Deepin为所有人提供稳定、高效的操作系统，强调安全、易用、美观。不仅让用户体验到丰富多彩的娱乐生活，也可以满足日常工作需要。

### 2.7.3 统一（UOS）

统一操作系统（UOS）是由包括中国电子集团（CEC）、武汉深之度科技有限公司、南京诚迈科技、中兴新支点在内的多家国内操作系统核心企业自愿发起“统信UOS统一操作系统筹备组”共同打造的中文国产操作系统。当前，UOS产品已在政府管理、金融、国防、能源、交通、电信、教育等多个领域获得应用，成为中国重要的操作系统之一。

UOS采用Wine（Wine是一个能够在多种操作系统上运行Windows应用的兼容层）相关技术，让用户可以尽可能延续自己过去在Windows下的使用体验。此外，统信对于国产硬件的兼容生态，也做了很多工作。和其他国外的Linux发行版不同，统信UOS针对国产芯片（如龙芯、飞腾、申威、鲲鹏、兆芯、海光等）都提供了良好的支持。

### 2.7.4 起点（StartOS）

起点（StartOS）操作系统是由广东爱瓦力科技股份有限公司发行的一套 Linux 桌面操作系统。StartOS 操作系统具有运行速度快，安全稳定，界面美观，操作简洁明快等特点。StartOS 使用全新的包管理，全新的操作界面，是一个易用、安全、稳定、易扩展，更加符合中国人操作习惯的桌面操作系统。

### 2.7.5 鸿蒙操作系统（HarmonyOS）

鸿蒙操作系统（HarmonyOS）是华为公司开发的一款“面向未来”的分布式全场景（移动办公、运动健康、社交通信、媒体娱乐等）的智慧操作系统。是华为的专有操作系统，旨在释放对安卓平台的依赖以及谷歌对其的限制。HarmonyOS 旨在连接多个设备组成一个功能、资源、设备齐全的，面向 IoT 物联网设备的超级系统。鸿蒙操作系统最大的卖点是它可以在任何设备上运行，包括智能手机、智能手表、平板电脑、电视和汽车音响。它甚至可以在物联网设备上运行，如冰箱、智能扬声器和烤箱。使消费者实现通过智能手机方便、快捷地控制其他设备，从而获得更优质的视、听、感、触等全方位的服务，以实现在特定场合下，以最低的能耗，最快的速度，通过最优的硬件设备，操作最全面的优质资源，获得最佳的用户体验。

操作系统是计算机以及信息创新产业的“灵魂”，是构建新数字基础设施、打造“数字中国”的基石。近几年，国产操作系统虽然慢慢发展起来了，也正处于从能用向好用发展阶段，但在国外操作系统的强势垄断背景下，国产操作系统仍面临很多挑战，产业化道路上依旧步履维艰。以鸿蒙为代表的国产操作系统还需努力提高系统安全性和应用性能，以及提升自主创新领域的优势。

## 小　结

本章主要介绍了 Windows 10 系统运行环境、基本操作、程序管理、文件管理、磁盘管理和设备管理等知识。通过学习熟练掌握日常使用的基本操作及技巧，在以后的学习工作生活中才能够更加有效率地使用计算机。

## 习　题

### 一、选择题

1. Windows10 系统共包含（　　）个版本。
   A. 4　　B. 5　　C. 6　　D. 7
2. Windows 10 的桌面上，任务栏最左侧是（　　）。
   A. “打开”按钮　　B. “还原”按钮
   C. “开始”按钮　　D. “确定”按钮
3. 在一般情况下，Windows 桌面的最下方是（　　）。
   A. 任务栏　　B. 状态栏　　C. 菜单栏　　D. 标题栏

4. 能够轻松搜索应用程序的桌面元素是（　　）。

A. 桌面图标　B. 任务栏　C. 桌面背景　D. 搜索框

5. 在 Windows 10 中，获得联机帮助的快捷键是（　　）。

A. F1　B. Alt　C. Esc　D. Home

6. 关闭应用程序可以按（　　）组合键。

A. Alt+F4　B. Ctrl+F4

C. Shift+F4　D. 空格键+F4

7. 在 Windows 的各项对话框中，在有些项目文字说明的左边标有一个小方框，当小方框中有“√”时，表示（　　）。

A. 这是一个单选按钮，且已被选中

B. 这是一个单选按钮，且未被选中

C. 这是一个复选框，且已被选中

D. 这是一个多选按钮，且未被选中

8. 文本文档的扩展名是（　　）。

A. .TXT　B. .EXE　C. .BMP　D. .AVI

9. 在记事本中想把一个修改后的内容以另一个文件名保存，正确的操作是（　　）。

A. 选择“文件”→“保存”命令　B. 选择“文件”→“另存为”命令

C. 选择“编辑”→“保存”命令　D. 选择“编辑”→“另存为”命令

10. 在 Windows 10 资源管理器中，下列关于新建文件夹的正确做法是：在右窗格的空白区域（　　），在弹出的快捷菜单中选择“新建”→“文件夹”命令。

A. 单击　B. 右击

C. 双击　D. 三击

11. 下列关于“回收站”的叙述正确的是（　　）。

A. 暂存所有被删除的对象

B. “回收站”中的内容不能还原

C. 清空“回收站”后，仍可用命令方式还原

D. “回收站”的内容不占硬盘空间

12. 从硬盘上彻底删除文件可以利用（　　）。

A. 【Shift】键　B. 【Ctrl】键　C. 【Alt】键　D. 【空格键】

## 二、简答题

1. Windows 10 系统与以前的版本相比，有哪些特别改进的地方？

2. 在日常使用过程中，你觉得 Windows 10 操作系统还有哪些方面需要进一步改进和完善？

3. 目前，我国主流的操作系统有哪些？

# 第3章 Word 2016 文字处理

Word 2016 是 Microsoft 公司开发的 Office 2016 办公组件之一，它主要用于文字处理工作，适于制作各类文档，如书籍、简历、公文、表格、报刊、传真等，既能满足简单的办公商务和个人文档编辑，又能满足专业人员制作印刷版式复杂的文档需要。可运行于 Windows 系列、Mac OS 等操作系统环境(建议 Windows 10)。Word 2016 旨在提供最好的文档编辑和排版设置工具，利用它可更轻松、高效地组织和处理各类文档内容，包括文字、表格、图形、多媒体等。

## 3.1 Word 2016 简介

Word 2016 是 Office 2016 办公软件系列中的文字处理软件，学习 Word 2016 可以从了解 Office 2016 软件系列的成员、熟悉 Word 2016 的基本功能以及认识 Word 2016 的新增功能开始。

### 3.1.1 Word 2016 概述

#### 1. Office 软件成员介绍

（1）Microsoft Office 2016 提供了一套完整的办公工具，主要包括 Word、Excel、PowerPoint、Access 和 Outlook 等实用组件。

（2）Microsoft Word 2016：文字处理软件，用来创建和编辑具有专业外观的文档，如信函、论文、报告和小册子。

（3）Microsoft Excel 2016：电子表格处理软件，用来执行计算、分析信息以及可视化电子表格中的数据。

（4）Microsoft PowerPoint 2016：演示文稿制作软件，用来创建和编辑用于幻灯片播放、会议和网页的演示文稿。

（5）Microsoft Access 2016：数据库管理系统，用来创建数据库和程序来跟踪与管理数据。

（6）Microsoft Outlook 2016：电子邮件客户端程序，用来发送和接收电子邮件；管理日程、联系人、任务以及记录活动信息。

（7）Microsoft OneNote 2016：笔记管理程序，用来搜集、组织、查找和共享笔记。

（8）Microsoft Publisher 2016：出版物制作程序，用来创建新闻稿和小册子等专业品质出版物及营销素材。

（9）Microsoft OneDrive for Business：微软网盘同步工具，OneDrive 是为个人用户打造的个人在线存储服务，可灵活跨越各种设备和操作系统，费用低廉。使用该服务可存储照片、音乐和文档。Windows 10 操作系统自带 OneDrive，并不需要额外安装。OneDrive for Business 是为企业用户设计的，不适合个人用户。使用 OneDrive for Business 需要额外搭建 SharePoint 服务器。

（10）Microsoft Visio Viewer：基于 Web 环境中查看 Visio 制作的图表信息内容的一款软件。有助于 IT 和商务专业人员轻松地可视化、分析和交流复杂信息。它能够将复杂文本和表格转换为 Visio 图表。该软件通过创建与数据相关的 Visio 图表来显示数据，这些图表易于刷新，并能够显著提高生产效率。

2．Word 2016 简介

Microsoft Word 2016 是基于 Windows 环境下的文字处理软件，具有 Windows 友好的图形用户界面以及丰富的文字处理功能，能够帮助用户轻松快速地完成文档的建立、排版等操作。该软件可以对用户输入的文字进行自动拼写检查、可以方便地绘制表格、编辑文字、图像、声音、动画，实现图文混排。Word 2016 还拥有强大的打印功能和丰富的帮助功能，Word 2016 具有对各种类型打印机参数的支持性和配置性，帮助功能还为用户自学提供了方便。

### 3.1.2 Word 2016 的新增功能

相比之前的版本，Word 2016 增加了许多新特性，主要包括以下几点。

1．协同工作功能

Word 2016 增加了协同工作的功能，即只要通过共享功能选项发出邀请，就可以与其他使用者一同编辑文件，而且每个使用者编辑过的地方，都会出现提示，让所有人都可以看到哪些段落被编辑过。对于需要合作编辑的文档，这项功能非常方便、实用。

2．搜索框功能

打开 Word 2016，在界面右上方，可以看到“告诉我您想要做什么…”搜索框，在搜索框中输入想要搜索的内容，搜索框会显示相关命令，这些都是标准的 Office 命令，直接单击命令即可执行。对于使用 Word 不熟练的用户来说，将会方便很多。例如，在搜索框中输入“字体”可以看到与字体相关的命令，如果要进行字体设置则单击【字体设置】选项，弹出【字体】对话框，可以对字体进行设置，非常方便，如图 3-1 所示。

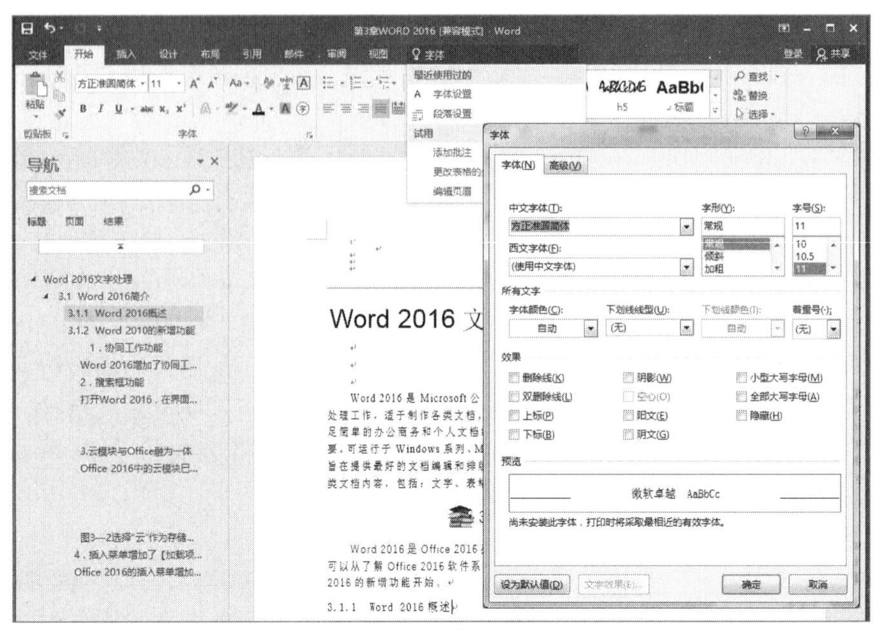

图 3-1　搜索框功能

### 3. 云模块与 Office 融为一体

Office 2016 中的云模块已经很好地与 Office 融为一体。用户可以指定“云”作为默认存储路径，也可以继续使用本地硬盘存储。值得注意的是，由于“云”同时也是 Windows 10 的主要功能之一，因此 Office 2016 实际上是为用户打造了一个开放的文档处理平台，通过手机、iPad 或是其他客户端，用户即可随时存取刚刚存放到“云”端的文件，如图 3-2 所示。

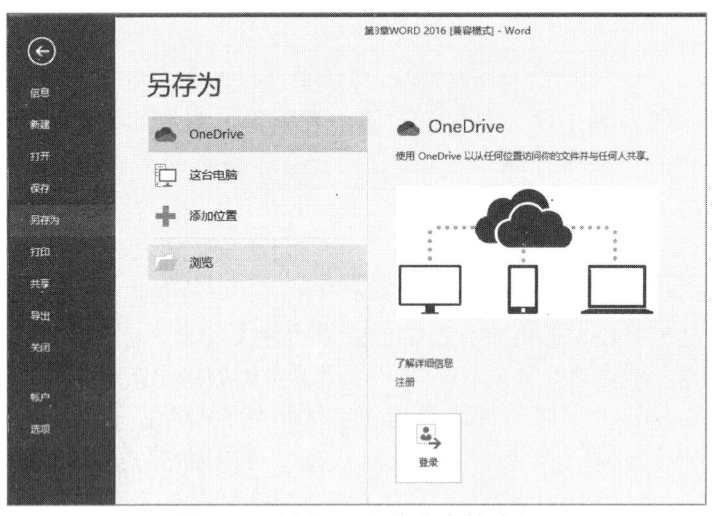


图 3-2　选择“云”作为存储路径

### 4. 插入菜单增加了“加载项”选项卡

Office 2016 的插入菜单中增加了“加载项”选项组，其中包含“应用商店”“我的加载项”两个按钮，其中主要是微软和第三方开发者开发的一些应用 App，类似于

浏览器扩展，是为 Office 提供一些扩充性的功能。比如用户可以下载一款检查器，帮助检查文档的断字或语法问题等，如图 3-3 所示。

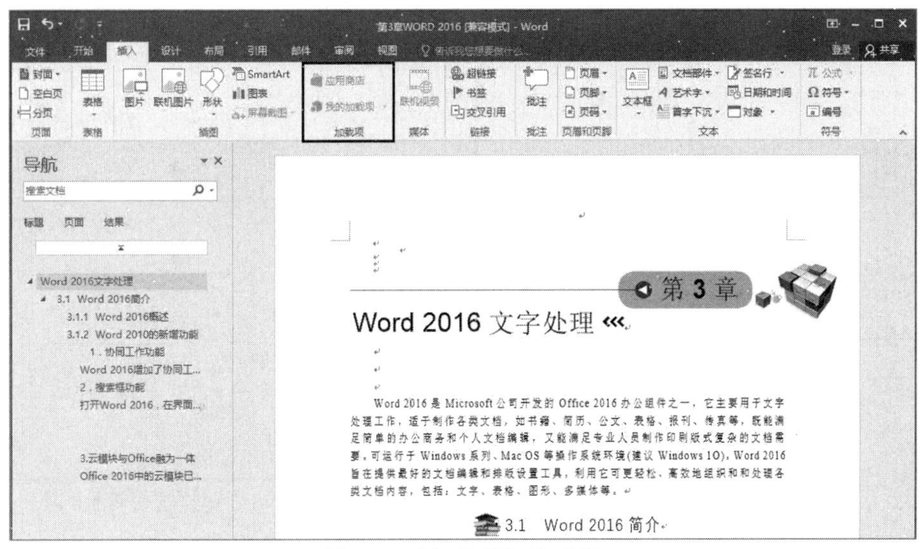


图 3-3 “加载项”选项组

## 3.2 Word 2016 的安装与卸载

### 3.2.1 Word 2016 的安装

以 64 位中文简体“Microsoft Office Professional Plus 2016”为例介绍软件的安装过程。

（1）单击安装文件，输入产品密钥，进入阅读许可证界面。

（2）勾选“我接受此协议的条款”复选框，单击“继续”按钮，出现安装类型选择界面，如图 3-4 所示。

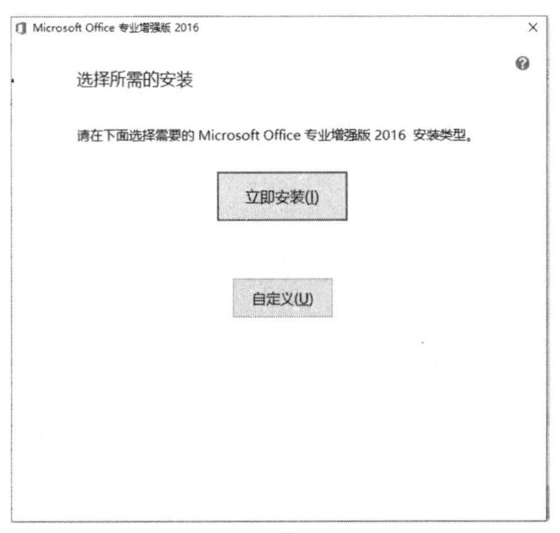


图 3-4 安装类型选择界面

（3）单击“立即安装”按钮，屏幕上出现安装进度条，如图 3-5 所示。

（4）安装完毕，弹出图 3-6 所示的界面，单击“关闭”按钮，结束安装。

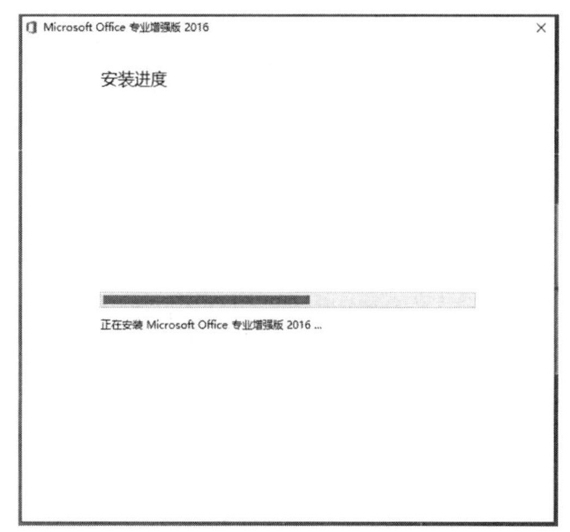


图 3-5　安装进度界面

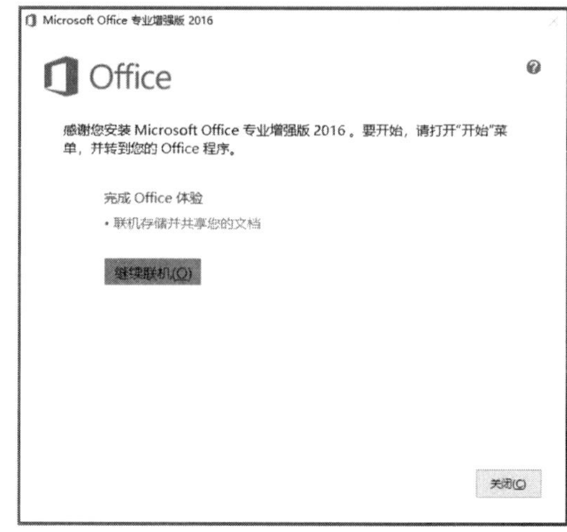


图 3-6　安装结束界面

### 3.2.2　Word 2016 的卸载

卸载 Office 2016 即可卸载 Word 2016。

（1）打开“控制面板”窗口。

（2）单击“程序和功能”按钮，如图 3-7 所示。

（3）在“程序和功能”窗口中选择“Microsoft Office 专业增强版 2016”，单击“卸载”按钮，如图 3-8 所示。

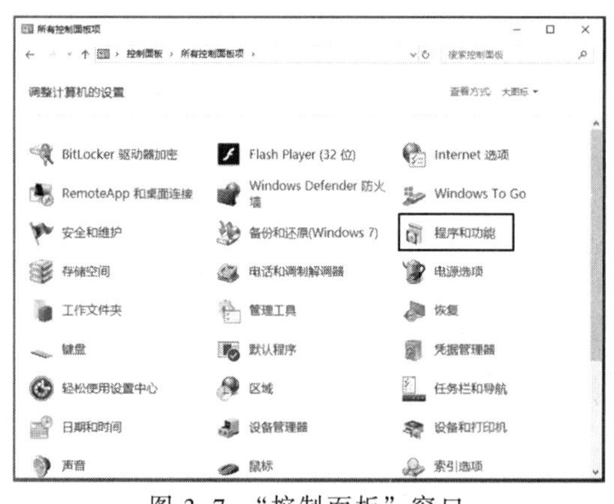


图 3-7　“控制面板”窗口

图 3-8　“程序和功能”窗口

（4）在弹出的确认对话框中单击“是”按钮。

（5）随后出现卸载进度窗口。

（6）等待片刻，窗口中出现“已成功卸载”提示信息，单击“关闭”按钮，即完成软件的卸载。如果通过控制面板无法卸载，可以到微软官方网站下载专用卸载工具进行卸载。

# 3.3 Word 2016 的基础知识

使用 Word 软件编辑文档，启动与退出软件是必不可少的操作，同时了解其窗口组成，可以帮助用户更加灵活地使用 Word 软件。

## 3.3.1 Word 2016 的启动

常用的启动方法有以下几种：

**1. 从“开始”菜单启动**

在 Windows 10 操作系统任务栏中选择“开始”→“Word 2016”命令，即可启动 Word 2016；或单击“开始”菜单右侧的“磁贴”，启动 Word 2016，如图 3-9 所示。

**2. 双击桌面快捷方式启动**

在安装完 Word 2016 后，可以在桌面上创建一个 Word 2016 快捷方式图标，双击该图标，即可启动 Word 2016。

**3. 使用快捷菜单启动**

在桌面或文件夹的空白处右击，在弹出的快捷菜单中选择“新建”→“Microsoft Word 文档”命令，可创建一个 Word 文档，双击该新建文件即可启动 Word 2016，如图 3-10 所示。

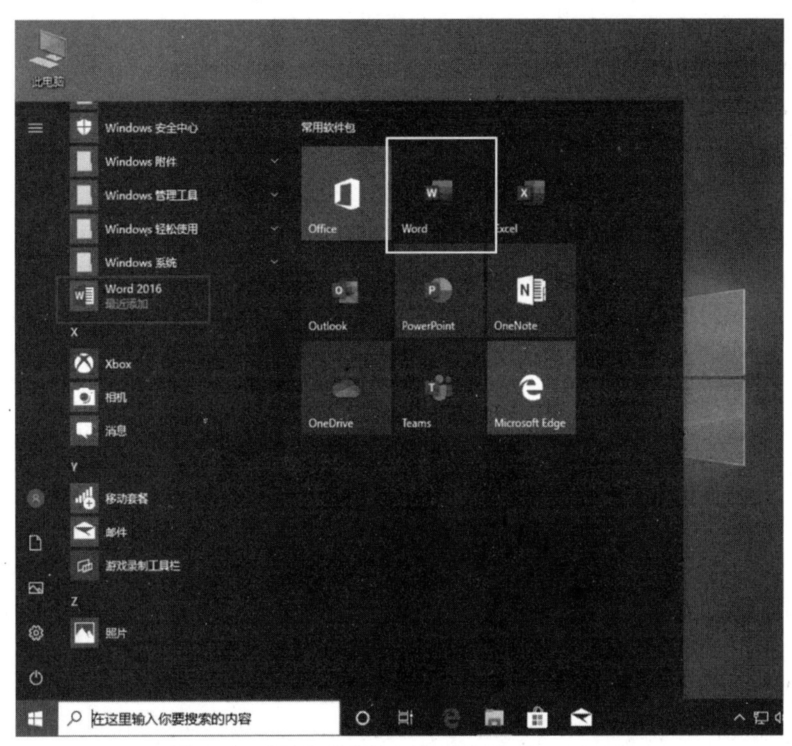


图 3-9 通过“开始”菜单启动 Word 2016

图 3-10 使用快捷菜单新建 Word 2016

### 3.3.2 Word 2016 的退出

退出 Word 2016 的方法很多，常用的有以下几种：

（1）单击 Word 2016 窗口右上角的“关闭”按钮。

（2）选择“文件”→“关闭”命令。

（3）按【Alt+F4】组合键，退出程序。

如果在退出之前没有保存修改过的文档，退出时会弹出一个提示框，如图 3-11 所示，单击“保存”按钮，Word 2016 保存文档后退出程序；单击“不保存”按钮，Word 2016 不保存文档直接退出程序；单击“取消”按钮，Word 2016 取消此次退出程序的操作，返回之前的编辑窗口。

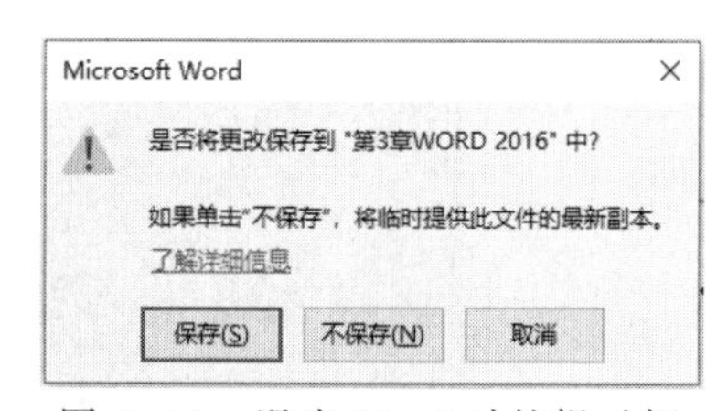


图 3-11 退出 Word 时的提示框

### 3.3.3 Word 2016 的窗口组成

启动 Word 后打开 Word 2016 文档窗口，也是该软件的主要操作界面，如图 3-12 所示。

Word 2016 文档窗口主要由快速访问工具栏、标题栏、“文件”菜单、选项卡、功能区、标尺、状态栏、文本编辑区等组成。用户可以根据自己的需要修改和设定窗口的组成。

快速访问工具栏：该工具栏集中了多个常用按钮，如“保存”“撤销”“重复”等。用户可以在其中添加个人常用命令，添加方法为：单击快速访问工具栏右侧的按钮，在弹出的下拉列表中选择需要显示的按钮即可。

标题栏：用于显示正在操作的文档名称和程序名称等信息。

“文件”菜单：该菜单中包含“新建”“打开”“保存”“打印”等命令。

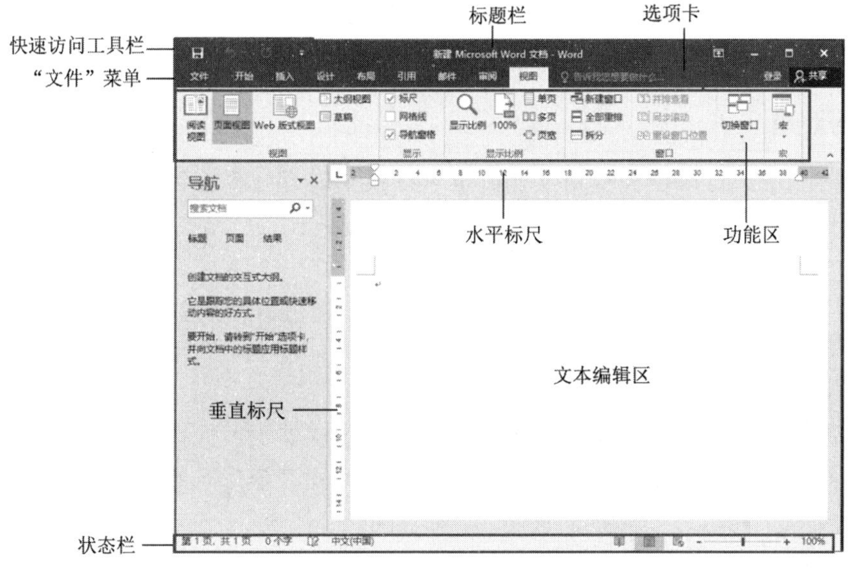

图 3-12　Word 2016 文档窗口

选项卡：包括"开始""插入""设计""布局"等选项卡，选择相应的选项卡，可打开对应的功能选项卡。其中以前版本的"页面布局"选项卡，拆分为"设计"和"布局"两个选项卡，在功能上也进行了拆分。

功能区：包含许多按钮和对话框的内容，单击相应的功能按钮，将执行对应的操作。功能选项卡与功能区是对应的关系，选择某个选项卡即可打开与其对应的功能区。每个选项卡所包含的功能又被细分为多个选项组，每个选项组中包含了多个相关的命令按钮，例如，"开始"选项卡包括"剪贴板"选项组、"字体"选项组、"段落"选项组等，如图 3-13 所示。

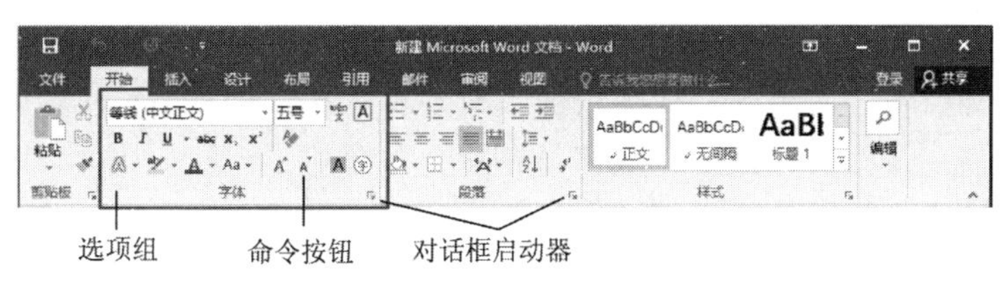

图 3-13　功能区

在一些包含命令较多的功能组，右下角会有一个对话框启动器，单击该按钮将弹出与该工具组相关的对话框或任务窗格。

文本编辑区：所有的文本操作都在该区域中进行，可以显示和编辑文档、表格、图表等。

状态栏：显示正在编辑文档的相关信息。如行数、列数、页码位置、总页数等。还提供视图方式、显示比例和缩放滑块等辅助功能，以显示当前的各种编辑状态。

## 3.4　文档的基本操作

文档的新建、打开以及保存等操作是编辑文档时常用的操作，同时灵活使用文档的多种显示方式，可以帮助用户方便浏览文档不同形式的内容，如文档的大纲、文档的 Web 版式等。

### 3.4.1 文档的新建

在 Word 2016 中，可以创建空白文档，也可以根据现有内容创建文档，甚至可以创建一些具有特殊功能的文档，如个人简历。

#### 1. 创建空白文档

除了启动 Word 2016 时系统自动创建空白文档外，还可以使用以下几种方法创建空白文档：

（1）选择“文件”→“新建”命令。

如果 Word 2016 已经启动，新建一个空白文档的步骤如下：选择“文件”→“新建”命令，打开 Word 2016 工作界面，在“可用模板”列表框中选择“空白文档”，即可新建一个空白文档。

（2）按【Ctrl+N】组合键。

在已经启动的 Word 2016 下，按【Ctrl+N】组合键，即可新建一个空白文档。

#### 2. 创建带有特殊格式的文档

Word 2016 为用户提供了多种具有统一规格、统一框架的文档模板，如传真、信函或简历等，通过这些模板可以很方便地创建带有格式的文档，操作步骤如下：

（1）选择“文件”→“新建”命令。

（2）在打开的“模板”中选择一个“样本模板”，选中后单击，然后根据提示进行操作即可。

### 3.4.2 文档的保存

文档编辑完成后要及时保存，以避免由于误操作或计算机故障造成数据丢失。根据有无确定的文档名、文档的格式等情况，有多种保存文档的方法。常用方法有：

（1）选择“文件”→“保存”或“另存为”命令。

（2）单击快速访问工具栏中的“保存”按钮。

（3）按【Ctrl+S】组合键。

#### 1. 保存新建文档

第一次保存文档，需要指定文件名、文件保存位置和保存类型等信息。文档的默认保存位置是“文档”文件夹，默认保存类型是 Word 文档，扩展名为.docx。

#### 2. 保存已命名的文档

对已存在的 Word 文档进行编辑后，若不需要修改文档保存的位置和文件名，可选择“文件”→“保存”命令；单击快速访问工具栏中的“保存”按钮或者按【Ctrl+S】组合键，也可实现对文件的保存。

如果要修改文件的保存位置或对文件另起别名保存或者修改文件类型，可以选择“文件”→“另存为”命令，再次在弹出的对话框中进行修改即可。

3. 自动保存文档

Word 为用户提供了自动保存文档的功能。设置了自动保存功能后，无论文档是否被修改过，系统会根据设置的时间间隔有规律地对文档进行自动保存。在默认状态下，Word 2016 每隔 10 min 为用户保存一次文档。

【例 3.1】设置 Word 2016 文档的自动保存时间间隔为 5 min。

【难点分析】

如何设置自动保存时间的长短。

【操作步骤】

（1）启动 Word 2016。

（2）选择“文件”→“选项”命令，如图 3-14 所示。

（3）在弹出的“Word 选项”对话框中选择“保存”选项卡，在“保存文档”选项区域中选中“保存自动恢复信息时间间隔”复选框，并在其右侧的微调框中输入 5，如图 3-15 所示。

（4）单击“确定”按钮，完成设置。

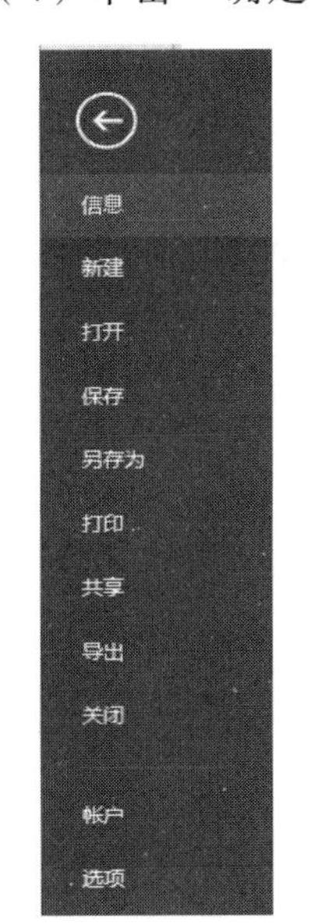


图 3-14 选择“选项”命令

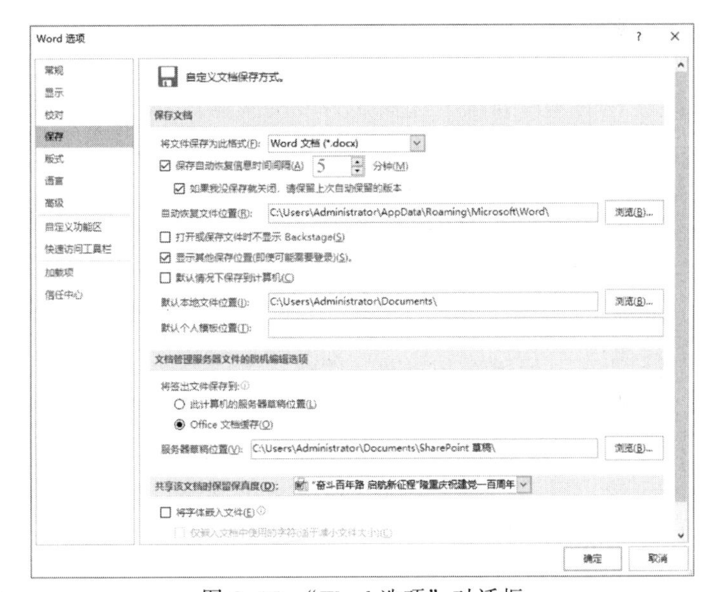


图 3-15 “Word 选项”对话框

## 3.4.3 文档的打开和关闭

1. 打开文档

对于一个已存在的 Word 文档，如果用户要再次打开进行修改或查看，就需要将其调入内存并在 Word 窗口中显示出来。可以通过以下两种方式打开文档：

（1）直接打开文档。在操作系统中找到文档所在位置，然后双击文档图标，即可打开该 Word 文档。

（2）通过“文件”→“打开”命令打开文档。在编辑的过程中，如果需要使用或参考其他文档中的内容，则可选择“文件”→“打开”命令打开文档，“打开”对话框如图 3-16 所示。

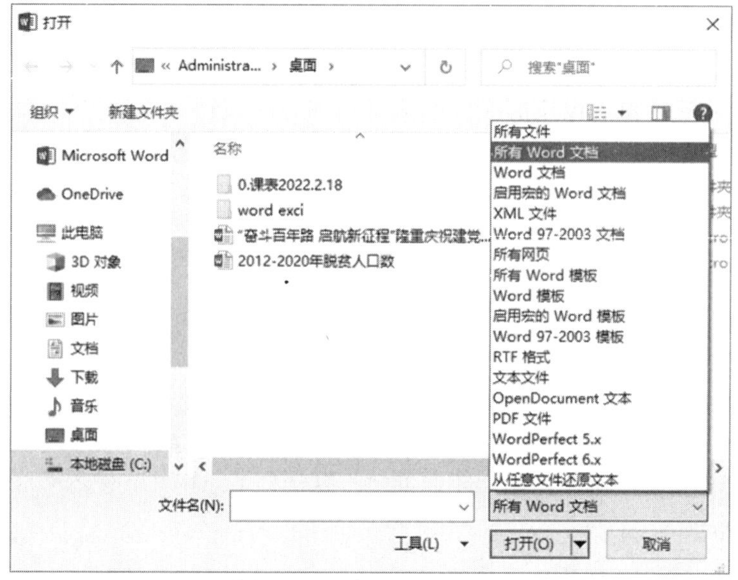

图 3-16 “打开”对话框

如果该文档是近期打开过的文档，还可以选择“文件”→“最近所用文件”命令，在最近使用的文件列表中选择要打开的文件。

**【提示】** 单击“打开”下拉按钮，弹出一个下拉列表，其中包含多种打开文档的方式。“以只读方式打开”的文档以只读的方式存在，对文档的编辑修改将无法保存到原文档中；“以副本方式打开”的文档，将不打开原文档，对该副本文档所做的编辑修改将直接保存到副本文档中，对原文档不会产生影响。

#### 2. 文档的关闭

当用户不再使用该文档时，应将其关闭。常用的关闭方法如下；

（1）单击标题栏右侧的“关闭”按钮。

（2）选择“文件”→“关闭”命令，关闭当前文档；选择“退出”命令，关闭当前文档并退出 Word 程序。

（3）右击标题栏，在弹出的快捷菜单中选择“关闭”命令。

（4）按【Alt+F4】组合键，退出 Word 程序。

如果文档在关闭前没有保存，会弹出信息提示框，提示用户对文档进行保存，然后再关闭文档。

### 3.4.4 文档的显示方式

在文档编辑过程中，常常需要因不同的编辑目的而突出文档中某一部分内容，例如，浏览整篇文档各章节的标题、查看文档在网页中的显示效果等，此时可通过选择视图方式或者调整窗口等方法控制文档的显示。

#### 1. 视图方式

Word 2016 提供了 5 种文档视图，即页面视图、阅读版式视图、Web 版式视图、大纲视图和草稿视图。

若要选择不同的文档视图方式，可使用以下两种方法：

（1）单击 Word 窗口下方状态栏右侧的视图切换区中的不同视图按钮。

（2）单击“视图”选项卡“文档视图”选项组中的按钮，选择所需的视图方式。

1）页面视图

页面视图是 Word 2016 的默认视图，在进行文本输入和编辑时常采用该视图。它是按照文档的打印效果显示文档，文档中的页眉、页脚、页边距、图片以及其他元素均会显示其正确的位置，适用于浏览文章的总体排版效果。

**【提示】**在页面视图下，页与页之间使用空白区域区分上下页。若为了便于阅读，需要隐藏该空白区域，可将鼠标指针移动到页与页之间的空白区域，双击即可隐藏，再次双击可恢复空白区域的显示。

2）阅读版式视图

阅读版式视图以图书的分栏样式显示文档，功能区等窗口元素被隐藏起来，以扩大显示区域，便于用户阅读文档。在阅读视图中，单击“关闭”按钮或按【Esc】键即可退出阅读版式视图。

3）Web 版式视图

Web 版式视图是以网页的形式显示 Word 2016 文档，适用于发送电子邮件、创建和编辑 Web 页。例如，文档将以一个不带分页符的长页显示，文字和表格将自动换行以适应窗口。

4）大纲视图

大纲视图主要用于设置和显示文档的框架结构。使用大纲视图，可以方便地查看和调整文档的结构；还可以对文档进行折叠，只显示文档的各个标题，便于移动和复制大段文字；多用于长文档浏览和编辑。详细介绍参见长文档处理一节的内容。

5）草稿

草稿主要用于查看草稿形式的文档，便于快速编辑文本。草稿视图取消了页面边距、分栏、页眉、页脚和图片等元素，仅显示标题和正文，该视图模式便于用户设置字符和段落的格式。在草稿视图中，上下页面的空白区域转换为虚线。

**2. 其他显示方式**

1）窗口的拆分

在编辑文档时，有时需要频繁地在上下文之间切换，拖动滚动条的方法较麻烦且不太容易准确定位，这时可以使用 Word 拆分窗口的方法。将窗口一分为二变成两个窗格，两个窗格中可以显示同一个文档中的不同内容，这样可以方便地查看文章前后内容。拆分窗口的操作步骤如下：

（1）打开一个 Word 文档。

（2）单击“视图”选项卡“窗口”选项组中的“拆分”按钮。

（3）界面上出现一条灰色的分隔线，将横线移至窗口编辑区后单击，窗口即可被拆分为上下两个窗口，如图 3-17 所示。

若想取消窗口的拆分，单击“视图”选项卡“窗口”选项组中的“取消拆分”按钮即可。

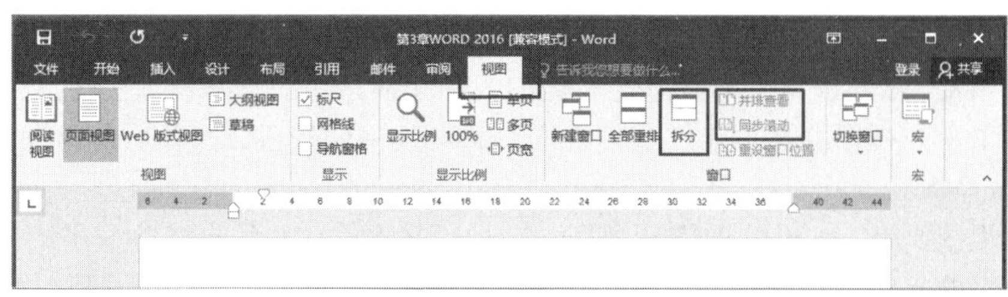


图 3-17　拆分窗口

2）并排查看

当同时打开两个 Word 文档后，若想使两个文档窗口左右并排显示，可以单击“视图”选项卡“窗口”选项组中的“并排查看”按钮，默认这两个窗口内容可以同步上下滚动，非常适合文档的比较和编辑。若要取消，再次单击“并排查看”按钮即可，如图 3-17 所示。

## 3.5　文档的基本排版

在 Word 文档中，文字是组成段落最基本的内容。本节将介绍文本的输入、编辑、拼写检查以及字符、段落、页面的格式化设置，这是整个文档编辑排版的基础。

### 3.5.1　输入文档内容

Word 文档的内容可以包含文字、符号、图片、表格、超链接等多种形式，本节重点讲解文本及符号的输入。

在文档窗口中有一个闪烁的插入点。当光标移动到某一位置时，Word 窗口下方的状态栏左侧会显示光标所在的页数。

#### 1. 移动插入点

在开始编辑文本之前，应首先找到要编辑的文本位置，这就需要移动插入点。插入点的位置指示将要插入内容的位置，以及各种编辑修改命令生效的位置。通过移动鼠标或者键盘都可以实现插入点的移动。使用快捷键也可以移动插入点，常见的快捷键及功能见表 3-1。

表 3-1　移动插入点的常见快捷键及功能

| 快　捷　键 | 功　　能 | 快　捷　键 | 功　　能 |
|---|---|---|---|
| ← | 左移一个字符 | Ctrl+← | 左移一个词 |
| → | 右移一个字符 | Ctrl+→ | 右移一个词 |
| ↑ | 上移一行 | Ctrl+↑ | 移至当前段首 |
| ↓ | 下移一行 | Ctrl+↓ | 移至下段段首 |
| Home | 移至插入点所在行的行首 | Ctrl+ Home | 移至文档首 |
| End | 移至插入点所在行的行尾 | Ctrl+ End | 移至文档尾 |
| PageUp | 翻到上一页 | Ctrl+ PageUp | 移至上页顶部 |
| PageDown | 翻到下一页 | Ctrl+ PageDown | 移至下页顶部 |

### 2．输入英文字符

在英文状态下通过键盘可以直接输入英文、数字及标点符号。默认输入的英文字符为小写，当输入篇幅较长的英文文档时，会经常用到大小写的切换，除了使用 Shift+字符键外，还可以使用“开始”选项卡“字体”选项组中的“更改大小写”按钮。

【例 3.2】输入一篇英文文档，调整其字母的大小写方式如图 3-18 所示。

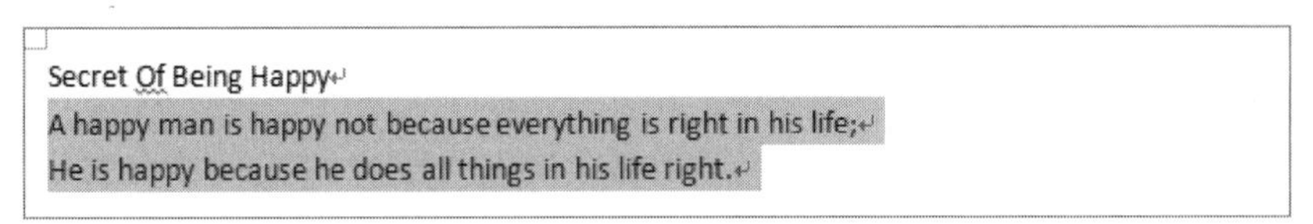


图 3-18　调整首字母的大小写

要求如下：

标题部分每个单词的首字母需大写，正文中每句第一个字符需大写。

**【难点分析】**

（1）如何快速地将标题中的所有单词首字母大写。

（2）如何将每一句的首字母大写。

**【操作步骤】**

（1）新建一个 Word 空白文档，并将其保存为“美文赏析.docx”。

（2）输入以下内容，可以不用考虑大小写：

secret of being happy

a happy man is happy not because everything is right in his life;

he is happy because he does all things in his life right.

（3）拖动鼠标选中第一行，单击“开始”选项卡“字体”选项组中的“更改大小写”按钮，在弹出的下拉列表中单击“每个单词首字母大写”按钮，如图 3-19 所示。

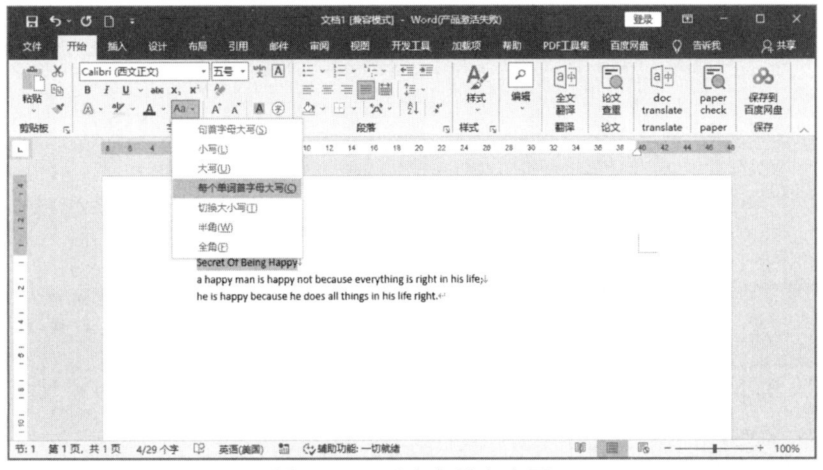


图 3-19　更改字母大小写

（4）拖动鼠标选中正文中的两行语句，单击“开始”选项卡“字体”选项组中的“更改大小写”下拉列表中的“句首字母大写”按钮。

（5）按【Ctrl+S】组合键保存文档并关闭。

### 3. 输入中文文字

一般情况下，操作系统会自带基本的输入法，如微软拼音。用户也可以安装第三方软件，如搜狗输入法、百度输入法、QQ 输入法、极品五笔输入法、万能五笔输入法等都是常见的中文输入法。

按【Ctrl+Space】组合键可以打开/关闭输入法，按【Ctrl+Shift】组合键可以切换输入法。

### 4. 插入符号

在编辑文档的过程中，有时需要输入一些从键盘上无法输入的特殊符号，如“▲”“→”“⊙”等，以下介绍几种常用方法。

1）使用“插入”选项卡“符号”选项组中的按钮

单击“插入”选项卡“符号”组中的“符号”按钮，在打开的下拉列表中列出了一些最常用的符号，单击所需要的符号即可将其插入到文档中。若该列表中没有所需要的符号，可选择“其他符号”命令，弹出“符号”对话框，选择需要的符号，单击“插入”按钮可将符号插入文档中，如图 3-20 所示。

图 3-20 “符号”对话框

2）使用输入法的软键盘

以搜狗输入法为例，启动输入法，单击输入法提示条中的键盘按钮，如图 3-21 所示，在弹出的菜单中选择“特殊符号”命令，在弹出的界面中单击需要的符号，如图 3-22 所示，则该符号就会出现在当前光标所在位置。完成符号的插入后，单击“关闭”按钮关闭软键盘。不同的输入法界面略有差别，但操作方法基本相似。

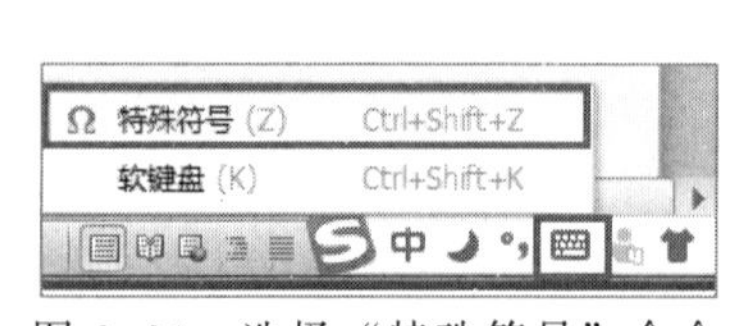


图 3-21 选择“特殊符号”命令

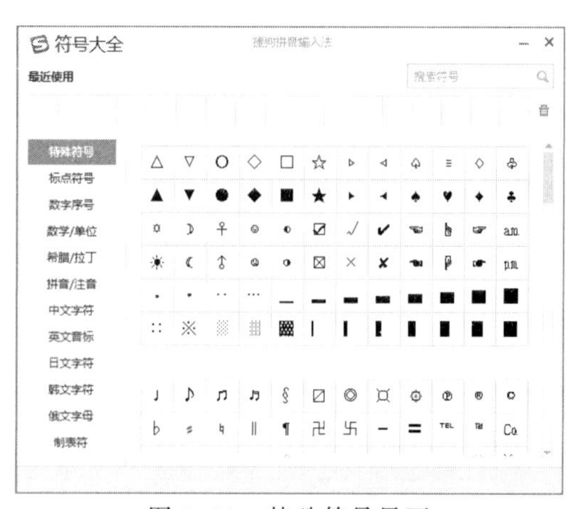


图 3-22 特殊符号界面

### 5. 插入日期

编辑文档时，可以使用插入日期和时间功能输入当前日期和时间。

在 Word 2016 中输入日期类格式的文本时，Word 2016 会自动显示默认格式的当前日期，按【Enter】键即可插入当前日期，如图 3-23 所示。

2022年6月7日星期二 (按 Enter 插入)
2022 年

2022 年 6 月 7 日星期二

图 3-23　插入日期

如果要输入其他格式的日期和时间，还可以通过“日期和时间”对话框进行插入。单击“插入”选项卡“文本”选项组中的“日期和时间”按钮，弹出“日期和时间”对话框，如图 3-24 所示。

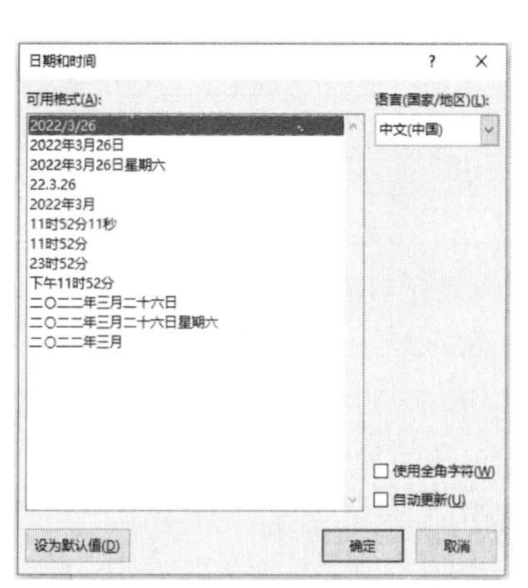

图 3-24　“日期和时间”对话框

### 6. 插入其他文档的内容

Word 允许在当前编辑的文档中插入其他文档的内容，利用该功能可以将几个文档合并成一个文档。具体操作如下：

（1）将光标移动至目标文档的插入点，单击“插入”选项卡“文本”选项组“对象”下拉列表中的“文件中的文字”按钮，如图 3-25 所示。

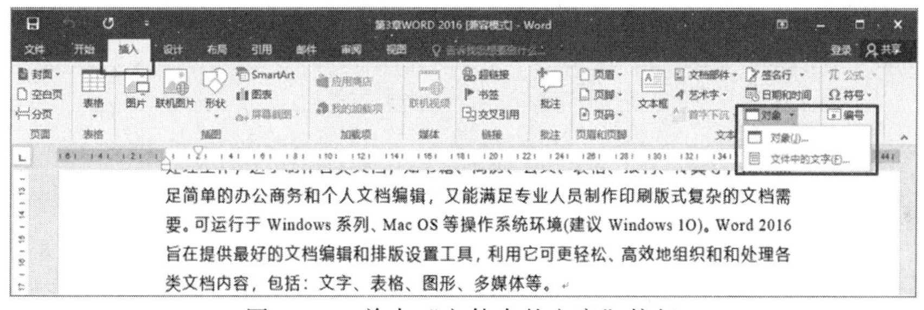

图 3-25　单击“文件中的文字”按钮

（2）在弹出的“插入文件”对话框中，选择源文件，单击“插入”按钮，完成操作。

## 3.5.2　文本的编辑

对文本的编辑操作主要包括选取文本、移动与复制、查找与替换、撤销与恢复等。

### 1. 选取文本

选取文本可以用键盘，也可以用鼠标，在选定文本内容后，被选中的部分变为黑底白字即反相显示。

1）使用鼠标选定文本

用鼠标选定文本的常用方法见表 3-2。

表 3-2　鼠标选定文本的常用方法

| 选 定 内 容 | 操 作 方 法 |
|---|---|
| 文本 | 使用鼠标拖过待选定的文本 |
| 一个单词 | 双击该单词 |

续表

| 选定内容 | 操作方法 |
| --- | --- |
| 一行文本 | 将鼠标指针移动到该行的左侧，指针变为指向右边的箭头，然后单击 |
| 多行文本 | 选定一行，然后向上或向下拖动鼠标 |
| 一个句子 | 按住【Ctrl】键，然后单击该句中的任何位置 |
| 一个段落 | 将鼠标指针移动到该行的左侧，指针变为指向右边的箭头，然后双击，或者在该段落中任意位置三击鼠标左键 |
| 多个段落 | 选定一个段落，然后向上或向下拖动鼠标 |
| 大块连续的文本 | 单击要选定内容的起始处，然后将光标移动到要选定内容的结尾处，在按住【Shift】键的同时单击 |
| 不连续文本 | 选定第一个文本，在按住【Ctrl】键的同时选中其他要选择的文本 |
| 整篇文档 | 将鼠标指针移动到文档中任意正文的左侧，直到指针变为指向右边的箭头，三击鼠标左键 |

2）使用键盘选定文本

使用键盘也可以快速选定文本，常用操作方法见表 3-3。

**表 3-3　键盘选定文本的常用方法**

| 组合键 | 功能说明 |
| --- | --- |
| Shift+↑ | 选取光标位置至上一行相同位置之间的文本 |
| Shift+↓ | 选取光标位置至下一行相同位置之间的文本 |
| Shift+← | 选取光标左侧的一个字符 |
| Shift+→ | 选取光标右侧的一个字符 |
| Shift+PageDown | 选取光标位置至下一屏之间的文本 |
| Shift+PageUp | 选取光标位置至上一屏之间的文本 |
| Ctrl+A | 选取整篇文档 |

### 2. 复制文本

复制文本的常用方法如下：

（1）选取待复制的文件，按【Ctrl+C】组合键，将光标移动到目标位置，按【Ctrl+V】组合键。

（2）选取待复制的文本，单击“开始”选项卡“剪贴板”选项组中的“复制”按钮，将插入点移动到目标位置，再单击“粘贴”按钮。

### 3. 移动文本

移动文本是指将当前位置的文本移动到另外的位置，移动的同时，会删除原来位置上的文本。如果移动文本的距离比较近，例如在同一页内移动，常用以下方法：

（1）选取待移动的文本，按【Ctrl+X】组合键剪切，在目标位置处按【Ctrl+V】组合键复制。

（2）选择需要移动的文本后，按住鼠标左键不放，此时光标会变成形状，并且旁边会出现一条虚线，移动鼠标，当虚线移动到目标位置时，释放鼠标，即可将文本移动到目标位置。

### 4．查找与替换

Word 2016 支持对字符、文本甚至文本中的格式进行查找、替换。

有以下几种方法实现查找和替换：

（1）单击“开始”选项卡“编辑”选项组中的“查找”按钮，窗口左侧弹出“导航”任务窗格，如图 3-26 所示。可在搜索栏中输入查找关键字，该方法能实现文本内容的查找，若要查找带有一定样式的内容，则需要使用高级查找功能。

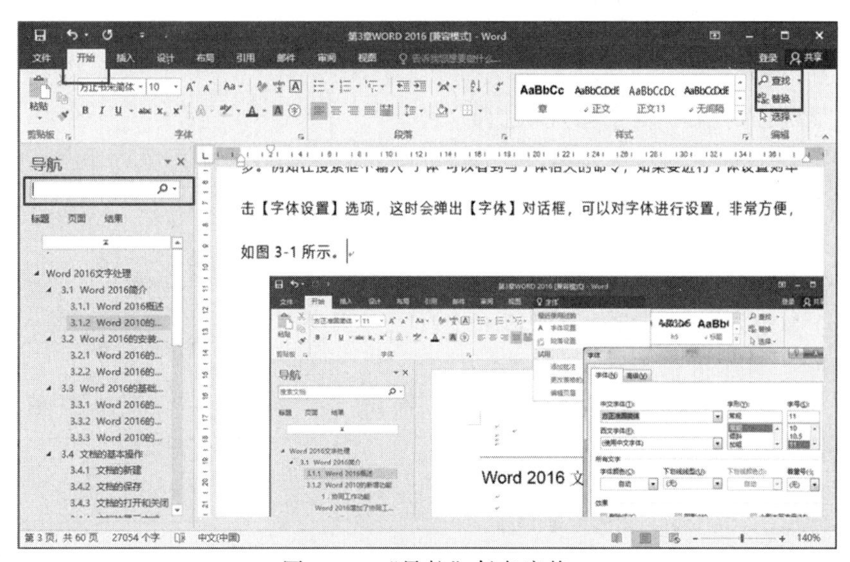


图 3-26 “导航”任务窗格

（2）单击“开始”选项卡“编辑”选项组中的“查找”下拉按钮，在下拉列表中单击“高级查找”按钮，或者直接单击“编辑”选项组中的“替换”按钮，弹出“查找和替换”对话框。

（3）单击滚动条下方的“选择浏览对象”按钮，弹出“查找和替换”对话框。

【例 3.3】在“品味咖啡.docx”文档中，将“咖啡”二字通过替换加入一定的格式，如图 3-27 所示。

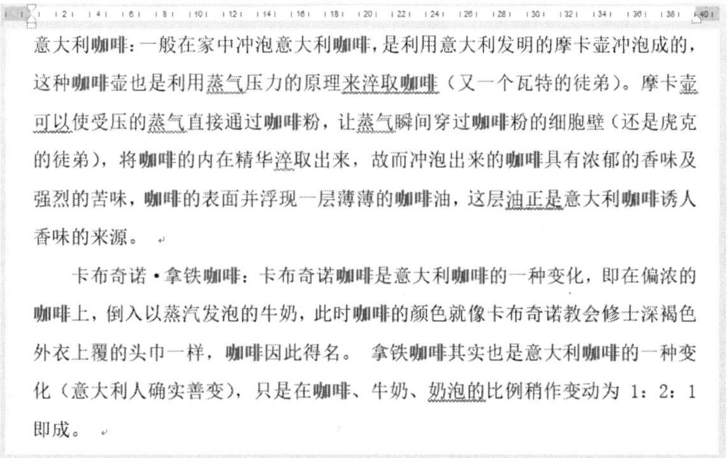

意大利**咖啡**：一般在家中冲泡意大利**咖啡**，是利用意大利发明的摩卡壶冲泡成的，这种**咖啡**壶也是利用蒸气压力的原理来淬取**咖啡**（又一个瓦特的徒弟）。摩卡壶可以使受压的蒸气直接通过**咖啡**粉，让蒸气瞬间穿过**咖啡**粉的细胞壁（还是虎克的徒弟），将**咖啡**的内在精华淬取出来，故而冲泡出来的**咖啡**具有浓郁的香味及强烈的苦味，**咖啡**的表面并浮现一层薄薄的**咖啡**油，这层油正是意大利**咖啡**诱人香味的来源。

卡布奇诺·拿铁**咖啡**：卡布奇诺**咖啡**是意大利**咖啡**的一种变化，即在偏浓的**咖啡**上，倒入以蒸汽发泡的牛奶，此时**咖啡**的颜色就像卡布奇诺教会修士深褐色外衣上覆的头巾一样，**咖啡**因此得名。 拿铁**咖啡**其实也是意大利**咖啡**的一种变化（意大利人确实善变），只是在**咖啡**、牛奶、奶泡的比例稍作变动为 1：2：1 即成。

图 3-27 替换完成后的效果

要求如下：

将所有的“咖啡”二字加粗，并以红色显示。

**【难点分析】**

如何设置替换文本的格式。

**【操作步骤】**

（1）打开文档“品味咖啡.docx”，单击“开始”选项卡“编辑”选项组中的“替换”按钮，弹出“查找和替换”对话框。

（2）在“查找内容”文本框中输入“咖啡”，在“替换为”文本框中输入“咖啡”，将光标停留在“替换为”文本框中，单击“更多”按钮，如图 3-28 所示。

（3）在展开的搜索选项中单击“格式”下拉列表中的“字体”按钮，如图 3-29 所示。

（4）在弹出的“查找字体”对话框中，设置“字形”为加粗，“字体颜色”为红色，单击“确定”按钮，如图 3-30 所示。返回“查找和替换”对话框，单击全部替换，完成替换操作，保存并关闭文档。

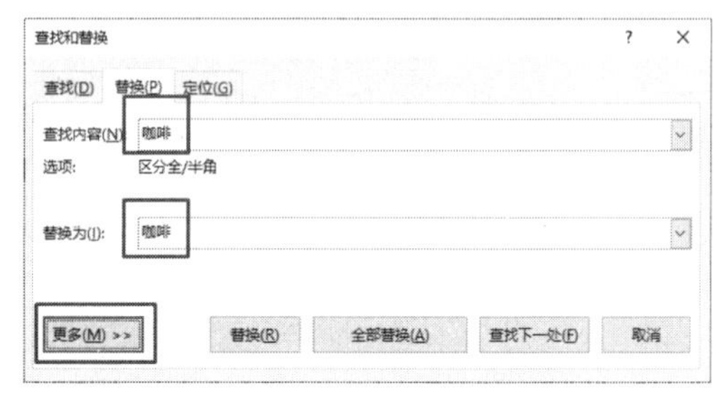


图 3-28 “查找和替换”对话框

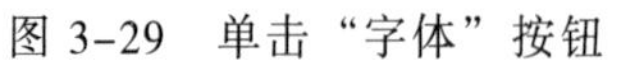

图 3-29 单击“字体”按钮

图 3-30 “查找字体”对话框

**【提示】**还可以对文中内容做特殊格式的替换，例如用剪贴板中的内容替换文字。可将待复制的内容（文字或图标）通过【Ctrl+C】组合键复制到剪贴板，然后单击“特殊格式”下拉列表中的“剪贴板内容”按钮，此时“替换为”文本框中出现符号“^C”，单击“全部替换”按钮，完成替换操作。

5. 撤销与恢复

编辑文档时，Word 会自动记录最近执行的操作，如果出现操作错误，可以通过撤销功能撤销错误操作。如果撤销了某些操作，还可以通过恢复功能将其恢复。

（1）可以通过快速访问工具栏中的撤销 或恢复 按钮进行撤销或恢复操作。

（2）按【Ctrl+Z】组合键执行撤销操作，按【Ctrl+Y】组合键执行恢复操作。

### 3.5.3 拼写检查与自动更正

Word 对输入的字符有自动检查的功能，通常用红色波浪线表示可能存在的拼写问题，如有输入错误或不可识别的单词；用绿色波浪线表示可能存在语法问题。

例如，输入英文句子“secrte of being happy”会看到 secrte 下有红色波浪线，说明该单词处有错误。将光标移动到该单词处右击，在弹出的快捷菜单上有“secret”“忽略”“全部忽略”等命令，可以选择正确的拼写 secret。

【提示】选择“文件”→“选项”命令，弹出“选项”对话框，选择“校对”选项卡，可以对自动拼写和语法检查功能做进一步设置。

### 3.5.4 字符的格式化

字符的基本格式包括字体、字号、文本颜色、边框底纹等，通过“开始”选项卡“字体”选项组中的按钮可以实现对字符格式的设置，将鼠标指针移动到“字体”组各按钮上，可以在提示框中看到关于此按钮功能的说明，如图 3-31 所示。

除了使用“字体”组中的按钮对格式进行设置外，也可以通过“字体”对话框进行设置。具体操作如下：选中需要设置的文本并右击，在弹出的快捷菜单中选择“字体”命令，弹出“字体”对话框，如图 3-32 所示，对字体格式进行设置即可。

图 3-31　与字体设置相关的工具

图 3-32　“字体”对话框

在“高级”选项卡中可以设置字符间距、文字位置等内容。

### 3.5.5 段落的格式化

在 Word 2016 中，段落是独立的信息单位，具有自身的格式特征。每个段落的结尾处都有段落标记，按【Enter】键结束一段并开始另外一段时，生成的新段落会具有与前一段相同的段落格式。设置段落格式的方式可以通过“开始”选项卡的“段落”选项组实现；也可以通过右击，在弹出的快捷菜单中选择“段落”命令，在弹出的对话框中进行设置。

用户可以设置段落的对齐方式、缩进、间距等格式，还可以为段落添加项目符号或者编号。

### 1. 设置段落对齐方式

段落对齐方式控制段落中文本行的排列方式，包含两端对齐、左对齐、右对齐、居中对齐和分散对齐等几种方式。默认对齐方式为两端对齐。

### 2. 设置段落缩进

段落缩进是指段落相对左右页边距向页内缩进一段距离。有以下几种缩进形式：左缩进、右缩进、首行缩进、悬挂缩进。

左缩进指整个段落中所有行的左边界向右缩进；右缩进指整个段落中所有行的右边界向左缩进。

首行缩进指段落首行从第一个字符开始向右缩进；悬挂缩进指整个段落中除首行外所有行的左边界向右缩进。

### 3. 设置行间距及段落间距

行间距指行与行之间的距离，段间距是指两个相邻段落之间的距离。

**【例 3.4】**打开“投标函.docx”文档，完成对文档段落格式的设置。

要求如下：

（1）将标题行（第一行）设置为居中对齐。

（2）正文部分两端对齐。

（3）文档尾“投标人”至“法人代表”部分为右对齐。

（4）正文中从第一点至第六点内容，每段首字符均缩进 2 个字符。

（5）全文的行间距为固定值 25 磅。

**【难点分析】**

（1）如何设置段落的对齐格式。

（2）如何设置段落的行首字符缩进。

（3）如何设置文本内容的行间距。

**【操作步骤】**

（1）选中标题行，单击“开始”选项卡“段落”选项组中的“居中”按钮，如图 3-33 所示。

（2）选中正文部分，单击“开始”选项卡“段落”选项组中的“两端对齐”按钮。

（3）选中文档尾部“投标人”至“法人代表”部分的内容，单击“开始”选项卡“段落”选项组中的“文本右对齐”按钮。

（4）选中正文“一”至“六”的内容，单击“开始”选项卡“段落”选项组中的对话框启动器按钮，弹出“段落”对话框，设置“缩进”栏中的“特殊格式”为“首行缩进”，磅值为“2 字符”，单击“确定”按钮，如图 3-34 所示。

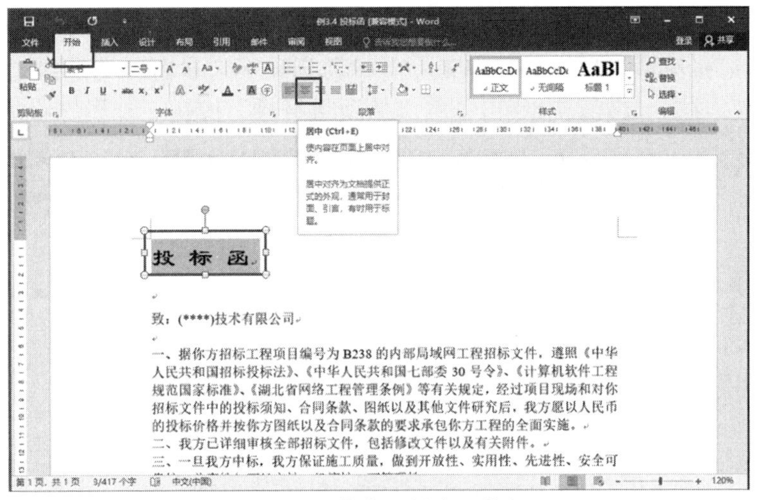


图 3-33　单击“居中”按钮

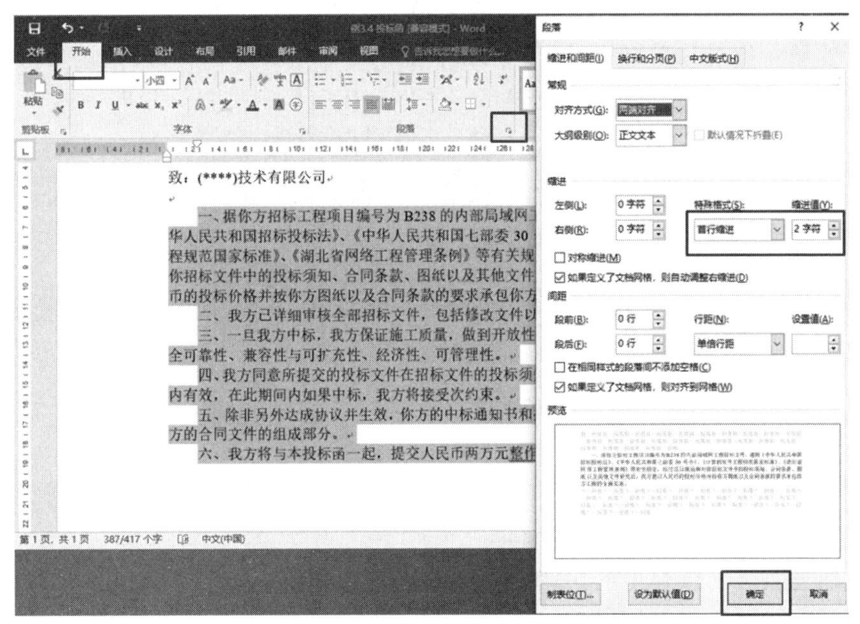


图 3-34　设置段落首行缩进

（5）选中文档全部内容，单击“开始”选项卡“段落”选项组中的对话框启动器按钮，弹出“段落”对话框，设置“间距”栏中的“行距”为“固定值”“25 磅”，单击“确定”按钮。

**【提示】** *在“段落”对话框中，还可以设置文本的左、右缩进。通过设置“缩进”栏中“左侧”“右侧”文本框中的值实现段落的左右缩进。*

### 4．添加项目符号和编号

为文档添加项目符号或者编号可以使文档结构更加清晰。此处介绍两种添加项目符号的方法：

（1）单击“开始”选项卡“段落”选项组中的“项目符号”按钮添加。具体操作如下：

① 将光标移动到待插入处，单击“开始”选项卡“段落”选项组中的“项目符号”下拉按钮，在下拉列表中单击“定义新项目符号”按钮，如图 3-35 所示。

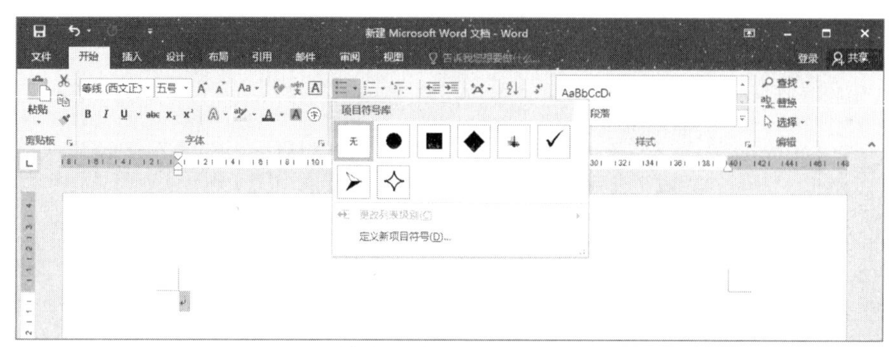

图 3-35 单击“定义新项目符号”按钮

② 弹出“定义新项目符号”对话框，单击“符号”按钮，弹出“符号”对话框，选择需要的项目符号，单击“确定”按钮，如图 3-36 所示。还可以通过单击“图片”按钮选择图片作为项目符号，通过单击“字体”按钮设置项目符号的字体大小。

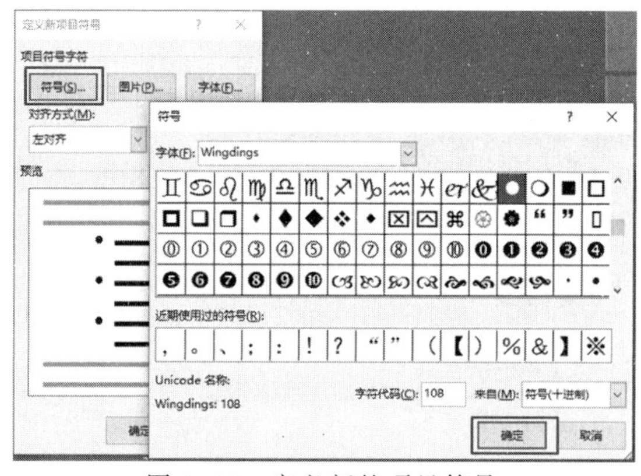

图 3-36 定义新的项目符号

（2）通过右击，在弹出的快捷菜单中选择“项目符号”命令，单击“定义新项目符号”按钮同样可以打开定义符号的对话框。

添加编号的操作与添加项目符号类似，此处不再赘述。

**【提示】**为文档添加项目符号后，系统会将该项目符号添加到“最近使用过的项目符号列表”中，下次单击“段落”选项组中的“项目符号”按钮，可直接添加与上一步操作相同的项目符号。

### 3.5.6 页面的格式化

为文本内容添加边框和底纹，不仅可以美化文档，还可以突出显示文档的内容。

#### 1. 添加边框

Word 2016 中有两种方式可为文本添加边框。

（1）选中要添加边框的文本，单击“开始”选项卡“字体”选项组中的“字符边框”按钮，可以直接对选中的文本添加边框，如图 3-37 所示。这种方法添加的边框为黑色，无法修改边框的线型、颜色。

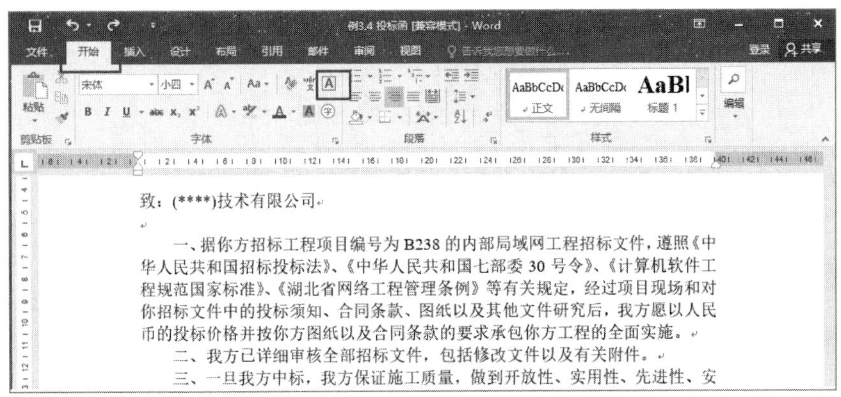


图 3-37　为文本添加边框方法 1

（2）选中要添加边框的文本，单击“开始”选项卡“段落”选项组中的“下框线”下拉按钮，在下拉列表中单击“边框和底纹”按钮，如图 3-38 所示。弹出“边框和底纹”对话框，选择“边框”选项卡，可以设置边框的线型以及颜色等。

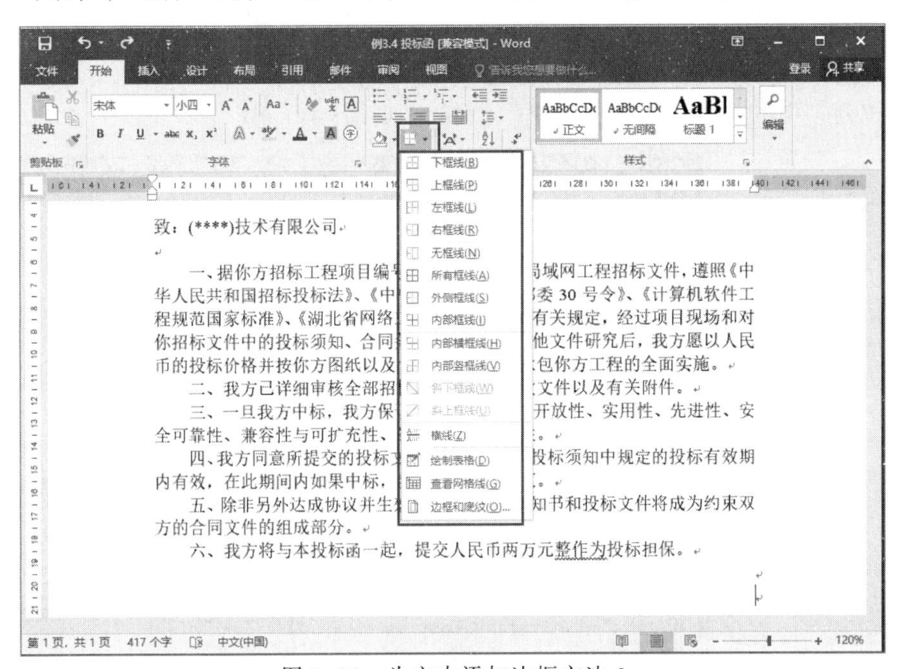


图 3-38　为文本添加边框方法 2

2. 添加底纹

Word 2016 中主要有两种方式为文本添加底纹。

（1）选中要添加底纹的文本，单击“开始”选项卡“字体”选项组中的“字符底纹”按钮，可以直接对选中的文本添加底纹。这种方法设置的底纹为浅灰色，无法修改底纹的填充色、图案等。

（2）选中要添加底纹的文本，单击“开始”选项卡“段落”选项组中的“下框线”下拉按钮，在下拉列表中单击“边框和底纹”按钮，弹出“边框和底纹”对话框，选择“底纹”选项卡，可以设置底纹的填充色、图案等。

【提示】“边框和底纹”对话框还可以设置整个页面的边框。

# 3.6 图文混排

有些文档需要图片来配合文字内容，以便更加形象地表现内容。在 Word 2016 中，不仅可以插入系统自带的图形，也可以插入喜欢的图片，还可以根据需要制作图形。

## 3.6.1 使用文本框

文本框是一种图形对象，作为存放文本或图形的“容器”，它可以放置在页面的任意位置，并可以根据需要调整其大小。用户可以通过内置文本框插入带有一定样式的文本框，还可以手动绘制横排或竖排文本框。

【例 3.5】制作图 3-39 所示的试卷答题纸模板。

【难点分析】

如何插入竖排的文本框。

【操作步骤】

（1）设置“纸张方向”为“横向”。单击“插入”选项卡“文本”选项组“文本框”下拉列表中的“绘制竖排文本框”按钮，如图 3-40 所示。

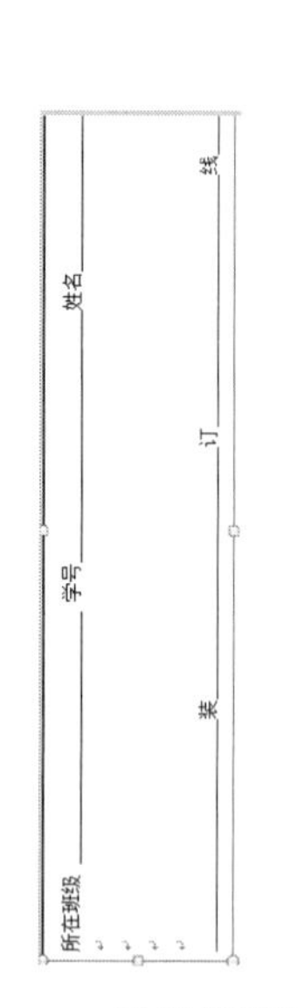


图 3-39 试卷答题纸模板

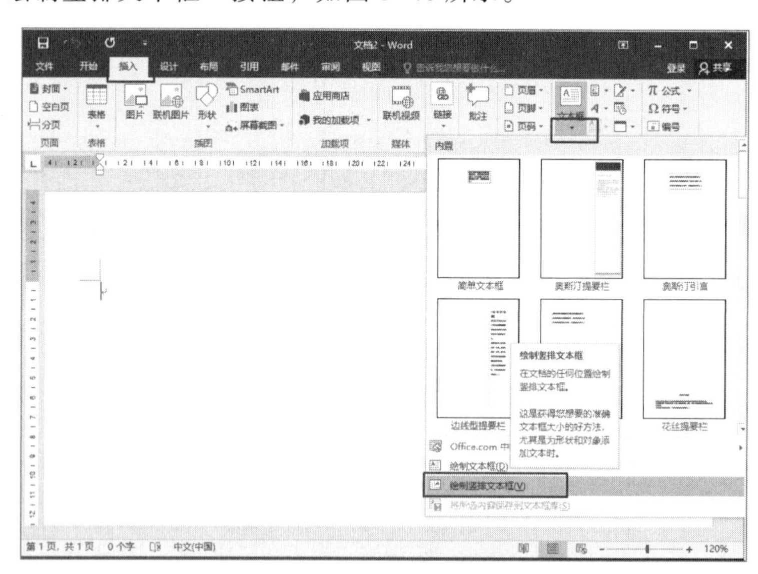


图 3-40 单击“绘制竖排文本框”按钮

（2）当鼠标指针变成十字形状时，从文档左上角开始拖动绘制竖排文本框。

（3）此时光标在新插入的竖排文本框中右击，在弹出的快捷菜单中选择“文字方向”命令，设置待输入的文本方向为纵向。

（4）输入所在班级、学号、姓名等文本内容，所在班级与学号之间用带下划线的

空格间隔。其他文字的间隔方法类似。完成操作保存并关闭文档。

### 3.6.2 图片与剪贴画

#### 1. 剪贴画的插入及编辑

与之前的版本相比，Word 2016 对剪贴画功能做了调整，之前的 Word 自带了内容丰富的剪贴画库，要插入剪贴画，可以打开“插入”选项卡，而 Word 2016 的剪贴画功能，隐藏在插入联机图片中。

**【例 3.6】**在“花语.docx”文档中插入与花束有关的剪贴画，设置图片效果如图 3-41 所示。

要求如下：

（1）在“联机图片”中找到与花束有关的图片插入文本中。

（2）设置图片的文字环绕方式为“衬于文字下方”。

**【难点分析】**

（1）如何在“插图”选项组中，通过“联机图片”搜索并找到需要的剪贴画。

（2）如何设置图片的文字环绕方式。

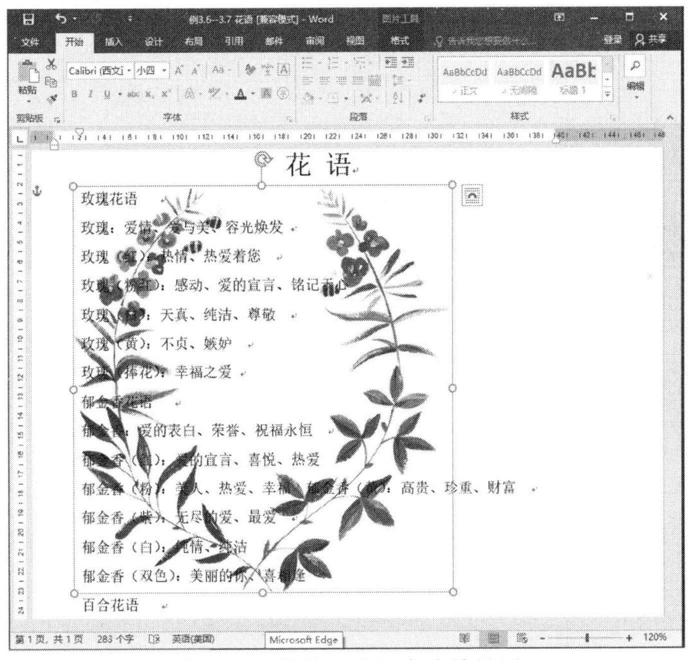


图 3-41 剪贴画设置完成效果图

**【操作步骤】**

（1）打开文档，①单击“插入”选项卡，②单击“插图”选项组中的“联机图片”按钮，③在打开的“插入图片”对话框的搜索框中输入“剪贴画”，④单击“搜索”按钮。搜索完成会显示出“剪贴画”搜索结果窗口，⑤移动滚动条，单击选中的剪贴画，⑥将剪贴画插入光标所在位置，如图 3-42 所示。

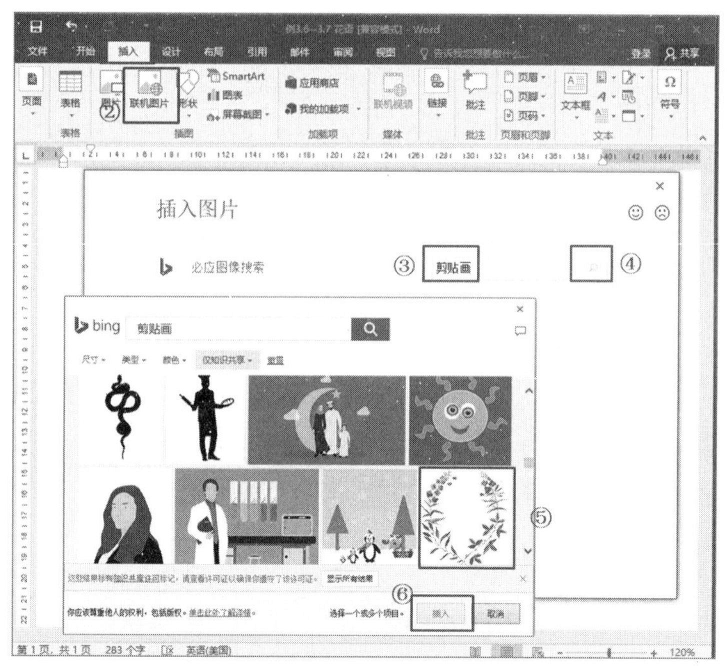


图 3-42　搜索剪贴画

（2）选中插入的剪贴画，拖动图片右下角的小方格，适当缩小缩略图。单击“图片工具”/“格式”选项卡“排列”选项组中的“位置”按钮，在下拉列表中单击“其他布局选项”按钮，如图 3-43 所示。

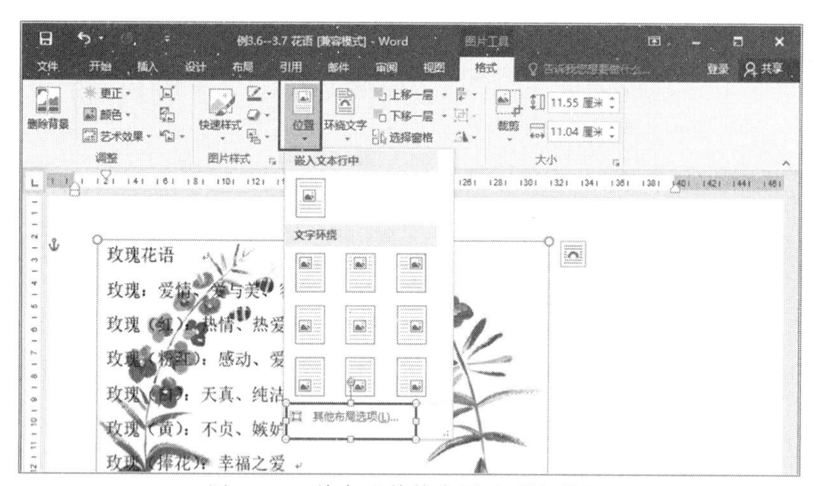


图 3-43　单击“其他布局选项”按钮

（3）在弹出的“布局”对话框中，选择“文字环绕”选项卡，选择“衬于文字下方”环绕方式，单击“确定”按钮，如图 3-44 所示。完成设置，保存文档并关闭。

### 2. 图片输入及编辑

在 Word 2016 中还可以从磁盘上选择要插入的图片文件，这些图片文件可以是 Windows 的标准 BMP 位图，也可以是 JPEG 压缩格式的图片、TIFF 格式的图片等。在插入图片后，还可以设置图片的颜色、大小、版式和样式等。

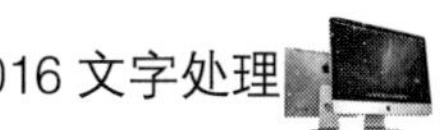

单击“插入”选项卡“插图”选项组中的“图片”按钮，弹出“插入图片”对话框，选择需要的图片，单击“插入”按钮，即可将一张图片插入光标所在的位置。若想对图片做进一步设置，需要选定图片，利用“图片工具”/“格式”选项卡调整图片的颜色、背景，为图片添加样式、边框、效果及版式，还可以设置图片的排列方式以及尺寸等。

图 3-44 “布局”对话框

3．插入屏幕截图

屏幕截图是 Word 2016 的一项新功能，屏幕截图包含两种不同的方式，即“可用视图”和“屏幕剪辑”。使用“可用视图”可以截取所有活动窗口的内容作为图片，所有活动窗口指打开但并没有最小化的窗口。使用“屏幕剪辑”可以截取所选窗口中的内容作为图片。

【例 3.7】在浏览器中搜索关于花束的图片，通过屏幕截图的方式将玫瑰花的图片插入“花语.docx”文档中。插入后的效果如图 3-45 所示。

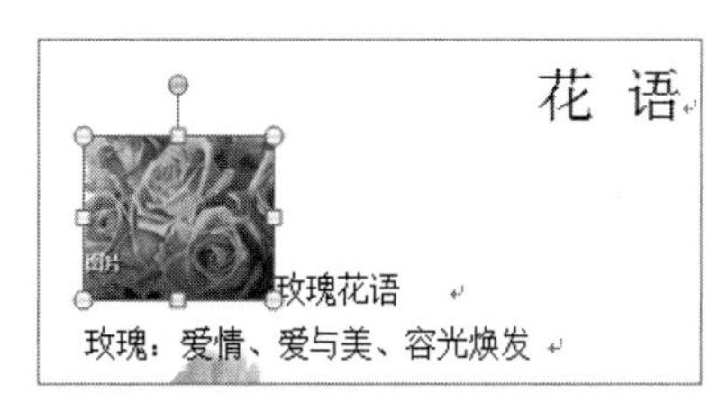

图 3-45 屏幕截图完成后的效果

要求如下：

（1）在网络中搜索玫瑰花图案。

（2）通过屏幕截图，将选定的玫瑰花图案插入文本中。

**【难点分析】**

如何在 Word 中截取其他窗口中的图案。

**【操作步骤】**

（1）打开浏览器，搜索出与“花束”有关的图片。

（2）打开“花语.docx”文档，将光标移动到“玫瑰花语”的前方，单击“插入”选项卡“插图”选项组“屏幕截图”下拉列表中的“屏幕剪辑”按钮，如图 3-46 所示。

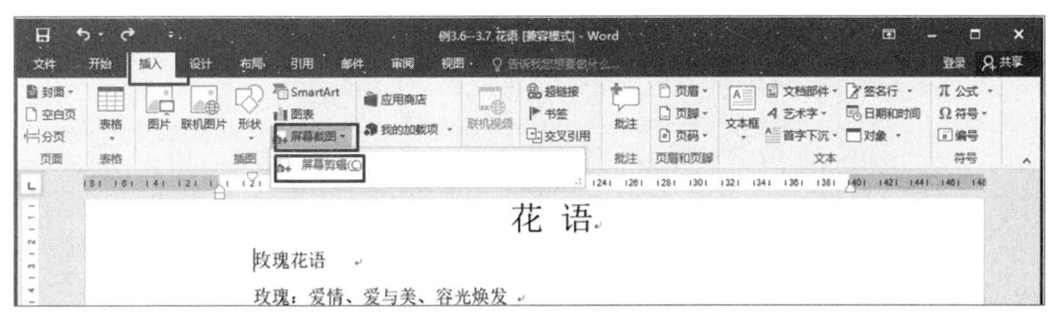

图 3-46 单击“屏幕剪辑”按钮

（3）在任务栏中选择浏览器窗口，待屏幕窗口颜色减淡，鼠标变成十字形状时，拖动鼠标选择要截取的图像，释放鼠标，即可将选中的图像插入指定位置。

### 3.6.3 使用艺术字

艺术字是由专业的字体设计师经过艺术加工而成的汉字变形字体，是一种有图案意味或装饰意味的字体。

Word 2016 中可以按照预定义的形状创建艺术字。单击“插入”选项卡“文本”选项组中的“艺术字”按钮，弹出艺术字列表框，选择需要的样式后可在光标的位置出现一个编辑框，在其中输入需要的文字即可。若需要对艺术字做进一步的处理，可选中待编辑的艺术字，功能区中出现“绘图工具”/“格式”选项卡，通过该选项卡可以设置艺术字的形状、样式等效果。

### 3.6.4 使用各类图形

Word 2016 提供了一套自选图形，包括直线、箭头、流程图、星与旗帜、标注等。可以使用这些形状灵活地绘制出各种图形。此外还提供了一套 SmartArt 图形，可帮助用户轻松制作出各种层次的结构图、矩阵图、关系图等。

#### 1. 插入形状

单击“插入”选项卡“插图”选项组中的“形状”按钮，在下拉列表中选择需要的图形，在编辑区拖动即可绘制出需要的图形。同图片的编辑类似，选中图形，功能区中出现“绘图工具”/“格式”选项卡，可以设置图形的填充颜色、形状轮廓以及形状效果。

选中形状并右击，在弹出的快捷菜单中选择“添加文字”命令，可在图形中添加一些说明文字。

当文档中插入多个图形后，有时需将图形按照一定的方式对齐。选中多个待对齐的图形，单击“绘图工具”/“格式”选项卡“排列”选项组中的“对齐”按钮，在下拉列表中选择需要的对齐方式。

有时为了方便图形的整体移动，可以对多个图形进行合并。选中多个待合并的图形，单击“绘图工具”/“格式”选项卡“排列”选项组中的“组合”按钮，在下拉列表中单击“组合”按钮，即可将多个图形合并为一个。

#### 2. 插入 SmartArt 图形

**【例 3.8】**利用 SmartArt 制作图 3-47 所示的新生报到流程图。

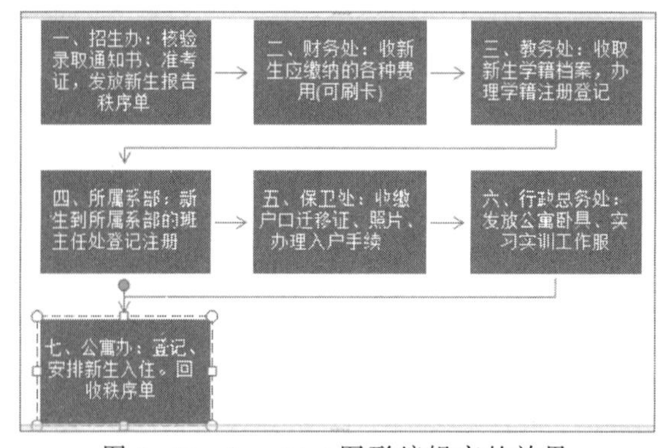


图 3-47 SmartArt 图形编辑完的效果

要求如下：

（1）流程图选择“重复蛇形流程”图。

（2）流程图中共有 7 个步骤。

**【难点分析】**

（1）如何插入 SmartArt 图形。

（2）如何修改 SmartArt 图形以符合实际的需要。

**【操作步骤】**

（1）新建一个空白文档，单击“插入”选项卡“插图”选项组中的“SmartArt”按钮，弹出“选择 SmartArt 图形”对话框，选择“流程”中的“重复蛇形流程”，如图 3-48 所示。

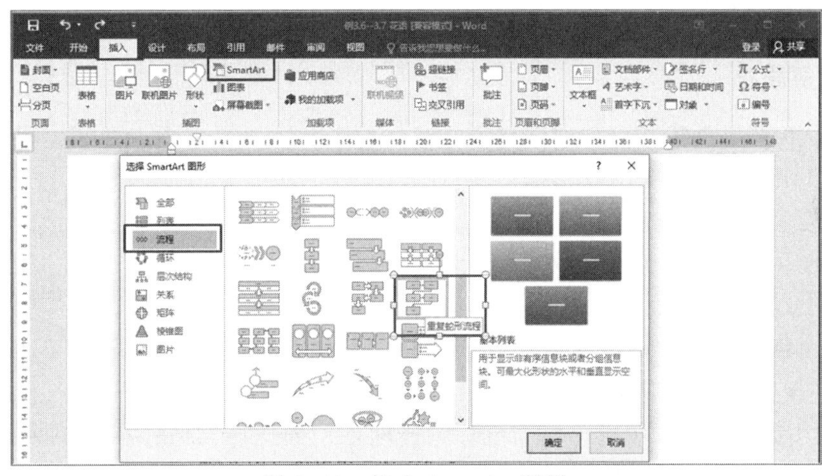


图 3-48　插入 SmartArt 图形

（2）在图形中分别输入相应的文字说明，如图 3-49 所示。

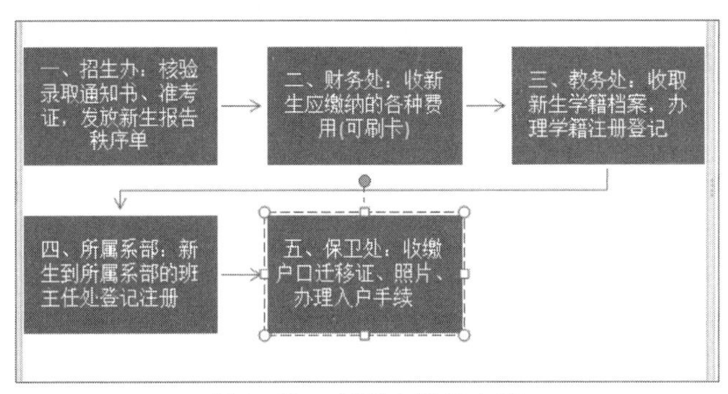


图 3-49　在图中添加文字

（3）此时图中还缺少两项。单击“设计”选项卡“创建图形”选项组中的“添加形状”按钮，连续添加两次。

（4）在新添加的形状中输入相应的文字说明，完成编辑，保存文档并退出。

### 3.6.5　使用图表

在文档中插入数据图表，可以将复杂的数据简单明了地表现出来，对于不是太复杂的数据，都可以使用 Word 2016 设计出专业的数据表。

单击“插入”选项卡“插图”选项组中的“图表”按钮，弹出“插入图表”对话框，选择需要的图表类型，即可在文档中插入图表。同时会启动 Excel 2016 应用程序，用于编辑图表中的数据，该操作和 Excel 类似，读者可参考第 4 章的内容。

# 3.7 使用表格

表格可以将一些复杂的信息简明扼要地表达出来。在 Word 2016 中不仅可以快速创建各种样式的表格，还可以方便地修改或调整表格。在表格中可以输入文字或数据，还可以给表格或单元格添加边框、底纹。此外，还可以对表格中的数据进行简单的计算和排序等。

## 3.7.1 创建表格

Word 2016 提供了多种创建表格的方法，位于“插入”选项卡的“表格”选项组中。有以下几种创建表格的方法：

（1）使用网格创建表格。

（2）使用“插入表格”对话框创建表格。

（3）手动绘制表格。

（4）通过表格模板快速创建表格。

### 1. 使用网格创建表格

单击“表格”下拉按钮，拖动鼠标选择网格，如选择 4×5，单击即可将一个 4 列 5 行的表格插入文档，如图 3-50 所示。

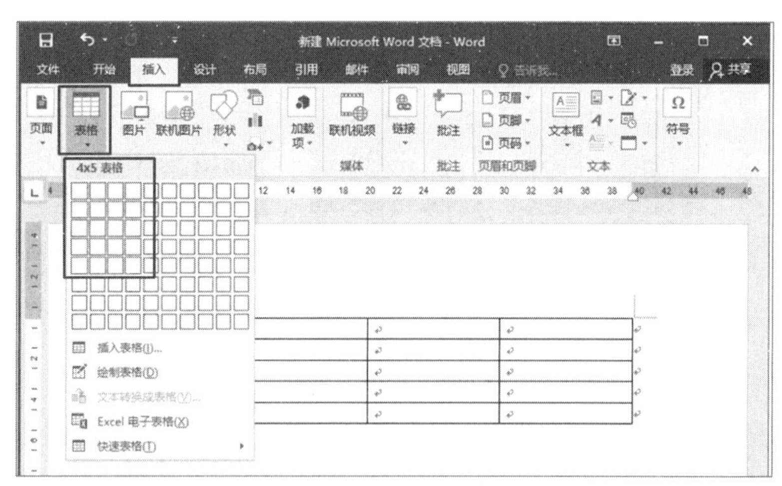


图 3-50　通过网格创建表格

这种方法创建的表格不带有任何样式，操作简单方便，但一次最多只能插入 10 列 8 行的表格，适用于创建行、列数较少的表格。

### 2. 使用“插入表格”对话框创建表格

使用该方法创建表格没有行列数的限制，创建的同时还可以对表格大小进行设

置。单击“插入”选项卡“表格”选项组中的“插入表格”按钮，弹出“插入表格”对话框，可以输入要新建表格的行、列数，以及表格“自动调整”的属性。

### 3. 手动绘制表格

手动绘制表格可以绘制方框、直线，也可以绘制斜线。但是在绘制表格时无法精确设定表格的行高、列宽等数值。

单击“表格”下拉列表中的“绘制表格”按钮，当鼠标指针呈铅笔形状时，按住鼠标左键向右下方拖动，绘制表格外框。在外框内部拖动鼠标，可以绘制内部的直线或斜线。

单击“表格工具”/“布局”选项卡“绘图”选项组中的“橡皮擦”按钮，在不需要的边框线上单击，可擦除多余的框线。

### 4. 通过表格模板快速创建表格

单击“表格”下拉列表中的“快速表格”按钮，可在子菜单中看到多种 Word 内置表格，选择需要的格式，即可快速插入带有一定格式的表格。

## 3.7.2 编辑表格

表格创建完之后，还可以根据需要对其进行编辑，例如编辑文本、插入或删除行/列，或者对单元格进行拆分或合并等。

### 1. 编辑表格中的文本内容

表格中输入文本以及编辑文本的字体、字号等方法与在 Word 文档中编辑文本的方法类似。

**【例 3.9】**编辑文档“招聘人员登记表.docx”，编辑后的效果如图 3-51 所示。

招聘人员登记表

填表时间：　　年　　月　　日

| 姓　　名 | | 性　　别 | | 出生日期 | | 照　　片 |
|---|---|---|---|---|---|---|
| 民　　族 | | 学　　历 | | 婚　　否 | | |
| 专　　业 | | | 毕业院校 | | | |
| 政治面貌 | | | 健康状况 | | | |
| 户　　籍 | | | 身份证号 | | | |
| 毕业时间 | | | 工作年限 | | 职　　称 | |
| 联系电话 | | | 电子邮箱 | | | |
| 联系地址 | | | | | | |
| 应聘职位 | | | | 期望年薪 | | |

图 3-51　编辑表格后的效果

要求如下：

（1）全部单元格中文字字体设置为宋体、五号。

（2）设置“姓名”“民族”“专业”“户籍”等文本分散对齐在单元格中。

**【难点分析】**

（1）如何选中全部单元格内容。

（2）如何选中多个不连续的单元格内容。

**【操作步骤】**

（1）打开文档“招聘人员登记表.docx”，单击表格左上角的单元格，按住【Shift】

键的同时单击表格右下角的单元格，选中表格中全部的单元格。

（2）在“开始”选项卡“字体”选项组中设置字体为宋体，字号为五号。

（3）单击“姓名”所在单元格的左下角，选中该单元格。按住【Ctrl】键的同时依次选中内容为“民族”“专业”“户籍”等单元格，如图 3-52 所示。

（4）在“开始”选项卡“段落”选项组中设置对齐方式为“分散对齐”，完成设置后保存文档并关闭。

招聘人员登记表

填表时间：　年　月　日

| 姓名 | | 性别 | | 出生日期 | | 照片 |
|---|---|---|---|---|---|---|
| 民族 | | 学历 | | 婚否 | | |
| 专业 | | | 毕业院校 | | | |
| 政治面貌 | | | 健康状况 | | | |
| 户籍 | | | 身份证号 | | | |
| 毕业时间 | | | 工作年限 | | 职称 | |
| 联系电话 | | | 电子邮箱 | | | |
| 联系地址 | | | | | | |
| 应聘职位 | | | | 期望年薪 | | |

图 3-52　选中表格中不连续的单元格

【提示】将鼠标指针移到表格的左上角，单击⊞图标，也可以选取整个表格，通常要设置整个表格的样式时会使用这种方法选定表格。

### 2. 插入行、列及单元格

有 3 种方法可实现插入行、列或者单元格。

（1）将光标移动到要插入的行、列或单元格的相邻位置单元格，打开“表格工具”/“布局”选项卡，通过其中的“行和列”选项组实现插入。

（2）右击要插入的行、列或者单元格的相邻位置单元格，在弹出的快捷菜单中选择“插入”命令，再进一步选择要插入的内容。

以上两种方法中，光标的位置如图 3-53 所示。

招聘人员登记表

填表时间：　年　月　日

| 姓　　名 | | 性　　别 | | 出生日期 | | 照　　片 |
|---|---|---|---|---|---|---|
| 民　　族 | | 学　　历 | | 婚　　否 | | |
| 专　　业 | | | 毕业院校 | | | |
| 政治面貌 | | | 健康状况 | | | |
| 户　　籍 | | | 身份证号 | | | |
| 毕业时间 | | | 工作年限 | | 职　　称 | |
| 联系电话 | | | 电子邮箱 | | | |
| 联系地址 | | | | | | |
| 应聘职位 | | | | 期望年薪 | | |

图 3-53　通过工具栏上的命令插入一行

（3）将光标移动到表格最后一行的行结束标记处（见图 3-54），按【Enter】键，可以快速添加一行。

插入列及单元格的方法与插入行的方法类似，此处不再赘述。

### 3. 删除行、列或者单元格

通过以下两种方法删除行、列或单元格：

（1）将光标移动到要删除的行、列或者单元格，打开“表格工具”/“布局”选项卡，通过其中的“行和列”选项组实现删除，如图 3-55 所示。

**招聘人员登记表**

填表时间：　　年　　月　　日

| 姓　　名 | | 性　　别 | | 出生日期 | | 照　　片 |
| --- | --- | --- | --- | --- | --- | --- |
| 民　　族 | | 学　　历 | | 婚　　否 | | |
| 专　　业 | | | 毕业院校 | | | |
| 政治面貌 | | | 健康状况 | | | |
| 户　　籍 | | | 身份证号 | | | |
| 毕业时间 | | | 工作年限 | | 职　　称 | |
| 联系电话 | | | 电子邮箱 | | | |
| 联系地址 | | | | | | |
| 应聘职位 | | | | 期望年薪 | | |

图 3-54　通过按【Enter】键快速插入一行

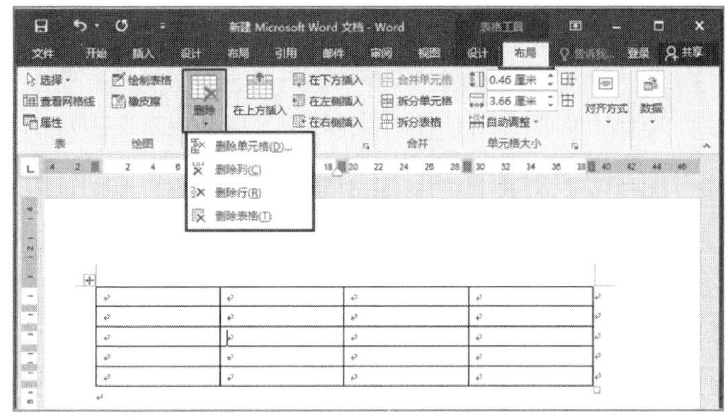


图 3-55　通过“行和列”选项组删除行/列或单元格

（2）将光标移动到要删除的行、列或者单元格并右击，在弹出的快捷菜单中选择“删除单元格”命令，再进一步选择要删除的方式，如图 3-56 所示。

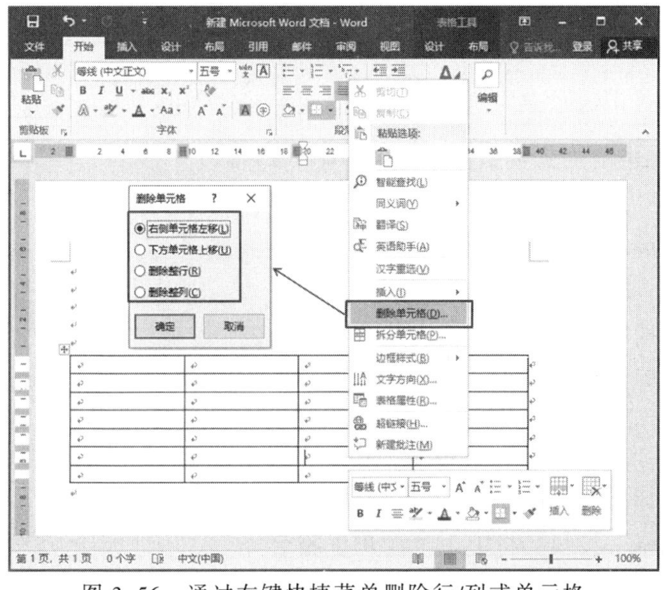


图 3-56　通过右键快捷菜单删除行/列或单元格

4．单元格的合并与拆分

常用合并单元格的方法有两种，分别如下：

（1）选中要合并的单元格，单击“表格工具”/“布局”选项卡“合并”选项组中的“合并单元格”按钮，实现单元格的合并。

（2）选中要合并的单元格并右击，在弹出的快捷菜单中选择“合并单元格”命令，实现单元格的合并。

【例 3.10】编辑“招聘人员登记表.docx”，效果如图 3-57 所示。

招聘人员登记表

填表时间：　　年　　月　　日

| 姓　　名 | | 性　　别 | | 出生日期 | | 照　　片 |
|---|---|---|---|---|---|---|
| 民　　族 | | 学　　历 | | 婚　　否 | | |
| 专　　业 | | | 毕业院校 | | | |
| 政治面貌 | | | 健康状况 | | | |
| 户　　籍 | | | 身份证号 | | | |
| 毕业时间 | | | 工作年限 | | 职　　称 | |
| 联系电话 | | | 电子邮箱 | | | |
| 联系地址 | | | | | | |
| 应聘职位 | | | | 期望年薪 | | |
| 个人专长 | | | | | | |
| 培训经历 | 时　　间 | 地点 | | 培训内容 | | |
| | | | | | | |
| | | | | | | |
| | | | | | | |
| 工作经历 | 时　　间 | 工作单位 | | 职位描述 | | |
| | | | | | | |
| | | | | | | |
| | | | | | | |
| 备　　注 | 1．填写内容必须真实、有效。<br>2．保证遵守国家法律规定和本公司规章制度。<br>3．递交一寸免冠照片一张，毕业证和身份证复印件各一份。 | | | | | |

图 3-57　合并单元格后的效果

要求如下：

（1）“照片”单元格：合并第 1 至 5 行与第 7 列交汇处的单元格。

（2）合并“专业”右边的两个单元格，对“毕业院校”“政治面貌”等单元格执行类似的操作。

（3）“培训经历”单元格：合并“培训经历”单元格以及其下方的 3 个单元格，“工作经历”单元格的格式类似。

【难度分析】

如何合并相邻的单元格。

【操作步骤】

（1）打开文档“招聘人员登记表.docx”，选中“专业”单元格右侧的两个单元格并右击，在弹出的快捷菜单中选择“合并单元格”命令，实现选中单元格的合并，如图 3-58 所示。

（2）用同样的方法，合并“毕业院校”“政治面貌”“户籍”等右侧的单元格。

（3）选择“照片”及其下方的 3 个单元格，单击“表格工具”/“布局”选项卡中的“合并单元格”按钮，将上下 4 个单元格合并。“培训经历”“工作经历”等单元格执行类似的操作，并在“备注”栏的右侧填入相应文字，完成题目的要求。保存文档并关闭。

拆分单元格的操作方法与合并单元格类似，此处不再赘述。

**招聘人员登记表**

填表时间：　年　月　日

| 姓　名 | | 性　别 | | | | 照　片 |
|---|---|---|---|---|---|---|
| 民　族 | | 学　历 | | | | |
| 专　业 | | | 毕业院校 | | | |
| 政治面貌 | | | | | | |
| 户　籍 | | | | | | |
| 毕业时间 | | | | | 职　称 | |
| 联系电话 | | | | | | |
| 联系地址 | | | | | | |
| 应聘职位 | | | | 年薪 | | |
| 个人专长 | | | | | | |
| 培训经历 | 时　间 | 地　点 | | 内容 | | |
| | | | | | | |
| | | | | | | |
| | | | | | | |
| 工作经历 | 时　间 | 工作单位 | | 描述 | | |
| | | | | | | |
| | | | | | | |
| | | | | | | |
| 备　注 | | | | | | |

图 3-58　通过弹出的菜单合并单元格

## 3.7.3　设置表格格式

编辑完表格后，可以对表格的格式进行设置，例如调整表格的行高、列宽，设置表格的边框与底纹，套用样式等，使表格更加美观。

### 1. 调整表格的行高和列宽

常见设置表格行高与列宽的方法有两种：

（1）选中表格，单击“表格工具”/“布局”选项卡“单元格大小”选项组中的按钮。

（2）选中表格并右击，在弹出的快捷菜单中选择“表格属性”命令，在弹出的对话框中有“行”“列”选项卡，可以设置行列的属性。

### 2. 设置表格的边框和底纹

常见设置表格边框与底纹的方法有两种：

（1）通过“表格工具”/“设计”选项卡中有关边框和底纹的按钮进行设置。

（2）右击表格，在弹出的快捷菜单中选择“表格属性”命令，在弹出的对话框中选择“表格”选项卡，单击“边框和底纹”按钮，可以设置表格的边框和底纹。

### 3. 套用表格样式

Word 2016 中内置了多种表格样式，用户可根据需要方便地套用这些样式。在“表格工具”/“设计”选项卡中可以看到有多个样式。使用样式时，先将光标定位到表格的任意单元格，再选择样式，即可将样式应用在表格中。

## 3.7.4　表格的高级应用

### 1. 绘制斜线表头

斜线表头可以将表格中行与列的多个元素在一个单元格中表现出来。在 Word

2016 中制作斜线表头时，可以通过自选图形、文本框完成。

【例 3.11】在“课程表.docx”文档中，为表格绘制斜线表头，如图 3-59 所示。

| 星期 节次 | 星期一 | 星期二 | 星期三 | 星期四 | 星期五 |
| --- | --- | --- | --- | --- | --- |
| 1 | 建筑美术(素描) 公教 105 | | | 建筑表现技法 主 1#301 | 大学英语 主 2#301 |
| 2 | | | | | |
| 3 | | 建筑结构抗震 主 2#108 | | | |
| 4 | | | | | |
| 5 | | 大学英语 主 2#301 | 大学语文 主 4#107 | | |
| 6 | | | | | |
| 7 | | | | | 中国文学名著欣赏 主 5#417 |
| 8 | | | | | |

图 3-59　绘制斜线表头完成后的效果

要求如下：

（1）在表格第 1 行第 1 列交汇处的单元格左上角到右下角绘制斜线。

（2）标明第 1 行标题为“星期”，第 1 列标题为“节次”。

**【难点分析】**

（1）如何在单元格中绘制斜线。

（2）如何在斜线上标注行列的标题。

**【操作步骤】**

（1）打开“课程表.docx”文档，单击“插入”选项卡“插图”选项组“形状”下拉列表中的“斜线”按钮。

（2）鼠标指针变为十字形状，在课程表第 1 行第 1 列交汇处的单元格上，从左上角到右下角沿对角线方向绘制斜线，并设置线条的颜色为黑色，如图 3-60 所示。

| | 星期一 | 星期二 | 星期三 | 星期四 | 星期五 |
| --- | --- | --- | --- | --- | --- |
| 1 | 建筑美术(素描) 公教 105 | | | 建筑表现技法 主 1#301 | 大学英语 主 2#301 |
| 2 | | | | | |

图 3-60　绘制斜线

（3）单击“插入”选项卡“文本”选项组“文本框”下拉列表中的“绘制文本框”按钮，在斜线的上方绘制文本框，并输入“星期”二字。调整文本框位置使文字在斜线中间，并设置文本框的格式为无填充、无线条。

（4）用同样的方法，在斜线的下方绘制文本框，并输入“节次”。完成带斜线表头的制作，保存并关闭文档。

**2．表格的分页显示**

当表格数据较多时，数据可能会跨页显示，如果每页开头能有一个标题行，会帮

助用户快速了解每列数据的意思。通过设置“重复标题行”可以为跨页表自动添加标题行。如果跨页分界处的单元格内容较多，该单元格的内容可能会在两页上显示，通过设置不允许“跨页断行”，可确保一个单元格的内容在同一页显示。

**【例 3.12】**打开素材中的“实习单位统计表.docx”，为跨页的表设置表头，完成后的效果如图 3-61 所示。

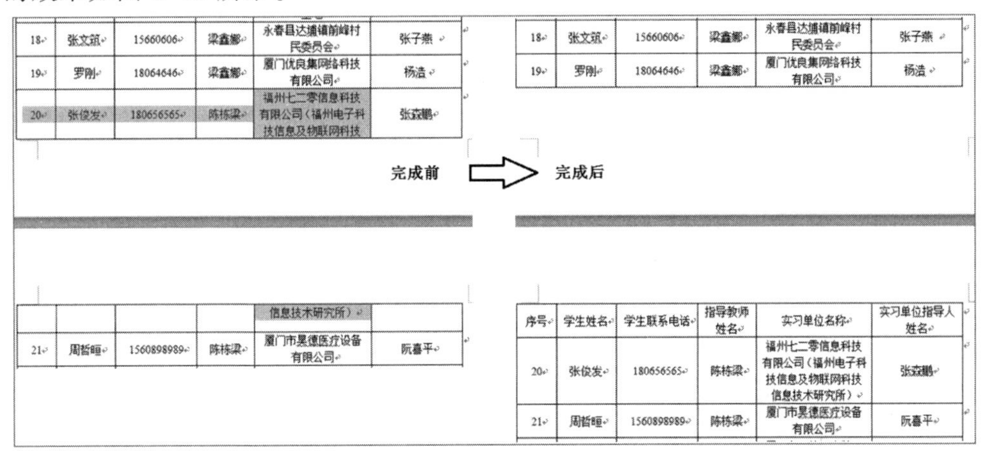

图 3-61 表格分页显示前后的对比效果

要求如下：

（1）将编号为 20 的行中数据在同一页显示。

（2）在表格每一页的第一行，重复显示标题行。

**【难点分析】**

（1）如何将跨页的行显示在同一页。

（2）如何在跨页表格的每一页开始设置表的标题。

**【操作步骤】**

（1）将鼠标指针移动到表格的左上角，单击⊞图标，选中表格。单击“表格工具”/“布局”选项卡“表”选项组中的“属性”按钮。

（2）在弹出的“表格属性”对话框中选择“行”选项卡，取消选择“允许跨页断行”复选框，单击“确定”按钮，实现将跨页的行在同一行显示。显示效果如图 3-62 所示。

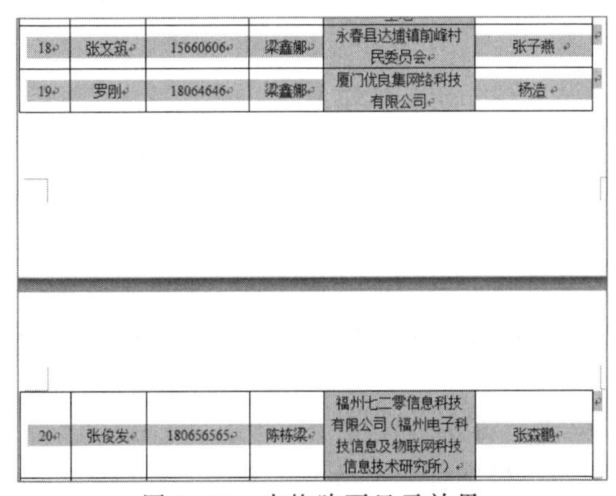

图 3-62 表格跨页显示效果

（3）选中表格的标题行，单击“表格工具”/“布局”选项卡“数据”选项组中的“重复标题行”按钮，如图 3-63 所示。完成对表格的设置，保存并关闭文档。

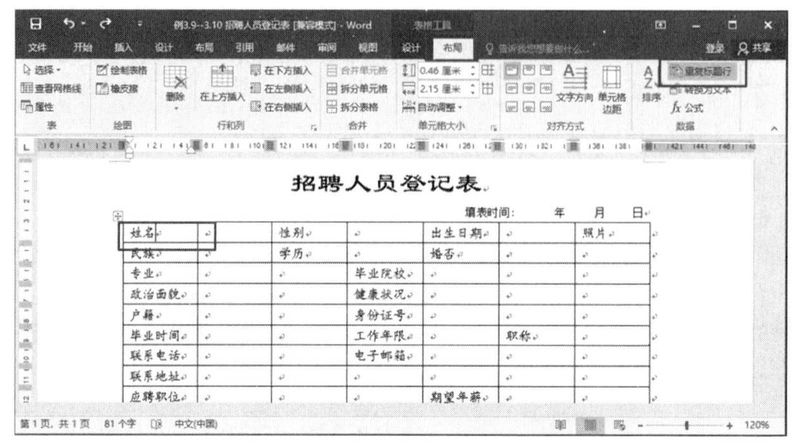


图 3-63　设置表格重复标题行

3．表格数据处理

在 Word 2016 中可以对表格中的数据执行一些简单的运算，如求和、求平均值等，可以通过输入带有加、减、乘、除等运算符的公式进行计算，也可以使用 Word 2016 附带的函数进行较为复杂的计算。除此之外还可以对数据按照某种规则进行排序。

1）对表格中的数据进行计算

将光标移动到存放结果的单元格，单击“表格工具”/“布局”选项卡“数据”选项组中的“公式”按钮，如图 3-64 所示。

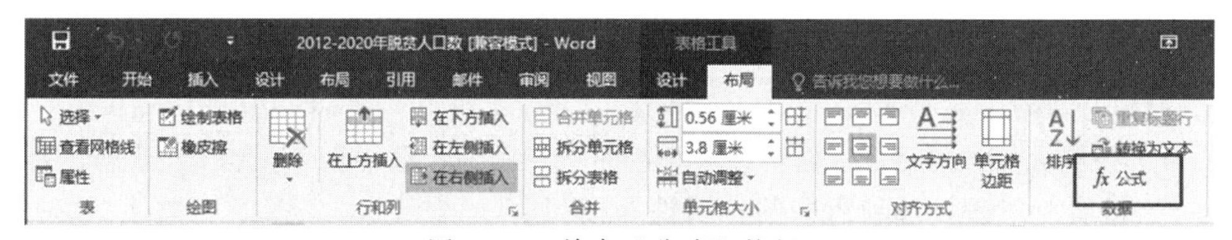


图 3-64　单击“公式”按钮

在弹出的“公式”对话框中，单击“粘贴函数”下拉按钮，选择需要的函数，还可以进一步在“公式”文本框中编辑公式，如图 3-65 所示。

【提示】在表格中进行运算时，需要对所引用的数据方向进行设置，表示引用方向的关键字有 4 个，分别是：LEFT（左）、RIGHT（右）、ABOVE（上）、BELOW（下），大小写均有效。

在计算结束后，如果修改了表格中的原有数字，则需要对表格进行全选，然后按【F9】键更新域，即可更新表格中所有公式的计算结果。

图 3-65　“公式”对话框

2）对表格中的数据进行排序

将光标移动到待排序表格的任意单元格，单击“表格工具”/“布局”选项卡“数

据”选项组中的“排序”按钮。在弹出的“排序”对话框中，设置排序的主要关键字以及排序方式，即可完成对表中数据的排序。

# 3.8 文档高级排版

为提高文档的编排效率，创建有特殊效果的文档，Word 2016 提供了一些高级格式设置功能来优化文档的格式编排。例如，通过“格式刷”快速复制格式、通过编辑文档大纲便于浏览文档结构、通过添加分隔符对文档分节设置不同格式、为文档增加页眉页脚等功能。

## 3.8.1 格式刷的使用

使用“格式刷”功能可以快速将指定文本或段落的格式复制到目标文本、段落上，提高工作效率。

复制格式前先选中已设好格式的文本，单击“开始”选项卡“剪贴板”选项组中的“格式刷”按钮。鼠标指针变成小刷子形状后，拖动鼠标经过要复制格式的文本，即可将格式复制到目标文本上。

**【提示】** 单击“格式刷”按钮复制一次格式后，系统会自动退出复制状态；如果需要将格式复制到多处，可以双击“格式刷”按钮，完成格式复制后，再次单击“格式刷”按钮或者按【Esc】键，即退出复制状态。

## 3.8.2 长文档处理

编辑长文档时，可以使用大纲视图组织和查看文档，帮助用户理清文档思路；也可以在文档中插入目录，方便用户查阅。

**1. 创建、编辑文档大纲**

Word 2016 中的“大纲视图”功能主要用于制作文档提纲，“导航”任务窗格主要用于浏览文档结构。

单击“视图”选项卡“文档视图”选项组中的“大纲视图”按钮，切换到大纲视图模式，此时窗口中出现“大纲”选项卡，如图 3-66 所示。

通过“大纲工具”选项组中的“显示级别”下拉列表可以选择显示级别；通过将鼠标指针定位在要展开或折叠的标题中，单击“展开”按钮+或“折叠”按钮−，可以扩展或折叠大纲标题。

**【例 3.13】** 在“大纲视图”下创建论文的提纲，并设置各级标题的格式，完成效果如图 3-67 所示。

要求如下：

（1）创建 1 至 3 级目录。

（2）1 级标题的格式为“黑体”“小三”“居中”；2 级标题的格式为“黑体”“四号”；3 级标题及正文的格式为“宋体”“小四”。

【难点分析】

（1）如何设置各个标题的级别。

（2）如何通过设置样式将标题的格式保存，以便后续增加同级标题时不用再设置新标题的格式。

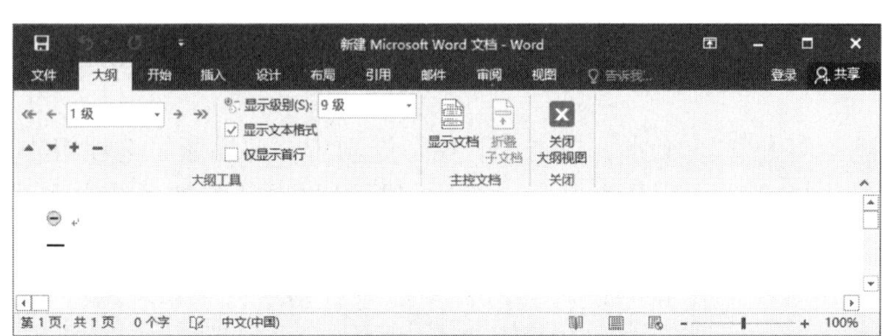
图 3-66 “大纲”选项卡

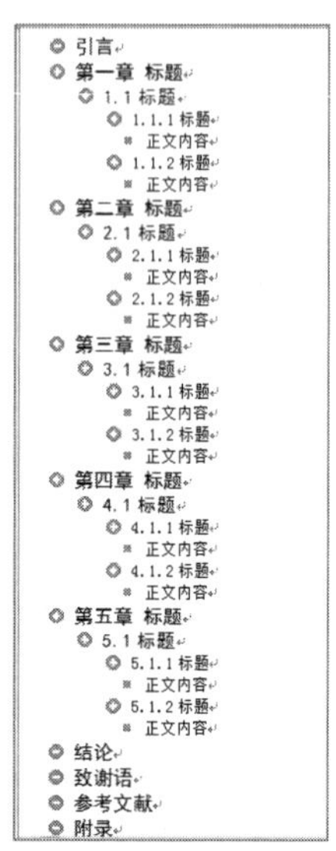

图 3-67 论文大纲

【操作步骤】

（1）新建一个 Word 文档，单击“视图”选项卡“文档视图”选项组中的“大纲视图”按钮。

（2）在打开的大纲视图中，在分级显示栏中选定“1 级”（默认级别），在编辑区输入“引言”，按【Enter】键，继续输入“第一章 标题”，用同样的方法输入 2 至 5 章标题以及结论、致谢语、参考文献、附录，建立 1 级标题列表，如图 3-68 所示。

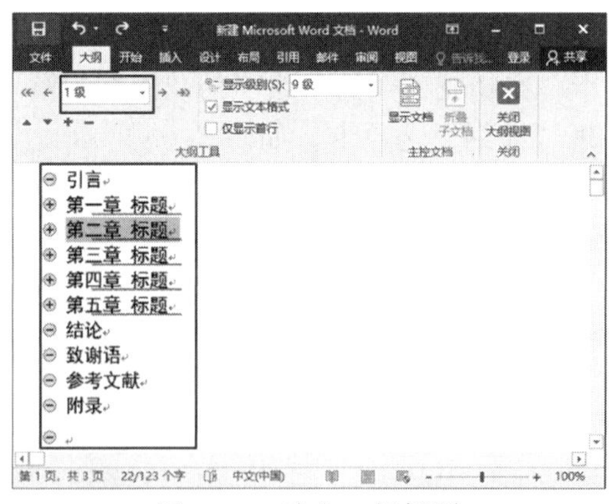
图 3-68 论文 1 级标题

（3）选中编辑区的 1 级标题，单击“开始”选项卡“样式”选项组中的“标题 1”样式。右击“标题 1”，在弹出的快捷菜单中选择“修改”命令，弹出“修改样式”对话框，设置字体格式为“黑体”“小三”“居中”，如图 3-69 所示。

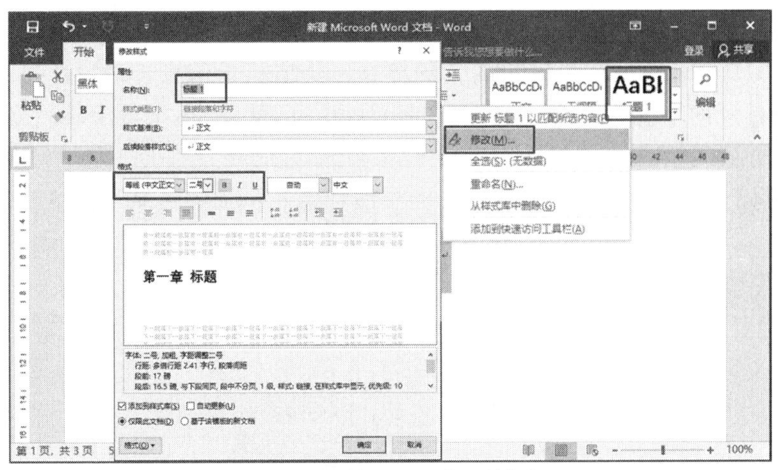


图 3-69　修改 1 级标题样式

（4）将光标移至“第一章　标题”后，按【Enter】键另起一段，输入“1.1 标题”，用同样的方法添加其他章的 2 级标题。使用 Ctrl+鼠标的方式选中所有 2 级标题，如图 3-70 所示。设置其显示级别为“2 级”，修改字体格式为“黑体”“四号”。

（5）将光标移至“1.1 标题”后，按【Enter】键另起一段，输入“1.1.1 标题”，用同样的方法添加每一章的 3 级标题。使用 Ctrl+鼠标的方式选中所有 3 级标题，设置其显示级别为“3 级”，修改字体格式为“宋体”“小四”。

（6）将光标移至“1.1.1 标题”后，按【Enter】键另起一段，输入“正文内容”，用同样的方法为每一章添加“正文内容”4 个字。使用 Ctrl+鼠标的方式选中所有正文内容，设置其显示级别为“正文文本”，字体格式为“宋体”“小四”。大纲创建完毕，关闭大纲视图。

（7）编辑完大纲后可以在“导航”任务窗格中浏览及快速定位到需要编辑的章节。选中“视图”选项卡“显示”选项组中的“导航窗格”复选框，此时可在窗口左侧看到“导航”任务窗格，单击“1.1 标题”，右侧的文档编辑页面将自动跳转到对应的部分，如图 3-71 所示。文档编辑完毕，保存并关闭文档。

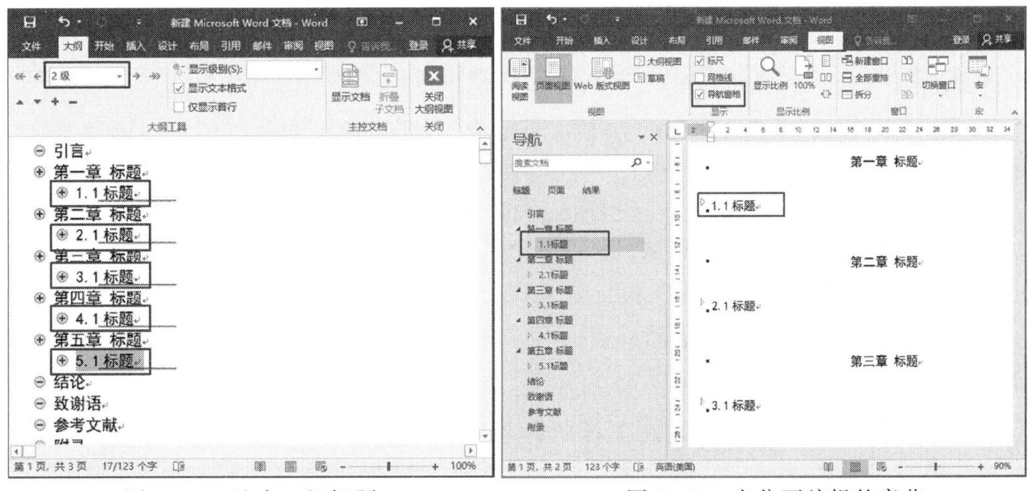


图 3-70　选中 2 级标题　　　　图 3-71　定位要编辑的章节

## 2. 创建文档目录

Word 2016 中可根据用户设置的大纲级别，提取目录信息。可以通过“引用”选项卡中创建目录的功能自动生成文档目录。创建完目录后，还可以编辑目录中的字体、字号、对齐方式等信息。“目录”下拉列表如图 3-72 所示。

**【例 3.14】**为“论文模板.docx”文档添加目录。添加的目录如图 3-73 所示。

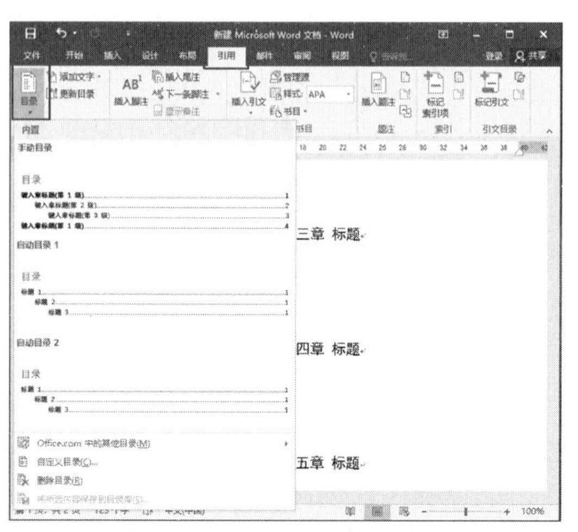


图 3-72 “目录”下拉列表

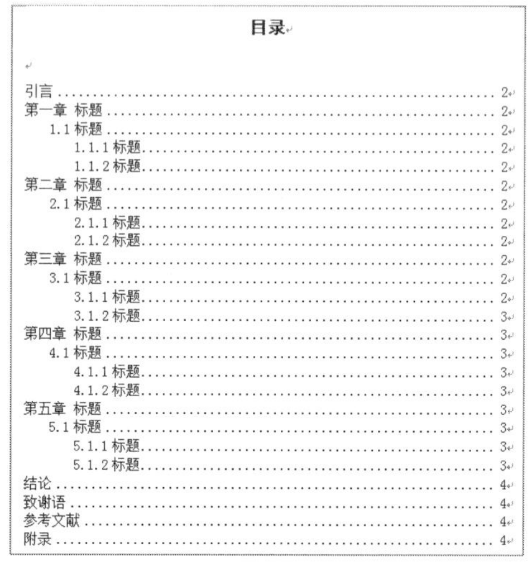

目录

引言……2
第一章 标题……2
1.1 标题……2
1.1.1 标题……2
1.1.2 标题……2
第二章 标题……2
2.1 标题……2
2.1.1 标题……2
2.1.2 标题……2
第三章 标题……2
3.1 标题……2
3.1.1 标题……2
3.1.2 标题……3
第四章 标题……3
4.1 标题……3
4.1.1 标题……3
4.1.2 标题……3
第五章 标题……3
5.1 标题……3
5.1.1 标题……3
5.1.2 标题……3
结论……4
致谢语……4
参考文献……4
附录……4

图 3-73 论文目录

要求如下：

（1）在论文引言前插入目录，使用 Word 自动生成目录。

（2）设置目录中的字体格式为“宋体”“小四”。

**【难点分析】**

（1）如何为文档添加目录，使目录的内容与论文中各级标题一致。

（2）如何设置目录中页码的对齐方式、字体等格式。

**【操作步骤】**

（1）打开“论文模板.docx”，在“引言”二字前按【Enter】键，在“引言”上方的新段落中输入“目录”二字。并在大纲视图中设置“目录”为“正文文本”级别，字体格式为“黑体”“四号”“居中显示”。

（2）在“目录”后按【Enter】键，开始一个新的段落。单击“引用”选项卡“目录”选项组“目录”下拉列表中的“自定义目录”按钮。

（3）弹出“目录”对话框，设置目录的样式，包括目录的页码显示及对齐方式、制表符前导符的形式、目录中显示的大纲级别等，此处保持默认设置，如图 3-74 所示，单击“确定”按钮。

（4）目录创建后，选中全部目录内容，在“开始”选项卡中设置字体格式为“宋体”“小四”。保存文档并关闭。

**【提示】**如果在论文中更改了标题的名称，需要回到目录时，右击标题，在弹出的快捷菜单中选择“更新域”命令，可使目录中的标题同步修改。

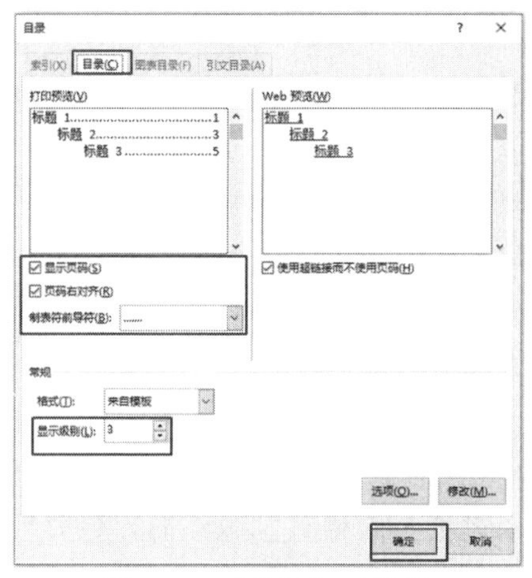


图 3-74 “目录”对话框

### 3.8.3 分隔符

对文档排版时，根据需要可以插入一些特定的分隔符。Word 2016 提供了分页符、分节符等几种重要的分隔符。单击“布局”选项卡“页面设置”选项组中的“分隔符”按钮插入分隔符。

#### 1. 分页符的使用

分页符是分隔相邻两页之间文档内容的符号。如果新的一章内容需要另起一页显示，就可以通过分页符将前后两章内容分隔。

【例 3.15】将“论文模板.docx”中各个章节的起始部分显示在新的一页。

【难点分析】

如何使论文中每一章从新的一页开始。

【操作步骤】

（1）打开已编辑好目录的“论文模板.docx”，将光标移至“引言”二字之前。单击“布局”选项卡“页面设置”选项组“分隔符”下拉列表中的“分页符”按钮，如图 3-75 所示。插入分页符后“引言”的内容在新的一页上显示。

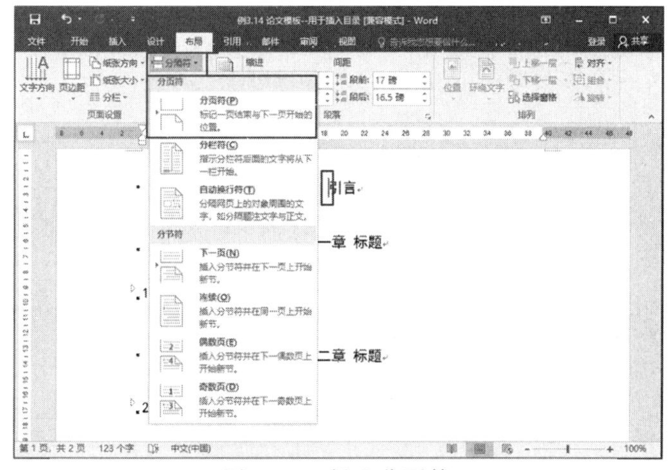


图 3-75 插入分页符

（2）使用同样的方法，将光标移动到每一章标题的前面，插入分页符，使各章内容都从新的一页开始。完成操作保存文档并关闭。

【提示】在移动光标至某章标题的前方时，可以使用“导航”任务窗格快速定位到相应的标题处。

默认状况下，在文档中无法看到“分页符”，可以选择“文件”→“选项”命令，在弹出的对话框中选择“显示”选项卡，选中“显示所有格式标记”复选框，再切换到“草稿”视图，即可看到分页符。

2. 分节符的使用

对于长文档，有时需要分几部分设置格式和版式，例如不同章节设置不同的页眉，此时需要用到分节符将需要设置不同格式和版式的内容分开。

Word 2016 中有 4 种分节符：“下一页”“连续”“偶数页”“奇数页”。

（1）选择“下一页”，插入一个分节符，并在下一页上开始新节。此类分节符常用于在文档中开始新的一章。这种分节符的位置如图 3-76（a）中的虚线所示。

（2）选择“连续”，插入一个分节符，新节从同一页开始。连续分节符常用于在一页上更改格式。这种分节符的位置如图 3-76（b）中的虚线所示。

（3）选择“奇数页”或“偶数页”，插入一个分节符，新节从下一个奇数页或偶数页开始。如果希望文档各章始终从奇数页或偶数页开始，可以使用“奇数页”或“偶数页”分节符。这种分节符的位置如图 3-76（c）中的虚线所示。

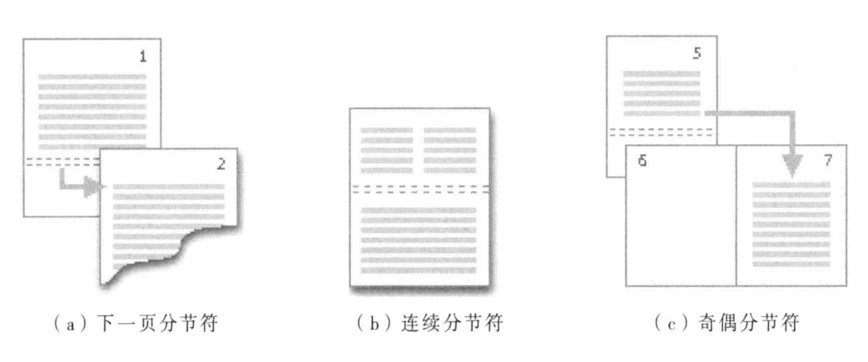

（a）下一页分节符　（b）连续分节符　（c）奇偶分节符

图 3-76　各种分节符

【例 3.16】将“论文模板.docx”中的内容分节。

要求如下：

（1）“目录”和“引言”为一节。

（2）之后每一章独立为一节。

（3）“结论”到“附录”为一节。

【难点分析】

如何根据需要在论文不同章标题前添加分节符。

【操作步骤】

（1）由于在上一例中已为各章插入了分页符，所以这里选择“连续”分节符。将光标移动至“第一章 标题”的前面，单击“布局”选项卡“页面设置”选项组“分

隔符”下拉列表中的“连续”按钮，此时在引言及以前的内容和第一章内容之间插入了一个分隔符。

在“草稿”视图下，可以看到该分节符，如图 3-77 所示。

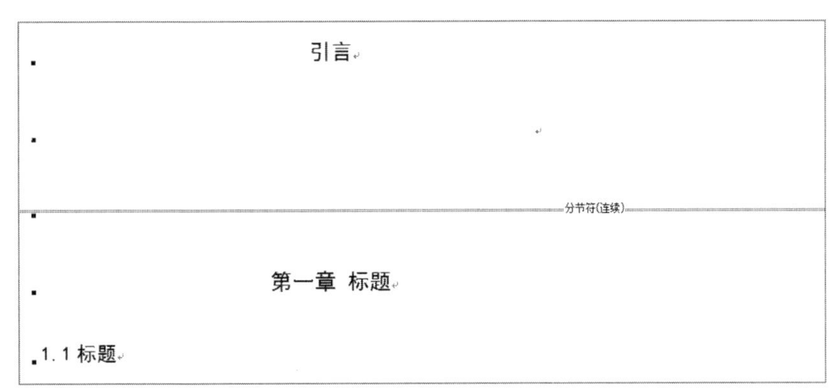


图 3-77 查看分节符

（2）切换到“页面视图”，用同样的方法在各章标题及“结论”前插入“连续”分节符。完成操作保存文档并关闭。

**【提示】** 如果需要删除分节符，可以在“草稿”视图下，将光标移动到分节符所在的虚线行，按【Delete】键即可删除该符号。

### 3.8.4 编辑页眉和页脚

常见的页眉有文档的标题、所在章节的标题等，常见的页脚有页码、日期、作者名等。文档中可以自始至终用同一个页眉或页脚，也可以结合分节符的设置，在文档的不同部分使用不同的页眉和页脚。甚至可以在同一部分的奇偶页上使用不同的页眉和页脚。

Word 2016 中提供了不同样式的页眉和页脚供用户选择，同时也允许用户自定义页眉和页脚，也可以在页眉和页脚中插入图片等内容。

**【例 3.17】** 在文档“论文模板.docx”中，为文档的各页在页脚处插入页码，并为各节插入相应的页眉。

要求如下：

（1）“目录”和“引言”一节的页眉为论文标题。

（2）各章的页眉为章节的标题。

（3）“结论”至“附录”一节的页眉为论文标题。

**【难点分析】**

（1）如何为不同节添加不同的页眉。

（2）如何添加页码。

**【操作步骤】**

（1）打开文档“论文模板.docx”，由于上一例已经为文档分节，所以此处直接插入页眉和页脚。将光标移动到目录处，单击“插入”选项卡“页眉和页脚”选项组“页脚”下拉列表中的“编辑页脚”按钮，如图 3-78 所示。

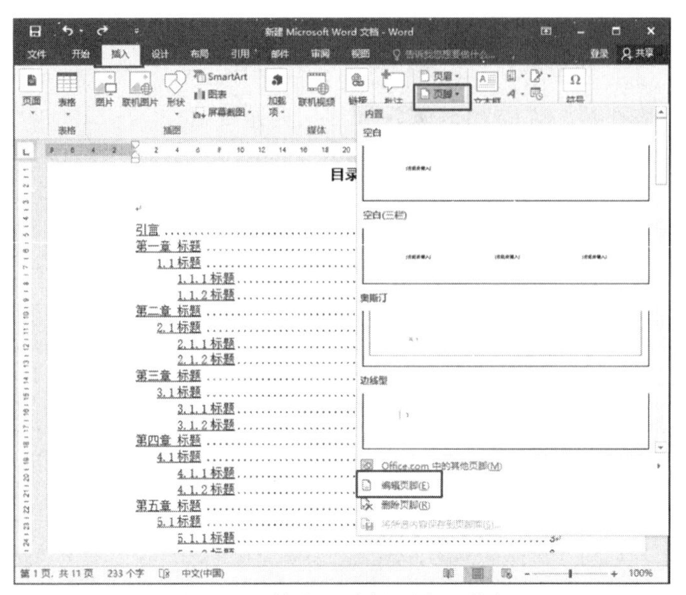


图 3-78　单击“编辑页脚”按钮

（2）文档处于页眉和页脚编辑状态，将光标移动到页脚区域，单击“页眉和页脚工具”/“设计”选项卡“页眉和页脚”选项组中的“页码”按钮。

（3）在弹出的下拉列表中选择“当前位置”→“简单”→“普通数字”样式的页码，如图 3-79 所示。

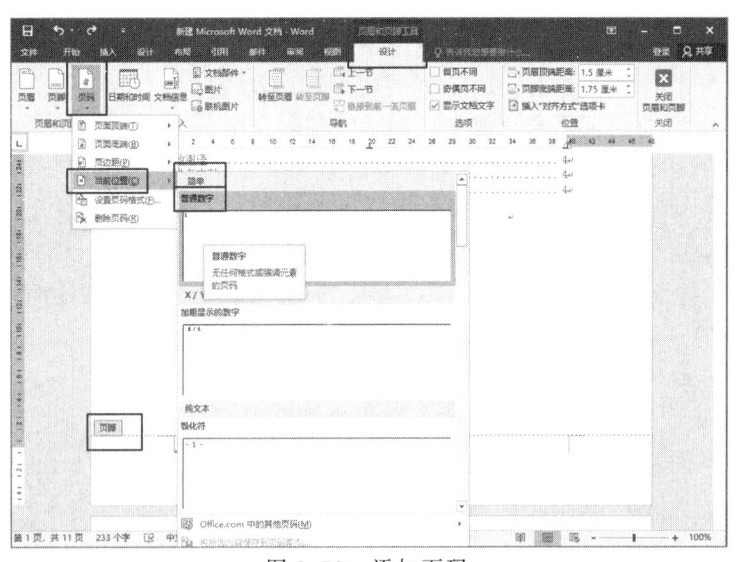


图 3-79　添加页码

（4）选中页脚中的页码，在“开始”选项卡中设置其居中对齐。

（5）回到“页眉和页脚工具”/“设计”选项卡，单击“转至页眉”按钮，将光标移动至页眉编辑区。

（6）输入“论文题目”4 个字作为“目录”一节的页眉，如图 3-80 所示。

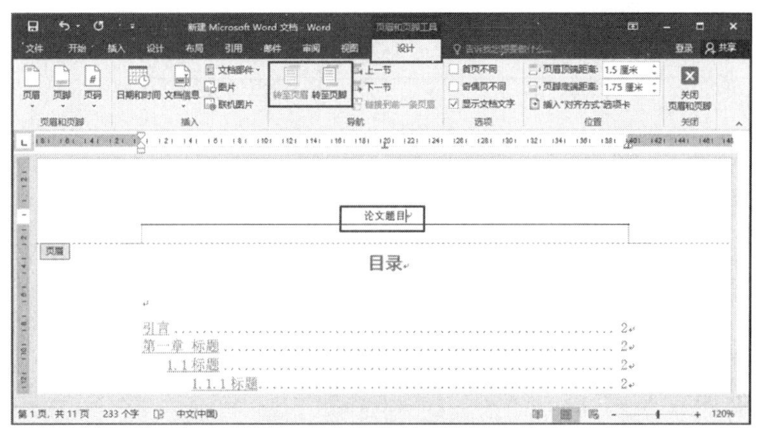

图 3-80　设置第 1 节的页眉

（7）单击“页眉和页脚工具”/“设计”选项卡中的“下一节”按钮，跳转到下一节页眉的编辑，为了使光标所在的节与上一节的页眉不同，要单击“链接到前一条页眉”按钮去除该项功能（默认情况下该功能为有效状态），然后在页眉处输入“第一章标题”，完成该节页眉的设置，如图 3-81 所示。

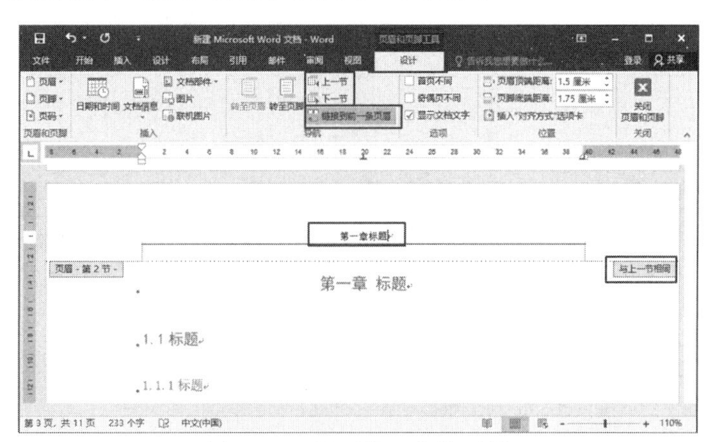

图 3-81　设置第 2 节的页眉

（8）用同样的方法完成对后续各节页眉的编辑。目录部分（第 1 节）的页眉和页脚如图 3-82 所示，第一章（第 2 节）的页眉和页脚如图 3-83 所示。操作完毕保存并关闭文档。

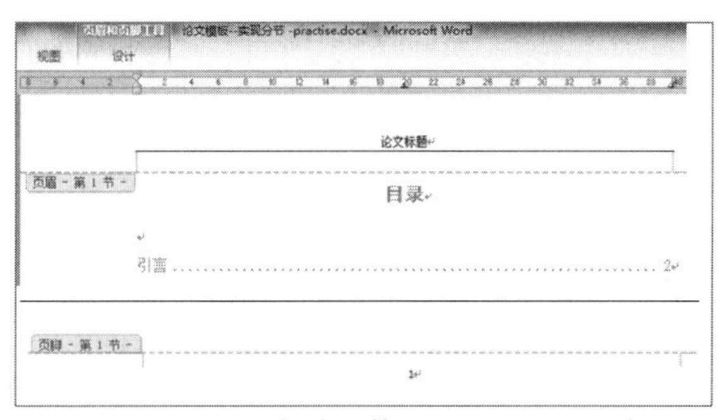

图 3-82　目录部分（第 1 节）的页眉页脚

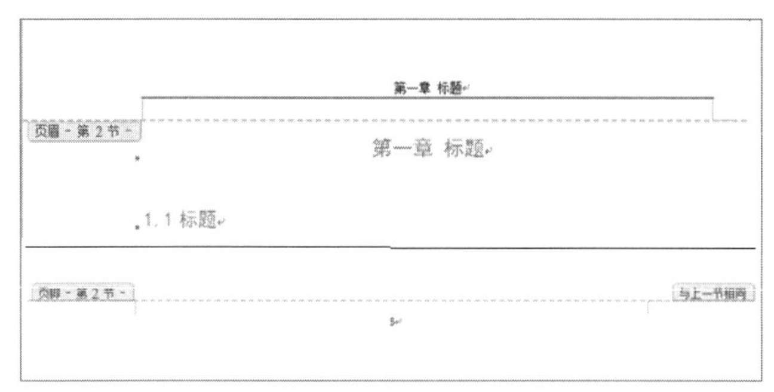


图 3-83　第一章（第 2 节）的页眉页脚

### 3.8.5　脚注、尾注和题注

#### 1. 编辑脚注和尾注

脚注和尾注都不是文档正文，但仍然是文档的组成部分。它们在文档中的作用相同，都是对文档中的文本进行补充说明，如单词解释、备注说明或标注文档中引用内容的来源等。脚注一般位于插入脚注页面的底部，而尾注一般位于整篇文档的末尾。

插入脚注的方法如下：

（1）打开文档，选中文档的标题，单击“引用”选项卡“脚注”选项组中的“插入脚注”按钮。

（2）在该页的下方出现了脚注编辑区，输入脚注内容，还可以为脚注文字设置字体格式。

添加尾注的方法与上述方法类似。

如果要删除脚注或尾注，可选中该脚注或尾注的标记，按【Delete】键即可删除单个脚注或尾注。

#### 2. 编辑题注

使用 Word 2016 提供的题注功能，可以为文档中的图形、公式或表格等进行统一编号，从而节省手动输入编号的时间。

**【例 3.18】**在“家电类销售统计表.docx”中，为其中的表格添加自动编号，如图 3-84 所示。

**家电销售记录**

表 1- 1

| | 一月利润(元) | 二月利润(元) | 三月利润(元) | 季度总和 |
|---|---|---|---|---|
| 洗衣机 | 40000 | 25000 | 50000 | 115000 |
| 电冰箱 | 35000 | 20000 | 30000 | 85000 |
| 热水器 | 35000 | 10000 | 20000 | 65000 |

**小家电销售记录**

表 1- 2

| | 一月利润(元) | 二月利润(元) | 三月利润(元) | 季度总和 |
|---|---|---|---|---|
| 电饭锅 | 50000 | 10000 | 20000 | 80000 |
| 加湿器 | 70000 | 50000 | 30000 | 150000 |
| 烘干机 | 15000 | 20000 | 40000 | 75000 |

图 3-84　题注编辑完成后的效果

要求如下：

（1）为表添加编号，编号由 Word 自动生成。

（2）设置表标题的格式为“宋体”“小五”。

**【难点分析】**

如何自动生成表的编号。

**【操作步骤】**

（1）打开文档，选中第一个“家电销售记录”表，单击“引用”选项卡“题注”选项组中的“插入题注”按钮。

（2）弹出“题注”对话框，单击“新建标签”按钮，设置标签的内容为“表 1-”，单击“确定”按钮，如图 3-85 所示。

（3）设置编号的字体为“宋体”“小五”，完成对“家电销售记录”表的编号。

（4）使用同样的方法可以为文档中另外一个表设置编号。保存并关闭文档。

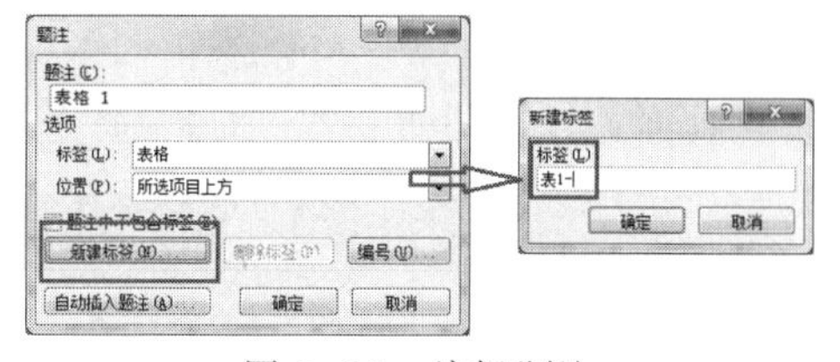


图 3-85　编辑题注

**【提示】**题注中的标签是固定不变的，文档中使用该标签的题注会自动进行编号，需要时可以对标签进行统一修改。

### 3.8.6　文档的页面设置与打印

在文档进行排版过程中，有时需要对页面大小、页边距等进行设置；还需要设置文字的方向、对文档进行分栏、添加页面背景等，此时就用到了“页面设置”功能。在页面设置好之后，还可以根据需要打印文档。

#### 1. 文字方向

用户可根据需要设置文档中的文字方向。单击“布局”选项卡“页面设置”选项组“文字方向”下拉列表中的“文字方向选项”按钮，对文字方向做进一步的设置，如图 3-86 所示。

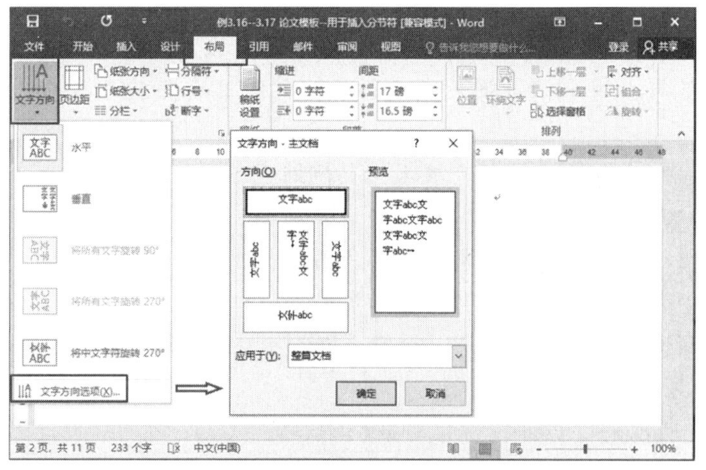


图 3-86　设置文字方向

**2．分栏符的使用**

“分栏”功能可在一个文档中将一个版面分为若干个小块，通常情况下，该功能会应用于报纸、杂志的版面中。

选中要分栏的文字内容，单击“布局”选项卡“页面设置”选项组中的“分栏”下拉按钮，在弹出的下拉列表中选择需要的栏数，可实现对选定内容的分栏显示。

【提示】分栏只适用于文档中的正文内容，对于页眉、页脚或文本框等不适用；可以通过“更多分栏”对“栏数”“栏宽”等做进一步设置。

**3．文档背景的设置**

在 Word 2016 中，可以对页面的背景进行设置，如设置页面颜色、设置水印背景、设置页面边框、设置稿纸等，使页面更加美观，如图 3-87 所示。

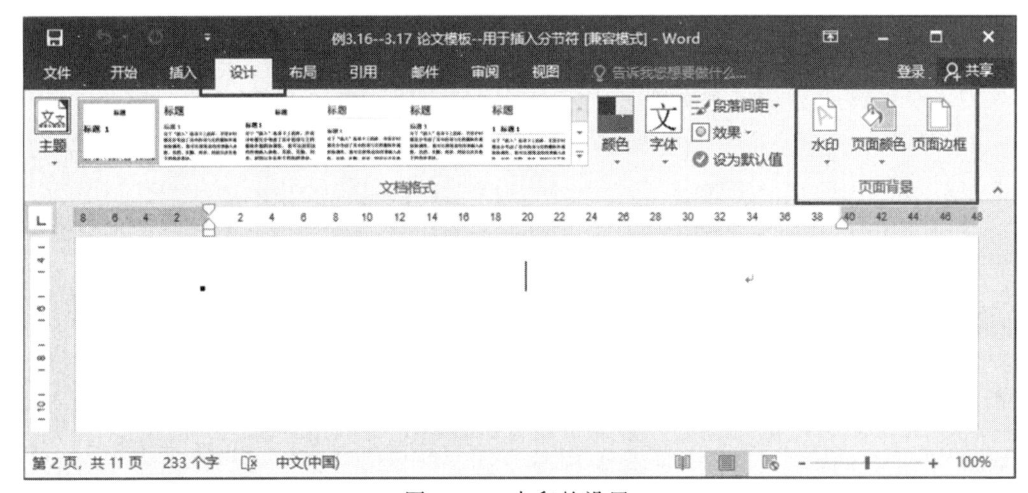


图 3-87　水印的设置

添加水印的操作方法如下：

（1）打开文档，单击“设计”选项卡“页面背景”选项组“水印”下拉列表中的“自定义水印”按钮。

（2）弹出“水印”对话框，选择“文字水印”单选按钮，在“文字”文本框中输入需要的水印文字，在“颜色”下拉列表中可以设置水印的颜色效果。如果想看到比较明显的水印效果，可取消选择“颜色”下拉列表框右侧的“半透明”复选框，如图 3-88 所示。

如果要删除水印效果，可在“水印”下拉列表中单击“删除水印”按钮。

**4．页面设置**

用户可以根据需要设置页边距。单击“布局”选项卡“页面设置”选项组“页边距”下拉列表中的“自定义边距”按钮。

弹出“页面设置”对话框，可以设置页面的上、下、左、右边距以及装订线的宽度，如图 3-89 所示。

在图 3-89 所示的“页面设置”对话框中，还可以设置“纸张方向”以及“纸张大小”。

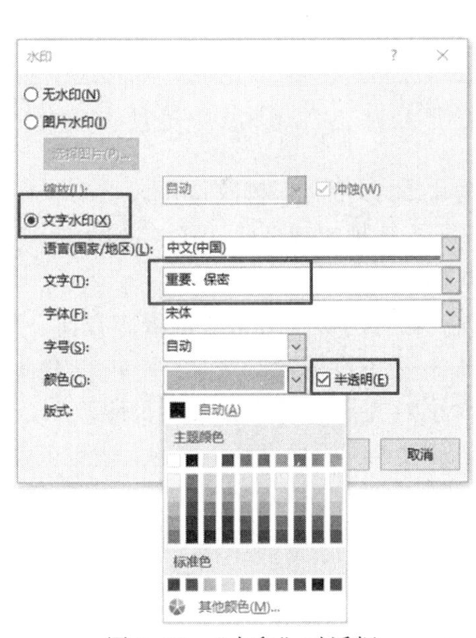


图 3-88 “水印”对话框

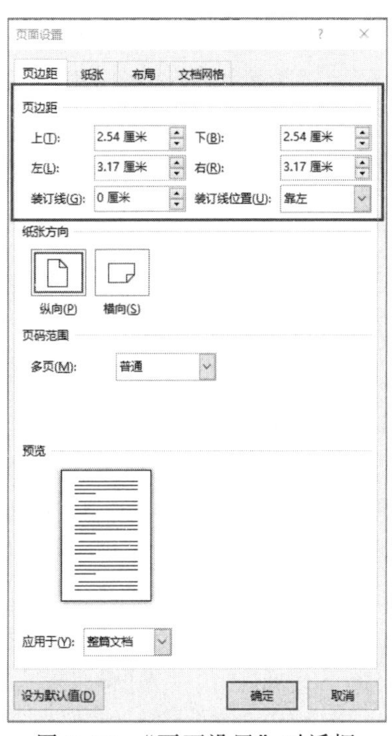


图 3-89 “页面设置”对话框

## 5. 打印文档

当需要对编辑好的文档进行打印时，可选择“文件”“打印”命令对打印选项进行设置。打印设置界面如图 3-90 所示。

图 3-90 打印设置界面

其中可以设置以下内容：

（1）打印范围。默认打印范围是打印文档中的所有页，可以根据需要打印当前页、奇数页、偶数页等。还可以在“页数”右侧的文本框中输入打印的页数或页数范围，例如“1，3，5-12”等。

（2）单双面打印。可以在“单面打印”选项中设置“单面打印”或者“手动双面打印”。

（3）逐份打印。如果文档包含多页，并且要打印多份时，可以按份数打印，也可以按页码顺序打印，通过“打印”界面中的“调整”选项实现设置。其中“调整”选项指逐份打印，“取消排序”选项指按页码顺序打印。

（4）打印纸张方向。此处设置的是打印方向，最好与页面设置中的纸张方向一致。

（5）打印纸大小。如果实际打印时没有页面设置中设置的纸张尺寸，可以在此处选择现有的纸张尺寸，Word 会根据实际纸张大小对文档进行缩放后再打印。

（6）打印页边距。在“打印”界面中修改页边距后，“页面设置”中的页边距也会被修改。

（7）每版打印页数。通常是每版打印 1 页，当需要把多页缩到一页中打印时，可以设置该选项。

（8）打印份数。在“打印”界面的上方可以设置打印的份数。

设置完各个打印选项后，单击“打印”按钮可以打印文档。

# 小　　结

本章主要介绍了 Word 2016 的安装与卸载方法、基本操作、文档的基本排版与高级排版、表格制作、图文混排、创建图表等知识。通过学习重点掌握文档的基本操作及排版方法与技巧，便于今后在日常工作与学习中轻松、快捷地制作和处理文档。

# 习　　题

## 一、选择题

1. Word 2016 是（　　）。

　A. 文字处理软件　B. 系统软件　C. 硬件　D. 操作系统

2. 设置字符格式用（　　）中的相关按钮操作。

　A. “字体”选项组　B. “段落”选项组

　C. “样式”选项组　D. “编辑”选项组

3. 在 Word 2016 中，“分节符”位于（　　）选项卡中。

　A. “开始”　B. “插入”　C. “布局”　D. “设计”

4. 格式刷的作用是快速复制格式，其操作技巧是（　　）。

　A. 单击可以连续使用　B. 双击可以使用一次

　C. 双击可以连续使用　D. 右击可以连续使用

5. 在 Word 2016 中，想打印 1、3、8、9、10 页，应在“打印范围”中输入（　　）。

A. 1,3,8-10　　B. 1、3、8-10
C. 1-3-8-10　　D. 1、3、8、9、10

6. 在 Word 中，每个段落的段落标记在（　　）。
A. 段落中无法看到　　B. 段落的结尾处
C. 段落的中部　　D. 段落的开始处

7. 在 Word 2016 中，下面（　　）方式是默认的视图方式。
A. 普通视图　　B. 页面视图
C. 大纲视图　　D. Web 版式视图

8. 在 Word 表格中若要计算某列的数值之和，可以用到的统计函数为（　　）。
A. SUM　　B. TOTAL　　C. AVERAGE　　D. COUNT

9. 目录可以通过（　　）选项卡插入。
A. “插入”　　B. “布局”　　C. “引用”　　D. “设计”

10. 在选定了整个表格之后，若要删除整个表格中的内容，以下（　　）操作是正确的。
A. 单击“表格”选项卡中的“删除表格”按钮
B. 按【Delete】键
C. 按【Space】键
D. 按【Esc】键

11. Word 中插入图片的默认版式为（　　）。
A. 嵌入型　　B. 紧密型　　C. 浮于文字上方　　D. 四周型

12. 在 Word 中要选定文档中的一个矩形区域，应在拖动鼠标前按住（　　）键不放。
A.【Ctrl】　　B.【Alt】　　C.【Shift】　　D. 空格

13. Word 2016 文档的文件扩展名是（　　）。
A. .DOC　　B. .DOCS　　C. .DOCX　　D. .DOT

14. Word 2016 中，选定一行文本的方法是（　　）。
A. 将鼠标指针置于目标处，单击
B. 将鼠标指针置于此行的选定栏并出现选定光标时单击
C. 用鼠标在此行的选定栏双击
D. 用鼠标三击此行

15. 当一页内容已满，而文档文字仍然继续被输入，Word 将插入（　　）。
A. 硬分页符　　B. 硬分节符
C. 软分页符　　D. 软分节符

16. 在某行下方快速插入一行最简便的方法是将光标置于此行最后一个单元格的右边，按（　　）键。
A.【Ctrl】　　B.【Shift】　　C.【Alt】　　D.【Enter】

17. 在 Word 2016 打印设置中，可以进行（　　）操作。
A. 打印到文件　　B. 手动双面打印
C. 按纸型缩放打印　　D. 设置打印页码

18. 关于 Word 2016 表格的“标题行重复”功能，说法正确的是（　　）。

A. 属于“表格”工具栏的命令
B. 属于“开始”选项卡中的命令
C. 能将表格的第一行即标题行在各页顶端重复显示
D. 当表格标题行重复后，修改其他页面表格第一行，第一页的标题行也随之修改

19. 在 Word 2016 中，插入一个分页符的方法有（　　）。
A. 按【Ctrl+Enter】组合键
B. 单击“插入”选项卡“符号”选项组中的“分隔符”按钮
C. 单击“插入”选项卡“页”选项组中的“分页”按钮
D. 单击“布局”选项卡“页面设置”选项组中的“分隔符”按钮

20. 在 Word 2016 中，若想知道文档的字符数，可以采用的方法有（　　）。
A. 单击“审阅”选项卡“校对”选项组中的“字数统计”按钮
B. 按【Ctrl+Shift+G】组合键
C. 按【Ctrl+Shift+H】组合键
D. 单击“审阅”选项卡“修订”选项组中的“字数统计”按钮

**二、操作题**

1. 文档与图片操作。

目的与要求:

（1）熟悉 Word 窗口组成以及如何在屏幕上显示或隐藏某些元素。

（2）掌握文本的插入、删除、修改、恢复、查找、替换、复制及移动操作。

（3）掌握字体字符间距、文字效果的设置方法。

（4）掌握段落的缩进对齐、段间距、行距等的设置方法。

（5）掌握文档的页面设置、项目符号和编号及分节、分页分栏设置，熟悉页码、页眉和页脚的设置与改变等排版操作。

操作内容:

创建新文档如图 3-91 所示，编辑排版后效果如图 3-92 所示。

要求:

（1）把标题段文字设置为黑体、小二号、红色、居中，添加段落黄色底纹，标题段后间距设置为 0.5 行。

（2）将“黄坤明出席启动仪式并讲话”设为副标题，宋体字体、三号、红色居中。

（3）将正文各段文字设置为楷体、小四号字体，各段落左右各缩进 0.5 字符，首行缩进 2 字符。

（4）在正文中查找文中所有“百年”，替换为加粗文字，并添加蓝色细波浪线。

（5）在第一段之后，插入图片，调整图片大小高度、宽度均为 65%，图片居中；设置图片文字环绕为上下型，距正文上下各 0.2 厘米。

（6）将第二段文字分为两栏，并在中间插入分隔线。

（7）以“LX1.DOCX”为文件名保存在以自己学号命名的文件夹中。

“奋斗百年路 启航新征程”大型主题采访活动启动
黄坤明出席启动仪式并讲话
2021年1月18日，中宣部在国家博物馆举行“奋斗百年路 启航新征程”大型主题采访活动启动仪式。中共中央政治局委员、中宣部部长黄坤明出席并讲话，强调隆重庆祝建党百年是党和国家政治生活中的一件大事，要记录历史伟业、展现百年风华，生动鲜活讲好中国共产党的故事，齐声唱响共产党好的主旋律，大力营造举国共庆百年华诞、齐心协力开创新局的浓厚氛围。
黄坤明指出，百年征程波澜壮阔，百年初心历久弥坚。要走入历史深处，生动讲述老故事、深入挖掘新故事，全面展现百年大党的梦想与追求、情怀与担当，突出展示党的十八大以来党领导人民推进伟大斗争、伟大工程、伟大事业、伟大梦想取得的历史性成就。要走入人民心间，充分反映我们党始终同人民想在一起、干在一起，永远与人民同呼吸、共命运、心连心。要走入思想高地，广泛弘扬各个历史时期铸就的伟大精神，深入挖掘蕴含其中的丰富内涵和时代价值。要走入奋斗一线，展现干部群众团结一心创造美好生活的精神风貌，凝聚立足新阶段、奋进新征程的强大力量。
中央和地方主要媒体的编辑记者代表在北京主会场和各省区市分会场参加启动仪式。

图 3-91　输入的文档内容

“奋斗百年路 启航新征程”大型主题采访活动启动

黄坤明出席启动仪式并讲话

2021年1月18日，中宣部在国家博物馆举行“奋斗百年路 启航新征程”大型主题采访活动启动仪式。中共中央政治局委员、中宣部部长黄坤明出席并讲话，强调隆重庆祝建党百年是党和国家政治生活中的一件大事，要记录历史伟业、展现百年风华，生动鲜活讲好中国共产党的故事，齐声唱响共产党好的

主旋律，大力营造举国共庆百年华诞、齐心协力开创新局的浓厚氛围。

黄坤明指出，百年征程波澜壮阔，百年初心历久弥坚。要走入历史深处，生动讲述老故事、深入挖掘新故事，全面展现百年大党的梦想与追求、情怀与担当，突出展示党的十八大以来党领导人民推进伟大斗争、伟大工程、伟大事业、伟大梦想取得的历史性成就。要走入人民心间，充分反映我们党始终同人民想在一起、干在一起，永远与人民同呼吸、共命运、心连心。要走入思想高地，广泛弘扬各个历史时期铸就的伟大精神，深入挖掘蕴含其中的丰富内涵和时代价值。要走入奋斗一线，展现干部群众团结一心创造美好生活的精神风貌，凝聚立足新阶段、奋进新征程的强大力量。

中央和地方主要媒体的编辑记者代表在北京主会场和各省区市分会场参加启动仪式。

图 3-92　排版后文档效果

2. 表格操作。

目的与要求:

（1）掌握表格的制作、内容的编辑及对表格格式化。

（2）掌握 Word 2016 表格中单元格的拆分、合并等操作。

（3）掌握在 Word 2016 文档中插入图片，并进行图片编辑。

（4）掌握简单图形的绘制。

（5）掌握艺术字体的使用。

（6）熟悉文本框的使用方法，掌握图文混排的方法。

操作内容:

按照要求，在 Word 2016 中，输入文字和数据，形成图 3-93 所示格式的表格。

2014-2022 年某商品销售统计表

| 年份 | 销售数量 | 平均单价 | 销售额 |
|---|---|---|---|
| 2014 年 | 1250 | 600 | 750,000 |
| 2015 年 | 1450 | 610 | 884,500 |
| 2016 年 | 1320 | 620 | 818,400 |
| 2017 年 | 1400 | 625 | 875,000 |
| 2018 年 | 1240 | 630 | 781,200 |
| 2019 年 | 1289 | 628 | 809,492 |
| 2020 年 | 1350 | 630 | 850,500 |
| 2021 年 | 1100 | 633 | 696,300 |
| 2022 年 | 1500 | 635 | 952,500 |

图 3–93　排版后的表格效果

要求:

（1）表标题文字设置为花纹楷体、深红色、加粗、小二号字体，居中。标题文字效果为“渐变填充”，预设渐变为“中等渐变-个性色 2”。

（2）为表格设置底纹图案样式为“浅色下斜线，15％”，颜色为“茶色，背景 2，深色 10％ ”。

（3）将表格的外框线设置为深红色、2.25 磅的粗线；内框线 0.5 磅。

（4）表内文字均为五号宋体，水平、垂直、居中，行高设置为 0.6 厘米。

（5）将完成的文档以“LX2.DOCX”为文件名保存在自己的文件夹中。

第4章

# Excel 2016 电子表格处理 «<

本章对Excel进行了介绍，并在Excel实例中融入2020年世界GDP排名前十国家，在新冠疫情的大环境下，中国是唯一正增长的国家。通过演示我国GDP增长率使学生掌握Excel公式、函数的用法，让学生明白只有中国共产党才能带领全国人民取得举世瞩目的经济建设成就。

Excel 2016是Microsoft Office办公软件系列中的电子表格程序，也是目前市场上功能最强大的电子表格处理软件。可使用该软件创建可视化的工作簿（电子表格集合）并设置工作簿格式，可以分析统计数据，编写公式以对数据进行计算，以多种方式透视数据，并以各种具有专业外观的图表显示数据，从而方便用户做出更明智的业务决策。

## 4.1 Excel 2016基础知识

### 4.1.1 Excel 2016的新增功能

Excel 2016较2010及其之前的版本改进了很多，界面的整体布局更加简洁、新增了大量的数据分析工具。与2013版本比较，整体布局基本相似，但细节变化也不少。当然，Excel 2016也是向下兼容的，即它支持大部分早期版本中提供的功能。下面就Excel 2016新增的部分功能进行介绍。

**1. 更多的Office主题**

Excel 2016延续Excel 2013贴合中国人视觉操作习惯的界面布局，且在外观不再是简单的灰白色，还增加了中灰色、彩色等更多主题颜色供用户选择。若要访问这些主题，可选择“文件”→“选项”命令，弹出“Excel选项”对话框，选择“常规”选项卡，在“Office主题”下拉列表中选择设置。

**2.“告诉我你想做什么”功能**

通过“告诉我你想做什么”这个功能助手，用户可以不用再到选项卡中寻找具体命令的位置，只要在输入框中输入任何关键字，它就能提供相应的功能与模块、获取模块的帮助以及有关该功能模块的智能查找。此外，单击下拉按钮还可以看到最近使用的搜索记录。

3. 墨迹公式

在 Excel 2016 中，一个非常方便好用的功能被加入“插入”选项卡“符号”选项组“公式”下拉列表中，这个功能为“墨迹公式”。打开“墨迹公式”面板，用户可以通过触摸设备或鼠标写入数学公式，Excel 可以将所写入的内容自动转换为文本，在书写过程中也可以对内容进行擦除、选择以及更正。在 Excel 2016 中，你将实现复杂数学公式录入自由。

4. 图表方面的亮点

可视化对有效的数据分析至关重要。Excel 2016 延续 2013 版本根据数据源进行智能“推荐的图表”功能，还新增了“树状图”“旭日图”“直方图”“箱形图”“瀑布图”等新图表。这些实用的复合图表，极大简化了图表制作过程，为数据可视化带来更人性化的体验。此外，Excel 2016 还内置 3D 地图，用户可以轻松插入三维地图。

5. 数据预测功能

在“数据”选项卡中，Excel 2016 新增了数据预测功能。基于历史数据，单击“数据”选项卡“预测”选项组中的“预测工作表”按钮可以帮助预测未来的趋势。创建预测功能时，将创建一个新的工作表，其中包含历史数据和预测值，以及显示这些值的图表。

### 4.1.2 Excel 2016 的基本功能及特点

1. 制作表格

在 Excel 2016 中，通过使用工作表可以快速制作表格，系统提供了丰富的格式化命令，可以利用这些命令完成数据输入及显示、数据及单元格格式设计和表格美化等多种对表格的操作。同时，系统还提供了形式丰富的工作簿模板供用户选择，样本模板已经封装好了完整的格式，用户只需要填充数据即可生成专业化的工作表。

2. 强大的计算功能

Excel 2016 具有处理大型工作表的能力，提供了十一大类函数。通过使用这些函数，用户可以完成各种复杂的运算。在插入函数向导中，可以查看每个函数的使用说明，方便用户选择。如果无法选择合适的函数，用户也可以利用自定义公式完成特定的计算任务。

3. 丰富的图表

在 Excel 2016 中，系统有 100 多种不同格式的图表可供选用。用户只需通过几步简单的操作，即可制作出精美的图表。对于已经生成的图表，用户也可以快速修改其格式或者数据参数。完成后的图表可以作为独立的文档打印，也可以与工作表中的数据一起打印。

4. 数据管理

Excel 2016 中的数据都是按照相应的行和列进行存储的。用户可以根据需要对数据进行排序、筛选、分类汇总等操作，以便有针对性地查看数据。

5. 打印工作表

Excel 2016 提供了丰富的页面设置功能以及报表打印模块。用户可以在打印之前自由设置页面参数，包括页眉页脚、打印区域等。

### 4.1.3 Excel 2016 的启动和退出

1. Excel 2016 的启动

1）使用桌面上的快捷图标启动

如果用户在计算机桌面上已经创建了 Excel 2016 程序的快捷方式，那么从桌面上双击运行该程序的快捷图标是最快速有效的一种办法。快捷图标如图 4-1 所示。

2）在桌面上新建 Excel 文档

如果桌面上没有 Excel 2016 图标，也可以右击，在弹出的快捷菜单中选择“新建”→“Microsoft Excel 工作表”命令，如图 4-2 所示，会在桌面上创建一个 Excel 文档。双击打开该文档，则会启动相关联的 Excel 程序。该方法也适合在其他文件夹中新建文档。

图 4-1　快捷图标

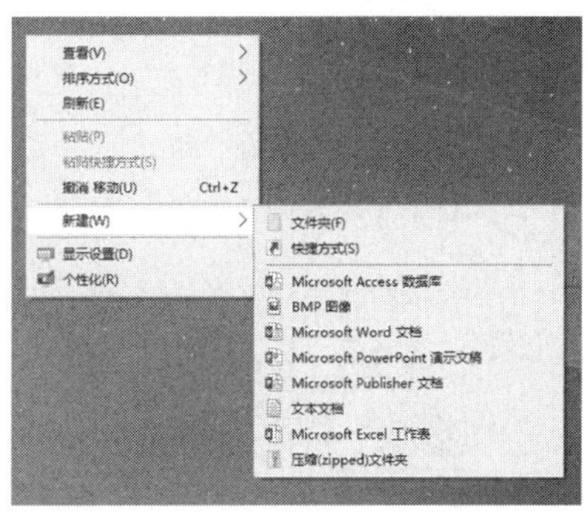


图 4-2　通过“新建”命令启动

3）打开已有的 Excel 文档

如果计算机中已经存在某 Excel 文档，那么直接打开该文档就是最简单的启动 Excel 程序的方法。

4）使用“开始”菜单中的命令

在用户正常安装了 Excel 程序之后，在“开始”菜单中就能找到相应的命令，或通过单击开始菜单右侧的“磁贴”，启动 Excel 2016，如图 4-3 所示。

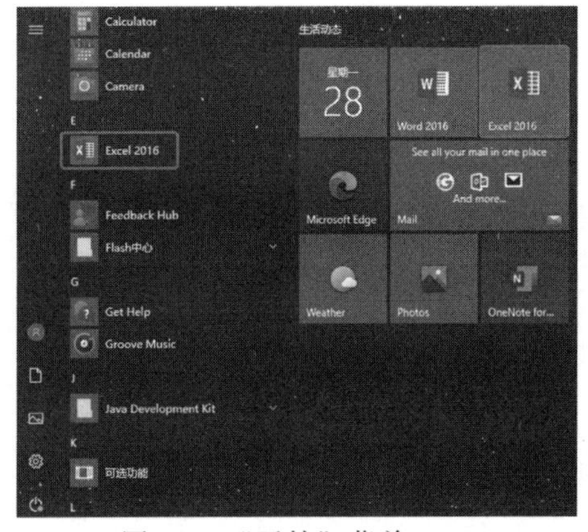


图 4-3　“开始”菜单

2. Excel 2016 的退出

1）使用菜单中的“关闭”命令

选择“文件”→“关闭”命令，如图 4-4 所示。执行该项操作后，即可退出 Excel 2016 程序。如果当前的 Excel 文档编辑之后尚未保存，那么系统会弹出一个对话框询问用户是否保存对文件的修改，如图 4-5 所示。如果单击“保存”按钮，系统保存文档后退出程序；如果单击“不保存”按钮，系统直接退出程序；如果单击“取消”按钮，系统将返回当前界面并不退出程序。

图 4-4　选择“退出”命令

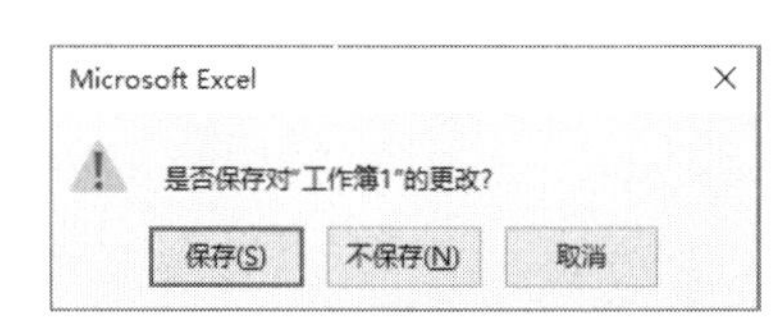


图 4-5　是否保存对话框

2）使用窗口上的“关闭”按钮退出

每个 Excel 文件主窗口界面的右上角都有“关闭”按钮，单击该按钮的效果与上述选择“关闭”命令的效果一样。因此，用户可以根据自己的操作习惯选择合适的方式退出程序。

### 4.1.4　Excel 2016 的窗口界面

当用户启动 Excel 程序之后就会看到图 4-6 所示的主窗口界面。其中主要组成部分介绍如下：

（1）快速访问工具栏。该工具栏位于工作界面的左上角，包含用户经常使用的一组工具，如“保存”“撤销”“恢复”。用户可以单击该工具栏右侧的下拉按钮，在展开的列表中选择更多的工具按钮。

（2）功能区。位于标题栏的下方，由选项卡组成。Excel 2016 将所有数据处理命令组织在不同的选项卡中。单击不同的选项卡标签，可切换各功能区的工具命令。在每一个选项卡中，命令又被分类放置在不同的选项组中。每个选项组的右下角通常会有一个对话框启动器按钮，用来打开相关的对话框，以便用户进行更多设置。

（3）编辑栏。主要用于输入和修改单元格的数据。若直接在某个单元格中输入数据时，编辑栏会同步显示输入的内容。

（4）工作表编辑区。用于显示或编辑表中的数据。

（5）工作表标签。位于工作簿窗口的左下角，默认情况下只有 1 张工作表，名称为 Sheet1。

（6）单元格。单元格是 Excel 工作簿的最小组成单位，所有数据都存储在单元格中。每个单元格都由列标和行号命名，如 A1，表示位于第 A 列第 1 行的单元格。

（7）视图按钮。Excel 2016 提供了 3 种视图供用户进行快速切换，默认视图为普通视图，可切换到页面布局或分页浏览视图。

图 4-6　Excel 2016 主窗口界面

## 4.2　Excel 2016 的基本操作

Excel 2016 最基本也最常用的操作是创建工作簿并新建工作表，即在空白工作表中进行数据编辑，在编辑数据的过程中又时常需要修改数据表的单元格、行或者列。

### 4.2.1　工作簿的创建、保存和打开

#### 1. 工作簿的创建

创建新的工作簿时，可以使用空白的工作簿模板，也可以使用已提供数据、布局和格式的现有模板创建工作簿。操作步骤如下：

（1）如果尚未启动 Excel 程序，打开 Excel 2016，即可创建一个空白工作簿。

（2）如果已经启动程序又需要另外创建一个新的工作簿，选择“文件”→“新建”命令。若需新的、空白的工作簿，可双击“空白工作簿”选项，如图 4-7 所示。若已有比较明确的主题内容，也可以选择现有的“工作簿”模板，如制定个人月度预算。

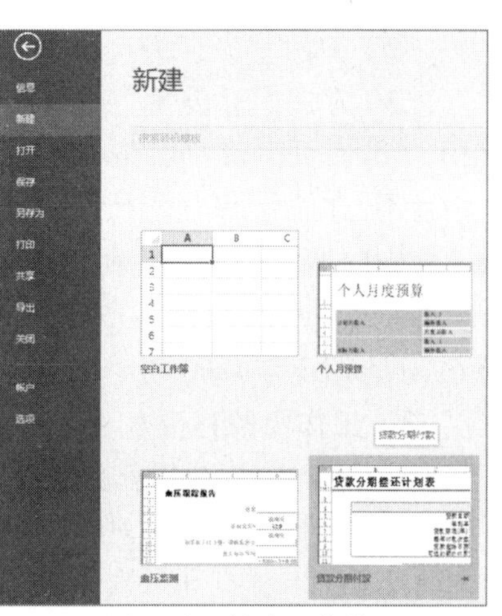


图 4-7　创建工作簿

#### 2. 工作簿的保存

默认情况下，Microsoft Excel 程序将文件保存到默认的工作文件夹，也可以根据需要指定到其他位置。操作步骤如下：

（1）选择“文件”→“保存”命令。

（2）若采用键盘快捷方式，按【Ctrl+S】组合键。或者，单击快速访问工具栏中的“保存”按钮。如果是第一次保存该文件，则必须输入文件名称。

Excel也可以保存文件的副本（通过“另存为”命令），操作步骤如下：

（1）选择“文件”→“另存为”命令。

（2）若采用键盘快捷方式，可依次按【Alt】【F】和【A】键。

（3）然后，在“文件名”文本框中输入文件的新名称，如图4-8所示。

（4）单击“保存”按钮。若要将副本保存到其他文件夹中，可在“保存位置”下拉列表中指定其他驱动器，或者在文件夹列表中选择其他文件夹。若要将副本保存到新文件夹中，可单击“新建文件夹”按钮。

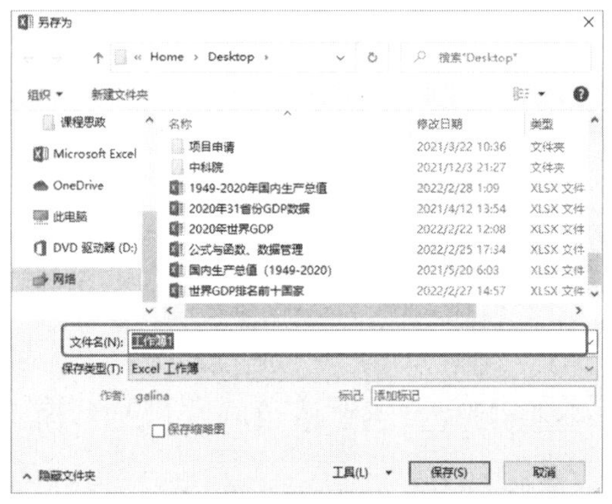


图4-8 保存工作簿

Excel也可以将工作簿保存为其他格式的文件（通过“另存为”命令），操作步骤如下：

（1）选择“文件”→“另存为”命令。

（2）弹出“另存为”对话框，在“文件名”文本框中输入文件的新名称。

（3）在“保存类型”下拉列表中选择保存文件时使用的文件格式，如“RTF格式(.rtf)”“网页(.htm 或 .html)”等。

（4）单击“保存”按钮。

为了兼容早期版本的Microsoft Excel，可以在“另存为”对话框的“保存类型”下拉列表中选择相应的版本。例如，可以将Excel 2016文档(.xlsx)另存为Excel 97-2003工作簿(.xls)。

**3. 工作簿的打开**

在Excel中打开工作簿的操作步骤如下：

（1）选择“文件”→“打开”→“浏览”命令。

（2）弹出“打开”对话框，选择需要打开的文档。

（3）单击“打开”按钮。

也可以通过最近使用的文件列表，打开已有的文件。操作步骤如下：

（1）选择“文件”→“打开”→“最近”命令，查看最近使用的文件列表。

（2）单击要打开的文件。

### 4.2.2 选定单元格

工作表是 Excel 中用于存储和处理数据的主要文档，又称电子表格。工作表由排列成行或列的单元格组成。工作表总是存储在工作簿中。在工作表中，可以选择单元格、区域、行或列执行某些操作，例如，设置所选对象中数据的格式，或者插入其他单元格、行或列。还可以选择全部或部分单元格内容，并开启“编辑”模式以便修改数据。如果工作表处于受保护状态，可能无法在工作表中选择单元格或其内容。

选择单元格、区域、行或列的操作步骤如下：

（1）选定一个单元格。通过单击该单元格或方向键移至该单元格。

（2）选定单元格区域。单击该区域中的第一个单元格，然后拖至最后一个单元格，或者按住【Shift】键的同时按方向键以扩展选定区域。也可以选择该区域中的第一个单元格，然后按【F8】键，使用方向键扩展选定区域。要停止扩展选定区域，请再次按【F8】键。

（3）选定较大的单元格区域。单击该区域中的第一个单元格，然后在按住【Shift】键的同时单击该区域中的最后一个单元格。可以使用滚动功能显示最后一个单元格。

（4）选定工作表中的所有单元格，单击“全选”按钮，或者直接按【Ctrl+A】组合键。

### 4.2.3 撤销与恢复

在 Microsoft Excel 中，可以撤销和恢复多达 100 项操作。单击“自定义快速访问工具栏”按钮，可以找到“撤销”与“恢复”命令。当勾选“撤销”“恢复”复选框之后，会自动将“撤销”和“恢复”按钮放置到快速访问工具栏中，如图 4-9 所示。

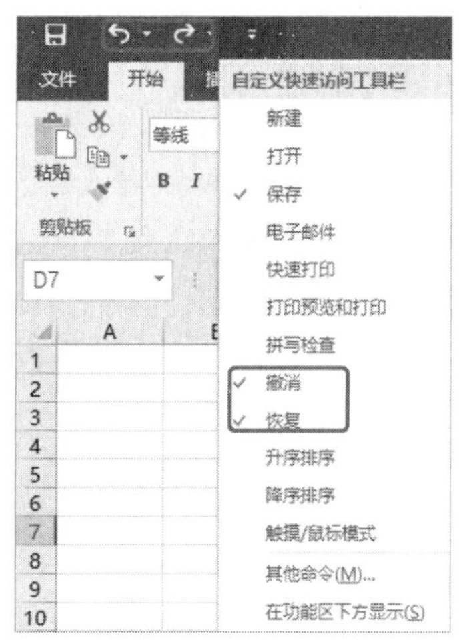


图 4-9 撤销与恢复

要撤销操作，可执行下列一项或多项操作：

（1）单击快速访问工具栏中的“撤销”按钮。也可以按【Ctrl+Z】组合键。

（2）要同时撤销多项操作，可单击“撤销”按钮旁的下拉按钮，从下拉列表中选择要撤销的操作即可。Excel 将撤销所有选中的操作。

某些操作可能无法撤销，如单击快速访问工具栏中的“保存”按钮保存工作簿。

要恢复撤销的操作，可单击快速访问工具栏中的“恢复”按钮，也可按【Ctrl+Y】组合键。

### 4.2.4 数据编辑

若要在工作簿中处理数据，首先必须在工作簿的单元格中输入数据。Excel 允许在单元格中输入中文、西文数字等多种格式的信息。每个单元格最多容纳 32 767 个字符。

默认设置下，双击单元格或者按【F2】键，即可进入编辑状态。输入数据后，单击其他单元格，即可完成编辑。也可以全部通过键盘完成数据编辑，利用方向键选择要编辑的单元格，按【F2】键，编辑单元格内容，编辑完成后，按【Enter】键或者

【Tab】键确认所做改动，或者按【Esc】键取消改动。

1. 输入文本

在 Excel 中，文本可以是数字、空格和非数字字符及它们的组合。对于数字形式的文本型数据，如学号、电话号码等，数字前加单引号（英文半角），用于区分纯数值型数据。当输入的文字长度超出单元格宽度时，若右边单元格无内容，则扩展到右边列，否则将截断显示。系统默认文本对齐方式为左对齐。

2. 输入数值

数值型数据除数字 0～9 以外，还包括+、-、E、e、$、/、%、()等字符。例如，输入并显示多于 11 位的数字时，Excel 自动以科学计数法表示，例如输入 12345678987 时，单元格会显示为 1.23456E+11。系统默认数值的对齐方式为右对齐。

在输入负数时可以在前面加负号，也可以用圆括号括起来，如(56)表示“-56”。在输入分数时，必须在分数前加 0 和空格，如输入 6/7，则要输入“0 6/7”，否则显示的是日期或字符型数据。

3. 输入日期和时间

Excel 内置了一些日期时间的格式，常见的日期格式为 mm/dd/yy 和 dd-mm-yy，常见的时间格式为 hh:mm AM/PM，特别要注意的是在分钟与 AM/PM 之间要有一个空格，如 8:45 AM，缺少空格将被当作字符型数据处理。

4. 输入特殊符号

在 Excel 中可以输入☆、℃（摄氏度）、™（商标）等键盘上没有的特殊符号或字符。单击要输入符号的单元格，单击“插入”选项卡“符号”选项组中的“符号”按钮，弹出“符号”对话框，如图 4-10 所示。选择“符号”或“特殊字符”选项卡，在列表框中选择要插入的符号（如“版权所有”），单击“插入”按钮，再单击“关闭”按钮即可完成操作。

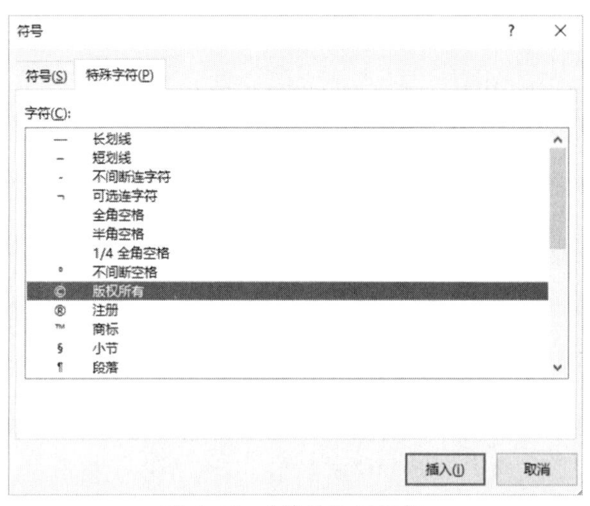


图 4-10 “符号”对话框

当输入数据之后，可能需要进行调整以保证数据的正确性。如果要修改某单元格的内容，可以双击该单元格，即可进入编辑状态，修改数据后，单击其他单元格，即

可确认修改。如果要删除某单元格的内容，可以单击该单元格（选定该单元格），按【Delete】键即可删除该单元格的内容。

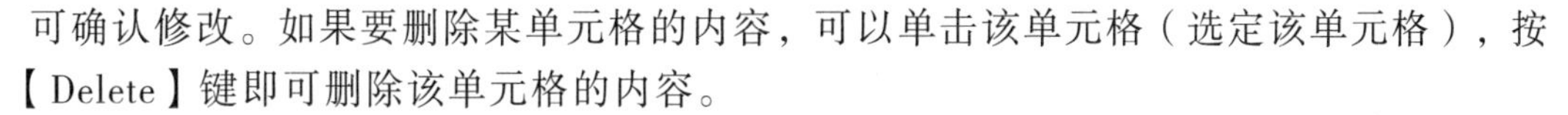

**5．定义单元格的数据列表**

通过下拉列表选择数据，可以保持数据格式的一致性，避免工作人员输入一些无关的内容。将数据输入限制为下拉列表中的值的操作如下：

（1）选择一个或多个要进行验证的单元格。

（2）单击“数据”选项卡“数据工具”选项组中的“数据验证”按钮。

（3）弹出“数据验证”对话框，选择“设置”选项卡。

（4）在“允许”列表框中选择“序列”。

（5）在“来源”文本框中输入用 Microsoft Windows 列表分隔符（默认情况下使用逗号）分隔的列表值。例如，要将课程类别的值限制为专业必修课和专业选修课中的一种，则在“来源”文本框中输入“专业必修课,专业选修课”。

（6）请确保勾选“提供下拉箭头”复选框。否则，将无法看到单元格旁边的下拉箭头。

### 4.2.5 数据自动填充

为了快速输入数据，Microsoft Excel 可以自动重复数据或者自动填充数据。在 Excel 中可通过以下途径进行数据的自动填充：

**1．自动重复列中已有的值**

如果在单元格中输入的前几个字符与该列中的某个现有条目匹配，Excel 会自动输入剩余的字符。Excel 仅自动完成包含文本或文本和数字组合的条目。在 Excel 完成开始输入的内容后，按【Enter】键接受建议的条目。完成的条目的大小写字母样式精确匹配现有条目。若要替换自动输入的字符，请继续输入。要删除自动输入的字符，请按【Backspace】键。

Excel 以活动单元格所在列中的潜在“记忆式键入”条目列表为基础，不自动完成行中重复的条目。如果不希望 Excel 自动完成单元格值的输入，可以关闭此功能。选择“文件”→“选项”命令，在弹出的对话框中选择“高级”选项卡，然后在“编辑选项”下勾选或取消勾选“为单元格值启用记忆式键入”复选框，以打开或关闭单元格值自动完成功能。

**2．使用填充柄将数据填充到相邻的单元格中**

要快速填充多种类型的数据序列，可以选择单元格，然后拖动填充柄。若要使用填充柄，选择要用作其他单元格填充基础的单元格，然后将填充柄横向或纵向拖过填充的单元格，使其经过要填充的单元格。

拖动填充柄之后，将显示“自动填充选项”按钮。要更改选定区域的填充方式，可单击“自动填充选项”按钮，然后选择所需的选项。例如，可以选择“仅填充格式”以只填充单元格格式，也可以选择“不带格式填充”以只填充单元格的内容。

可以通过以下操作显示或隐藏填充柄，选择“文件”→“选项”命令，在弹出的对话框中选择“高级”选项卡，在“编辑选项”下勾选或取消勾选“启用填充柄和单元格拖放功能”复选框，可显示或隐藏填充柄。

### 3. 使用“填充”按钮将数据填充到相邻的单元格中

可以使用“填充”按钮用相邻单元格或区域的内容填充活动单元格或选定区域。请选择包含要填充内容的单元格以及要填充内容的相邻单元格。单击“开始”选项卡“编辑”选项组“填充”下拉列表中的“向下”“向右”“向上”“向左”按钮。

如果通过键盘快捷方式，可按【Ctrl+D】组合键填充来自上方单元格中的内容，或按【Ctrl+R】组合键填充来自左侧单元格的内容。

### 4. 填充一系列数字、日期或其他内置序列项目

可以使用填充柄或“填充”按钮快速在区域中的单元格中填充一组数字或日期，或一组内置工作日、周末、月份或年份。

当使用填充柄产生序列单元格时，选择要填充区域中的第一个单元格，输入这一组数字的起始值。在下一个单元格中输入值以建立模式。例如，如果要使用序列1、2、3、4、5…，请在前两个单元格中输入1和2。如果要使用序列2、4、6、8…，则在前两个单元格中输入2和4。如果要使用序列2、2、2、2…，可以将第二个单元格留空。选择包含起始值的单个或多个单元格，拖动填充柄，使其经过要填充的区域。若要按升序填充，可从上到下或从左到右拖动。若要按降序填充，可从下到上或从右到左拖动。可以在拖动填充柄时按住【Ctrl】键，以禁止对两个或更多单元格进行序列“自动填充”。然后，所选的值被复制到相邻单元格，Excel不扩展该序列。

当使用“填充”按钮产生序列单元格时，选择要填充区域中的第一个单元格。输入这一组数字的起始值，单击“开始”选项卡“编辑”选项组“填充”下拉列表中的“系列”按钮。在弹出对话框的“类型”区域选择以下选项之一：等差序列，创建一个序列，其数值通过对每个单元格数值依次加上“步长值”文本框中的数值计算得到；等比序列，创建一个序列，其数值通过对每个单元格数值依次乘以“步长值”文本框中的数值计算得到；日期，创建一个序列，其填充日期递增值在“步长值”文本框中，并依赖于“日期单位”下指定的单位；自动填充，创建一个与拖动填充柄产生相同结果的序列。要建立序列的范围，在“步长值”和“终止值”文本框中输入所需的值，如图4-11所示。

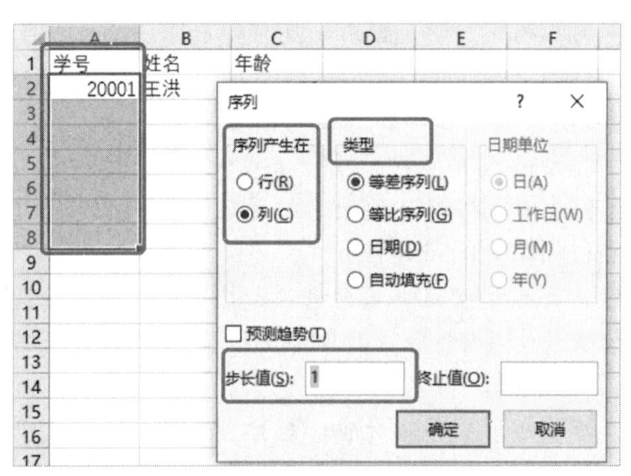


图4-11 自动填充序列

### 4.2.6 单元格的操作

在工作表中插入或删除单元格时，会发生相邻单元格的移动，即地址变化。

**1. 单元格、行、列的插入**

操作步骤如下：

（1）定位插入对象的位置。

（2）单击“开始”选项卡“单元格”选项组“插入”下拉列表中的“插入单元格”按钮，或右击插入对象的位置，在弹出的快捷菜单中选择“插入”命令，弹出“插入”对话框，如图 4-12 所示。

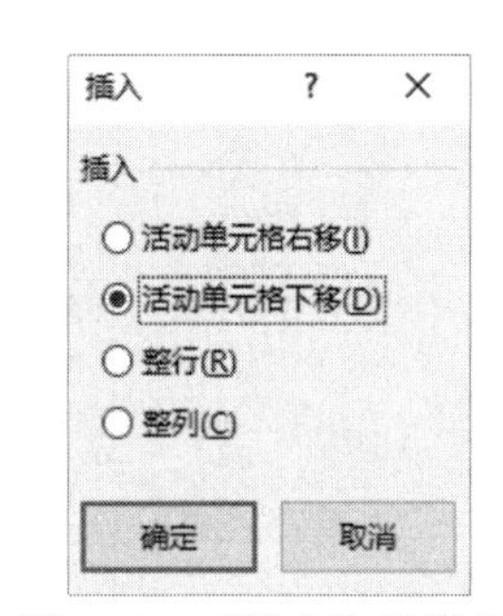

图 4-12 “插入”对话框

（3）在该对话框中选择所需操作项的单选按钮。

① 若选择“活动单元格右移”单选按钮，活动单元格及右侧所有单元格依次右移一列。

② 若选择“活动单元格下移”单选按钮，活动单元格及下侧所有单元格依次下移一行。

③ 若选择“整行”单选按钮，存在以下两种情况：

a. 插入一行：在操作步骤①时，单击需要插入的新行之下相邻行中的任意单元格。例如，若要在第 5 行之上插入一行，单击第 5 行中的任意单元格。

b. 插入多行：在操作步骤①时，选定需要插入的新行之下相邻的若干行。选定的行数应与要插入的行数相等。

④ 若选中“整列”单选按钮，也存在以下两种情况：

a. 插入一列：在操作步骤①时，单击需要插入的新列右侧相邻列中的任意单元格。例如，若要在 B 列左侧插入一列，单击 B 列中的任意单元格。

b. 插入多列：在操作步骤①时，单击需要插入的新列右侧相邻的若干列。选定的列数应与要插入的列数相等。

（4）单击“确定”按钮。

**2. 单元格、行、列、区域的删除**

操作步骤如下：

（1）定位要删除的对象。

（2）单击“开始”选项卡“单元格”选项组“删除”下拉列表中的“删除单元格”按钮，或者右击要删除的对象，在弹出的快捷菜单中选择“删除”命令，弹出“删除”对话框。

（3）在对话框中选中所需操作的单选按钮。

（4）单击“确定”按钮。

删除活动单元格或活动单元格区域后，单元格及数据均消失，同行右侧的所有单元格（或单元格区域）均左移或同列下方的所有单元格均上移。

**【例 4.1】** 制作“学生信息”工作簿，内容如图 4-13 所示。

要求如下：

（1）在 Sheet1 工作表中输入学籍信息。

（2）在“入学分数”列前增加“奖励金额”列。

（3）删除“学号”为“B0001”的学生。

（4）将该工作簿保存在 D 盘根目录下，并同时保存一份 Excel 2003 的副本。

| | A | B | C | D | E | F | G | H |
|---|---|---|---|---|---|---|---|---|
| 1 | 学号 | 姓名 | 性别 | 年龄 | 籍贯 | 年级 | 专业 | 入学分数 |
| 2 | A0001 | 吴天平 | 男 | 18 | 山东 | 2014 | 景观设计 | 600 |
| 3 | B0002 | 张健安 | 男 | 19 | 福建 | 2014 | 中文 | 560 |
| 4 | A0002 | 刘娜 | 女 | 18 | 辽宁 | 2014 | 景观设计 | 621 |
| 5 | C0001 | 陈东 | 男 | 19 | 天津 | 2014 | 日语 | 589 |
| 6 | D0003 | 王爱丽 | 女 | 20 | 内蒙古 | 2014 | 计算机 | 635 |
| 7 | D0004 | 刘青 | 女 | 18 | 福建 | 2014 | 计算机 | 602 |
| 8 | B0001 | 郑晓 | 男 | 19 | 福建 | 2014 | 英语 | 578 |

图 4-13　例 4.1 初始图

**【难点分析】**

（1）启动 Excel 2016。

（2）输入样表数据并进行修改。

（3）保存成两种不同格式的文件。

**【操作步骤】**

（1）新建工作簿。选择“开始”→“Excel 2016”命令，启动程序，新建一个空白工作簿。

（2）输入列标题。单击 Sheet1 表中的 A1 单元格，输入“学号”；单击 B1 单元格，输入“姓名”，依此类推，输入其他标题内容。

（3）按行输入学生的学籍信息。

（4）插入列。单击“入学分数”列的任意单元格，单击“开始”选项卡“单元格”选项组“插入”下拉列表中的“插入工作表列”命令，插入一列，单击 H1 单元格，输入“奖励金额”。

（5）删除行。单击 A8 单元格，单击“开始”选项卡“单元格”选项组“删除”下拉列表中的“删除工作表行”按钮，删除一行。

（6）保存文件。选择“文件”→“保存”命令，弹出“另存为”对话框，选择 D 盘根目录为保存路径，在“文件名”文本框中输入要保存的工作簿名称“学生信息”，单击“保存”按钮。

（7）保存 Excel 2003 的副本。选择“文件”→“另存为”命令，弹出“另存为”对话框，选择 D 盘根目录为保存路径，在“文件名”文本框中输入要保存的工作簿名称“学籍”，在“保存类型”下拉列表中选择“Excel 97-2003 工作簿”，单击“保存”按钮。

## 4.3　工作表的编辑

工作表是组成工作簿文件的核心部分，一般情况下工作簿包含若干个工作表。如何进行工作表的增删改操作也是初学者必须学习的。

### 4.3.1 选定工作表

在编辑工作表之前，必须先选定工作表。

**1. 选定一张工作表**

单击要选择的工作表标签，则该工作表为活动工作表。若目标工作表未显示在标签行中，可以单击工作表标签滚动按钮，使工作表标签出现即可。

**2. 选定多个相邻的工作表**

单击要选定的多个工作表中的第一个工作表，然后按住【Shift】键并单击要选定的最后一个工作表标签。

**3. 选定多个不相邻的工作表**

按住【Ctrl】键并单击每一个要选定的工作表。

选定多个工作表时，在标题栏中文件名的右侧将出现“[工作组]”字样。此时，向工作组中的任意一个工作表输入数据或进行格式化，工作组中所有工作表的相同位置都会出现同样的数据和格式。

**4. 取消工作表的选定**

单击任意一个未选定的工作表标签或右击工作表标签，在弹出的快捷菜单中选择“取消组合工作表”命令，即可取消工作表的选定。

### 4.3.2 插入工作表

由于默认设置下一个工作簿只包含1张工作表，所以当数据表超过该数量时就需要插入新的工作表。插入工作表的方法有如下几种：

（1）右击工作表标签（如Sheet1），在弹出的快捷菜单中选择“插入”命令，弹出“插入”对话框，选择“工作表”图标，单击“确定”按钮。

（2）单击工作表标签右侧的“新工作表”按钮⊕，即可在所有工作表标签的右侧插入一张空白工作表。

（3）按【Shift+F1】组合键，在当前工作表的左侧插入一张空白工作表。

（4）单击“开始”选项卡“单元格”选项组“插入”下拉列表中的“插入工作表”按钮，即可在当前工作表的左侧插入一张空白工作表。

### 4.3.3 删除工作表

相对于插入工作表，删除工作表的方法有两种，分别如下：

（1）右击要删除的工作表标签，在弹出的快捷菜单中选择“删除”命令，即可将该工作表删除。

（2）单击“开始”选项卡“单元格”选项组“插入”下拉列表中的“删除工作表”按钮，删除当前工作表。

### 4.3.4 重命名工作表

一般情况下工作表的名称需要与数据表的主题相吻合，所以需要对工作表进行重命名。此处介绍3种操作方法：

（1）双击要重命名的工作表标签，使其反白显示，直接输入新工作表名称，然后按【Enter】键即可。

（2）右击工作表标签，在弹出的快捷菜单中选择“重命名”命令。

（3）单击“开始”选项卡“单元格”选项组“格式”下拉列表中的“重命名工作表”按钮。

### 4.3.5 复制和移动工作表

#### 1. 同一个工作簿内的移动或复制

（1）单击要移动（或复制）的工作表标签，沿着标签行水平拖动（或按住【Ctrl】键拖动）工作表标签到目标位置。在拖动过程中，屏幕显示一个黑色三角形，用来指示工作表要插入的位置。

（2）右击要移动（或复制）的工作表标签，在弹出的快捷菜单中选择“移动或复制”命令，弹出“移动或复制工作表”对话框。如果是复制操作，勾选“建立副本”复选框，否则为移动工作表，在“下列选定列表之前”列表框中确定工作表要插入的位置。

#### 2. 不同工作簿之间的移动或复制

如果要实现工作表在不同工作簿之间移动或复制，只需要在“移动或复制工作表”对话框的“工作簿”下拉列表中选择目标工作簿即可。在“下列选定工作表之前”列表框中选择插入位置。若勾选“建立副本”复选框，则为复制工作表，否则为移动工作表，单击“确定”按钮。

### 4.3.6 隐藏或显示工作表

#### 1. 隐藏工作表

如果工作表中有数据需要保护或者有隐私不想公开，可以暂时将工作表隐藏。具体的操作方法有如下两种：

（1）右击需要隐藏的工作表标签，在弹出的快捷菜单中选择“隐藏”命令即可。

（2）选择一张需要隐藏的工作表，单击“开始”选项卡“单元格”选项组“格式”下拉列表中的“隐藏和取消隐藏”→“隐藏工作表”按钮。

#### 2. 取消隐藏工作表

如果需要重新显示隐藏的工作表，需要进行取消隐藏操作，同样有两种方法，具体操作如下：

（1）右击需要显示的工作表标签，在弹出的快捷菜单中选择“取消隐藏”命令，在弹出的对话框中可以看到已经隐藏的工作表清单，选择需要取消隐藏的工作表，然后单击“确定”按钮。

（2）单击“开始”选项卡“单元格”选项组“格式”下拉列表中的“隐藏和取消隐藏”→“取消隐藏工作表”按钮，同样会弹出已经隐藏的工作表对话框，选择其中需要取消隐藏的工作表，单击“确定”按钮。

### 4.3.7 共享工作簿

在一个多人协作的项目中，当团队成员需要各自处理不同的工作表，又需要知道彼此的数据信息时，可以将工作簿设置为共享模式，即创建共享工作簿。操作方法如下：

（1）单击“审阅”选项卡“更改”选项组中的“共享工作簿”按钮，如图 4-14 所示。

（2）弹出“共享工作簿”对话框，选择“编辑”选项卡，勾选“允许多用户同时编辑，同时允许工作簿合并”复选框。

图 4-14 单击“共享工作簿”按钮

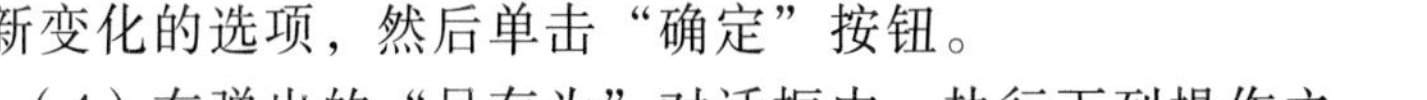

（3）在“高级”选项卡中，选择要用于跟踪和更新变化的选项，然后单击“确定”按钮。

（4）在弹出的“另存为”对话框中，执行下列操作之一：

① 如果这是新工作簿，在“文件名”文本框中输入名称。

② 如果这是已有的工作簿，单击“确定”按钮保存该工作簿。

（5）在“保存位置”下拉列表中选择目标用户能够访问的网络位置，然后单击“保存”按钮。

（6）如果工作簿包含指向其他工作簿或文档的链接，可验证链接并更新任何损坏的链接。

（7）选择“文件”→“保存”命令，保存工作簿。

【例 4.2】在“学生信息”工作簿中管理工作表。要求如下：

（1）将 Sheet1 工作表重命名为“学籍表”。

（2）在“学生信息”工作簿中创建一份“学籍表”的副本。

**【难点分析】**

（1）工作表的重命名。

（2）复制工作表。

**【操作步骤】**

（1）重命名工作表。右击 Sheet1 工作表标签，在弹出的快捷菜单中选择“重命名”命令，如图 4-15 所示。当标签变成被选中状态时直接输入“学籍”，最后单击当前工作表的任意位置即可。

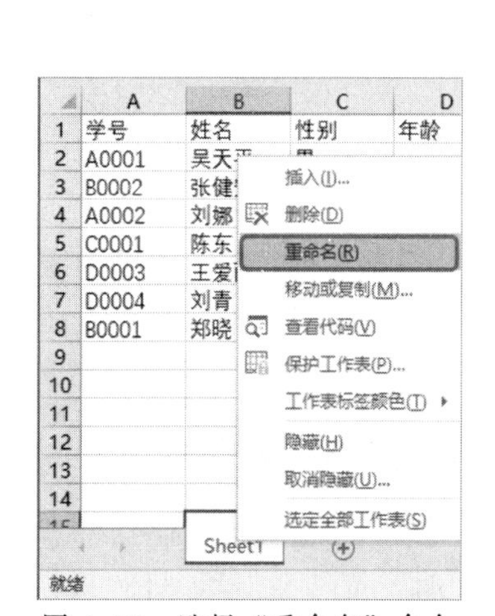

图 4-15 选择“重命名”命令

（2）复制工作表。右击“学籍”工作表，在弹出的快捷菜单中选择“移动或复制”命令(见图 4-16)，在弹出的对话框中勾选“建立副本”复选框，在“下列选定工作表之前”一栏中选择“(移至最后)”选项，单击“确定”按钮（见图 4-17）。

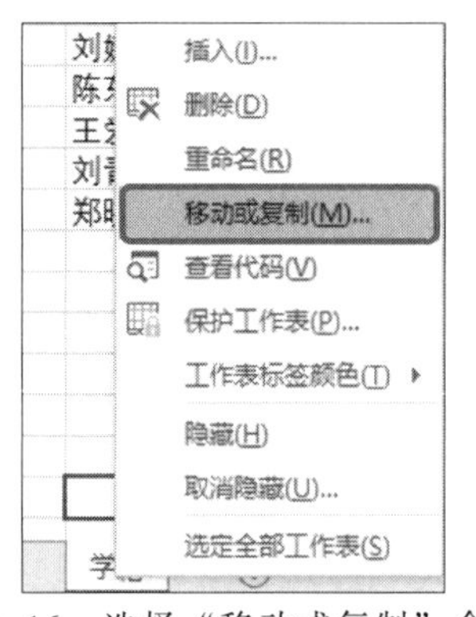


图 4-16　选择“移动或复制”命令

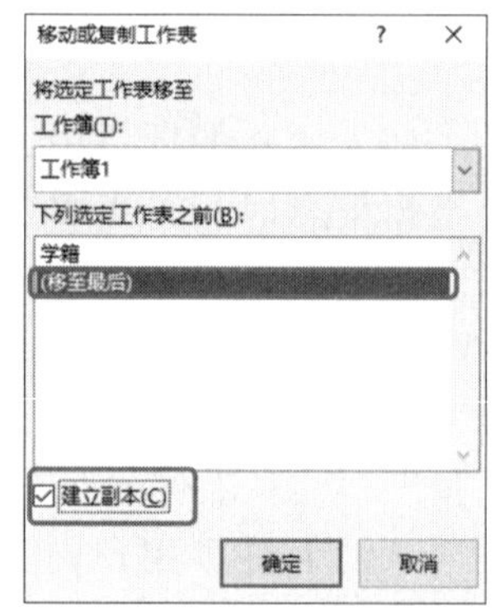


图 4-17　建立副本“工作簿”命令

## 4.4　工作表的格式化

在工作表中输入数据后，为了使表格整体看上去更加美观、内容更加一目了然，就需要对表格及数据进行格式设置与修饰，如字符的格式化、表格添加不同边框等。

### 4.4.1　使用格式刷

格式刷是 Office 软件操作中一个非常实用的工具。格式刷的主要作用是把指定位置的格式复制到目标位置，减少用户在设置格式时的重复性劳动。格式刷位于“开始”选项卡“剪贴板”选项组中，如图 4-18 所示。使用方法如下：

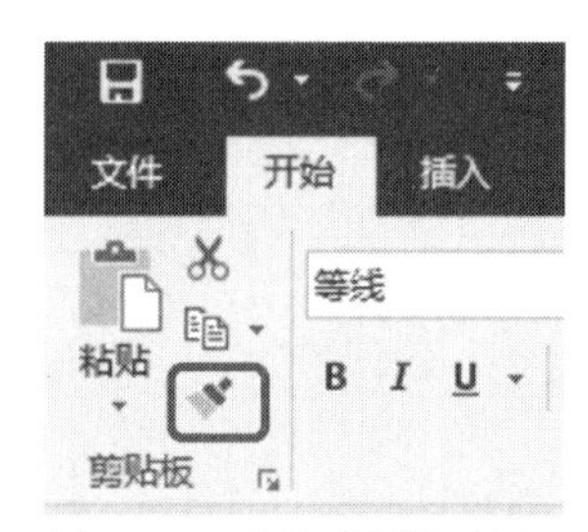


图 4-18　“格式刷”按钮

（1）选中要复制格式的源单元格（或单元格区域）。

（2）单击“格式刷”按钮。

（3）再单击所需格式的位置。

### 4.4.2　设置字符格式

（1）选择要进行设置格式的单元格（或单元格区域），或者选中文本内容，单击“开始”选项卡“单元格”选项组“格式”下拉列表中的“设置单元格格式”按钮，弹出“设置单元格格式”对话框，选择“字体”选项卡，如图 4-19 所示，可设置字体、字形、字号及颜色等类似于 Word 中的格式类型。

（2）另一种方法是利用右键快捷菜单打开相应的对话框，即右击单元格（或单元格区域），在弹出的快捷菜单中选择“设置单元格格式”命令即可。

图 4-19 “字体”选项卡

### 4.4.3 设置数字格式

Excel 提供了丰富的数字格式，通过应用不同的数字格式，可将数字显示为百分比、日期、货币等。例如，如果查看 2020 年世界各国 GDP 数据，则可以使用“货币”数字格式显示货币值。如图 4-20 所示，工作表中使用了美元标记符号$。

| | A | B | C | D |
|---|---|---|---|---|
| 1 | 2020年世界GDP排名前十国家（单位：亿美元） | | | |
| 2 | 地区 | 2020年 | 2019年 | 增量 |
| 3 | 美国 | $209,366.00 | $214,332.25 | -$4,966.25 |
| 4 | 中国 | $147,227.31 | $142,799.37 | $4,427.94 |
| 5 | 日本 | $50,179.82 | $50,648.73 | -$468.91 |
| 6 | 德国 | $38,060.60 | $38,611.24 | -$550.64 |
| 7 | 英国 | $27,077.44 | $28,308.14 | -$1,230.70 |
| 8 | 印度 | $26,229.84 | $28,705.04 | -$2,475.20 |
| 9 | 法国 | $26,030.04 | $27,155.18 | -$1,125.14 |
| 10 | 意大利 | $18,864.45 | $20,049.13 | -$1,184.68 |
| 11 | 加拿大 | $16,434.08 | $17,415.76 | -$981.68 |
| 12 | 韩国 | $16,305.25 | $16,467.39 | -$162.14 |

图 4-20 设置货币格式的效果图

具体操作步骤如下：

（1）选择要设置格式的单元格。

（2）打开“设置单元格格式”对话框，选择“数字”选项卡。

（3）在“分类”列表框中选择需要的数据类型并进行相应的设置。例如，如果使用的是“货币”格式，则可以选择一种不同的货币符号，显示更多或更少的小数位，或者更改负数的显示方式。

（4）单击“确定”按钮，如图 4-21 所示。

图 4-21 “数字”选项卡

如果设置完成后，单元格中显示的是一串#(“##########”)，说明该单元格的宽度不够，可以调整列宽到合适的宽度以显示所有数据内容。

如果内置的数字格式不能满足需要，也可以创建自定义数字格式。由于用于创建数字格式的代码难以快速理解，因此最好先使用某一种内置数字格式，然后更改该格式的任意一个代码，以创建自己的自定义数字格式。若要查看内置数字格式的数字格式代码，可选择“自定义”选项，然后在“类型”列表框中选择。例如，使用代码(###)###-#### 可以显示电话号码 (555) 555-1234。

### 4.4.4 设置单元格对齐方式

Excel 提供了单元格内容缩进、旋转及在水平和垂直方向的对齐功能。默认情况下，单元格中的文字是左对齐的，数值是右对齐的。为了使工作表美观和易于阅读，可以根据需要设置各种对齐方式。操作步骤如下：

（1）在“设置单元格格式”对话框中选择“对齐”选项卡，如图 4-22 所示。

（2）在“对齐”选项卡中可进行如下设置：

①“文本对齐方式”区域：可设置单元格的对齐方式。

②“文本控制”区域：可设置自动换行、缩小字体填充及合并单元格。

③“方向”区域：可对单元格中的内容进行任意角度的旋转。

④“从右到左”区域：可设置文字方向。

通常对表格标题的居中，可采用先对表格宽度内的单元格进行合并，然后再居中的方法。也可以直接单击“开始”选项卡“对齐方式”选项组中的“合并后居中”按钮。

另外，对单元格中的数据设置自动换行以适应列宽。更改列宽时，数据换行会自动调整。如果所有换行文本均不可见，则可能是该行被设置为特定高度。

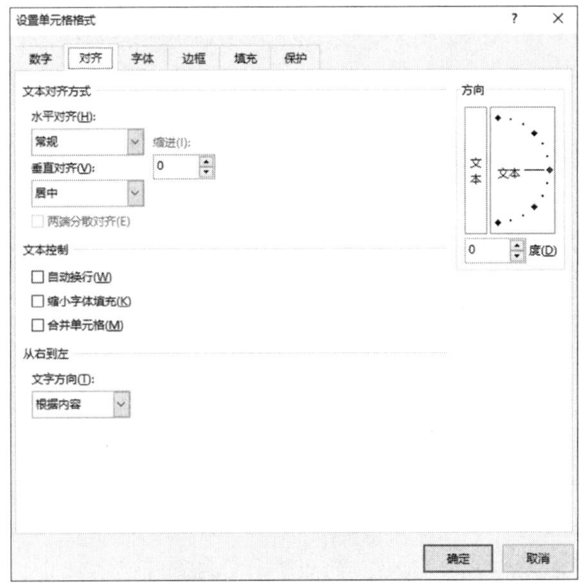


图 4-22 “对齐”选项卡

### 4.4.5 设置边框

#### 1. 应用预定义的单元格边框

（1）在工作表上，选择要为其添加边框、更改边框样式或删除其边框的单元格或单元格区域。

（2）在“开始”选项卡的“字体”选项组中，执行下列操作之一：

① 若要应用新的样式或其他边框样式，单击“边框”下拉按钮，然后选择边框样式。

② 若要应用自定义的边框样式或斜向边框，单击“其他边框”按钮。在“设置单元格格式”对话框“边框”选项卡的“线条”和“颜色”区域中，单击所需的线条样式和颜色。在“预置”和“边框”区域中，单击一个或多个按钮以指明边框位置。

③ 若要删除单元格边框，单击“边框”下拉按钮，然后单击“无边框”按钮。

**【提示】**

（1）如果对选定的单元格应用边框，该边框还将应用于共用单元格边框的相邻单元格。例如，如果应用框线来包围区域 B1:C5，则单元格 D1:D5 将具有左边框。

（2）如果对共用的单元格边框应用两种不同的边框类型，则显示最新应用的边框。选定的单元格区域作为一个完整的单元格块设置格式。

（3）如果对单元格区域 B1:C5 应用右边框，边框只显示在单元格 C1:C5 的右边。

#### 2. 创建自定义的单元格边框

（1）在“设置单元格格式”对话框中选择“边框”选项卡，如图 4-23 所示。

（2）选择所需的边框线。系统提供内、外边框共 8 种，各边框线可以选择不同的线型和颜色，可通过“线条”区域中的“样式”列表框和“颜色”下拉列表设置边框样式和颜色等。

（3）单击“确定”按钮。

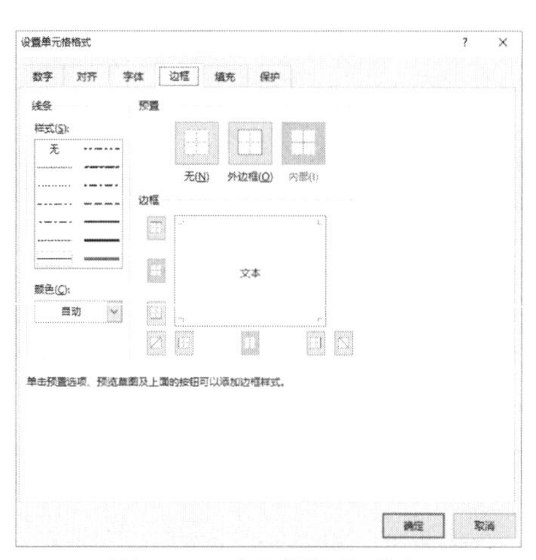


图 4-23 “边框”选项卡

### 4.4.6 设置背景

设置表格底纹，即设置选定区域或单元格的颜色或背景图案。

#### 1. 用纯色填充

（1）选择要设置颜色的单元格。

（2）在“设置单元格格式”对话框中选择“填充”选项卡，如图 4-24 所示。

（3）若要用系统提供的颜色填充单元格，单击“背景色”下方的颜色块；若要用自定义颜色填充单元格，单击“其他颜色”按钮，然后在“颜色”对话框中选择所需要的颜色。

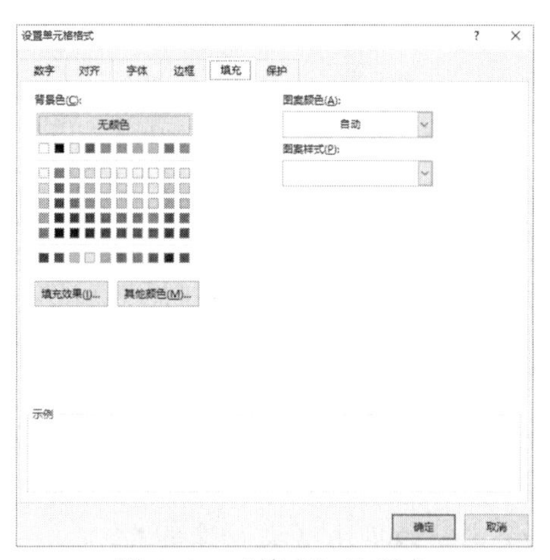


图 4-24 “填充”选项卡

#### 2. 用图案填充

（1）选择要填充图案的单元格。

（2）在“设置单元格格式”对话框中选择“填充”选项卡，单击“填充效果”按钮，弹出“填充效果”对话框，从中选择一种背景图案。

（3）可执行下列操作之一：

① 若要使用包含两种颜色的图案，在“图案颜色”下拉列表中单击另一种颜色，

然后在“图案样式”下拉列表中选择图案样式。

② 若要使用具有特殊效果的图案，单击“填充效果”按钮，然后在“渐变”选项卡中选择所需的选项。

（4）单击“确定”按钮。

### 4.4.7 设置行高和列宽

#### 1. 调整行高

（1）选择要调整行高的单元格或区域。

（2）单击“开始”选项卡“单元格”选项组中的“格式”按钮。

（3）在弹出的下拉列表中执行下列操作之一：

① 若要自动调整行高，单击“自动调整行高”按钮。

② 若要指定行高，单击“行高”按钮，弹出“行高”对话框，在“行高”文本框中输入所需的行高。

#### 2. 调整列宽

（1）通过单击列标题选择列。

（2）单击“开始”选项卡“单元格”选项组中的“格式”按钮。

（3）在弹出的下拉列表中单击“自动调整列宽”按钮。

除了可以增加列宽以使其适合文本之外，也可以通过执行下列操作缩小列中内容的文本大小，以使其适合当前列宽。

（1）通过单击列标题选择列。

（2）单击“开始”选项卡“对齐方式”选项组右下角的对话框启动器按钮。

（3）弹出“设置单元格格式”对话框，选择“对齐”选项卡，勾选“缩小字体填充”复选框。

### 4.4.8 自动套用样式

Excel 提供了一系列表格样式和单元格样式。所谓的样式，就是系统提供的已经设定的若干格式的组合，表格样式中包含了行高、列宽、背景色等，如图 4-25 所示；单元格样式包含了字体、数字等格式，如图 4-26 所示。

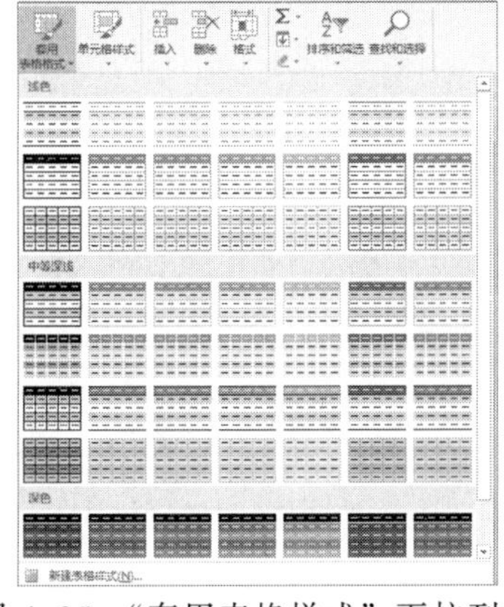


图 4-25 “套用表格样式”下拉列表

图 4-26 “单元格样式”下拉列表

操作步骤如下：

（1）在工作表上，选择要包括在表格中的单元格区域。这些单元格可以为空，也可以包含数据。

（2）单击“开始”选项卡“样式”选项组中的“套用表格样式”或“单元格样式”下拉按钮，然后选择所需的表格样式或单元格样式即可。

### 4.4.9 条件格式

条件格式用于对选定区域内符合条件的单元格设置格式更改外观，这样可以让数据变得更加直观。使用条件格式可以突出显示所关注的单元格或单元格区域；强调异常值；使用数据条、颜色刻度和图标集直观地显示数据。如果条件为 True，则基于该条件设置单元格区域的格式；如果条件为 False，则不基于该条件设置单元格区域的格式。

无论是手动还是按条件设置的单元格格式，都可以按格式进行排序和筛选，其中包括单元格颜色和字体颜色。

在创建条件格式时，只能引用同一工作表上的其他单元格；有些情况下也可以引用当前打开的同一工作簿中其他工作表上的单元格。不能对其他工作簿的外部引用使用条件格式。

在设置条件格式时，首先选择需要设置条件格式的区域，单击“开始”选项卡“样式”选项组中的“条件格式”按钮，弹出图 4-27 所示的下拉列表。

#### 1. 突出显示单元格规则

单击“突出显示单元格规则”中的相应按钮进行设置，若要突出显示数值小于指定数值的单元格，则单击“小于”按钮，弹出“小于”对话框，如图 4-28 所示。在“为小于以下值的单元格设置格式”文本框中输入数值，在“设置为”下拉列表中选择突出显示的颜色或样式，也可以通过“自定义”设置需要的格式，单击“确定”按钮即可。

图 4-27 “条件格式”下拉列表

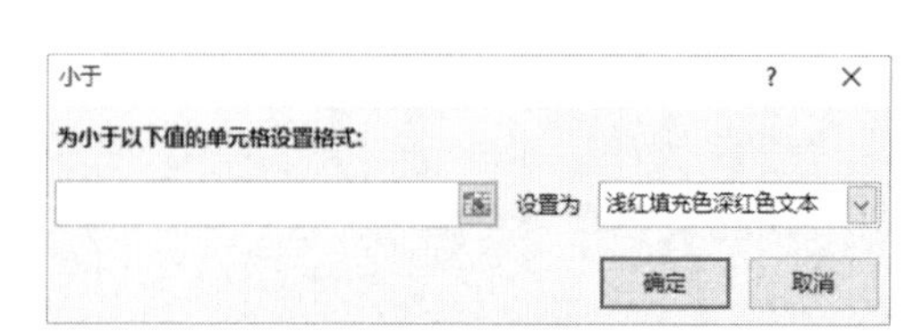


图 4-28 “小于”对话框

### 2. 项目选取规则

单击“项目选取规则”下的相应按钮，其操作方式与“突出显示单元格规则”相同。也可以单击“其他规则”按钮，弹出“新建格式规则”对话框，如图 4-29 所示。在“编辑规则说明”区域编辑对排名靠前或靠后的数值设置具体的排名值或百分比，并进行格式设置，单击“确定”按钮即可。

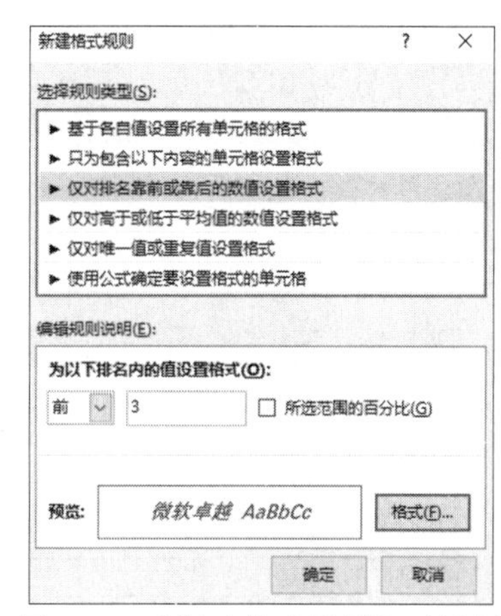

图 4-29 “新建格式规则”对话框

### 3. 数据条、色阶和图标集

数据条可帮助用户查看某个单元格相对于其他单元格的值。数据条的长度代表单元格中的值。数据条越长，表示值越高、数据条越短，表示值越低。在观察大量数据（如节假日销售报表中最畅销和最滞销的玩具）中的较高值和较低值时，数据条尤其有用。

色阶作为一种直观的指示，可以帮助用户了解数据分布和数据变化。双色刻度使用两种颜色的渐变帮助用户比较单元格区域。颜色的深浅表示值的高低。例如，在绿色和白色的双色刻度中，可以指定较高值单元格的颜色更白，而较低值单元格的颜色更绿。三色刻度使用 3 种颜色的渐变帮助用户比较单元格区域。颜色的深浅表示值的高、中、低。例如，在绿色、黄色和红色的三色刻度中，可以指定较高值单元格的颜色为红色，中间值单元格的颜色为黄色，而较低值单元格的颜色为绿色。

使用图标集可以对数据进行注释，并可以按阈值将数据分为 3～5 个类别。每个图标代表一个值的范围。例如，在三向箭头图标集中，绿色的上箭头代表较高值，黄色的横向箭头代表中间值，红色的下箭头代表较低值。

可以选择只对符合条件的单元格显示图标；例如，对低于临界值的那些单元格显示一个警告图标，对超过临界值的单元格不显示图标。为此，可以在设置条件时，从图标旁边的下拉列表中选择“无单元格图标”以隐藏图标。还可以创建自己的图标集组合，如一个绿色的“象征性”对号、一个黄色的“交通信号灯”和一个红色的“旗帜”。

选择“数据条”“色阶”“图标集”级联菜单下的所需样式，进行相应的设置。也可以在级联菜单中选择“其他规则”命令，弹出“新建格式规则”对话框，在“选择规则类型”下拉列表中选择格式类型，在对应的“编辑规则说明”下拉列表中进行相应的设置，单击“确定”按钮即可。

【例 4.3】对“学籍”工作表进行格式设置，效果如图 4-30 所示。

要求如下：

（1）在第一行上方插入一行，输入内容“2020 级学籍信息”，字体为“华文楷体”，字号为 26，垂直、水平方向合并居中。

（2）对“年级”列的数据设置为“文本”数据类型。

（3）在数据区域添加边框，外边框用双实线，内边框用细实线。

（4）在列标题上设置填充效果，自定义颜色值均为166。

（5）设置“奖励金额”的数据格式为带人民币符号“¥”的会计专用格式，并设置小数位数为0。

（6）将“籍贯”为“福建”的单元格标识为“浅红色填充和深红色文本”（用“条件格式”设置）。

2020级学籍信息

| 学号 | 姓名 | 性别 | 年龄 | 籍贯 | 年级 | 专业 | 奖励金额 | 入学分数 |
|---|---|---|---|---|---|---|---|---|
| A0001 | 吴天平 | 男 | 18 | 山东 | 2020 | 景观设计 | 0 | 600 |
| B0002 | 张健安 | 男 | 19 | 福建 | 2020 | 中文 | 0 | 560 |
| A0002 | 刘娜 | 女 | 18 | 辽宁 | 2020 | 景观设计 | 2100 | 621 |
| C0001 | 陈东 | 男 | 19 | 天津 | 2020 | 日语 | 0 | 589 |
| D0003 | 王爱丽 | 女 | 20 | 内蒙古 | 2020 | 计算机 | 3500 | 635 |
| D0004 | 刘青 | 女 | 18 | 福建 | 2020 | 计算机 | 200 | 602 |
| B0001 | 郑晓 | 男 | 19 | 福建 | 2020 | 英语 | 0 | 578 |

图 4-30　例 4.3 效果图

**【难点分析】**

（1）插入新行。

（2）设置不同的边框线。

（3）设置条件格式。

**【操作步骤】**

（1）打开“学生信息”工作簿，选定“学籍”工作表。单击第一行任意单元格，单击“开始”选项卡“单元格”选项组“插入”下拉列表中的“插入工作表行”按钮，插入一行。

（2）标题格式设置。单击单元格A1，输入“2020级学籍信息”，选定A1:I1区域，单击“开始”选项卡“对齐方式”选项组中的“合并后居中”按钮。在“开始”选项卡的“字体”选项组中设置文本的字体为“华文楷体”，字号为“26”。

（3）选中F2: F8区域，单击“开始”选项卡“数字”选项组“数字格式”下拉列表中的“文本”按钮。

（4）添加边框。选定A2:I9区域并右击，在弹出的快捷菜单中选择“设置单元格格式”命令，弹出“设置单元格格式”对话框，选择“边框”选项卡，在“线条”的“样式”列表框中选择双实线，单击“外边框”按钮，再在“样式”列表框中选择单实线，单击“内部”按钮，单击“确定”按钮。

（5）列标题填充设置。选定A2:I2区域并右击，在弹出的快捷菜单中选择“设置单元格格式”命令，弹出“设置单元格格式”对话框，选择“填充”选项卡，单击“其他颜色”按钮。弹出“颜色”对话框，选择“自定义”选项卡，在“红色”“绿色”“蓝色”数值框中输入“166”。单击“确定”按钮，返回“设置单元格格式”对话框，单击“确定”按钮。

（6）数据区域会计专用格式设置。选择H3:H9区域并右击，在弹出的快捷菜单中选择“设置单元格格式”命令，弹出“设置单元格格式”对话框，选择“数字”选项

卡，选择“会计专用”，在“货币符号”下拉列表中选择“¥”，再在“小数位数”文本框中输入0。单击“确定”按钮（由于该列暂时无数据，所以设置“¥”符号后并不显示）。

（7）条件格式设置。选定E3:E9区域，单击“开始”选项卡“样式”选项组“条件格式”下拉列表中的“突出显示单元格规则”→“文本包含”按钮，弹出“文本中包含”对话框，输入文本“福建”，在“设置为”下拉列表中选择“浅红填充色深红色文本”选项，单击“确定”按钮。

# 4.5 公式与函数

当数据表中输入大量业务数据之后，常常需要进行各种统计。因此，Excel 支持用户手动输入公式，同时也提供了丰富的内置函数方便用户选择。

## 4.5.1 使用公式

公式是可以进行以下操作的方程式：执行计算、返回信息、操作其他单元格的内容、测试条件等。公式始终以等号“=”开头。

下面举例说明可以在工作表中输入的公式类型。

（1）=5+2*3：将5加到2与3的乘积中。

（2）=A1+A2+A3：将单元格A1、A2和A3中的值相加。

（3）=SQRT(A1)：使用SQRT()函数返回A1中值的平方根。

（4）=TODAY()：返回当前日期。

（5）=UPPER("hello")：使用UPPER工作表函数将文本“hello”转换为“HELLO”。

（6）=IF(A1>0)：测试单元格A1，确定它是否包含大于0值。

### 1. 公式的组成部分

公式可以包含下列部分内容或全部内容：函数（函数是预先编写的公式，可以对一个或多个值执行运算，并返回一个或多个值。函数可以简化和缩短工作表中的公式，尤其在用公式执行很长或复杂的计算时）、引用（用于表示单元格在工作表上所处位置的坐标集。例如，显示在第B列和第3行交叉处的单元格，其引用形式为“B3”）、运算符（一个标记或符号，指定表达式内执行的计算的类型。有数学、比较、逻辑和引用运算符等）和常量（不进行计算的值，因此也不会发生变化。例如，数字210以及文本“每季度收入”都是常量。表达式以及表达式产生的值都不是常量）。综上所述，“=PI()*B3+10”就是一个符合规则的公式，其中PI()函数返回值圆周率3.142…；B3返回单元格 B3中的值；10是直接输入公式中的数字；“*”运算符表示数字的乘积，还有“+”是加法运算符。

### 2. 在公式中使用常量

常量是一个不被计算的值；它始终保持相同。例如，日期 2021-10-9、数字 210以及文本“季度收入”都是常量。表达式（运算符、字段名、函数、文本和常量的组合）计算结果为单个值。表达式可以指定条件（如Order Amount>10000），也可以对字段值执行计算（如 Price*Quantity）或从表达式得到的值不是常量。如果在公式中使用常量而不是对单元格的引用（如=30+70+110），则只有在修改公式时结果才会发生变化。

### 3．在公式中使用计算运算符

运算符用于指定要对公式中的元素执行的计算类型。计算时有一个默认的次序（遵循一般的数学规则），但可以使用括号更改该计算次序。

1）运算符类型

计算运算符分为 4 种不同类型：算术、比较、文本连接和引用。

（1）算术运算符：若要进行基本的数学运算（如加法、减法、乘法或除法）、合并数字以及生成数值结果，可使用表 4-1 中的算术运算符。

（2）比较运算符：可以使用表 4-2 中的运算符比较两个值。当使用这些运算符比较两个值时，结果为逻辑值 TRUE 或 FALSE。

**表 4-1　算术运算符列表**

| 算术运算符 | 含　义 | 示　例 | 算术运算符 | 含　义 | 示　例 |
|---|---|---|---|---|---|
| +（加号） | 加法 | 3+3 | /（正斜杠） | 除法 | 3/3 |
| -（减号） | 减法负数 | 3-1-1 | %（百分号） | 百分比 | 20% |
| *（星号） | 乘法 | 3*3 | ^（脱字号） | 乘方 | 3^2 |

**表 4-2　比较运算符列表**

| 比较运算符 | 含　义 | 示　例 | 比较运算符 | 含　义 | 示　例 |
|---|---|---|---|---|---|
| =（等号） | 等于 | A1=B1 | >=(大于或等于号） | 大于或等于 | A1>=B1 |
| >（大于号） | 大于 | A1>B1 | <=(小于或等于号） | 小于或等于 | A1<=B1 |
| <（小于号） | 小于 | A1<B1 | <>（不等号） | 不等于 | A1<>B1 |

（3）文本连接运算符：可以使用与号（&）连接一个或多个文本字符串，以生成一段文本，如表 4-3 所示。

**表 4-3　文本运算符列表**

| 文本运算符 | 含　义 | 示　例 |
|---|---|---|
| &（与号） | 将两个值连接（或串联）起来产生一个连续的文本值 | "North"&"wind" 的结果为 "Northwind" |

（4）引用运算符：可以使用表 4-4 中的运算符对单元格区域进行合并计算。

**表 4-4　引用运算符列表**

| 引用运算符 | 含　义 | 示　例 |
|---|---|---|
| :（冒号） | 区域运算符，生成一个对两个引用之间所有单元格的引用（包括这两个引用） | B5:B15 |
| ,（逗号） | 联合运算符，将多个引用合并为一个引用 | SUM(B5:B15,D5:D15) |
| （空格） | 交集运算符，生成一个对两个引用中共有单元格的引用 | B7:D7 C6:C8 |

在某些情况下，执行计算的次序会影响公式的返回值，因此，了解如何确定计算次序以及如何更改次序以获得所需结果非常重要。

2）计算次序

公式按特定次序计算值。Excel 中的公式始终以等号（=）开头。Excel 会将等号后面的字符解释为公式。等号后面是要计算的元素（即操作数），如常量或单元格引用。它们由计算运算符分隔。Excel 按照公式中每个运算符的特定次序从左到右计算公式。

3）运算符优先级

如果一个公式中有若干运算符，Excel 将按表 4-5 中的次序进行计算。如果一个公式中的若干运算符具有相同的优先顺序（例如，如果一个公式中既有乘号又有除号），则 Excel 将从左到右计算各运算符。

表 4-5 运算符优先级

| 运算符 | 说明 | 运算符 | 说明 |
| --- | --- | --- | --- |
| :（冒号）<br>（单个空格）<br>,（逗号） | 引用运算符 | * 和 / | 乘和除 |
| - | 负数（如 - 1） | + 和 - | 加和减 |
| % | 百分比 | & | 连接两个文本字符串（串联） |
| ^ | 乘方 | =<br><><br><=<br>>=<br><> | 比较运算符 |

4）使用括号

若要更改求值的顺序，请将公式中要先计算的部分用括号括起来。例如，公式“=5+2*3”的结果是 11，因为 Excel 先进行乘法运算后进行加法运算。该公式先将 2 与 3 相乘，然后再将 5 与结果相加。但是，如果用括号对该语法进行更改，改成“=(5+2)*3”，则 Excel 会先将 5 与 2 相加在一起，然后再用结果乘以 3 得到 21。

在公式“=(B4+25)/SUM(D5:F5)”中，第一部分的括号强制 Excel 先计算 B4+25，然后再用该结果除以单元格 D5、E5 和 F5 值的和。

**4. 在公式中使用函数**

函数是预定义的公式，通过使用一些称为参数的特定数值以特定的顺序或结构执行计算。

如果创建带函数的公式，则可利用“插入函数”对话框输入工作表函数。在公式中输入函数时，“插入函数”对话框将显示函数的名称、各个参数、函数及其各个参数的说明、函数的当前结果以及整个公式的当前结果。

若要更轻松地创建和编辑公式并将输入错误和语法错误减到最少，可使用“公式记忆式键入”。当输入等号（=）和开头的几个字母或显示触发字符之后，Excel 会在单元格的下方显示一个动态下拉列表，该列表中包含与这几个字母或该触发字符相匹配的有效函数、参数和名称。然后可以将该下拉列表中的一项插入到公式中。

5. 在公式中使用引用

引用的作用在于标识工作表上的单元格或单元格区域，并告知 Excel 在何处查找要在公式中使用的值或数据。可以使用引用在一个公式中使用工作表不同部分中包含的数据，或者在多个公式中使用同一个单元格的值。还可以引用同一个工作簿中其他工作表上的单元格和其他工作簿中的数据。引用其他工作簿中的单元格被称为链接或外部引用（对其他 Excel 工作簿中的工作表单元格或区域的引用）。

1）引用样式

默认情况下，Excel 使用 A1 引用样式，此样式引用字母标识列（从 A 到 XFD，共 16 384 列）以及数字标识行（从 1 到 1 048 576）。这些字母和数字称为行号和列标。若要引用某个单元格，可输入行号和列标，见表 4-6。例如，B2 引用列 B 和行 2 交叉处的单元格。

表 4-6 引用样式列表

| 若要引用 | 请使用 |
|---|---|
| 列 A 和行 10 交叉处的单元格 | A10 |
| 在列 A 和行 10 到行 20 之间的单元格区域 | A10:A20 |
| 在行 15 和列 B 到列 E 之间的单元格区域 | B15:E15 |
| 行 5 中的全部单元格 | 5:5 |
| 行 5 到行 10 之间的全部单元格 | 5:10 |
| 列 H 中的全部单元格 | H:H |
| 列 H 到列 J 之间的全部单元格 | H:J |
| 列 A 到列 E 和行 10 到行 20 之间的单元格区域 | A10:E20 |
| 当前工作簿中非当前工作表（如工作表 Sheet2）的 A1 单元格 | Sheet2!A1 |
| 非当前工作簿中的工作表（如工作簿 Book2 中 Sheet1）的 A1 单元格 | [Book2]Sheet1!A1 |

2）绝对引用、相对引用和混合引用之间的区别

（1）相对引用：公式中的相对单元格引用（如 A1）是基于包含公式和单元格引用的单元格的相对位置。如果公式所在单元格的位置改变，引用也随之改变。如果多行或多列地复制或填充公式，引用会自动调整。默认情况下，新公式使用相对引用。例如，如果将单元格 B2 中的相对引用复制或填充到单元格 B3，将自动从“=A1”调整到“=A2”。

（2）绝对引用：公式中的绝对单元格引用（如$A$1）总是在特定位置引用单元格。如果公式所在单元格的位置改变，绝对引用将保持不变。如果多行或多列地复制或填充公式，绝对引用将不做调整。默认情况下，新公式使用相对引用，因此用户可能需要将它们转换为绝对引用。例如，如果将单元格 B2 中的绝对引用复制或填充到单元格 B3，则该绝对引用在两个单元格中一样，都是“=$A$1”。

（3）混合引用：混合引用具有绝对列和相对行或绝对行和相对列。绝对引用列采用$A1、$B1 等形式。绝对引用行采用 A$1、B$1 等形式。如果公式所在单元格的位

置改变，则相对引用将改变，而绝对引用将不变。如果多行或多列地复制或填充公式，相对引用将自动调整，而绝对引用将不做调整。例如，如果将一个混合引用从 A2 复制到 B3，它将从“=A$1”调整到“=B$1”。

绝对引用、相对引用，混合引用之间可以通过快捷键【F4】进行切换。

**6. 创建公式**

（1）选择一个单元格并开始输入公式内容。在单元格中，输入一个等号（=）作为公式的开头。

（2）填写公式的其余部分，执行下列操作之一：

① 输入一个由数字和运算符构成的组合，如 3+7。

② 选中其他单元格，并在每两个单元格之间插入一个运算符。例如，选中 B1，然后输入一个加号（+），选中 C1 再输入一个“-”，然后再选中 D1。

③ 输入一个字母，从工作表函数列表中选择函数。例如，输入字母 a，即可显示出所有以字母 a 开头的可用函数，如图 4-31 所示。

图 4-31　工作表函数列表

（3）完成公式：

① 若要完成一个由数字、单元格引用和操作符组合构成的公式，按【Enter】键。

② 若要完成一个使用了函数的公式，填写必需的函数信息后按【Enter】键。例如，ABS()函数需要一个数字值，可以输入一个数字或选择一个含有数字的单元格。

## 4.5.2　使用函数

除了使用公式进行计算，也可以插入函数统计和汇总数据。Excel 提供了大量的函数，语法为：函数名(参数 1,参数 2,参数 3,…)。

**1. 函数的操作方法**

函数的一般操作步骤如下：

（1）单击要输入函数值的单元格。

（2）单击“公式”选项卡“函数库”选项组中的“插入函数”按钮，编辑栏中出现“=”，并弹出“插入函数”对话框，如图 4-32 所示。

（3）从“选择函数”列表框中选择所需函数。在下方列表框中将显示该函数的使用格式和功能说明。

（4）单击“确定”按钮，弹出“函数参数”对话框。

（5）输入函数的参数。

（6）单击“确定”按钮。

另外，在“开始”选项卡“编辑”选项组中也有插入函数的命令，如图 4-33 所示。

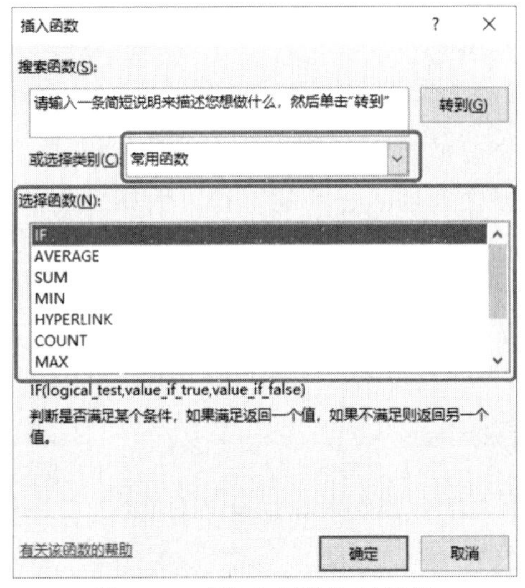


图 4-32 “插入函数”对话框

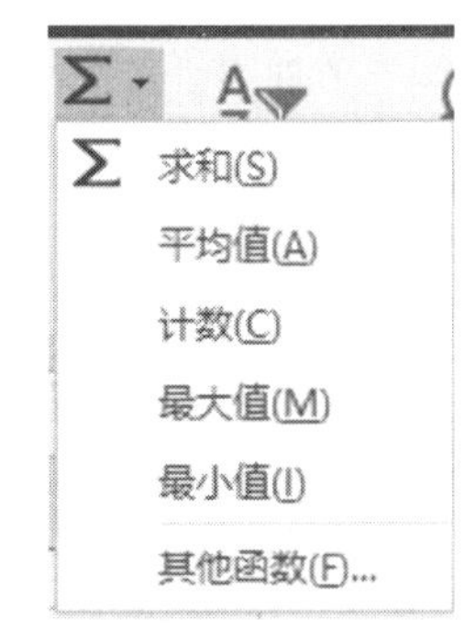


图 4-33 “求和”下拉列表

## 2. Excel 2016 常用函数

### 1）求和函数 SUM()

SUM()函数将指定参数的所有数字相加。每个参数都可以是单元格引用、数组、常量、公式或另一个函数的结果。例如，SUM(A1:A5) 将单元格 A1 至 A5 中的所有数字相加；再如，SUM(A1, A3, A5) 将单元格 A1、A3 和 A5 中的数字相加。

SUM()函数的语法为 SUM(number1,[number2],…)，其中，number1 是必需的，表示想要相加的第一个数值参数；number2,…可选，表示想要相加的第 2～255 个数值参数。

### 2）求平均值函数 AVERAGE()

AVERAGE()函数返回参数的平均值（算术平均值）。例如，如果区域 A1:A20 包含数字，则函数 =AVERAGE(A1:A20) 将返回这些数字的平均值。

AVERAGE()函数的语法为 AVERAGE(number1, [number2],…), 其中 Number1 是必需的。要计算平均值的第一个数字、单元格引用或单元格区域；Number2,…可选，是要计算平均值的其他数字、单元格引用或单元格区域，最多可包含 255 个。

值得注意的是，当对单元格中的数值求平均值时，应牢记空单元格与零值单元格的区别，尤其是在取消勾选“Excel 选项”对话框中的“在具有零值的单元格中显示零”复选框时。勾选此复选框后，空单元格将不计算在内，但是零值会计算在内。

### 3）求最大值函数 MAX()

MAX()函数返回一组值中的最大值。其语法是 MAX(number1, [number2],…)，其中 Number1 是必需的，后续数值是可选的。这些是要从中找出最大值的 1～255 个数字

参数。

4）求最小值函数 MIN()

MIN()函数返回一组值中的最小值。其语法是 MIN(number1, [number2],…)，其中 Number1 是必需的，后续数值是可选的。这些是要从中找出最小值的 1～255 个数字参数。

5）统计函数 COUNT()

COUNT()函数计算包含数字的单元格以及参数列表中数字的个数。使用 COUNT()函数可以获取区域或数字数组中数字字段的输入项的个数。例如，输入以下函数可以计算 A1:A20 区域中数字的个数：=COUNT(A1:A20)，在此示例中，如果该区域中有 5 个单元格包含数字，则结果为 5。

COUNT()函数的语法是 COUNT(value1, [value2],…)，其中 value1 是必需的，要计算其中数字的个数的第一个项、单元格引用或区域；value2,…可选，要计算其中数字的个数的其他项、单元格引用或区域，最多可包含 255 个。

6）四舍五入函数 ROUND()

ROUND()函数可将某个数字四舍五入为指定的位数。例如，如果单元格 A1 含有 23.7825 并且希望将该数字四舍五入为小数点后两位，则可以使用以下函数：=ROUND(A1, 2)，此函数的结果为 23.78。

ROUND()函数的语法是 ROUND(number, num_digits)，其中 number 是必需的，表示要四舍五入的数字；num_digits 是必需的，表示按此位数对 number 参数进行四舍五入。

7）绝对值函数 ABS()

ABS()函数返回数字的绝对值。其语法是 ABS(number)，其中 number 是必需的，表示需要计算其绝对值的实数。

8）条件判断函数 IF()

如果指定条件的计算结果为 TRUE，IF()函数将返回某个值；如果该条件的计算结果为 FALSE，则返回另一个值。例如，如果 A1 大于 10，函数“=IF(A1>10,"大于 10","不大于 10")”将返回“大于 10”；如果 A1 小于或等于 10，则返回“不大于 10”。

IF()函数的语法是 IF(logical_test, [value_if_true], [value_if_false])，其中 logical_test 是必需的，表示计算结果可能为 TRUE 或 FALSE 的任意值或表达式。例如，A10=100 就是一个逻辑表达式，如果单元格 A10 中的值等于 100，表达式的计算结果为 TRUE，否则为 FALSE。此参数可使用任何比较运算符；value_if_true 是可选的，表示 logical_test 参数的计算结果为 TRUE 时所要返回的值；value_if_false 也是可选的，表示 logical_test 参数的计算结果为 FALSE 时所要返回的值。

### 4.5.3 错误值

当输入的公式或函数有错误且不能进行正常计算时，Excel 会出现错误值提示用户，这些错误值根据错误的种类不同分为以下几种：

### 1. #VALUE!错误

这种错误表示使用的参数或操作数的类型不正确，可能包含以下一种或几种错误：

（1）当公式需要数字或逻辑值（如 TURE 或 FALSE）时，却输入了文本。

（2）输入或编辑数组公式，没有按【Ctrl+Shift+Enter】组合键，而是按了【Enter】键。

（3）将单元格引用、公式或函数作为数组常量输入。

（4）为需要单个值（而不是区域）的运算符或函数提供区域。

（5）在某个矩阵工作表函数中使用了无效的矩阵。

（6）运行的宏程序所输入的函数返回#VALUE!。

### 2. #DIV/0!错误

这种错误表示使用数字除以零（0）。具体表现在：

（1）输入的公式中包含明显的除以零的计算，如“=5/0”。

（2）使用了对空白单元格或包含零作为除数的单元格的单元格引用。

（3）运行的宏中使用了返回#DIV/0!的函数或公式。

### 3. #N/A 错误

当数值对函数或公式不可用时，将出现此错误。具体表现在：

（1）缺少数据，在其位置输入了#N/A 或 NA()。

（2）为 HLOOKUP()、LOOKUP()、MATCH()或 VLOOKUP()工作表函数的 lookup_value 参数赋予了不正确的值。

（3）在未排序的表中使用了 VLOOKUP()、HLOOKUP()或 MACTCH()工作表函数查找值。

（4）数组公式中使用的参数的行数或列数与包含数组公式的区域的行数或列数不一致。

（5）内置或自定义工作表函数中省略了一个或多个必需参数。

（6）使用的自定义工作表函数不可用。

（7）运行的宏程序所输入的函数返回#N/A。

### 4. #NAME?错误

当 Excel 无法识别公式中的文本时，将出现此错误。具体表现在：

（1）使用了 EUROCONVERT()函数，而没有加载“欧元转换工具”宏。

（2）使用了不存在的名称。

（3）名称拼写错误。

（4）函数名称拼写错误。

（5）在公式中输入文本时没有使用双引号。

（6）区域引用中漏掉了冒号。

（7）引用的另一张工作表未使用单引号。

（8）打开调用用户自定义函数（UDP）的工作簿。

### 5. #REF!错误

当单元格引用无效时，会出现此错误。具体表现在：

（1）删除了其他公式所引用的单元格，或将已移动的单元格粘贴到了其他公式所引用的单元格上。

（2）使用的对象链接和嵌入链接所指向的程序未运行。

（3）链接到了不可用的动态数据交换（DDE）主题，如“系统”。

（4）运行的宏程序所输入的函数返回#REF!。

### 6．#NUM!错误

如果公式或函数中使用了无效的数值，则会出现此错误。具体表现在：

（1）在需要数字参数的函数中使用了无法接受的参数。

（2）使用了进行迭代的工作表函数（如 IRR()或 RATE()），且函数无法得到结果。

（3）输入的公式所得出的数字太大或太小，无法在 Excel 中表示。

### 7．#NULL!错误

如果指定了两个并不相交的区域的交点，则会出现错误。具体表现在：

（1）使用了不正确的区域运算符。

（2）区域不相交。

**【提示】**引用之间的交叉运算符为空格。

**【例 4.4】**对“学籍”工作表进行数据计算，结果如图 4-34 所示。

2020级学籍信息

| 学号 | 姓名 | 性别 | 年龄 | 籍贯 | 年级 | 专业 | 奖励金额 | 入学分数 |
|---|---|---|---|---|---|---|---|---|
| A0001 | 吴天平 | 男 | 18 | 山东 | 2020 | 景观设计 | 0 | 600 |
| B0002 | 张健安 | 男 | 19 | 福建 | 2020 | 中文 | 0 | 560 |
| A0002 | 刘娜 | 女 | 18 | 辽宁 | 2020 | 景观设计 | 2100 | 621 |
| C0001 | 陈东 | 男 | 19 | 天津 | 2020 | 日语 | 0 | 589 |
| D0003 | 王爱丽 | 女 | 20 | 内蒙古 | 2020 | 计算机 | 3500 | 635 |
| D0004 | 刘青 | 女 | 18 | 福建 | 2020 | 计算机 | 200 | 602 |
| B0001 | 郑晓 | 男 | 19 | 福建 | 2020 | 英语 | 0 | 578 |
| | | | | | | 总金额 | 5800 | |
| | | | | | | 平均分 | | 597.86 |

图 4-34　例 4.4 结果图

要求如下：

（1）在“奖励金额”列进行公式计算，计算规则是：如果入学分数超过 600 分，就给予奖励；超过 1 分，奖励 100 元，超过 2 分，奖励 200 元，依此类推；600 分及其以下的不予奖励。

（2）汇总奖励金额的总数。

（3）对入学分数求平均分，并保留 2 位有效小数。

**【难点分析】**

（1）使用公式或函数。

（2）使用嵌套公式或函数。

**【操作步骤】**

（1）计算奖励金额。选中 H3 单元格，输入嵌套公式“=IF(I3-600>0,(I3-600)*100,0)”，按【Enter】键。

（2）复制公式。选中 H3 单元格，将鼠标指针移到该单元格的右下角变成十字形状，再单击并向下拖动直到 H9 单元格才释放鼠标。

（3）汇总奖励金额。在G10单元格输入“总金额”，选中H3:H10单元格，单击“开始”选项卡“编辑”选项组中的“求和”按钮，按【Enter】键。

（4）求平均分。在G11单元格中输入“平均分”，选中I3:I11单元格，单击“开始”选项卡“编辑”选项组“求和”下拉列表中的“平均值”按钮，按【Enter】键。选中I11单元格并右击，在弹出的快捷菜单中选择“设置单元格格式”命令，弹出“设置单元格格式”对话框，选择“数字”选项卡，选择“数值”，在“小数位数”文本框中输入2，单击“确定”按钮。

# 4.6 数据管理

一个Excel数据清单是一个二维的表格，由行和列构成，是包含列标题的一组连续数据行的工作表，Excel利用这些标题进行数据的排序和筛选等管理操作。数据清单与数据库相似，每行表示一条记录，每列代表一个字段。

数据清单具有以下几个特点：

（1）第一行是字段名，其余行是清单中的数据，每行表示一条记录；如果本数据清单有标题行，则标题行应与其他行（如字段名行）隔开一个或多个空行。

（2）每列数据具有相同的性质。

（3）在数据清单中，不存在全空行或全空列。

## 4.6.1 数据筛选

通过筛选工作表中的信息，可以快速查找数值，可以筛选一个或多个数据列。不但可以利用筛选功能控制要显示的内容，而且还能控制要排除的内容。既可以基于从列表中做出的选择进行筛选，也可以创建仅用来限定要显示的数据的特定筛选器。在筛选数据时，如果一个或多个列中的数值不能满足筛选条件，整行数据都会隐藏起来。用户可以按数字值或文本值筛选，或按单元格颜色筛选那些设置了背景色或文本颜色的单元格。

筛选有两种方式：自动筛选和高级筛选。自动筛选是对单个字段建立筛选，多个字段之间的筛选是逻辑与的关系，这种筛选操作方便，能满足大部分要求；高级筛选是对复杂条件所建立的筛选，需要建立条件区域。

### 1. 自动筛选

（1）选择要筛选的数据区域（包含列标题和数据内容）。

（2）单击“数据”选项卡“排序和筛选”选项组中的“筛选”按钮，如图4-35所示。

（3）在每一个列标题的旁边会出现一个下拉按钮，如图4-36所示。单击该下拉按钮，会显示一个筛选器选择列表，该列中的所有值都会显示在列表中，如图4-37所示。根据列中的数据类型，Excel会在列表中显示“数字筛选”或“文本筛选”。

（4）从列表中选择值和搜索是最快的筛选方法。使用搜索框输入要搜索的文本或数字，或者选中或清除用于显示从数据列中找到的值的复选框。

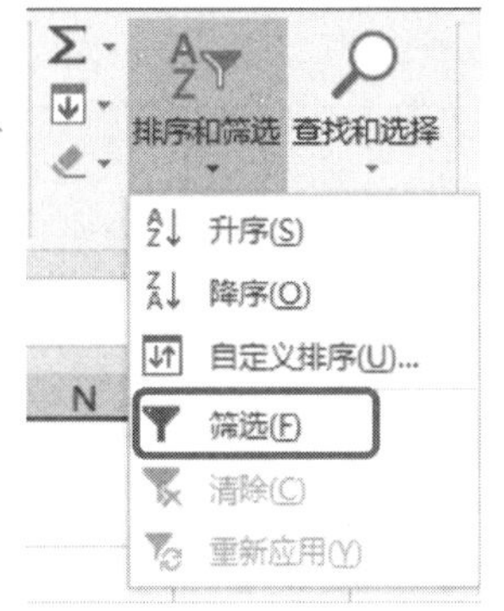


图 4-35　单击“筛选”按钮

| 学号 | 姓名 | 性别 | 年龄 | 籍贯 | 年级 | 专业 | 奖励金额 | 入学分 |
|---|---|---|---|---|---|---|---|---|
| A0001 | 吴天平 | 男 | 18 | 山东 | 2020 | 景观设计 | 0 | 600 |
| B0002 | 张健安 | 男 | 19 | 福建 | 2020 | 中文 | 0 | 560 |
| A0002 | 刘娜 | 女 | 18 | 辽宁 | 2020 | 景观设计 | 2100 | 621 |
| C0001 | 陈东 | 男 | 19 | 天津 | 2020 | 日语 | 0 | 589 |
| D0003 | 王爱丽 | 女 | 20 | 内蒙古 | 2020 | 计算机 | 3500 | 635 |
| D0004 | 刘青 | 女 | 18 | 福建 | 2020 | 计算机 | 200 | 602 |
| B0001 | 郑晓 | 男 | 19 | 福建 | 2020 | 英语 | 0 | 578 |

图 4-36　筛选后的结果

（5）也可以按指定的条件筛选数据。通过指定条件，可以创建自定义筛选器以便缩小数据范围。操作如下：指向列表中的“数字筛选”或“文本筛选”，随即会出现一个允许用户按不同的条件进行筛选的列表，如图 4-38 所示；选择一个条件，在弹出的对话框中选择或输入其他条件，选择“与”单选按钮，即筛选结果必须同时满足两个或更多条件；而选择“或”单选按钮时只需要满足多个条件之一即可；单击“确定”按钮并获取所需结果。

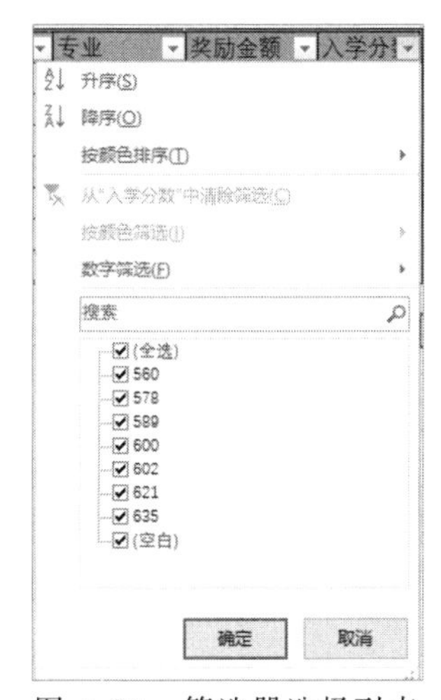


图 4-37　筛选器选择列表

图 4-38　自定义筛选器

### 2. 高级筛选

如果要筛选的数据需要复杂条件（例如，籍贯="福建"或入学分数>600），则可以使用“高级筛选”对话框。“高级”命令的工作方式在几个重要方面与“筛选”命令有所不同：

（1）它显示了“高级筛选”对话框，而不是“自动筛选”菜单。

（2）可以在工作表以及要筛选的单元格区域或表上的单独条件区域中输入高级条件。Excel 将“高级筛选”对话框中的单独条件区域用作高级条件的源。

在条件区域需要用到比较运算符。比较运算符可以使用下列运算符比较两个值，见表 4-7。当使用这些运算符比较两个值时，结果为逻辑值 TRUE 或 FALSE。

表 4-7　比较运算符列表

| 比较运算符 | 含　义 | 示　例 | 比较运算符 | 含　义 | 示　例 |
|---|---|---|---|---|---|
| =（等号） | 等于 | A1=B1 | >=（大于或等于号） | 大于或等于 | A1>=B1 |
| >（大于号） | 大于 | A1>B1 | <=（小于或等于号） | 小于或等于 | A1<=B1 |
| <（小于号） | 小于 | A1<B1 | <>（不等号） | 不等于 | A1<>B1 |

值得注意的是，由于在单元格中输入文本或值时等号（=）用来表示一个公式，因此 Excel 会评估所输入的内容；不过，这可能会产生意外的筛选结果。为了表示文本或值的相等比较运算符，应在条件区域的相应单元格中输入作为字符串表达式的条件：=“=条目”。其中条目是要查找的文本或值。例如：籍贯=“=福建”。

高级筛选的操作步骤如下：

（1）将条件列的列标题复制并粘贴到空白区域。

（2）在列标题的下方输入条件表达式，如图 4-39 所示。如果条件表达式输入在同一行则表示条件与的关系；如果输入在不同行，则表示条件或的关系。

| 籍贯 | 入学分数 |
|---|---|
| "=福建" | |
| | >600 |

图 4-39　条件区域

（3）单击“数据”选项卡“排序和筛选”选项组中的“高级”按钮，弹出“高级筛选”对话框，在列表区域输入数据表（包含列标题和数据内容）所在区域，也可以使用鼠标直接选择；在条件区域输入条件所在的单元格区域，同样可以用鼠标选择。

（4）单击“确定”按钮。

（5）若要取消筛选，单击“数据”选项卡“排序和筛选”选项组中的“清除”按钮即可。

### 4.6.2　数据排序

对数据进行排序是数据分析不可缺少的组成部分。用户可以对一列或多列中的数据按文本（升序或降序）、数字（升序或降序）以及日期和时间（升序或降序）进行排序。还可以按自定义序列（如大、中和小）或格式（包括单元格颜色、字体颜色或图标集）进行排序。大多数排序操作都是列排序，但是，也可以按行进行排序。对数据进行排序有助于快速直观地显示数据并更好地理解数据，有助于组织并查找所需数据，有助于最终做出更有效的决策。

#### 1. 简单排序

简单排序是指对单一字段按升序或降序排列。操作方法如下：

（1）选择单元格区域中的一列数值数据，或者确保活动单元格位于包含数值数据的表列中。

（2）在“数据”选项卡的“排序和筛选”选项组中，执行下列操作之一：

① 若要按从小到大的顺序对数值进行排序，单击“升序”按钮。

② 若要按从大到小的顺序对数值进行排序，单击“降序”按钮。

### 2. 复杂数据排序

当排序的字段（主要关键字）有多个相同的值时，可根据另外一个字段（次要关键字）的内容再排序，依此类推，可使用多个字段进行复杂排序。操作方法如下：

（1）选择参与排序的数据区域。

（2）单击“开始”选项卡“编辑”选项组“排序和筛选”下拉列表中的“自定义排序”按钮，如图 4-40 所示。

（3）弹出“排序”对话框，选择“主要关键字”，再单击“添加条件”按钮，继续选择“次要关键字”，如图 4-41 所示。

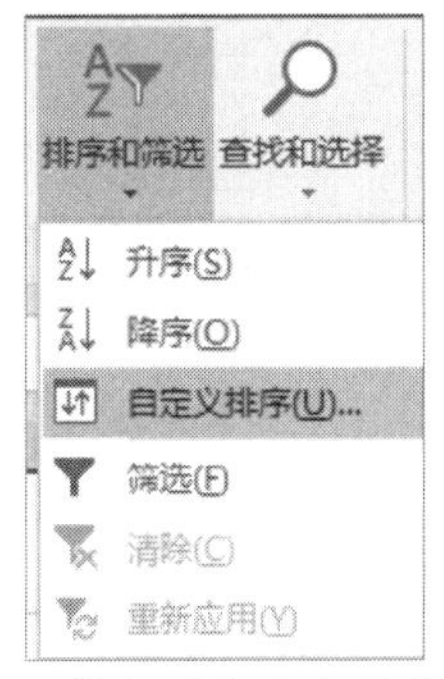


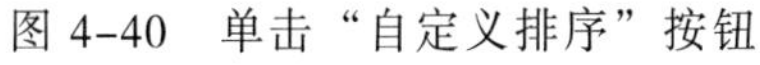
图 4-40 单击“自定义排序”按钮

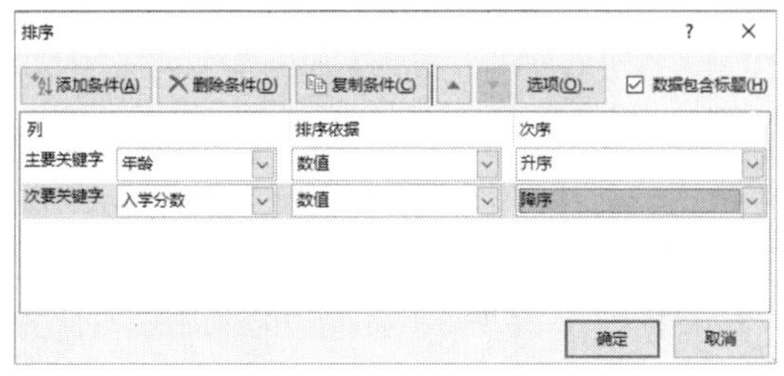


图 4-41 “排序”对话框

（4）单击“确定”按钮。

## 4.6.3 数据分类汇总

通过使用“分类汇总”命令可以自动计算列的列表中的分类汇总和总计。如果要统计每个专业的入学平均分，图 4-42 显示了分类汇总的结果。

2020级学籍信息

| 学号 | 姓名 | 性别 | 年龄 | 籍贯 | 年级 | 专业 | 奖励金额 | 入学分数 |
|---|---|---|---|---|---|---|---|---|
| D0003 | 王爱丽 | 女 | 20 | 内蒙古 | 2020 | 计算机 | 3500 | 635 |
| D0004 | 刘青 | 女 | 18 | 福建 | 2020 | 计算机 | 200 | 602 |
| | | | | | | 计算机 平均值 | | 618.5 |
| A0001 | 吴天平 | 男 | 18 | 山东 | 2020 | 景观设计 | 0 | 600 |
| A0002 | 刘娜 | 女 | 18 | 辽宁 | 2020 | 景观设计 | 2100 | 621 |
| | | | | | | 景观设计 平均值 | | 610.5 |
| C0001 | 陈东 | 男 | 19 | 天津 | 2020 | 日语 | 0 | 589 |
| | | | | | | 日语 平均值 | | 589 |
| B0001 | 郑晓 | 男 | 19 | 福建 | 2020 | 英语 | 0 | 578 |
| | | | | | | 英语 平均值 | | 578 |
| B0002 | 张健安 | 男 | 19 | 福建 | 2020 | 中文 | 0 | 560 |
| | | | | | | 中文 平均值 | | 560 |
| | | | | | | 总计平均值 | | 597.8571 |

图 4-42 分类汇总结果

### 1. 插入分类汇总的方法

（1）对要进行分类的字段进行排序（升序或降序均可）。

（2）确保数据区域中要对其进行分类汇总计算的每个列的第一行都具有一个标签，每个列中都包含类似的数据，并且该区域不包含任何空白行或空白列。

（3）选择要进行统计的数据区域。

（4）单击“数据”选项卡“分级显示”选项组中的“分类汇总”按钮，弹出“分类汇总”选项对话框，如图 4-43 所示。

（5）在对话框中选择分类的字段、汇总的类型以及要汇总的字段。

（6）单击“确定”按钮。

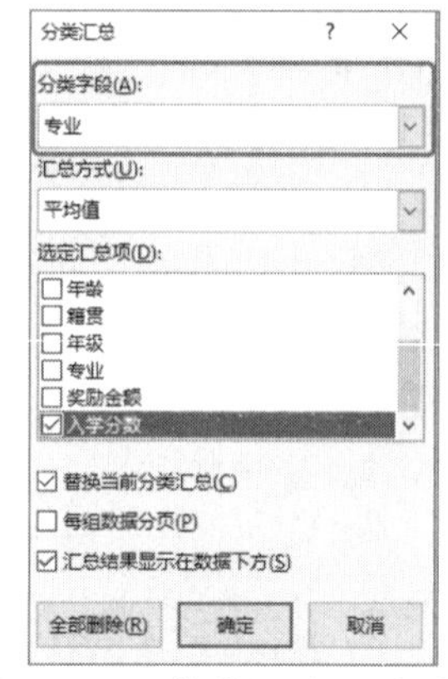

图 4-43 “分类汇总”对话框

**2. 删除分类汇总的方法**

（1）选择包含分类汇总区域中的某个单元格。

（2）单击“数据”选项卡“分级显示”选项组中的“分类汇总”按钮。

（3）在“分类汇总”对话框中，单击“全部删除”按钮。

### 4.6.4 数据透视表和数据透视图

数据透视表对于汇总、分析、浏览和呈现汇总数据非常有用。数据透视图则有助于形象呈现数据透视表中的汇总数据，以便用户轻松查看和比较。两种报表都能让用户就企业中的关键数据做出明智决策。

**1. 数据透视表**

数据透视表是一种交互的、交叉制表的 Excel 报表，用于对多种来源（包括 Excel 的外部数据）进行汇总和分析。数据透视表是专门针对以下用途设计的：

（1）以多种用户友好方式查询大量数据。

（2）对数值数据进行分类汇总和聚合，按分类和子分类对数据进行汇总，创建自定义计算和公式。

（3）展开或折叠要关注结果的数据级别，查看感兴趣区域汇总数据的明细。

（4）将行移动到列或将列移动到行（或“透视”），以查看源数据的不同汇总。

（5）对最有用和最关注的数据子集进行筛选、排序、分组和有条件地设置格式，使用户能够关注所需的信息。

（6）提供简明、有吸引力并且带有批注的联机报表或打印报表。

数据透视表的效果图如图 4-44 所示。插入数据透视表的操作方法如下：

（1）执行下列操作之一：

① 若要将工作表数据用作数据源，单击包含该数据的单元格区域内的一个单元格。

② 若要将 Excel 表格中的数据用作数据源，单击该 Excel 表格中的一个单元格。

（2）单击“插入”选项卡“表”选项组“数据透视表”下拉列表中的“数据透视表”按钮，弹出“创建数据透视表”对话框，如图 4-45 所示。

（3）在“请选择要分析的数据”区域，确保已选中“选择一个表或区域”单选按钮，然后在“表/区域”文本框中验证要用作基础数据的单元格区域。Excel 会自动确定数据透视表的区域，但用户可以输入不同的区域或用户为该区域定义的名称来替换它。

| 行标签 | 平均值项:入学分数 |
| --- | --- |
| ⊟计算机 | 618.5 |
| 福建 | 602 |
| 内蒙古 | 635 |
| ⊟景观设计 | 610.5 |
| 辽宁 | 621 |
| 山东 | 600 |
| ⊟日语 | 589 |
| 天津 | 589 |
| ⊟英语 | 578 |
| 福建 | 578 |
| ⊟中文 | 560 |
| 福建 | 560 |
| 总计 | 597.86 |

图 4-44　数据透视表效果图

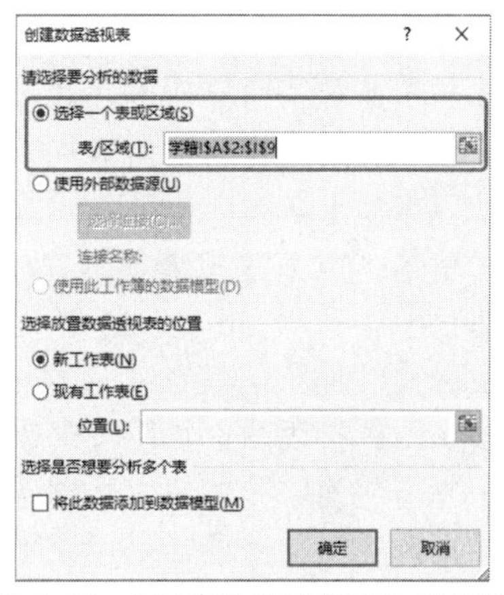


图 4-45　“创建数据透视表”对话框

（4）在“选择放置数据透视表的位置”区域，执行下列操作之一指定位置：

① 若要将数据透视表放置在新工作表中，并以单元格 A1 为起始位置，选择“新建工作表”单选按钮。

② 若要将数据透视表放置在现有工作表中，选择“现有工作表”单选按钮，然后在“位置”文本框中指定放置数据透视表的单元格区域的第一个单元格。

（5）单击“确定”按钮，Excel 会将空的数据透视表添加至指定位置并显示数据透视表字段列表，如图 4-46 所示，以便添加字段、创建布局以及自定义数据透视表。

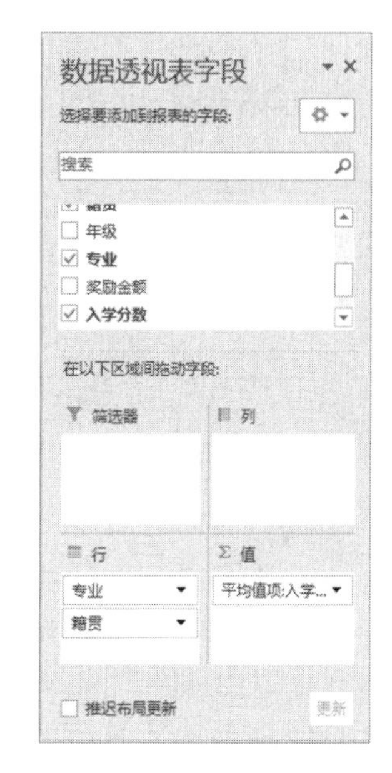


图 4-46　数据透视表字段列表

（6）若要向报表中添加字段，执行下列一项或多项操作：

① 若要将字段放置到布局部分的默认区域中，在字段部分选中相应字段名称旁的复选框。

② 默认情况下，非数值字段会添加到“行标签”区域，数值字段会添加到“值”区域，日期和时间层级则会添加到“列标签”区域。

③ 若要将字段放置到布局部分的特定区域中，须在字段部分中右击相应的字段名称，在弹出的快捷菜单中选择“添加到报表筛选”“添加到列标签”“添加到行标签”或“添加到值”命令。

④ 若要将字段拖放到所需的区域，可在字段部分单击并按住相应的字段名称，然后将它拖到布局部分的所需区域中。

### 2. 数据透视图

数据透视图是提供交互式数据分析的图表，与数据透视表类似。可以更改数据的视图，查看不同级别的明细数据，或通过拖动字段和显示或隐藏字段中的项来重新组织图表的布局。与标准图表一样，数据透视图报表显示数据系列、类别、数据标记和坐标轴。用户还可以更改图表类型及其他选项，如标题、图例位置、数据标签和图表位置。

创建数据透视图的操作方法如下：

（1）单击已经创建的数据透视表。Excel 将显示“数据透视表工具”，有“分析”和“设计”选项卡。

（2）单击“数据透视表工具”/“分析”选项卡“工具”选项组中的“数据透视图”按钮。

（3）弹出“插入图表”对话框，单击所需的图表类型和图表子类型,可以使用柱形图、条形图、折线图、饼图等图表类型。

（4）单击“确定”按钮。数据透视图效果图如图 4-47 所示。显示的数据透视图中具有数据透视图筛选器，可用来更改图表中显示的数据。

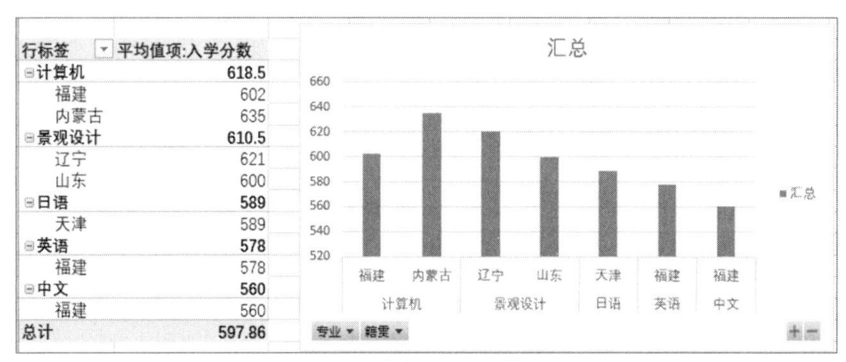

| 行标签 | 平均值项:入学分数 |
| --- | --- |
| ⊟计算机 | 618.5 |
| 福建 | 602 |
| 内蒙古 | 635 |
| ⊟景观设计 | 610.5 |
| 辽宁 | 621 |
| 山东 | 600 |
| ⊟日语 | 589 |
| 天津 | 589 |
| ⊟英语 | 578 |
| 福建 | 578 |
| ⊟中文 | 560 |
| 福建 | 560 |
| 总计 | 597.86 |



图 4-47　数据透视图效果图

【例 4.5】对“学籍”工作表进行数据管理。

要求如下：

（1）按“性别”升序排列，性别相同时，按“入学分数”降序排列。

（2）找出入学分数在 600 及其以上的学生。

（3）按性别统计入学分数的平均分。

（4）用数据透视表和数据透视图按“籍贯”和“专业”统计学生入学分数的平均值。

**【难点分析】**

（1）多关键字的排序。

（2）自定义筛选。

（3）分类汇总。

（4）建立数据透视表和数据透视图。

**【操作步骤】**

（1）排序。单击数据区域的任意单元格，单击“数据”选项卡“排序和筛选”选项组中的“排序”按钮，弹出“排序”对话框，在“列”区域的“主要关键字”下拉列表中选择“性别”，在“排序依据”区域的下拉列表中选择“数值”，在“次序”区域的下拉列表中选择“升序”。单击“添加条件”按钮，按照上述操作将“次要关键字”的“列”设置为“入学分数”，“排序依据”设置为“数值”，“次序”设置为“降序”。最后单击“确定”按钮，结果如图 4-48 所示。

| 2020级学籍信息 | | | | | | | | |
|---|---|---|---|---|---|---|---|---|
| 学号 | 姓名 | 性别 | 年龄 | 籍贯 | 年级 | 专业 | 奖励金额 | 入学分数 |
| A0001 | 吴天平 | 男 | 18 | 山东 | 2020 | 景观设计 | 0 | 600 |
| C0001 | 陈东 | 男 | 19 | 天津 | 2020 | 日语 | 0 | 589 |
| B0001 | 郑晓 | 男 | 19 | 福建 | 2020 | 英语 | 0 | 578 |
| B0002 | 张健安 | 男 | 19 | 福建 | 2020 | 中文 | 0 | 560 |
| D0003 | 王爱丽 | 女 | 20 | 内蒙古 | 2020 | 计算机 | 3500 | 635 |
| A0002 | 刘娜 | 女 | 18 | 辽宁 | 2020 | 景观设计 | 2100 | 621 |
| D0004 | 刘青 | 女 | 18 | 福建 | 2020 | 计算机 | 200 | 602 |

图 4-48　排序效果图

（2）筛选。单击标题行的任意单元格，单击“数据”选项卡“排序和筛选”选项组中的“筛选”按钮，单击“入学分数”字段右侧的下拉按钮，在下拉列表中选择“数据筛选”中的“大于或等于”命令，弹出“自定义自动筛选方式”对话框，如图 4-49 所示，输入“入学分数”的筛选条件，单击“确定”按钮。

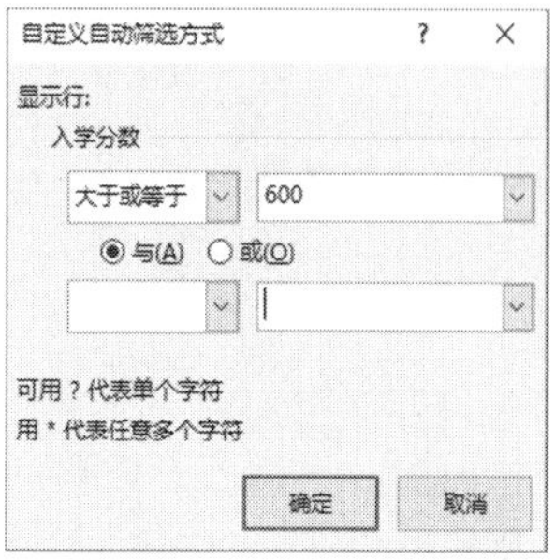

图 4-49　“自定义自动筛选方式”对话框

（3）分类汇总。单击“性别”列中的任意单元格，单击“数据”选项卡“排序和筛选”选项组中的“排序”按钮，按“性别”升序或降序排列。单击“数据”选项卡“分级显示”选项组中的“分类汇总”按钮，弹出“分类汇总”对话框。分类字段选择“性别”，“汇总方式”选择“平均值”，“选定汇总项”中勾选“入学分数”复选框，单击“确定”按钮，结果如图 4-50 所示。

| 学号 | 姓名 | 性别 | 年龄 | 籍贯 | 年级 | 专业 | 奖励金额 | 入学分数 |
|---|---|---|---|---|---|---|---|---|
| A0001 | 吴天平 | 男 | 18 | 山东 | 2020 | 景观设计 | 0 | 600 |
| C0001 | 陈东 | 男 | 19 | 天津 | 2020 | 日语 | 0 | 589 |
| B0001 | 郑晓 | 男 | 19 | 福建 | 2020 | 英语 | 0 | 578 |
| B0002 | 张健安 | 男 | 19 | 福建 | 2020 | 中文 | 0 | 560 |
| | | **男 平均值** | | | | | | 581.75 |
| D0003 | 王爱丽 | 女 | 20 | 内蒙古 | 2020 | 计算机 | 3500 | 635 |
| A0002 | 刘娜 | 女 | 18 | 辽宁 | 2020 | 景观设计 | 2100 | 621 |
| D0004 | 刘青 | 女 | 18 | 福建 | 2020 | 计算机 | 200 | 602 |
| | | **女 平均值** | | | | | | 619.3333 |

图 4-50　分类汇总效果图

（4）创建数据透视表。选中 A2：I9 区域的数据，单击“插入”选项卡“表格”选项组中的“数据透视表”按钮，弹出“创建数据透视表”对话框，单击“确定”按钮。在“数据透视表字段”任务窗格中，将“专业”字段拖动到“行”区域内，“籍贯”字段拖动到“列”区域内，“入学分数”字段拖动到“数值”区域内，单击“数值”区域中要改变字段右侧的下拉按钮，在下拉列表中选择“值字段设置”命令，弹出“值字段设置”对话框，在“值汇总方式”选项卡中选择“平均值”选项，单击“确定”按钮。

（5）创建数据透视表图。单击生成的“数据透视表”，单击“数据透视表工具”/“分析”选项卡“工具”选项组中的“数据透视图”按钮。通过鼠标拖动生成的数据透视图，最后整体效果如图 4-51 所示。

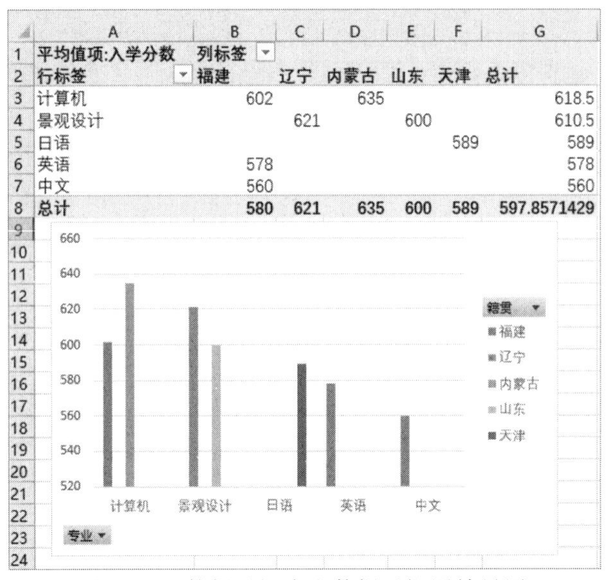

| 平均值项:入学分数 | 列标签 | | | | | |
|---|---|---|---|---|---|---|
| 行标签 | 福建 | 辽宁 | 内蒙古 | 山东 | 天津 | 总计 |
| 计算机 | 602 | | 635 | | | 618.5 |
| 景观设计 | | 621 | | 600 | | 610.5 |
| 日语 | | | | | 589 | 589 |
| 英语 | 578 | | | | | 578 |
| 中文 | 560 | | | | | 560 |
| 总计 | 580 | 621 | 635 | 600 | 589 | 597.8571429 |



图 4-51　数据透视表和数据透视图效果图

# 4.7　数据图表

图表是数据的一种可视表示形式。通过使用类似柱形（在柱形图中）或折线（在折线图中）这样的元素，图表可按照图形格式显示系列数值数据。图表的图形格式可让用户更容易理解大量数据和不同数据系列之间的关系。图表还可以显示数据的全貌，以便用户分析数据并找出重要趋势。

## 4.7.1　创建图表

在工作表中制作数据图表的操作步骤如下：

（1）选择要为其绘制图表的数据。用户应按照行或列的形式组织数据，并在数据的左侧和上方分别设置行标签和列标签，如图 4-52 所示，Excel 会自动确定在图表中绘制数据的最佳方式。

| 年份 | 国内生产总值 |
|---|---|
| 2000年 | 10.03 |
| 2001年 | 11.09 |
| 2002年 | 12.17 |
| 2003年 | 13.74 |
| 2004年 | 16.18 |
| 2005年 | 18.73 |
| 2006年 | 21.94 |
| 2007年 | 27.01 |
| 2008年 | 31.92 |
| 2009年 | 34.85 |
| 2010年 | 41.21 |
| 2011年 | 48.79 |
| 2012年 | 53.86 |
| 2013年 | 59.30 |
| 2014年 | 64.36 |
| 2015年 | 68.89 |
| 2016年 | 74.64 |
| 2017年 | 83.20 |
| 2018年 | 91.93 |
| 2019年 | 98.65 |
| 2020年 | 101.60 |

图 4-52　图表数据

（2）在“插入”选项卡“图表”选项组中单击要使用的图表类型，然后单击图表子类型，如图 4-53 所示。

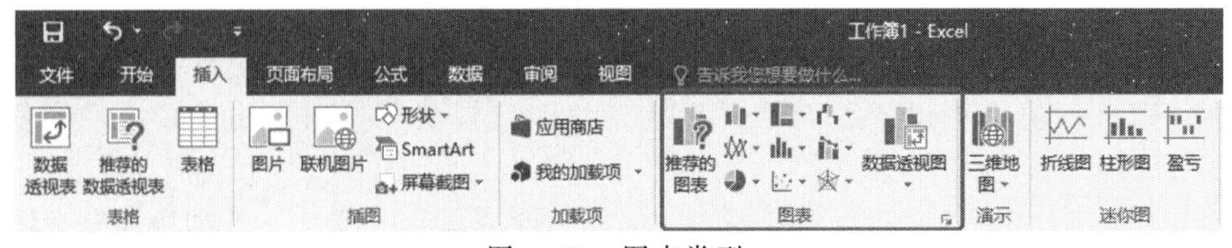



图 4-53　图表类型

若要查看所有可用的图表类型，可单击“插入”选项卡“图表”选项组右下角的对话框启动器按钮，弹出“插入图表”对话框，如图 4-54 所示。Excel 2016 提供了推荐的图表功能，单击相应的“推荐的图表”可以浏览具体的呈现效果。若对推荐的图表不满意，可以选择“所有图表”选项卡，选择适合的图表。

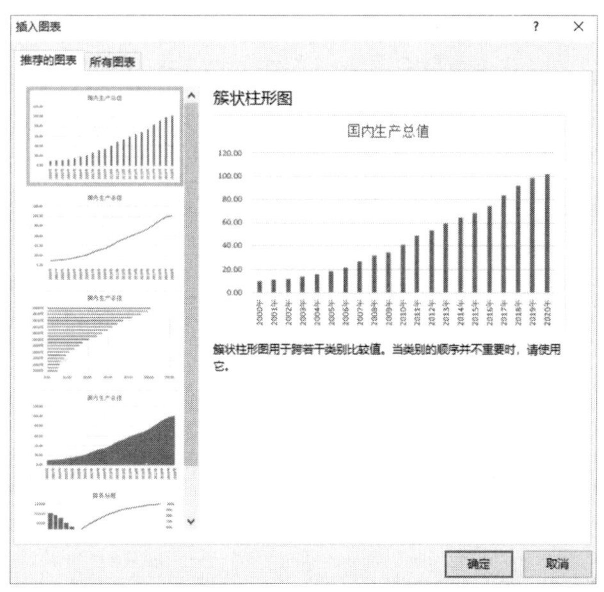


图 4-54 “插入图表”对话框

（3）使用“图表工具”/“设计”选项卡进行添加图表元素（如标题和数据标签）以及更改图表的设计、布局或格式，如果“图表工具”不可见，可单击图表内的任意位置将其激活。

（4）选择默认“推荐的图表”，得到的结果如图 4-55 所示，若要清楚地知道在图表中可以添加或更改哪些内容，可单击“图表工具”/“设计”选项卡“图表布局”选项组中的“添加图表元素”下拉列表按钮进行查看了解。

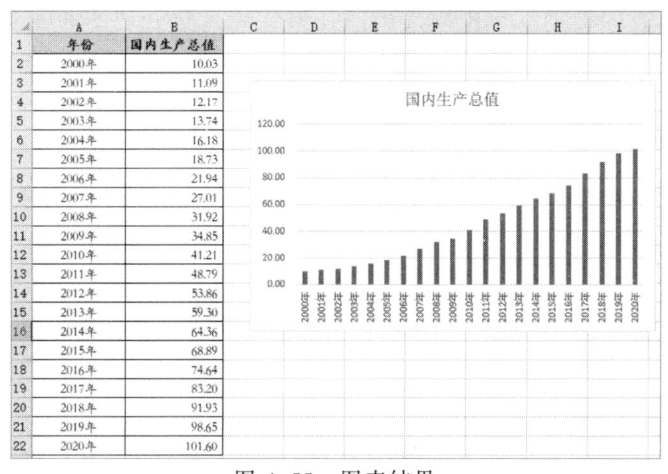

| 年份 | 国内生产总值 |
|---|---|
| 2000年 | 10.03 |
| 2001年 | 11.09 |
| 2002年 | 12.17 |
| 2003年 | 13.74 |
| 2004年 | 16.18 |
| 2005年 | 18.73 |
| 2006年 | 21.94 |
| 2007年 | 27.01 |
| 2008年 | 31.92 |
| 2009年 | 34.85 |
| 2010年 | 41.21 |
| 2011年 | 48.79 |
| 2012年 | 53.86 |
| 2013年 | 59.30 |
| 2014年 | 64.36 |
| 2015年 | 68.89 |
| 2016年 | 74.64 |
| 2017年 | 83.20 |
| 2018年 | 91.93 |
| 2019年 | 98.65 |
| 2020年 | 101.60 |



图 4-55 图表结果

（5）还可以通过右击图表中的某些图表元素（如图表轴或图例），访问这些图表元素特有的设计、布局和格式设置功能。

### 4.7.2 修改图表

用户不仅可以通过“图表工具”/“设计”和“格式”选项卡对图表进行简单的格式化工作，还可以对图表元素进行单独的格式化操作。选择图表元素的方法很多，可以通过单击的方法快速选择图表元素，也可以通过单击“图表工具”/“设计”选项卡“图表布局”选项组或者单击“图表工具”/“格式”选项卡“当前所选内容”选项组进行选择。在“添加图表元素”下拉列表中包含图表相关元素的设置信息，“当前所选内容”选项组中有一个详细的下拉列表，通过它可以选择相应的元素。如果想对图表中的元素进行更加细致的格式化操作，直接双击图表元素在右侧的任务窗格中进行相应的更改。

下面演示几个常用的操作：

（1）修改图表的数据来源，单击图表内的任何位置，激活“图表工具”选项卡。单击“图表工具”/“设计”选项卡“数据”选项组中的“选择数据”按钮，弹出“选择数据源”对话框，如图 4-56 所示。在“图表数据区域”选取需要展示的数据范围。数据来源选定后，图表的内容也会自动更新。

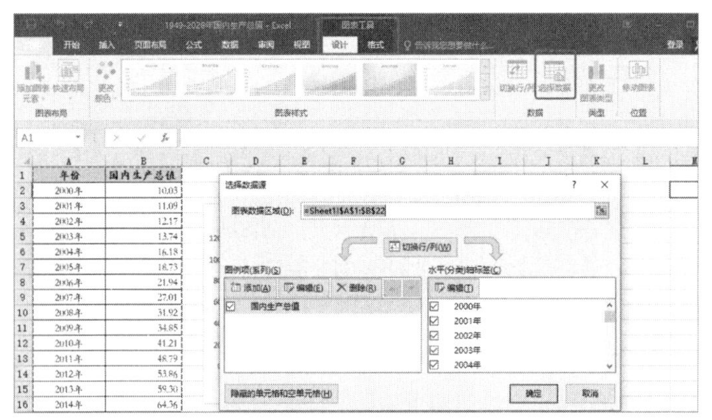


图 4-56　选择数据

（2）变更图表的类型，单击图表内的任何位置，激活“图表工具”选项卡。单击“图表工具”/“设计”选项卡“类型”选项组中的“更改图表类型”按钮，弹出“更改图表类型”对话框，如图 4-57 所示。选取图表类型后，图表展示的类型也会自动更新。

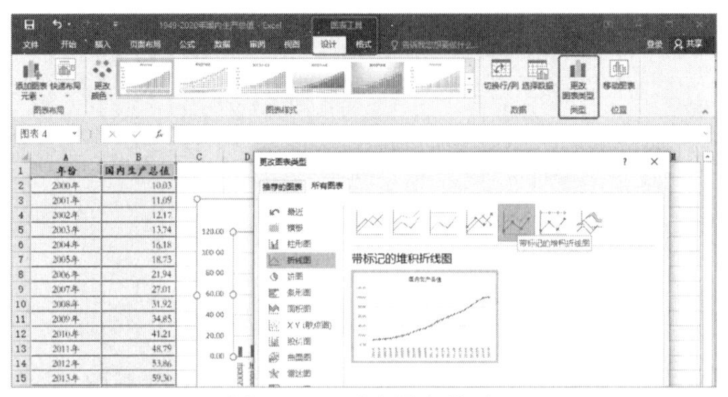


图 4-57　更改图表类型

（3）修改图表的布局，单击图表内的任意位置，激活“图表工具”选项卡。单击“图表工具”/“设计”选项卡“图表布局”选项组中的“快速布局”按钮。选取图表布局后，图表所展示的整体布局也会自动更新。

如果需要更改更细致的布局，需要单击“图表布局”选项组中的“添加图表元素”按钮。单击“图表工具”/“格式”选项卡中的按钮进行相应的更改。比如在纵坐标轴下方显示一个标题，如图 4-58 所示。

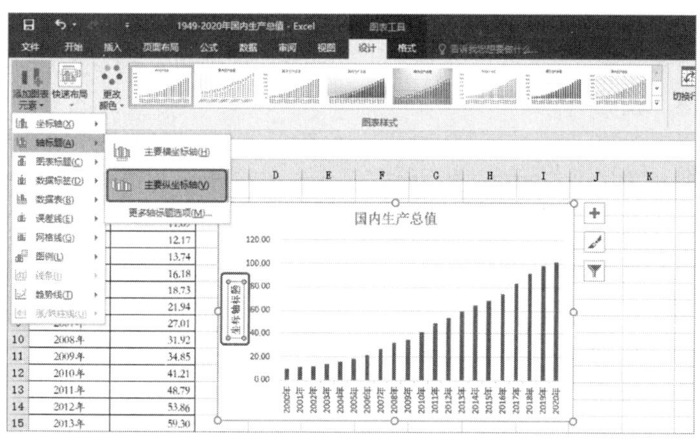


图 4-58　添加坐标轴标题

【例 4.6】制作“学籍”工作表的图表效果图，如图 4-59 所示。

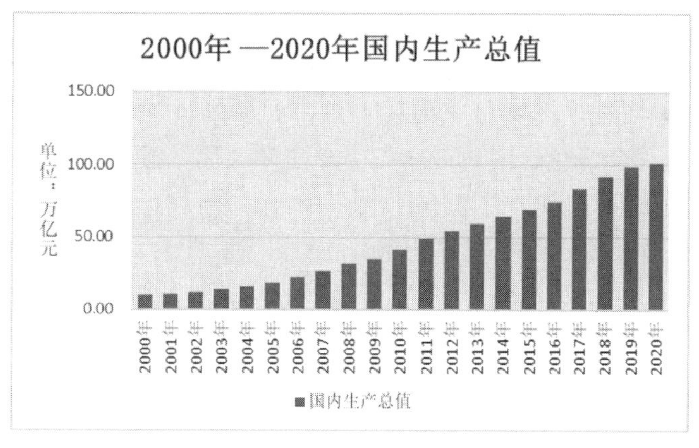


图 4-59　例 4.6 效果图

要求如下：

（1）根据数据源制作“国内生产总值”的簇状柱形图。

（2）将生成的图表放置在 C2:J30 单元格区域内，设置图表布局为“布局 3”。

（3）图表标题改为“2000 年—2020 年国内生产总值”，字体设置为“宋体”“加粗”，字号为 16。

（4）设置纵坐标轴标题为“单位：万亿元”，纵坐标的最小刻度为 0，最大刻度为 150，主要刻度为 50。

（5）设置绘图区背景图案为“5%”填充，颜色为“橙色，个性色，淡色 80%”。

【难点分析】

（1）选定区域制作图表。

（2）对图表进行编辑。

（3）对图表进行格式设置。

【操作步骤】

（1）选定数据区域。选中表格数据的任意单元，按【Ctrl+A】组合键选中数据源的全部数据。

（2）插入图表。单击“插入”选项卡“图表”选项组“推荐的图表”下拉列表中的“簇状柱形图”按钮。

（3）编辑图表。拖动图表区到C2单元格附近，再调整图表大小至C2:J30单元格区域。单击“图表工具”/“设计”选项卡“图表布局”选项组“快速布局”下拉列表中的“布局3”按钮。

（4）格式化图表。选中图表标题，将“国内生产总值”改为“2000年—2020年国内生产总值”，右击标题文字，在弹出的快捷菜单中选择“字体”命令，设置“宋体”“加粗”，字号为“16”。

（5）格式化坐标轴。选中纵坐标轴，输入文字“单位：万亿元”；单击纵坐标轴的数值区域，在“设置坐标轴格式”任务窗格中选择 “坐标轴选项”，设置“坐标轴选项”中的“最大值”和“主要刻度”分别为“150”和“50”，如图4-60所示，单击“关闭”按钮。

（6）右击图表的绘图区域，在弹出的快捷菜单中选择“设置绘图区格式”命令，弹出“设置图表区格式”对话框，在右侧窗格的“填充与线条”区域选中“图案填充”单选按钮，并选定“5%”图案填充模式；单击“前景色”下拉按钮，在弹出的颜色列表中选择“橙色，个性色，淡色80%”，单击“关闭”按钮。具体如图4-61所示。

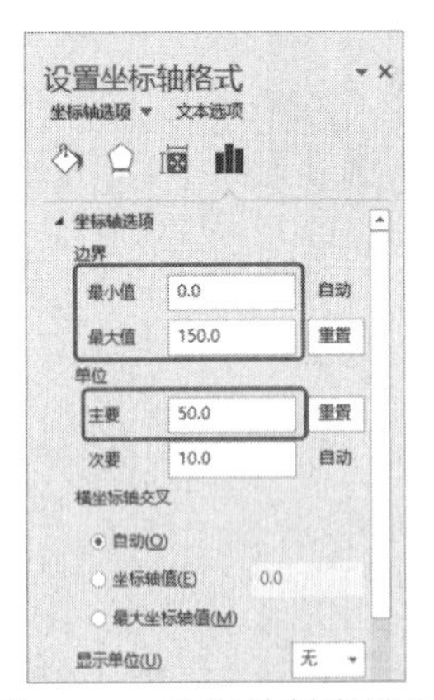


图4-60　坐标轴刻度设置

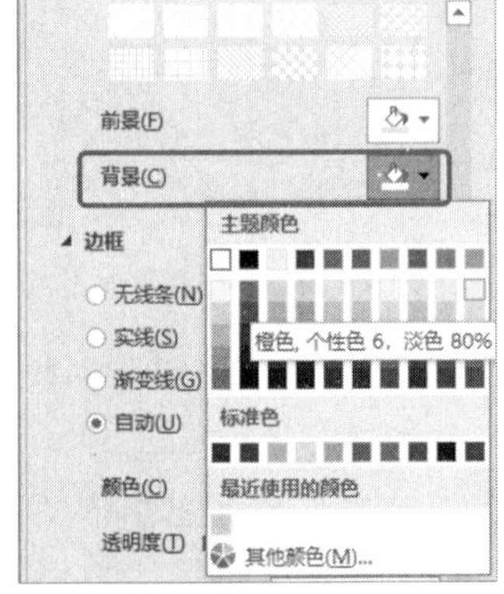


图4-61　绘图区格式设置

## 4.8　页面设置与打印

打印包含大量数据或多个图表的Microsoft Office Excel工作表之前，可以在“页面布局”视图中快速对其进行微调，以获得专业的外观效果。在这里不仅可以更改数

据的布局和格式，还可以使用标尺测量数据的宽度和高度，更改页面方向，添加或更改页眉和页脚，设置打印边距，隐藏或显示网格线、行标题和列标题以及指定缩放选项。当在“页面布局”视图中完成工作后，可以返回“普通”视图。

### 4.8.1 页面设置

单击“页面布局”选项卡“页面设置”组中的对话框启动器按钮，弹出“页面设置”对话框。在该对话框中，有“页面”选项卡、“页边距”选项卡、“页眉/页脚”选项卡和“工作表”选项卡，如图 4-62 所示。

在“页面”选项卡中，可以对打印方向、缩放比例及纸张大小等进行设置。

在“页边距”选项卡中，可以设定页边距、页眉和页脚与页边距的距离，以及表格内容的居中方式。

在“页眉/页脚”选项卡中，可以设计页眉/页脚。具体步骤如下：

（1）单击“自定义页眉”或“自定义页脚”按钮。

（2）单击“左”“中”或“右”文本框，然后单击相应的按钮以在所需位置插入相应的页眉或页脚信息。

（3）若要添加或更改页眉或页脚文本，可在“左”“中”或“右”文本框中输入其他文本或编辑现有文本。

在“工作表”选项卡中，可以设置打印区域、打印标题、打印顺序和打印方式。如果工作表跨越多页，则可以在每一页上打印行和列标题或标签（又称打印标题），以确保可以正确地标记数据。

在“工作表”选项卡的“打印标题”区域，执行下列一项或两项操作：

（1）在“顶端标题行”文本框中输入对包含列标签的行的引用。

（2）在“左端标题列”文本框中输入对包含行标签的列的引用。

例如，如果要在每个打印页的顶部打印列标签，则可以在“顶端标题行”文本框中输入$1:$1。还可以单击“顶端标题行”和“左端标题列”文本框右端的“压缩对话框”按钮，然后选择要在工作表中重复的标题行或列。在选择完标题行或标题列后，再次单击“压缩对话框”按钮以返回对话框，如图 4-63 所示。

图 4-62 “页面设置”对话框

图 4-63 “工作表”选项卡

【提示】如果选择了多个工作表，则“页面设置”对话框中的“顶端标题行”和“左端标题列”文本框将不可用。

### 4.8.2 打印预览

可以通过在打印前预览工作表来避免意外结果和浪费纸张，操作步骤如下：

（1）单击工作表或选择要预览的工作表。

① 如果是单个工作表，则单击工作表标签。

② 如果是两个或更多相邻的工作表，单击第一个工作表的标签后，按住【Shift】键的同时单击要选择的最后一个工作表的标签。

③ 如果是两个或更多不相邻的工作表，单击第一个工作表的标签后，按住【Ctrl】键的同时单击要选择的其他工作表的标签。

④ 如果是工作簿中的所有工作表，右击某一工作表标签，在弹出的快捷菜单中选择“选定全部工作表”命令。

选定多个工作表后，工作表顶部的标题栏中将出现“[工作组]”。若要取消选择工作簿中的多个工作表，则单击任何未选定的工作表。如果看不到未选定的工作表，则右击选定工作表的标签，在弹出的快捷菜单中选择“取消组合工作表”命令。

（2）选择“文件”→“打印”命令。注意，除非已配置为在彩色打印机上进行打印，否则，无论工作表是否包括颜色，都将以黑白模式显示预览窗口。

（3）要预览下一页和上一页，可在“打印预览”窗口的底部单击“下一页”或“上一页”按钮，或者在中间的文本框中输入具体的数值，跳转到对应的页码，如图 4-64 所示。注意，只有在选择了多个工作表，或者一个工作表含有多页数据时，“下一页”和“上一页”按钮才可用。若要查看多个工作表，可在“设置”下选择“整个工作簿”单选按钮。

图 4-64　设置页面跳转

（4）要退出打印预览并返回工作簿，可单击左边导航栏中的“返回”按钮返回选项卡。

（5）要查看页边距，请在“打印预览”窗口底部单击“显示边距”按钮。

若要更改边距，可将边距拖至所需的高度和宽度。还可以通过拖动打印预览页顶部或底部的控点更改列宽。

要更改页面设置（包括更改页面方向和页面尺寸），可在“设置”区域选择合适的选项。

### 4.8.3 打印工作表

经过打印预览后，即可正式打印，具体操作步骤如下：

（1）单击工作表或选择要预览的工作表。

（2）选择“文件”→“打印”命令，也可按【Ctrl+P】组合键，如图 4-65 所示。

（3）若要预览下一页和上一页，可单击“打印预览”窗口底部的“下一页”或“上一页”按钮。

（4）若要设置打印选项，可执行下列操作：

① 若要更改打印机，单击“打印机”下拉按钮，选择所需的打印机。

② 若要更改页面设置，包括更改页面方向、纸张大小和页边距，可在“设置”区域选择所需选项。

③ 若要缩放整个工作表以适合单个打印页，可在“设置”区域的“无缩放”下拉列表中选择所需的选项。

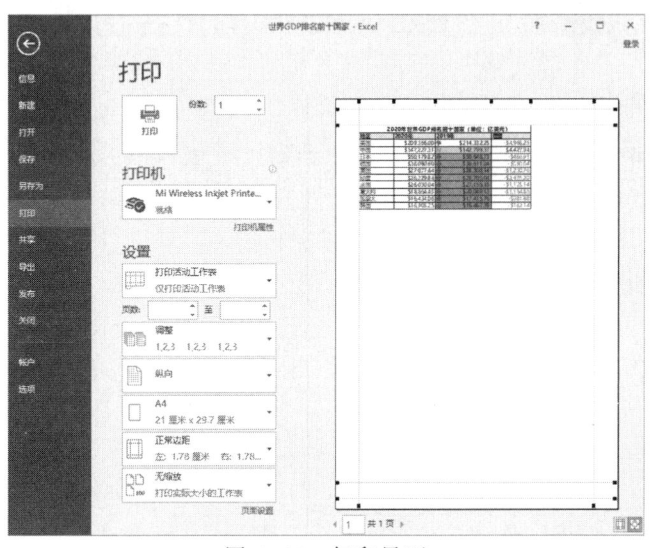


图 4-65 打印界面

（5）若要打印工作簿，可执行下列操作：

① 若要打印某个工作表的一部分，可单击该工作表，然后选择要打印的数据区域。

② 要打印整个工作表，可单击该工作表以激活它。

（6）单击“打印”按钮。

**【例 4.7】**打印“学籍”工作表。

要求如下：

（1）将页边距分别设置为上 2.5 cm、下 2.5 cm、左 1.0 cm、右 1.0 cm。

（2）插入页码打印，内容超过一页的情况下每页都应有标题行。

（3）用 B5 纸打印 3 份。

**【难点分析】**

（1）页面设置。

（2）打印预览与打印。

**【操作步骤】**

（1）选定“学籍”工作表，单击“页面布局”选项卡“页面设置”选项组中的对话框启动器按钮，弹出“页面设置”对话框。

（2）选择“页面”选项卡，“纸张大小”选择 B5。

（3）选择“页边距”选项卡，在相应区域填写页边距参数。

（4）在“页眉/页脚”选项卡中选择“页脚”项中的页码格式，插入页码。

（5）在“工作表”选项卡中，在“顶端标题行”文本框中选定顶端区域$1:$2，单击“确定”按钮。

（6）选择“文件”→“打印”命令，打开打印界面，在“份数”微调框中输入“3”，窗口的右侧是“打印预览”区域，单击“打印”按钮。

# 4.9　Excel 2016 的重要功能

## 4.9.1　自定义功能区

Excel 2007 中首次引入了功能区，利用功能区，用户可以轻松地查找以前隐藏在复杂菜单和工具栏中的命令和功能。在 Excel 2016 中，用户不仅可以将命令添加到快速访问工具栏中，而且可以创建自己的选项卡和组，还可以重命名或更改内置选项卡和组的顺序，从而完全自定义功能区。

自定义功能区的操作步骤如下：

（1）选择“文件”→“选项”命令，弹出“Excel 选项”对话框。

（2）选择“自定义功能区”选项卡，进入“自定义功能区”界面，如图 4-66 所示。

图 4-66　“自定义功能区”界面

定制一个自定义功能区的操作步骤如下：

（1）打开图 4-66 所示的对话框。

（2）单击“新建”选项卡按钮。

① 如果需要重命名，单击要重命名的选项卡，再单击“重命名”按钮，然后输入新名称。

② 单击“确定”按钮。

③ 如果需要隐藏相应的选项卡，清除要隐藏的默认选项卡或自定义选项卡旁的复选框即可。

④ 如果需要更改默认或自定义选项卡的顺序，单击要移动的选项卡，再单击“上移”或“下移”按钮，直到获得所需顺序。

⑤ 如果需要删除自定义选项卡，单击要删除的选项卡，再单击“删除”按钮。

（3）向选项卡中添加自定义组，单击要向其中添加组的选项卡，单击“新建组”按钮。若要重命名“新建组（自定义）”组，可右击该组，在弹出的菜单中选择“重命名”命令，然后输入新名称。

（4）向自定义组中添加命令。

① 单击要向其中添加命令的自定义组。

② 在“从下列位置选择命令”下拉列表中选择要从中添加命令的列表，如“常用命令”或“所有命令”。

③ 在所选列表中单击命令。

④ 单击“添加”按钮。

（5）如果要保存自定义设置，可单击“确定”按钮。

经过操作后，用户返回工作簿，会在功能区显示新建的选项卡、新建组以及命令。

用户可以选择重置功能区上的所有选项卡，或仅将所选选项卡重置为其原始状态。当重置功能区上的所有选项卡时，还会重置快速访问工具栏，使其仅显示默认命令。用户还可以将功能区和快速访问工具栏的自定义设置导出到一个文件中，该文件可以在其他计算机上导入和使用。用户也可以导入自定义文件以替换功能区和快速访问工具栏的当前布局。

### 4.9.2 墨迹公式

Excel 2016 在公式中增加了墨迹公式，单击“插入”选项卡“符号”选项组“公式”下拉列表中的“墨迹公式”按钮，在弹出的“数学输入控件”窗口中，录入任意的数学公式，Excel 会自动识别出来，单击“写入”按钮，则显示在 Excel 的单元格中，如图 4-67 所示。

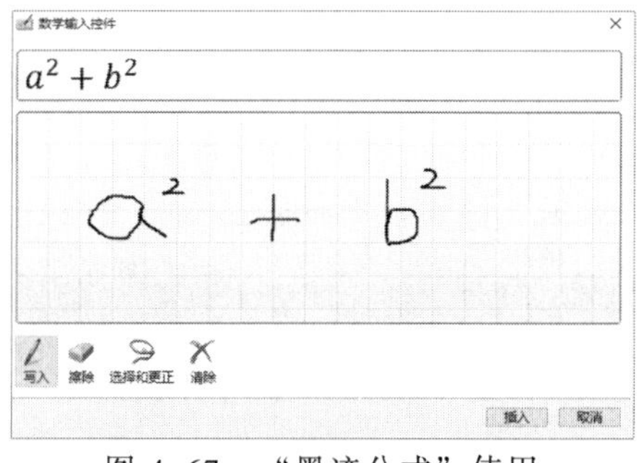


图 4-67 “墨迹公式”使用

## 小 结

本章主要介绍了 Excel 基础知识和基本操作、如何编辑 Excel 工作表、如何格式化工作表、如何使用公式和函数，如何建立图表以及如何使用 Excel 数据管理功能。在文中还穿插了丰富的例题解析，学生可以结合理论知识对案例进行实验操作，由此对相关内容展开进一步的理解与巩固。

# 习　题

## 一、选择题

1. 在 Excel 中，给当前单元格输入数值型数据时，默认为（　　）。

A. 居中　　B. 左对齐　　C. 右对齐　　D. 随机

2. 在 Excel 工作表单元格中，输入下列表达式（　　）是错误的。

A. =(15-A1)/3　　B. = A2/C1

C. SUM(A2:A4)/2　　D. =A2+A3+D4

3. Excel 2016 工作簿文件的默认类型是（　　）。

A. .TXT　　B. .XLSX　　C. .DOCX　　D. .WKS

4. 在 Excel 工作表中，不正确的单元格地址是（　　）。

A. C$66　　B. $C 66　　C. C6$6　　D. $C$66

5. 在 Excel 工作表中进行智能填充时，鼠标的形状为（　　）。

A. 空心粗十字　　B. 向左上方箭头

C. 实心细十字　　D. 向右上方箭头

6. 在 Excel 工作簿中，有关移动和复制工作表的说法，正确的是（　　）。

A. 工作表只能在所在工作簿内移动，不能复制

B. 工作表只能在所在工作簿内复制，不能移动

C. 工作表可以移动到其他工作簿内，不能复制到其他工作簿内

D. 工作表可以移动到其他工作簿内，也可以复制到其他工作簿内

7. 在 Excel 中，日期型数据“2022 年 4 月 23 日”的正确输入形式是（　　）。

A. 22-4-23　　B. 23.4.2022　　C. 23,4,2022　　D. 23:4:2022

8. 在 Excel 工作表中，选定某单元格，单击“开始”选项卡“单元格”选项组中的“删除”按钮，不可能完成的操作是（　　）。

A. 删除该行　　B. 右侧单元格左移

C. 删除该列　　D. 左侧单元格右移

9. 若在数值单元格中出现一连串的“###”符号，希望正常显示则需要（　　）。

A. 重新输入数据　　B. 调整单元格的宽度

C. 删除这些符号　　D. 删除该单元格

10. 单击“开始”选项卡“单元格”选项组“插入”下拉列表中的“插入工作表”按钮，每次可以插入（　　）个工作表。

A. 1　　B. 2　　C. 3　　D. 4

11. 为了区别“数字”与“数字字符串”数据，Excel 要求在输入项前添加（　　）符号来确认。

A. "　　B. '　　C. #　　D. @

12. 在同一个工作簿中区分不同工作表的单元格，要在地址前面增加（　　）来标识。

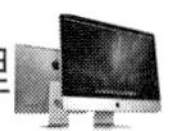

A. 单元格地址　B. 公式　C. 工作表名称　D. 工作簿名称

13. 当在某单元格内输入一个公式并确认后，单元格内容显示为#REF!，它表示（　　）。

A. 公式引用了无效的单元格　B. 某个参数不正确
C. 公式被零除　D. 单元格太小

14. 在 Excel 中，如果单元格 A5 的值是单元格 A1、A2、A3、A4 的平均值，则不正确的输入公式为（　　）。

A. =AVERAGE(A1:A4)　B. =AVERAGE(A1,A2,A3,A4)
C. =(A1+A2+A3+A4)/4　D. =AVERAGE(A1+A2+A3+A4)

15. 在单元格中输入公式时，编辑栏上的“√”按钮表示（　　）操作。

A. 拼写检查　B. 函数向导　C. 确认　D. 取消

16. 在 Excel 中插入新的一行时，新插入的行总是在当前行的（　　）。

A. 上方　B. 下方　C. 可以由用户选择　D. 随机

17. 相对引用、绝对引用和混合引用切换的快捷键是（　　）。

A. F1　B. F4　C. F8　D. F9

18. 关于分类汇总，下列叙述错误的是（　　）。

A. 分类汇总可以按单个字段分类　B. 汇总方式可以求平均值、求和等
C. 只能对数值型的字段分类　D. 分类前需要对分类的字段先排序

19. 在完成了图表后，想要在图表底部的网格中显示工作表中的图表数据，应该采取的正确操作是（　　）。

A. 单击“图表工具”/“设计”选项卡“数据”组中的“选择数据”按钮
B. 单击“图表工具”/“设计”选项卡“图表布局”选项组“添加图表元素”下拉列表中的“数据表”→“显示图例项标志”按钮
C. 单击“图表工具”/“设计”选项卡“图表布局”选项组“快速布局”下拉列表中的“布局 5”按钮。
D. 单击“图表工具”/“设计”选项卡“图表布局”选项组“添加图表元素”下拉列表中的“数据表”→“无图例项标志”按钮

20. 重新命名工作表 Sheet1 的正确操作是（　　）。

A. 单击“开始”选项卡“单元格”选项组“插入”下拉列表中的“插入工作表”按钮
B. 单击“开始”选项卡“单元格”选项组“格式”下拉列表中的“保护工作表”按钮
C. 双击选中的工作表标签，在“工作表”名称框中输入名称
D. 单击选中的工作表标签，在“工作表”名称框中输入名称

第5章

# PowerPoint 2016 演示文稿制作

PowerPoint 2016 是微软发布的第八代 PowerPoint 独立版本，主要用于制作和播放演示文稿。使用该软件可以集成文本、表格、图片、动画、音频以及视频等信息形式，创建出内容丰富、图文并茂、形象生动的演示文稿。演示文稿制作是一项必须掌握的重要技能。对于当代大学生，演示文稿常用于课程演讲报告、作品展示、个人风采展示、课外活动宣传、毕业论文答辩以及专业知识分享等方面，只有扎实掌握演示文稿的制作，才能将自己的思想、才艺和技术充分展示出来，完成一个个精彩而自信的演示，成就更加优秀的自己。对于企业，演示文稿常应用于产品发布与推广、工作安排、公司宣传、成果展览企业员工述职报告以及商业合作等方面，有助于企业的高效沟通与合作，助力企业发展与合作。此外，演示文稿也是我们红色基因传承的重要媒介，通过一系列精良的演示文稿可以形象生动、便捷高效地开展红色教育，弘扬爱国主义精神，凝聚爱国奋斗力量。

## 5.1 PowerPoint 2016 的基础知识

### 5.1.1 PowerPoint 2016 的工作界面

PowerPoint 2016 是 PowerPoint 2013 的升级版本，其工作界面具有更强的可操作性和观赏性。熟悉 PowerPoint 2016 的工作界面，有利于用户熟练使用该软件创建演示文稿。PowerPoint 2016 启动后的窗口如图 5-1 所示。

（1）快速访问工具栏。“快速访问工具栏”位于窗口的左上方，包含一组常用命令，如“保存”“撤销”和“恢复”。用户通过快速访问工具栏右侧的“自定义快速访问工具栏”按钮，可以添加或删除快速访问工具栏中的常用命令。

（2）控制按钮。“控制按钮”位于窗口的右上方，包括“最小化”“显示布局”和“关闭”按钮。

（3）标题栏。显示正在编辑的演示文稿的文件名和所使用的软件名。

（4）功能区。菜单栏和工具栏合并为功能区，用户能够方便快速地找到完成操作所需的命令。菜单栏中包含“文件”“开始”“插入”“设计”“切换”“动画”“幻灯片放映”“审阅”“视图”等选项卡。每个选项卡都有对应的功能区，功能区中存在不同的选项组，选项组中除了包含与一类活动相关的命令组织外，右下角设有对话框启动器按钮，单击该按钮可以打开与该选项组相关的对话框或任务窗格。

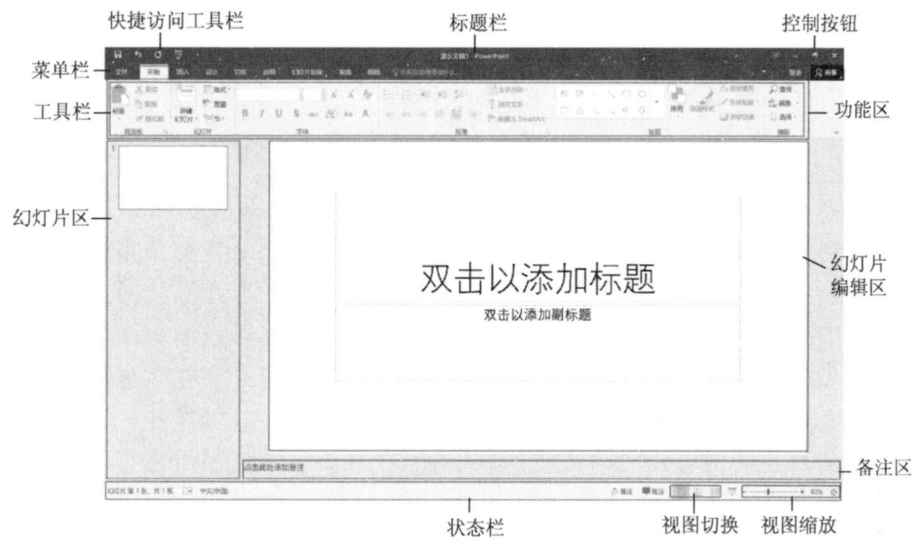


图 5-1　PowerPoint 2016 窗口

（5）幻灯片区。显示当前文稿中幻灯片的缩略图。

（6）幻灯片编辑区。编辑幻灯片的区域，用户可在此处编辑文本、图片或动画等操作。

（7）备注区。备注区位于“幻灯片编辑区”下方，可以添加与幻灯片内容相关的注释，可以让用户更好地掌握幻灯片的内容。

（8）状态栏。状态栏位于窗口的底部，左侧显示正在编辑的演示文稿的相关信息。右侧包括一些编辑按钮，单击“备注”按钮可以隐藏或显示备注区；单击“批注”按钮可以添加和查看批注内容，视图切换组的按钮可以更改正在编辑的演示文稿的显示模式，包括“普通视图”“幻灯片浏览”“阅读视图”；单击“幻灯片放映”按钮可以放映当前幻灯片；最右侧包括幻灯片编辑区的视图缩放相关按钮和滑块。右击状态栏的空白处，在弹出的快捷菜单中可选择需要在状态栏中显示的项目。

### 5.1.2　PowerPoint 2016 的视图

PowerPoint 2016 的视图包括 5 种演示文稿视图和 3 种母版视图，用户可以从不同的角度管理演示文稿。演示文稿视图包括普通、大纲视图、幻灯片浏览、备注页以及阅读视图，母版视图包括幻灯片母版、讲义母版和备注母版。

用户通过单击状态栏或“视图”选项卡“演示文稿视图”选项组中的相应按钮，即可实现不同视图模式的切换；通过单击 “母版视图”选项组中的相应按钮，进入不同母版视图的编辑界面，如图 5-2 所示。

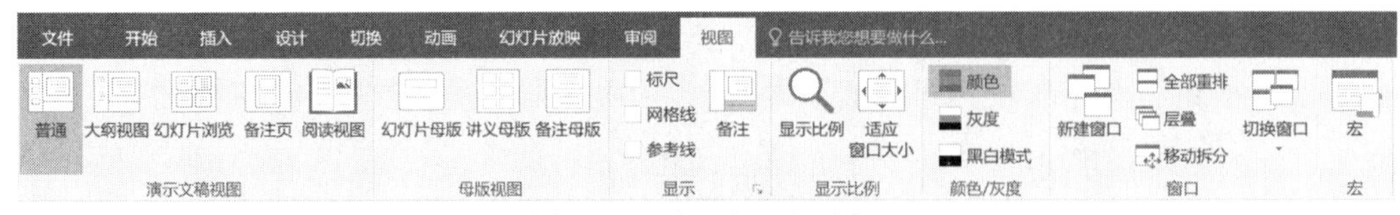


图 5-2 “视图”选项卡

## 1. 演示文稿视图

### 1）普通视图

普通视图是用户使用最多的视图。默认情况下，PowerPoint 2016 以普通视图模式显示。普通视图方式下的窗口包含 3 个窗格：左侧的“幻灯片”预览窗格、右侧上方的“幻灯片”编辑窗格和右侧下方的“备注”窗格，如图 5-3 所示。通过拖动窗格间的边框，可以调整窗格的大小。其中，“幻灯片”预览窗格可以缩略图的方式在演示文稿中观看幻灯片；“幻灯片”编辑窗格主要显示当前幻灯片，在该窗格内可以添加文本、编辑文本、插入表格、图表、图形对象、视频以及音频等操作；备注窗格用于添加与每个幻灯片的内容相关的备注信息，并且在放映演示文稿时将它们用作打印形式的参考资料。

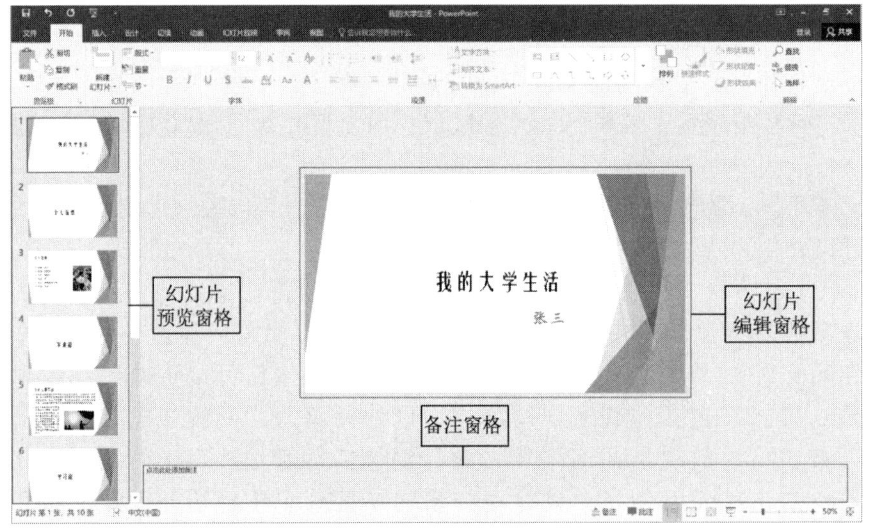


图 5-3 普通视图

### 2）大纲视图

大纲视图中只显示幻灯片文本部分，不显示图形对象和色彩，但会依照文字的层次缩排，产生整个演示文稿的纲要、大标题、小标题和文字内容等，如图 5-4 所示。

### 3）幻灯片浏览视图

在该视图模式下，当前演示文稿的所有幻灯片以缩略图的形式排列在屏幕上。用户可以方便地在幻灯片之间添加、删除和移动幻灯片以及选择幻灯片切换效果。若要对当前幻灯片进行编辑，则可右击该幻灯片，在弹出的快捷菜单中选择相应命令。图 5-5 所示为一个演示文稿的幻灯片浏览视图。

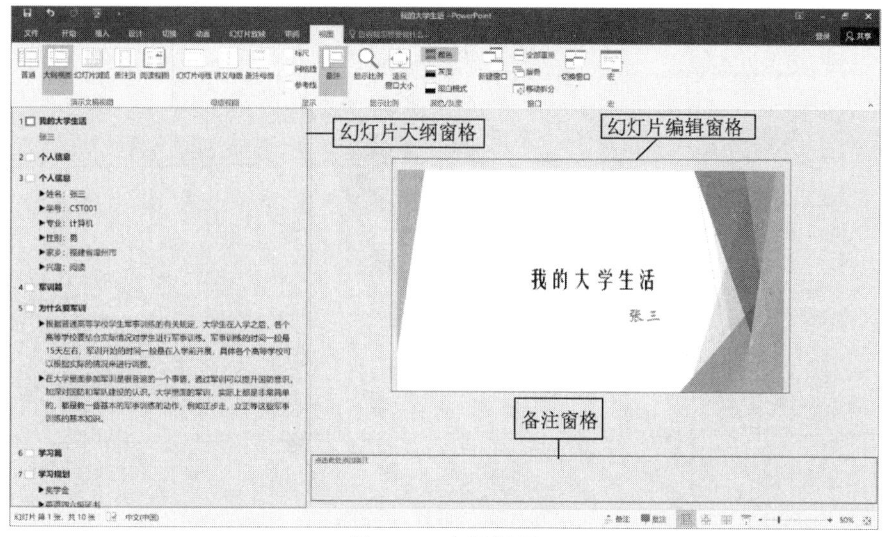


图 5-4 大纲视图

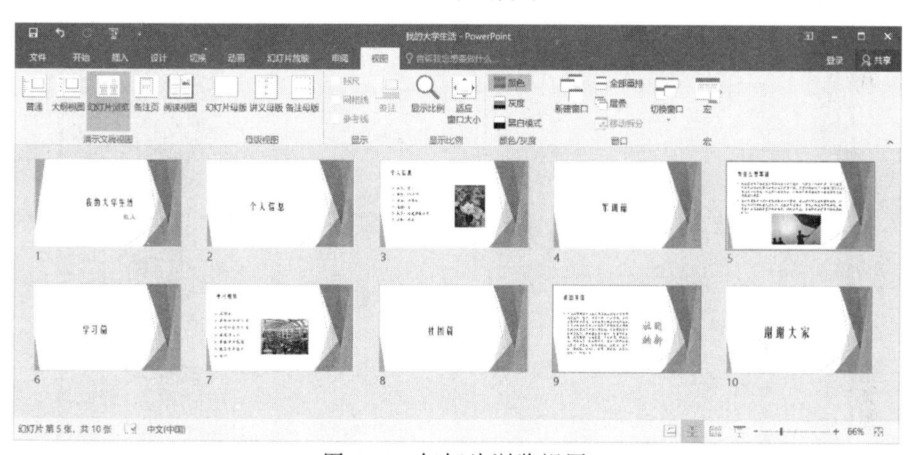

图 5-5 幻灯片浏览视图

4）备注页视图

单击“视图”选项卡“演示文稿视图”选项组中的“备注页”按钮，进入备注页视图，每张备注页上方都显示小版本的幻灯片，下方显示备注窗格中的内容，如图 5-6 所示。在备注页视图中，可以很方便地对文本进行编辑，包括内容编辑和格式设置。同时，表格、图表以及图片等对象也可以插入到备注页中，但这些对象只会在打印的备注页中显示出来，而不会在其他视图中显示。

5）阅读视图

单击“视图”选项卡“演示文稿视图”选项组中的“阅读视图”按钮或单击状态栏右侧的“阅读视图”按钮，可切换到阅读视图，如图 5-7 所示。在该视图模式下，只保留幻灯片窗格、标题栏和状态栏，其他编辑功能都被屏蔽，进行幻灯片制作完成后的简单放映浏览。一般是从当前幻灯片开始放映，单击可以切换到下一张幻灯片，直到放映至最后一张幻灯片，单击可退出阅读视图。在放映过程中可以按【Esc】键退出阅读视图，或单击状态栏右侧的其他视图按钮退出阅读视图并切换到相应视图。

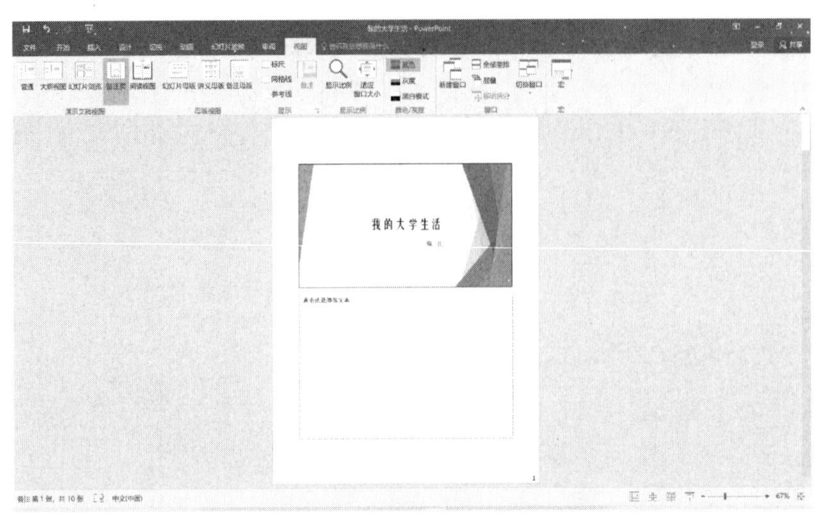

图 5-6　备注页视图

图 5-7　阅读视图

**2. 母版视图**

PowerPoint 2016 中包含 3 种母版，即幻灯片母版、讲义母版和备注母版。在幻灯片母版中，可以设置幻灯片风格；在讲义母版中，可以设置讲义形式；在备注母版中，可以设置备注内容。

在这 3 种母版中，幻灯片母版是最常用的母版。幻灯片母版是幻灯片层次结构中的顶层幻灯片，用于存储有关演示文稿的主题和幻灯片版式的信息，包括背景、颜色、字体、效果、占位符大小和位置。幻灯片版式则包含幻灯片上的标题和副标题文本、列表、图片、表格、图表、自选图形和视频等元素的排列方式，如图 5-8 所示。

每个演示文稿至少包含一个幻灯片母版。通过修改母版，用户可以对演示文稿中的每张幻灯片进行统一的样式更改。后续添加到演示文稿中的幻灯片会自动应用修改后的母版样式。另外，使用幻灯片母版时，由于无须在多张幻灯片上输入相同的信息，因此更方便快捷。

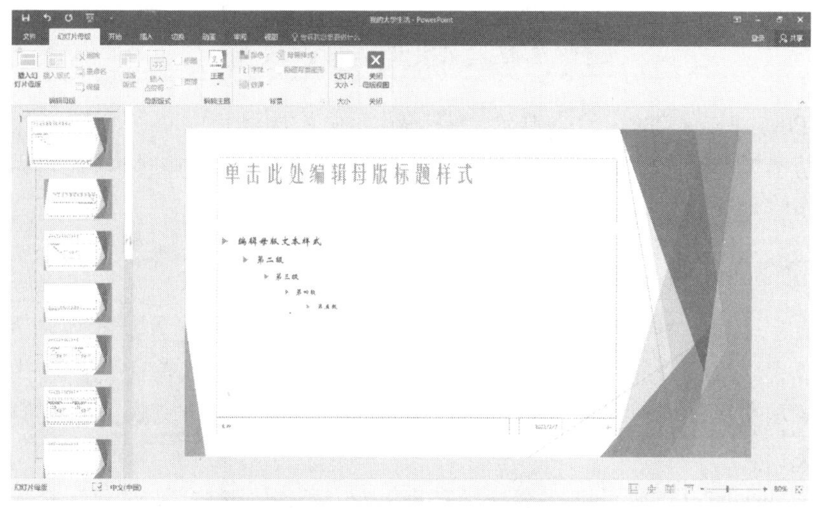

图 5-8　幻灯片母版视图

### 5.1.3. 幻灯片放映

演示文稿制作完成后，可以将幻灯片以全屏的方式、窗口的形式和自动播放的形式放映出来。在幻灯片放映模式下，看到的是幻灯片的最终效果。该视图下显示的不是单个静止的幻灯片，而是以动态的形式显示演示文稿中所有幻灯片。具体操作方法有以下 3 种：

（1）单击状态栏右下角的“幻灯片放映”按钮，从当前幻灯片开始播放。

（2）单击“幻灯片放映”选项卡“开始放映幻灯片”选项组中的相应按钮，可以看到对幻灯片演示设置的各种放映效果，如图 5-9 所示。

（3）按【F5】键，直接进入放映方式，并从头开始放映。

在放映过程中单击可使幻灯片进入下一张幻灯片或者完成后一个动作，幻灯片放映至最后一张后单击会退出放映模式，返回工作模式。任何时候按【Esc】键均可结束放映，返回 PowerPoint 2016 主窗口。

图 5-9　幻灯片放映

# 5.2 创建演示文稿

使用 PowerPoint 2016 编辑演示文稿前，要先掌握演示文稿的新建、保存、打开和关闭等基本操作。本章主要介绍演示文稿的创建、幻灯片的操作与编辑，使用户轻松掌握制作演示文稿的基本方法和技巧。

## 5.2.1 创建空白文稿

空白演示文稿是界面中最简单的一种演示文稿，没有配色方案和动画方案等，但留给用户最大限度的设计空间。启动 PowerPoint 2016，系统以普通视图模式自动新建一个空白演示文稿。用户可以直接利用默认的演示文稿，也可以通过命令等多种方法创建空白文档。

（1）在 PowerPoint 窗口中，选择“文件”→“新建”命令，单击右侧的“空白演示文稿”选项，可以创建空白演示文稿，如图 5-10 所示。

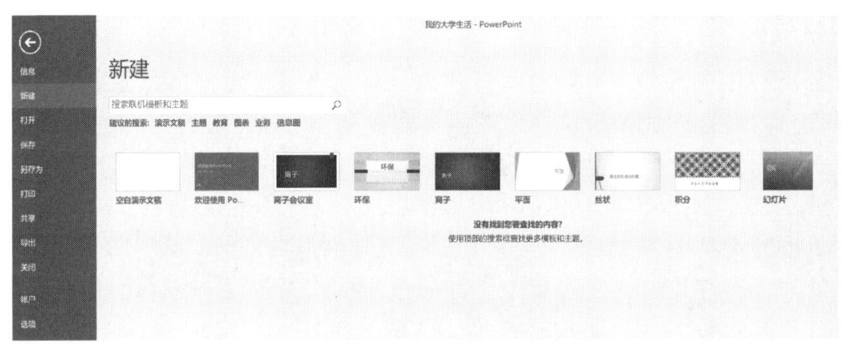


图 5-10　创建空白演示文稿

（2）单击快速访问工具栏右侧的下拉按钮，选择“新建”命令，可快速创建新的空白演示文稿，如图 5-11 所示。

【提示】按【Ctrl+N】组合键可以直接创建空白演示文稿。

图 5-11　快速创建空白演示文稿

### 5.2.2 用模板创建演示文稿

PowerPoint 2016 提供了多种模板类型，用户可利用这些模板快速创建新演示文稿。用户可以选择“文件”→“新建”命令，可以单击 “空白演示文稿”旁边的相关选项创建相关模板的演示文稿；用户也可以通过上方搜索框搜索所需主题的模板，如图 5-12 所示。进入其中一个模板，然后单击创建，待模板下载完毕后会打开新的带有模板的演示文稿。

图 5-12 创建带有模板的演示文稿

### 5.2.3 幻灯片的操作与编辑

演示文稿由多张幻灯片组成。幻灯片的操作包括新增幻灯片、选择幻灯片、删除幻灯片、复制幻灯片和移动幻灯片等。一个演示文稿的制作过程实际上是几张幻灯片的制作过程，编辑幻灯片通常是在普通视图方式下进行的。

#### 1. 新增幻灯片

在默认情况下，新建的空白演示文稿中只有一张幻灯片，用户可以按照需要添加幻灯片。

（1）单击“开始”选项卡“幻灯片”选项组中的“新建幻灯片”按钮，创建所需版式的幻灯片，如图 5-13 所示。

（2）在普通视图左侧的“幻灯片预览”窗格中，右击当前幻灯片，在弹出的快捷菜单中选择“新建幻灯片”命令，如图 5-14 所示；或者选定一张幻灯片，然后按【Enter】键；或者选定某幻灯片，然后按【Ctrl+M】组合键。

**【提示】**新增的幻灯片位于当前幻灯片之后，通常采用系统默认的版式，即“标题和内容”版式。用户可通过单击“开始”选项卡“幻灯片”选项组“版式”按钮，在展开的“版式”列表中选择合适的版式。

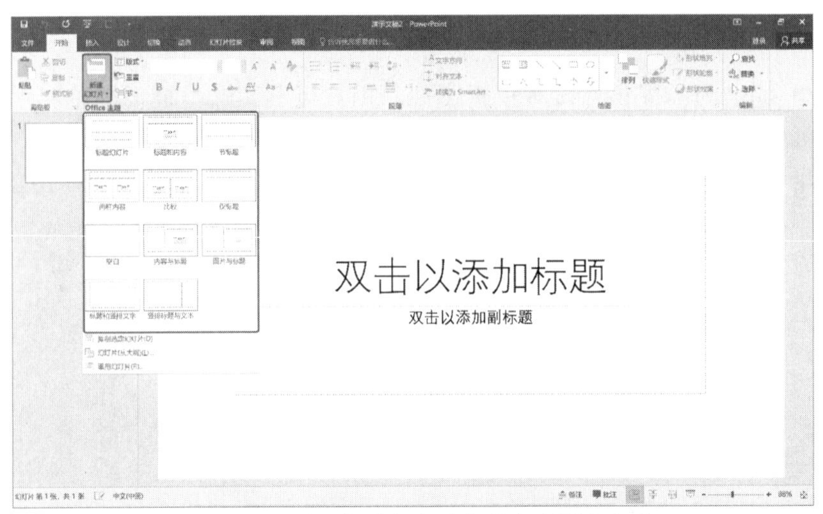


图 5-13 通过“新建幻灯片”按钮新增幻灯片

图 5-14 通过快捷菜单新增幻灯片

2. 选定幻灯片

在对幻灯片操作之前，应先选定幻灯片。在普通视图的“幻灯片/大纲”窗格中，或在幻灯片浏览视图中，可以选择单张幻灯片，也可以选择多张连续或不连续的幻灯片。

（1）单击需要选定的幻灯片，可选择单张幻灯片。

（2）单击所要选定的第一张幻灯片，按住【Shift】键的同时单击所要选定的最后一张幻灯片，可以选定多张连续的幻灯片。

（3）按住【Ctrl】键的同时单击指定幻灯片，可以选择多张不连续的幻灯片。

（4）按【Ctrl+A】组合键可以选择文稿中的所有幻灯片。

（5）若要放弃被选定的幻灯片，单击幻灯片以外的任何空白区域即可。

3. 删除幻灯片

对于不需要的幻灯片，在普通视图的“幻灯片/大纲”窗格中或“幻灯片浏览”视图中，用户可以通过以下方法将其删除：

（1）选定所要删除的幻灯片，然后按【Delete】键；或者单击“开始”选项卡“剪贴板”选项组中的“剪切”按钮。

（2）右击所要删除的幻灯片，在弹出的快捷菜单中选择“删除幻灯片”命令或者“剪切”命令。

**4. 复制幻灯片**

（1）选择要复制的幻灯片，单击“开始”选项卡“剪贴板”选项组中的“复制”按钮或按【Ctrl+C】组合键，选定目标位置，单击“粘贴”按钮或按【Ctrl+V】组合键。

（2）右击所要复制的幻灯片，在弹出的快捷菜单中选择“复制”命令，选定目标位置，单击“粘贴”按钮或按【Ctrl+V】组合键。

（3）按住【Ctrl】键的同时，将幻灯片直接拖到目标位置。

**5. 移动幻灯片**

（1）选择要移动的幻灯片，单击“开始”选项卡“剪贴板”选项组中的“剪切”按钮或按【Ctrl+X】组合键，选定目标位置，单击“粘贴”按钮或按【Ctrl+V】组合键。

（2）右击所要移动的幻灯片，在弹出的快捷菜单中选择“剪切”命令，选定目标位置，单击“粘贴”按钮或按【Ctrl+V】组合键。

（3）选择要移动的幻灯片，按住鼠标左键并拖动，将幻灯片直接拖到目标位置。

删除、复制、移动幻灯片之后，PowerPoint 2016 将自动重新对各幻灯片进行编号。

**6. 幻灯片的编辑**

1）输入文本

在普通视图中，幻灯片中会出现“文本占位符”，显示“单击此处添加标题”等提示内容。用户可单击文本占位符开始输入文本。和 Word 一样，在文本区输入文字也可以自动换行。

2）编辑文本

在 PowerPoint 2016 中可对文本进行删除、插入、复制、移动等操作，与 Word 2016 操作方法基本相同。另外，用户可利用鼠标拖动选定文本，双击可以选定一个单词，连击三次可以选定一个段落。

3）文本格式化

文本格式化包括字体、字形、字号、颜色和效果的设置。其中效果包括下划线、上/下标、阴影、删除线等设置。

用户要对文本进行格式化处理，需要先选定文本，然后在“开始”选项卡的“字体”选项组中进行设置；或单击“字体”选项组的对话框启动器按钮，弹出“字体”对话框，完成字体格式化的设置。

4）段落格式化

段落格式化包括行距、对齐方式、缩进等设置。用户可在“开始”选项卡的“段落”选项组中进行设置；或通过单击“段落”选项组的对话框启动器按钮，弹出“段落”对话框，在其中进行设置。

5）增加或删除项目符号和编号

默认情况下，在幻灯片上各层次小标题的开头位置上都会显示项目符号（如“•”），以突出小标题的层次。“项目符号”和“编号”分别位于“段落”选项组中，单击相应的按钮即可进行设置。

## 5.3 制作幻灯片

### 5.3.1 选择幻灯片版式

幻灯片版式包含要在幻灯片上显示的全部内容的格式设置、位置和占位符。占位符是版式中的容器，可容纳文本（包括标题文本和正文文本）、表格、图表、SmartArt图形、影片、声音、图片等内容。

新创建幻灯片的版式默认为“标题和内容”版式。在PowerPoint 2016中，幻灯片版式包括“标题幻灯片”“标题和内容”“节标题”等11种版式，如图5-15所示。用户可根据设计需要选择不同的幻灯片版式。

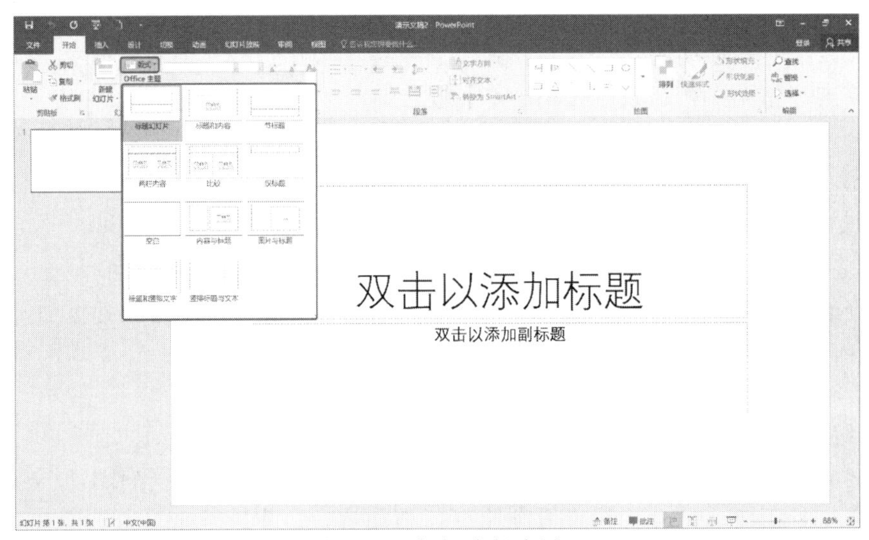


图5-15 幻灯片版式图

（1）单击“开始”选项卡“幻灯片”选项组中的“版式”按钮，在展开的列表中选择需要的版式。

（2）在普通视图的“幻灯片”窗格中，右击当前幻灯片，在弹出的快捷菜单中选择“版式”命令，选择相应的版式，具体的版式名称和内容如下：

① 标题幻灯片：包括主标题和副标题。

② 标题和内容：主要包括标题和正文。

③ 节标题：主要包括标题和文本。

④ 两栏内容：主要包括标题和两个文本。

⑤ 比较：主要包括标题、两个正文和两个文本。

⑥ 仅标题：只包含标题。

⑦ 空白：空白幻灯片。

⑧ 内容与标题：主要包括标题、文本与正文。

⑨ 图片与标题：主要包括图片和文本。

⑩ 标题和竖排文字：主要包括标题与竖排正文。

⑪ 竖排标题与文本：主要包括竖排标题与竖排正文。

## 5.3.2 插入文本

PowerPoint 2016 幻灯片，可在文本占位符中编辑文本，也可在文本框中编辑文本。PowerPoint 2016 插入文本的功能项包括文本框、页眉和页脚、艺术字、日期和时间、幻灯片编号和对象等，如图 5-16 所示。

图 5-16 “插入”选项卡

### 1. 在文本占位符中编辑文本

（1）如“标题幻灯片”版式含有两个文本占位符，即标题占位符和副标题占位符。单击标题占位符，其中示例文本消失，占位符内将出现光标（即插入点），用户即可输入文本、编辑文本。在文本占位符中对文本进行编辑，操作方法和 Word 文档处理文本一样。

（2）如“标题和内容”版式含有两个文本占位符，当单击内容占位符时，在输入的文本前会自动设置项目符号。用户如果不需要项目符号，可以通过“开始”选项卡的“段落”组进行取消。若文本内容超出占位符内容，则文本字体会自动缩小，同时在占位符的左下角出现“自动调整更正选项”按钮，单击该按钮展开下拉列表，然后单击“停止根据占位符调整文本”按钮，占位符中的文本就不会根据占位符大小自动设置字体大小。当占位符中输入文本过多时，单击列表中的“将文本拆分到两个幻灯片”按钮，即可将文本拆分到两个幻灯片上，如图 5-17 所示。

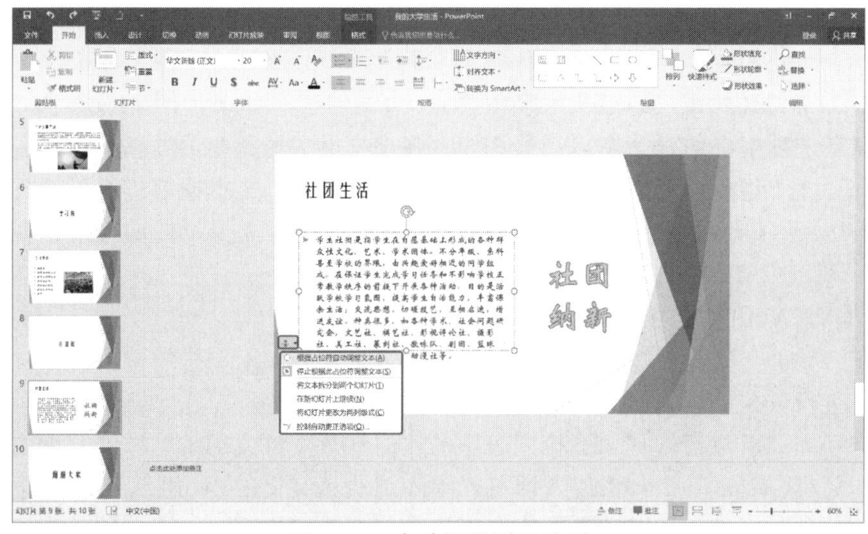


图 5-17 自动调整更正选项

2. 使用文本框输入文本

文本框是一种可移动、可调节大小的文字或图形容器，使用文本框，可以在幻灯片的任意位置设置多个文字块，包括横排文本框和竖排文本框。

单击“插入”选项卡“文本”选项组“文本框”下拉列表中的“横排文本框”和“竖排文本框”按钮，可在幻灯片的适当位置按鼠标左键拖动绘制文本框，也可在文本框中输入文本并对其进行编辑。

3. 插入艺术字

艺术字广泛用于幻灯片的标题和需要重点讲解的部分，用户可以对已有的文本设置艺术字样式，也可以直接创建艺术字。

（1）单击“插入”选项卡“文本”选项组中的“艺术字”按钮，在展开的列表中选择艺术字样式，如图 5-18 所示。

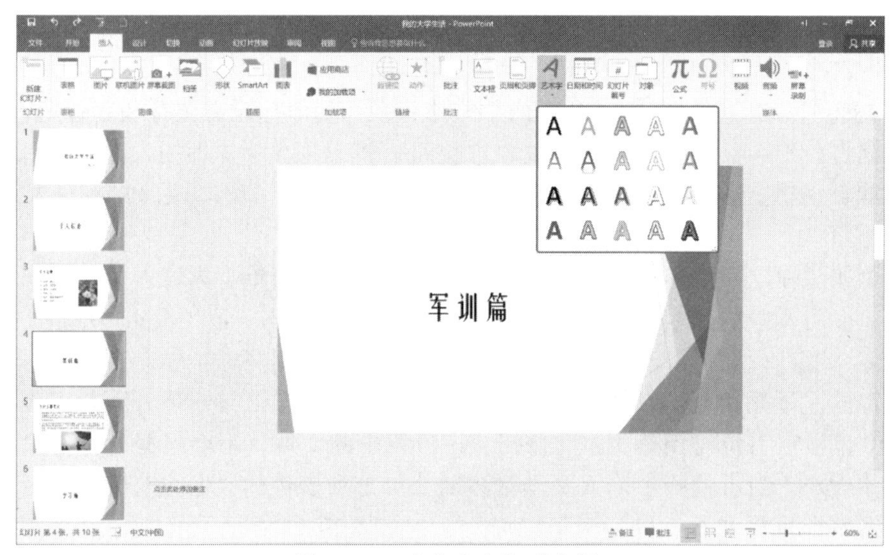


图 5-18 “艺术字”列表框

（2）还可以根据演示文稿的整体效果编辑艺术字，如设置艺术字带阴影、扭曲、旋转或拉伸等特殊效果。编辑艺术字样式时，单击“绘图工具”/“格式”选项卡“艺术字样式”选项组中的对话框启动器按钮，弹出“设置形状格式”任务窗格，可以对文本填充、文本边框、轮廓样式、三维格式、三维旋转、文本框等进行设置，效果如图 5-19 所示。对已有的文本设置艺术字样式时，需选择需要设置的文本，在“绘图工具”/“格式”选项卡中进行相应设置。

4. 导入 Word 文档的文本

若把 Word 文档的文本导入演示文稿，需要先将 Word 文档的文本进行标题样式格式化，进行分层处理，使文档内容获得不同的大纲级别。单击“开始”选项卡“幻灯片”选项组“新建幻灯片”下拉列表中的“幻灯片（从大纲）”按钮，弹出“插入大纲”对话框，将 Word 文档插入即可。导入到演示文稿的 Word 文档，每个一级标题即为幻灯片的标题，一级标题下的文本成为幻灯片的内容，二级标题成为幻灯片内容的项目，三级标题成为幻灯片内容的子项目。

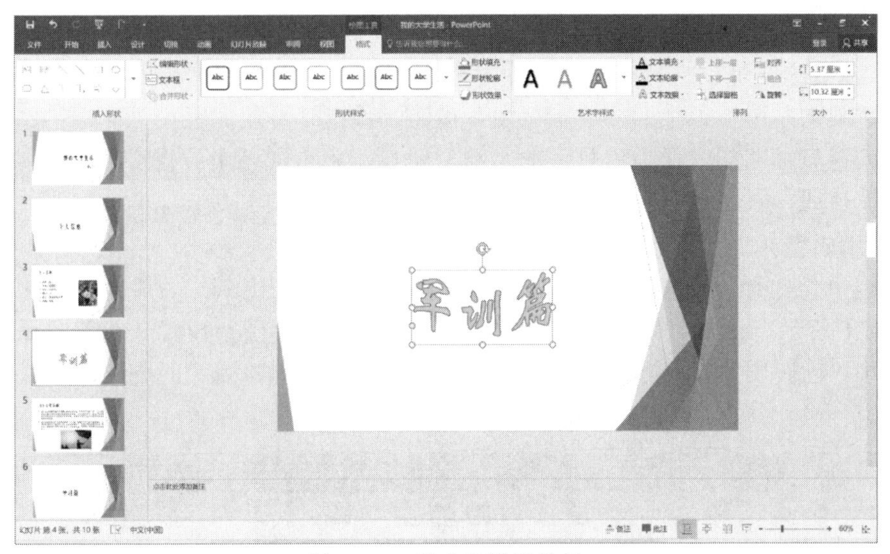

图 5-19 艺术字设置效果

5．添加页眉和页脚

页眉和页脚分别位于幻灯片的顶部和底部。单击“插入”选项卡“文本”选项组中的“页眉和页脚”按钮，弹出“页眉和页脚”对话框，可添加页码、日期和时间、幻灯片编号等内容。此外，单击“文本”选项组中的“日期和时间”按钮，弹出“页眉和页脚”对话框，在“幻灯片”选项卡的“日期和时间”区域可添加日期和时间。

### 5.3.3 插入图片

PowerPoint 2016 提供了丰富的图片处理功能，用户可以轻松插入本地计算机中已有的文件，可插入 Office 自带的剪贴画、联机图片、插入屏幕截图以及相册中图片，如图 5-20 所示。用户还可根据需要对图片进行裁剪以及设置特殊效果等编辑操作。

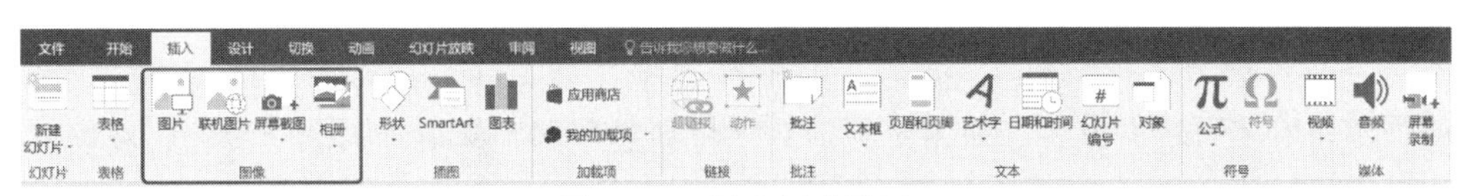


图 5-20 插入图片设置

1．插入图片

单击“插入”选项卡“图像”选项组中的“图片”按钮，弹出“插入图片”对话框中，找到目标文件即可插入图片文件。也可通过占位符按钮插入图片文件。一些幻灯片的版式中预设了图片的占位符，单击“插入来自文件的图片”占位符按钮插入图片文件。

2．插入联机图片

单击“插入”选项卡“图像”选项组中的“联机图片”按钮，弹出“插入图片”对话框，可以通过搜索必应和个人 OneDrive，获得自己所需的图像。

3．插入屏幕截图

“屏幕截图”可以将程序窗口以图片的方式直接截取到幻灯片中。单击“插入”选项卡“图像”选项组中的“屏幕截图”按钮，弹出“可用的视窗”面板，单击其中要插入的窗口缩略图，便插入打开的某程序窗口。单击“可用的视窗”面板中的“屏幕剪辑”按钮，可以选择窗口的部分截图插入到当前幻灯片中。

4．编辑图片

当用户在幻灯片中插入图片，窗口将自动增加“图片工具”/“格式”选项卡，如图 5-21 所示。用户可以通过该选项卡的相关按钮调整图片位置、裁剪图片、调整图片大小、旋转图片、删除图片背景、添加艺术效果、调整图片的叠放次序以及组合图片等。

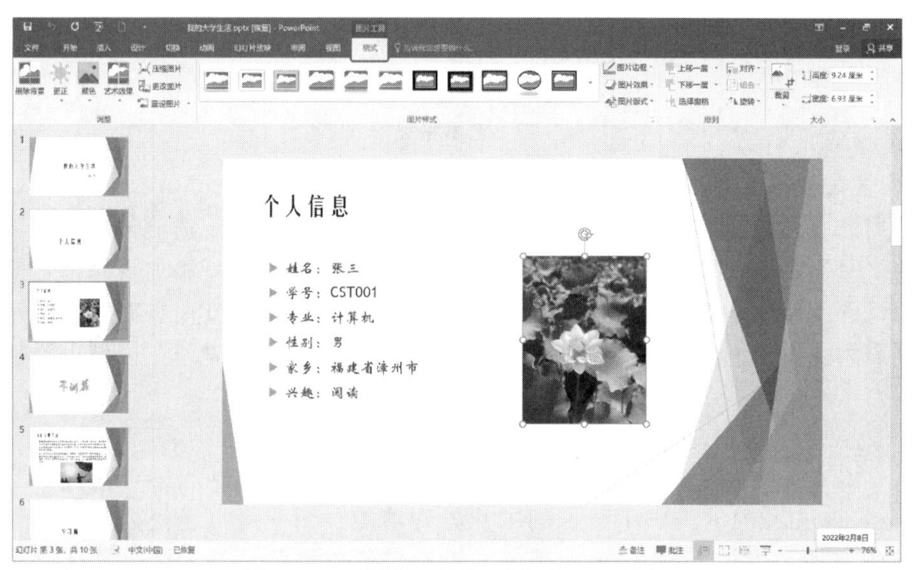


图 5-21 “图片工具”/“格式”选项卡

（1）调整图片大小的操作方法与对 Word 中的图片缩放方法相同，可以用鼠标拖动图片控点进行操作。

（2）裁剪图片时，单击“图片工具”/“格式”选项卡“大小”选项组中的“裁剪”按钮对图片进行裁剪。单击“裁剪”下拉列表中的“裁剪为形状”按钮，在展开的面板中选择相应形状，可将图片裁剪成特定形状。

（3）单击“图片工具”/“格式”选项卡“调整”选项组中的“压缩图片”按钮，弹出“压缩图片”对话框，可根据需要对幻灯片中的图片进行压缩。

## 5.3.4 插入表格和图表

在幻灯片中，有些信息和数据不能单纯用文字或图片来表示，在信息或数据比较繁多的情况下，用户可以在幻灯片中添加表格或图表，更直观地反映数据和信息。

### 1. 插入表格

在 PowerPoint 2016 中，表格的功能十分强大，并且提供了单独的表格工具模块，如图 5-22 所示。用户使用该模块不但可以创建各种样式的表格，还可以对创建的表格进行编辑。

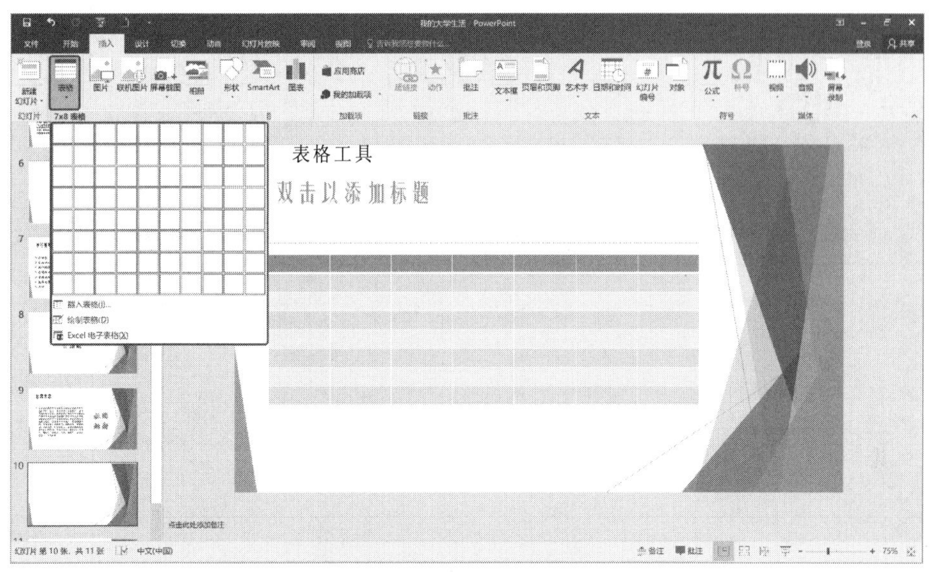


图 5-22　表格工具模块

（1）选择要添加表格的幻灯片，单击“插入”选项卡“表格”选项组中的“表格”按钮，在下拉列表中选择所需的行数和列数后即可将表格添加到幻灯片中；或者在下拉列表中单击“插入表格”按钮，弹出“插入表格”对话框，设置“列数”和“行数”。

（2）在包含表格内容版式的占位符中，单击“插入表格”按钮，弹出“插入表格”对话框，设置“列数”和“行数”。

（3）当直接插入的表格不符合要求时，还可以手动绘制表格。单击“插入”选项卡“表格”选项组“表格”下拉列表中的“绘制表格”按钮即可。

创建表格后，用户可根据需要输入表格内容，修改表格的结构，如插入行或列、删除行或列、合并和拆分单元格、调整行高和列宽等，还可以更改表格的样式、边框或颜色等。

**【提示】**除了直接在幻灯片中创建表格外，用户还可以从 Word 中复制和粘贴表格；从 Excel 中复制和粘贴一组单元格，或在幻灯片中插入 Excel 表格。在幻灯片中插入 Excel 表格后，单击“插入”选项卡“表格”选项组“表格”下拉列表中的“Excel 电子表格”按钮，可以直接在幻灯片中调用 Excel 应用程序。

### 2. 添加图表

使用图表可以轻松地体现数据之间的关系，PowerPoint 2016 提供了不同类型的图表，如柱形图、折线图、饼图等。

单击“插入”选项卡“插图”选项组中的“图表”按钮，或在包含图表内容版式的占位符中，单击“插入图表”按钮，弹出“插入图表”对话框，选择所需图表类型，然后单击“确定”按钮，如图 5-23 所示。在 Excel 中编辑数据后，关闭 Excel 即可。

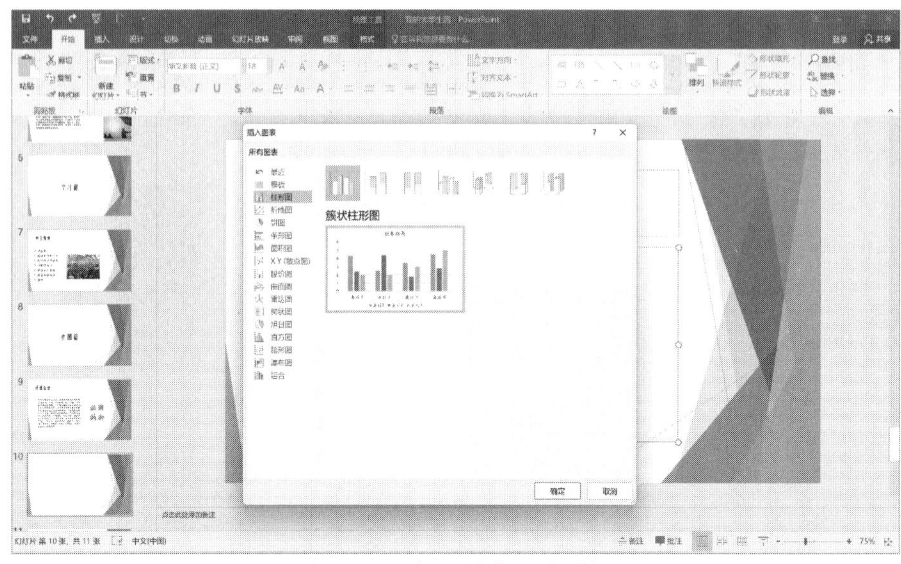


图 5-23 “插入图表”对话框

不同的图表类型适合表现不同的数据，如条形图与柱形图类似，主要用于强调各个数据之间的差别情况；折线图适用于显示某段时间内数据的变化及其变化趋势；饼图只适用于单个数据系列间各数据的比较，显示数据系列中每一项占该系列数值总和的比例关系；圆环图用来显示部分与整体的关系；雷达图的每个分类都拥有自己的数值坐标轴，并由折线将同一系列的值连接起来。

PowerPoint 2016 中的图表和 Excel 2016 中的图表一样，用户可以任意更改图表的类型、数据源、图表布局或图表样式。这些操作可以通过“图表工具”/“设计”选项卡完成。

创建好图表后，用户可以通过“图表工具”/“布局”选项卡完成图表的布局和样式修改。

通过“图表工具”/“格式”选项卡，可以对图表进行修饰，如使用“形状样式”美化图表元素，使用“艺术字样式”美化图表中的文本。

**【例 5.1】**制作以柱形图展现学生成绩的幻灯片。

要求如下：

（1）新建一个 PPT 文档，文件名称为“学生成绩分析”。

（2）PPT 文档包含两张幻灯片，且第一张幻灯片的标题为“学生成绩分析”。

（3）第二张幻灯片的内容为学生成绩柱状图。

**【难点分析】**

（1）新增幻灯片。

（2）在幻灯片中插入艺术字。

（3）在幻灯片中插入柱状图。

**【操作步骤】**

（1）创建空白 PPT 文档，新增一张幻灯片并右击，在弹出的快捷菜单中选择“版式”→“空白”命令。

（2）单击“插入”选项卡“文本”选项组中的“艺术字”按钮，输入标题“学生成绩分析”，如图 5-24 所示。

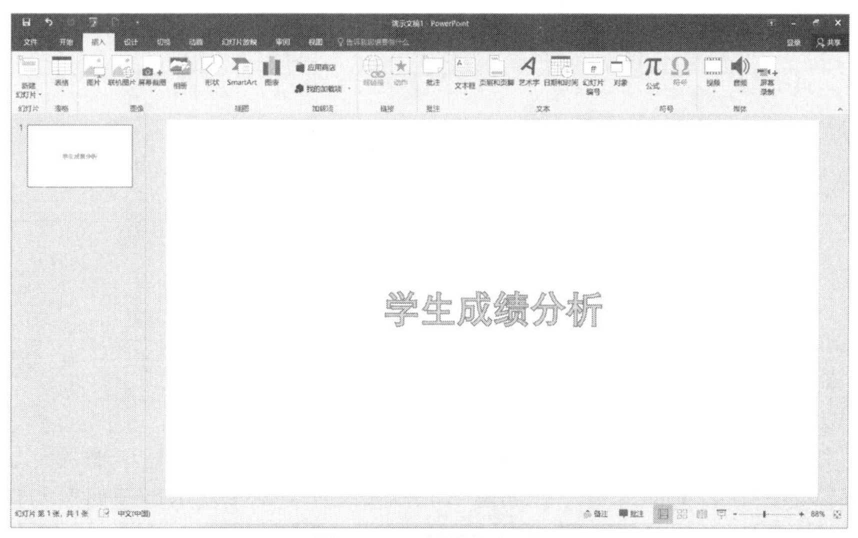


图 5-24　新增幻灯片

（3）新建“标题和内容”版式的幻灯片，在标题文本框中输入“学生成绩分析”，在内容文本框中单击“插入图表”按钮（或者单击“插入”选项卡“插图”选项组中的“图表”按钮），如图 5-25 所示；弹出“插入图表”对话框，在右侧的列表中选择一种柱形图（如簇状柱形图），单击“确定”按钮，如图 5-26 所示。

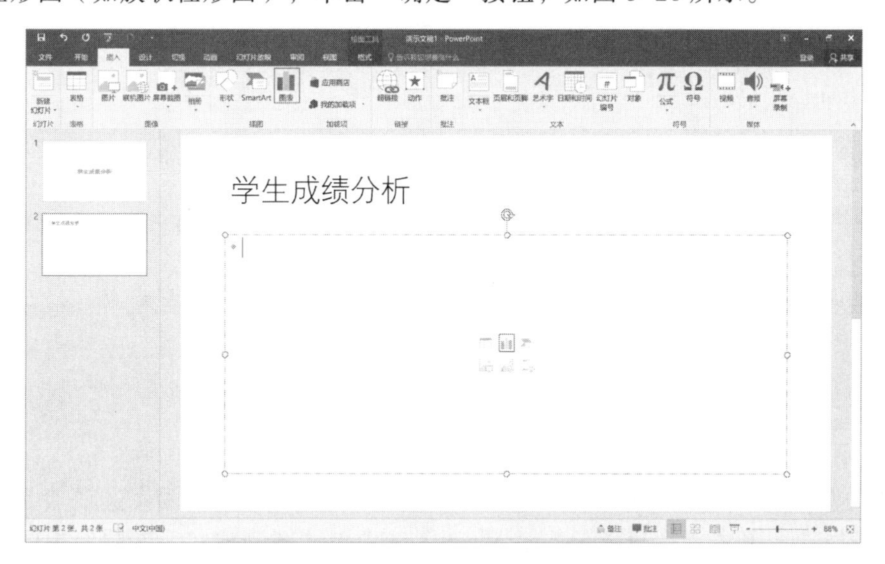


图 5-25　在新增幻灯片中“插入图表”

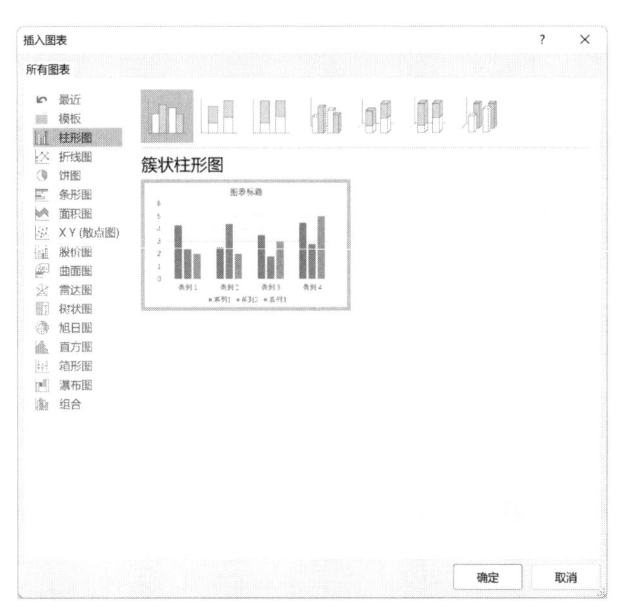


图 5-26 “插入图表”对话框

（4）弹出“Microsoft PowerPoint 中的图表”窗口，在单元格中输入要显示的数据，根据需要调整数据区域大小，如图 5-27 所示。关闭 Excel 后返回到幻灯片中，即可看到已插入的柱形图。

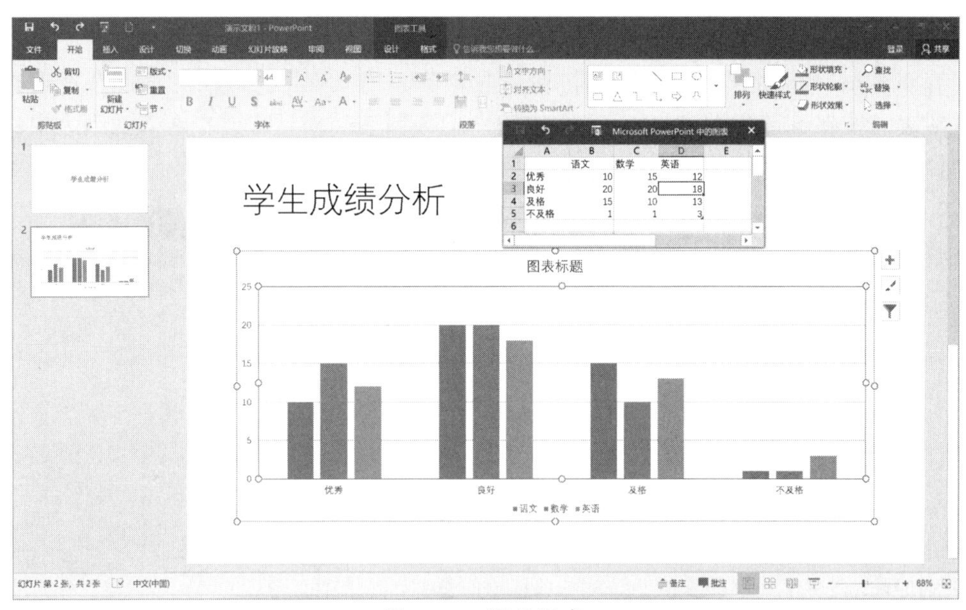


图 5-27 调整图表

（5）选中图形，会增加“图表工具”/“设计”和“格式”两个选项卡，如果要修改图表样式，单击“图表工具”/“设计”选项卡“图表样式”选项组中的一种样式，如选定样式 8，如图 5-28 所示。

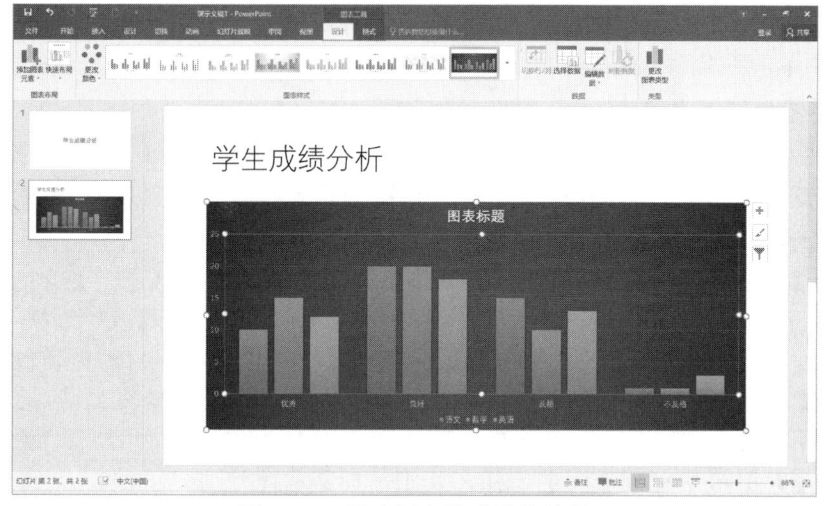


图 5-28　更改图表样式后的效果

### 5.3.5　插入 SmartArt 图形

SmartArt 图形可用于文档中有演示流程、层次结构、循环或者关系，使用该功能既能形象地显示幻灯片的动感效果，又能轻松有效地传达信息。

**1. 插入 SmartArt 图形**

（1）单击“插入”选项卡“插图”选项组中的“SmartArt”按钮，弹出“选择 SmartArt 图形”对话框，可选择所需的类型和布局。

（2）某些幻灯片预设了“插入 SmartArt 图形”占位符，直接单击占位符中的“插入 SmartArt 图形”按钮，也可打开“选择 SmartArt 图形”对话框，从而选择相应的类型和布局。

**2. 设置 SmartArt 图形**

添加 SmartArt 图形后，可以对形状进行修改，如添加、删除形状。

选择相应的形状并右击，在弹出的快捷菜单中选择“添加形状”命令，即可在所需要的位置添加新形状；也可单击“SmartArt 工具”/“设计”选项卡“创建图形”选项组“添加形状”下拉列表中的新形状。

若要从 SmartArt 图形中删除形状，先单击要删除的形状，然后按【Delete】键。

若要删除整个 SmartArt 图形，先单击 SmartArt 图形的边框，然后按【Delete】键。

若要调整整个 SmartArt 图形的大小，先单击 SmartArt 图形的边框，然后向里或向外拖动控点。SmartArt 图形中每个形状都是独立的图形对象，它们都具有图形对象的特点，可以旋转、调整大小等。

设置好 SmartArt 图形的形状后，可以在“[文本]”占位符中输入和编辑文字。

单击“SmartArt 工具”/“设计”选项卡“SmartArt 样式”选项组中的“更改颜色”按钮，可以更改 SmartArt 图形的颜色；通过“SmartArt 样式”选项组中的 SmartArt 图库可以重新选择样式。

**3. 将幻灯片文本转换为 SmartArt 图形**

用户可直接将带有项目符号列表的幻灯片文本转换为 SmartArt 图形。单击要转换的幻灯片文本占位符，单击“开始”选项卡“段落”选项组中的“转换为 SmartArt 图形”按钮，在图形库中单击所需的 SmartArt 图形布局，即可将幻灯片文本转换为 SmartArt 图形。

4. 将图片转换为 SmartArt 图形

选择要转换为 SmartArt 图形的所有图片，单击“图片工具”/“格式”选项卡“图片样式”选项组中的“图片版式”按钮，在库中单击所需要的 SmartArt 图形布局，即可将幻灯片中的图片转换为 SmartArt 图形。

**【提示】**除了 SmartArt 图形外，PowerPoint 2016 也提供了线条、基本几何形状、箭头、公式形状、流程图形状、星、旗帜和标注等形状。单击“插入”选项卡“插图”选项组中的“形状”按钮，打开形状库，从形状库中选择要绘制的图形模板，然后按住鼠标左键在幻灯片中拖动即可加入相应的形状。可以通过“绘图工具”/“格式”选项卡对形状进行调整大小、更改形状等设置。

**【例 5.2】**使用 SmartArt 图形创建大学生情商素质图。

要求如下：

（1）新建一个空白 PPT 文档，文件名称为“大学生情商素质图”。

（2）PPT 文档中包含一张“标题和内容”版式的幻灯片，在该幻灯片中以 SmartArt 图形展示大学生情商素质，具体效果如图 5-29 所示。

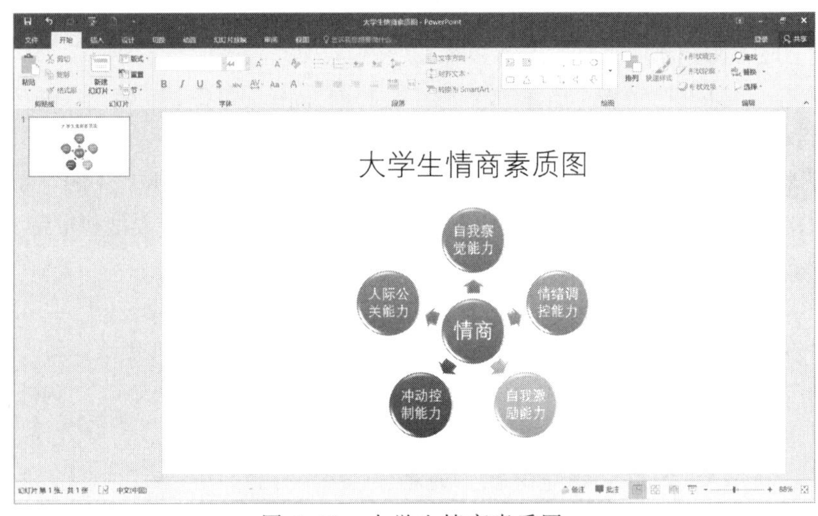


图 5-29　大学生情商素质图

**【难点分析】**

（1）在幻灯片中添加 SmartArt 图形。

（2）对 SmartArt 的文字和样式进行调整。

**【操作步骤】**

（1）创建空白 PPT 文档，新增一张空白幻灯片。

（2）单击“插入”选项卡“插图”选项组中的“SmartArt”按钮，弹出“选择 SmartArt 图形”对话框，选择“关系”列表中的“分离射线”选项，如图 5-30 所示。

（3）选择图形中的单个形状并右击，在弹出的快捷菜单中选择“添加形状”命令，可以在该图形的前面或后面添加单个形状，如在后面添加形状，如图 5-31 所示。

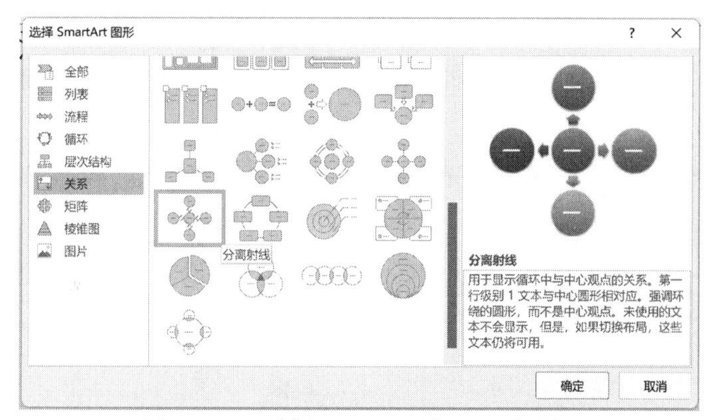


图 5-30 “选择 SmartArt 类型”对话框

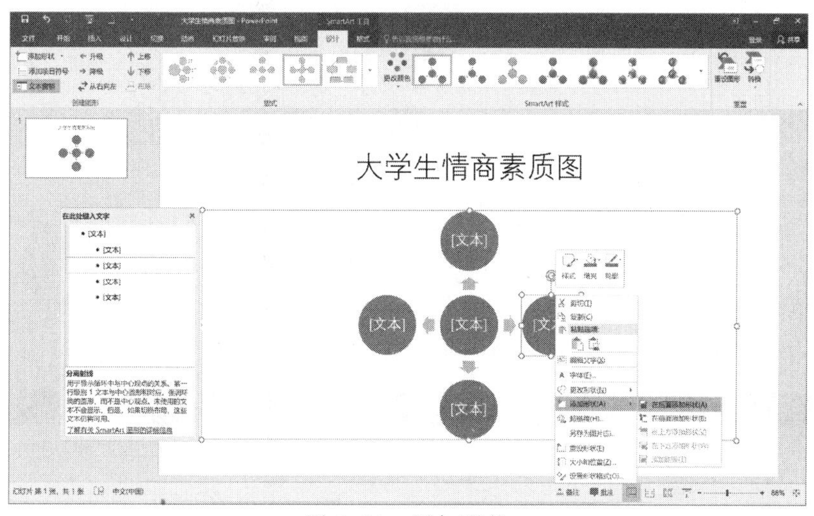


图 5-31 添加形状

（4）在图形中输入说明性文本，并设置文本的字体为宋体，字号为 22 号，如图 5-32 所示。

图 5-32 输入说明性文本

（5）选择图形，单击“SmartArt 工具”/“设计”选项卡“SmartArt 样式”选项组右下角的“其他”按钮，在展开的面板中选择“三维”→“优雅”选项，设置 SmartArt 图形的样式，如图 5-33 所示。

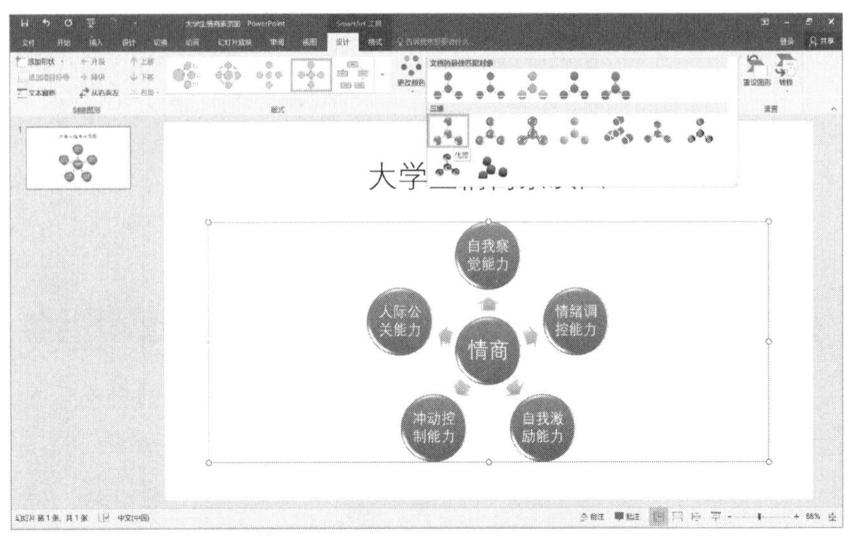


图 5-33　调整 SmartArt 图形的样式

（6）单击“SmartArt 工具”/“设计”选项卡“SmartArt 样式”选项组“更改颜色”下拉列表中的“彩色-个性色”按钮，更改图形的颜色，如图 5-34 所示。

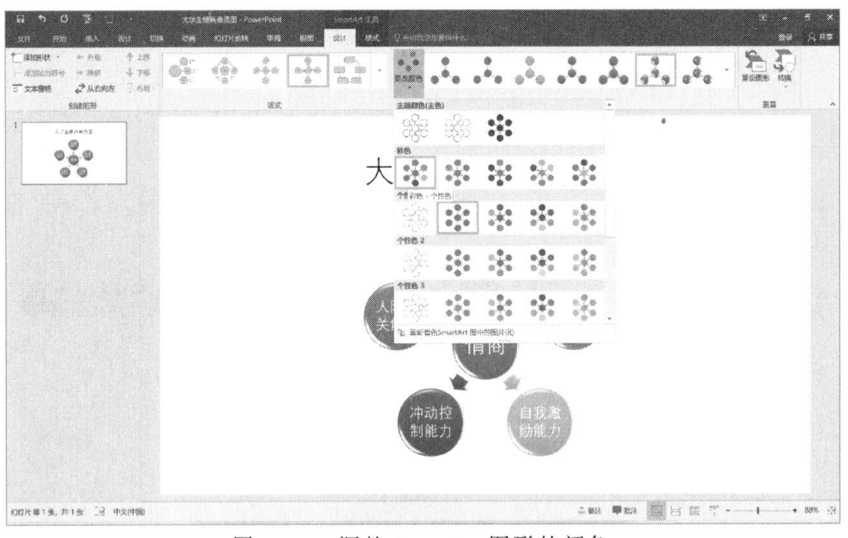


图 5-34　调整 SmartArt 图形的颜色

## 5.3.6　插入超链接和动作设置

### 1. 添加超链接

超链接是指和特定位置或文件之间形成的一种链接方式，利用超链接可以从当前位置跳转到另一张幻灯片，或链接到电子邮件地址，或打开文件、网页。幻灯片中可显示的对象都可以作为超链接的载体，添加或修改超链接的操作通常在普通视图中进行。

选择文本或图片作为超链接的载体，单击“插入”选项卡“链接”选项组中的“链接”按钮，或者右击选中的对象，在弹出的快捷菜单中选择“超链接”命令，弹出“插入超链接”对话框，选择链接到现有文件或网页、本文档中的位置、新建文档或电子邮件地址，如图 5-35 所示。超链接设置成功后，选择的文本以蓝色、下划线形式显示。放映幻灯片时，单击添加过超链接的文本即可链接到相应的位置。

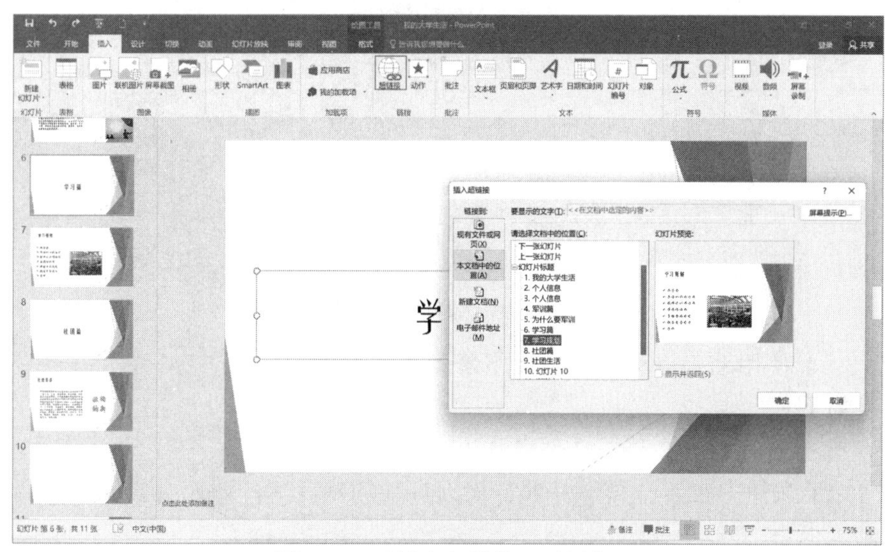


图 5-35 “插入超链接”对话框

在幻灯片中一旦设置了超链接，那么链接的目标文件就不能随意更改文件夹路径和文件名，否则会导致链接失败而提示查找数据源。

用户也可删除超链接，或重新设置链接目标地址。在幻灯片中选中已添加超链接的对象，单击“插入”选项卡“链接”选项组中的“链接”按钮，弹出“编辑超链接”对话框，在其中可删除或更改现有的超链接。

为了方便用户记忆超链接的目标位置，在“插入超链接”或“编辑超链接”对话框中单击“屏幕提示”按钮，可以设置超链接屏幕提示。在幻灯片放映状态下，将鼠标指针指向超链接载体，即可显示目标位置的提示信息。

### 2. 添加动作设置

如果想插入超链接，但没有合适的载体，可以选择使用动作按钮作为超链接载体。

（1）单击“插入”选项卡“插图”选项组中的“形状”下拉按钮，在下拉列表中选择“动作按钮”区域相应的动作按钮，在幻灯片中选择合适位置拖动鼠标，绘制出所选中的按钮形状，同时弹出“动作设置”对话框，在该对话框中可进行相关动作的设置，如图 5-36 所示。

（2）也可以为文本、图片等对象设置动作。选中要添加动作的对象，单击“插入”选项卡“链接”选项组中的“动作”按钮，弹出“动作设置”对话框，在其中进行相关动作的设置。

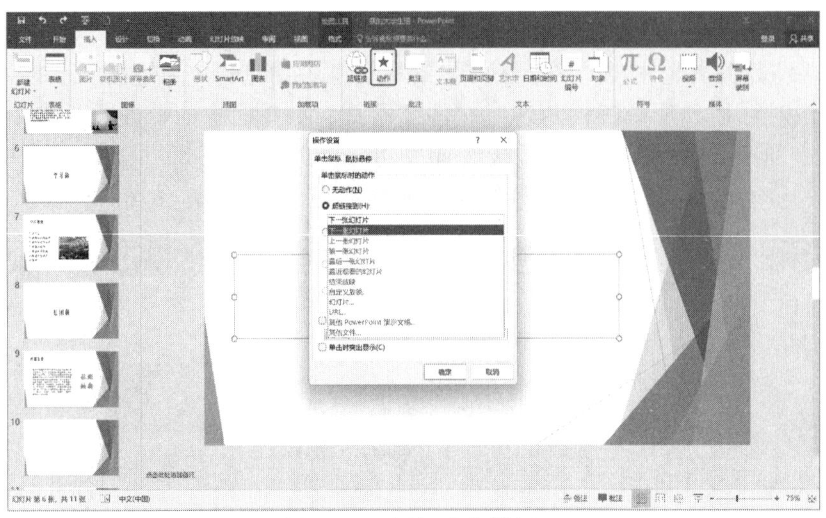

图 5-36　添加动作设置

**【例 5.3】**使用动画设置完成电影字幕动画效果的设置。

要求如下：

（1）新建一个 PPT 文档，文件名称为“电影字幕”。

（2）PPT 文档中包含一张幻灯片，该幻灯片的标题为“谢谢观赏”，并具有字幕式的动画效果。

**【难点分析】**

给幻灯片的对象添加动画。

**【操作步骤】**

（1）创新建一个空白幻灯片，单击“设计”选项卡“主题”组中单击“其他”按钮，选择“环保”主题样式，如图 5-37 所示。

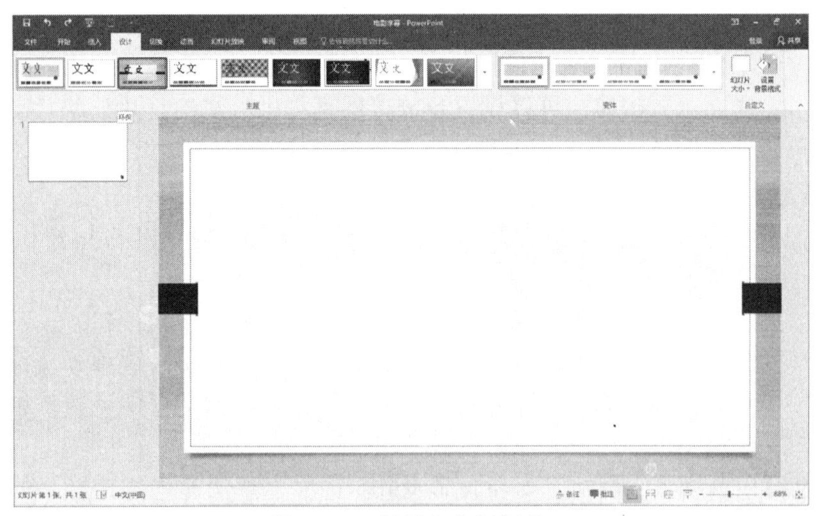

图 5-37　新建空白幻灯片

（2）单击“插入”选项卡“文本”选项组中的“艺术字”按钮，选择“渐变填充-橙色，着色 1，反射”（见图 5-38），然后在合适的位置输入“谢谢观赏”。

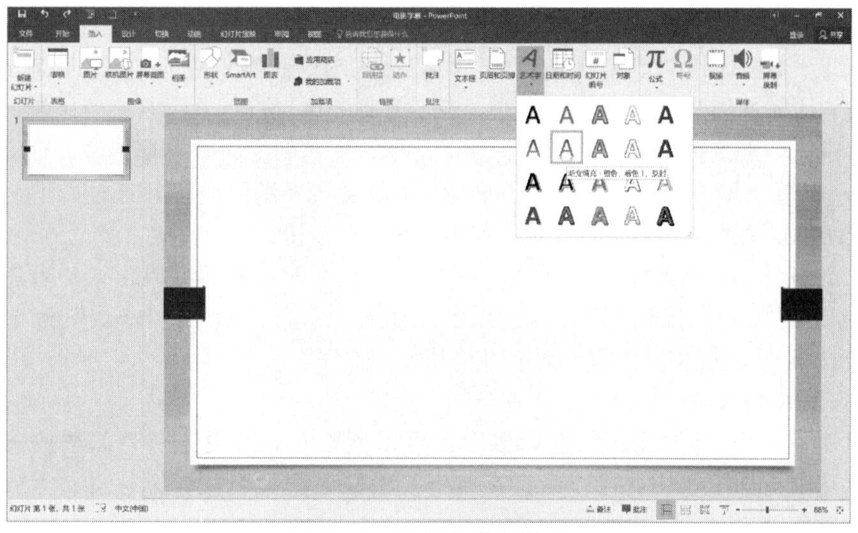

图 5-38　选择艺术字样式

（3）选中输入的文字，单击“动画”选项卡“动画”选项组中的“其他”按钮，在下拉列表中单击“更多退出效果”按钮，弹出“更改退出效果”对话框，选择“华丽”→“字幕式”选项。单击“确定”按钮，即可为文本对象添加字幕式动画效果，如图 5-39 所示。

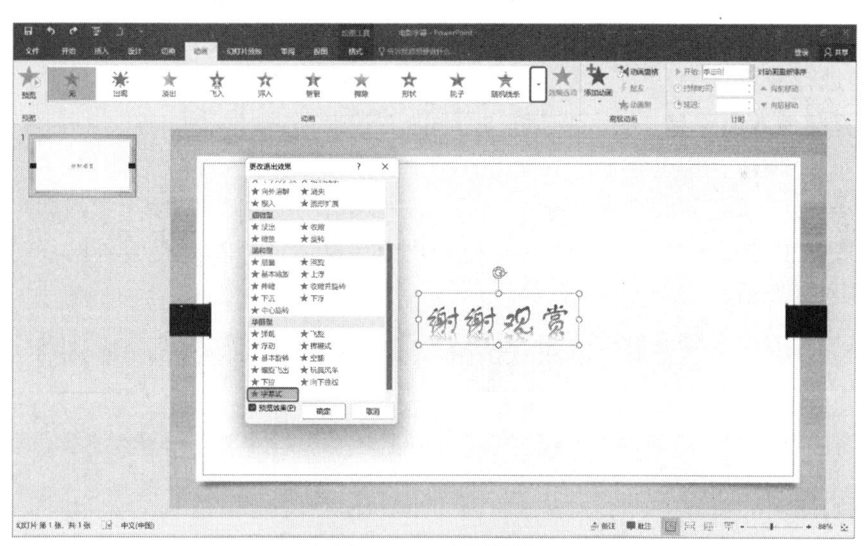


图 5-39　动画设置

## 5.3.7　添加音频和视频文件

演示文稿是一个全方位展示的平台，可以在幻灯片中添加多媒体，将适当的视觉和听觉效果加入幻灯片中，可极大地丰富演示文稿的效果。

### 1. 音频插入和播放

1）插入音频

在 PowerPoint 2016 中，在“普通”视图下，打开需要添加音频的幻灯片，单击“插入”选项卡“媒体”选项组中的“音频”按钮，下拉列表中包括“PC上的音频”和“录制音频”两个选项，其中“PC上的音频”可以插入本地音频文件，单击之后弹出资源管理器，找到所需文件，双击添加即可；“录制音频”可以进行录音并将所录制音频插入到幻灯片中。单击该按钮后弹出“录音”对话框，在“名称”文本框中输入该录音的名称，单击 按钮，即可开始通过麦克风进行录音，音频录制完成后单击 按钮停止录制，单击 按钮可以播放刚才的录音，然后单击“确定”按钮，即可将录音插入到幻灯片中。

插入音频后，幻灯片上会显示表示音频文件的小喇叭图标，单击该声音图标，窗口的功能区中会出现“音频工具”选项卡。通过“音频工具”/“格式”选项卡，可以对声音图标进行类似图片的设置。

2）设置音频播放

在“音频工具”/“播放”选项卡中，可以预览音频，设置音频的播放选项等。在“音频选项”选项组中，可以设置在幻灯片放映时隐藏音频图标、自动播放或单击时开始播放等命令。

若要在演示文稿切换到下一张幻灯片时继续播放音频文件，可以在“音频工具”/“播放”选项卡“音频选项”选项组的“开始”下拉列表中勾选“跨幻灯片播放”复选框。如果音频文件较短，也可以在“音频选项”选项组中勾选“循环播放，直到停止”复选框。

在“音频工具”/“播放”选项卡“书签”选项组中，还可以为声音添加书签，即在一段音频的某个时间点添加一个标记，以便快速找到该时间点并播放。

单击“音频工具”/“播放”选项卡“编辑”选项组中的“剪裁音频”按钮，可以对音频进行剪裁。

**2. 视频插入和设置**

1）插入“PC上的视频”

选择要插入视频的幻灯片，单击“插入”选项卡“媒体”选项组“视频”下拉列表中的“PC 上的视频”按钮，弹出“插入视频”对话框，找到要插入的视频文件，单击“插入”按钮，如图5-40所示。

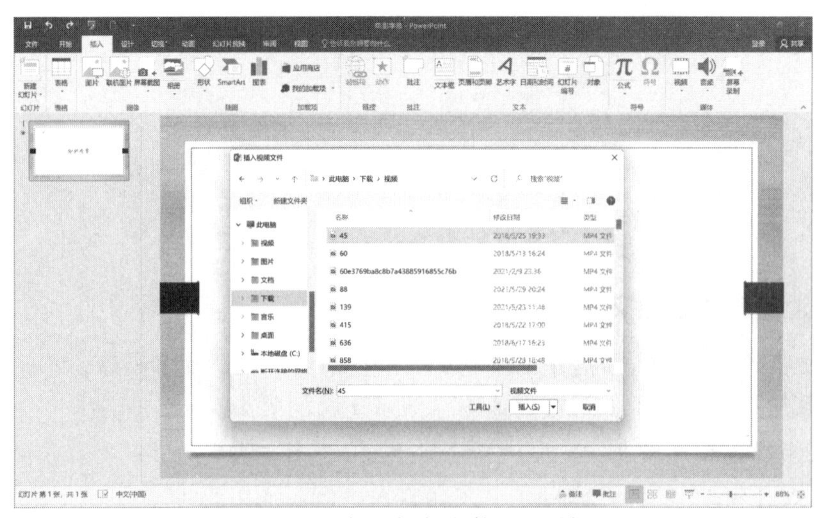


图5-40 “插入视频文件”对话框

用户也可以通过占位符按钮插入，一些幻灯片的版式中预设了视频的占位符，单击“插入媒体剪辑”按钮，也可以插入视频文件。

2）插入“联机视频”

选择要插入视频的幻灯片，单击“插入”选项卡“媒体”选项组“视频”下拉列表中的“联机视频”按钮，弹出“在线视频”对话框，如图 5-41 所示，用户可以在“YouTube”上搜索需要的视频，也可以粘贴嵌入代码以从网站插入视频，然后单击“插入”按钮。

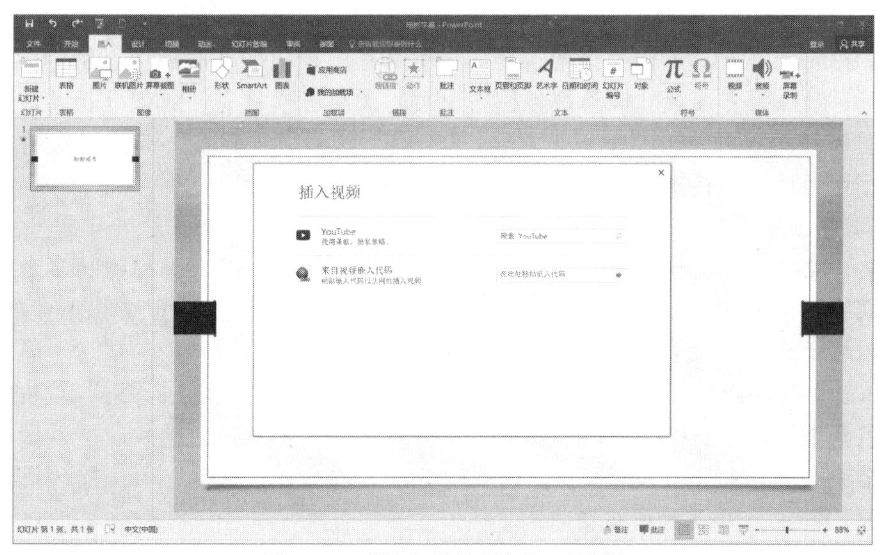


图 5-41 “插入联机视频”对话框

其中插入来自网站的视频，其原理是直接使用视频网站提供的 HTML 嵌入代码将视频嵌入幻灯片中，在播放时需要计算机连接到互联网。具体操作如下：打开要添加视频的幻灯片，在浏览器中打开目标视频的网页，在网页上找到视频，然后找到并复制“嵌入”代码，返回 PowerPoint 2016 中，单击“插入”选项卡“媒体”选项组“视频”下拉列表中的“联机视频”按钮，在“来自视频嵌入代码”文本框中粘贴嵌入代码，然后单击“插入”按钮。

3）设置视频效果

在 PowerPoint 2016 中，视频画面处理已经从图片中独立出来，可以调整视频文件画面的色彩、标牌框架以及视频样式、形状与边框等。

为了使插入的视频更加美观，可以通过“视频工具”/“格式”选项卡对视频进行各种设置，改变视频亮度和对比度、为视频添加视频样式等，如图 5-42 所示。

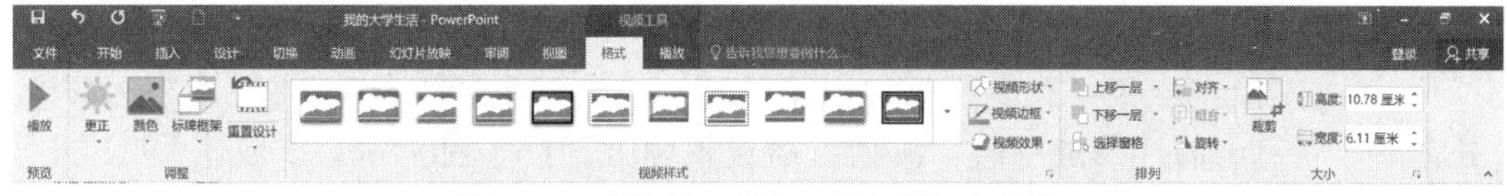


图 5-42 “视频工具”/“格式”选项卡

剪裁视频：使用“视频工具”/“格式”选项卡“大小”选项组中的“高度”和“宽度”以及“裁剪”按钮对视频文件的画面大小进行调整与裁剪。

调整视频画面色彩：可通过“视频工具”/“格式”选项卡“调整”选项组中的“更正”按钮，设置视频画面的亮度和对比度；可以通过“颜色”按钮更改画面颜色。

设置视频画面样式：单击“视频工具”/“格式”选项卡“视频样式”选项组中的“视频样式”按钮，选择想要的样式进行设置。也可以单击“视频样式”选项组中的“视频形状”按钮、“视频边框”按钮和“视频效果”按钮进行设置。

这些设置也可通过单击“视频工具”/“格式”选项卡“视频样式”选项组的对话框启动器按钮，弹出“设置视频格式”对话框，进行详细设置。

PowerPoint 2016 具有标牌框架功能，在幻灯片中视频文件图标中显示的画面，默认情况下，以视频文件第一帧为视频图标画面，如果已播放完，则有可能以最后一帧为视频图标画面。可单击“视频工具”/“格式”选项卡“调整”选项组中的“标牌框架”按钮，设置正在播放视频的某一帧作为视频图标画面。

4）剪辑视频

PowerPoint 2016 具有视频文件的剪辑和书签功能，能直接剪裁视频的多余部分以及设置视频播放的起止点。在视频文件中添加书签可以快速切换至需要的位置。

剪辑视频操作步骤：选择幻灯片中的视频文件，单击“视频工具”/“播放”选项卡“编辑”选项组中的“剪裁视频”按钮，弹出“剪裁视频”对话框，向右拖动左侧的绿色滑块，设置视频播放的开始时间，向左拖动右侧的红色滑块，可以设置视频播放的结束时间，如图 5-43 所示。返回幻灯片，选中视频文件，单击播放控制条上的“播放”按钮，可以看到剪辑效果。

图 5-43 “剪裁视频”对话框

添加书签操作步骤：选中要添加书签的帧，单击“视频工具”/“播放”选项卡“书签”选项组中的“添加书签”按钮。播放视频时，按【Alt+Home】或【Alt+End】组合键进行跳转。

还可以设置视频的淡入、淡出时间，即在视频文件开始和结束的几秒内使用淡入、淡出效果。其操作步骤如下：选择幻灯片中的视频文件，在“视频工具”/“播放”选项卡“编辑”选项组的“淡入”和“淡出”文本框中输入相应的时间。

# 5.4 修饰幻灯片

PowerPoint 2016 为用户提供了丰富的主题颜色和幻灯片版式，可以根据演示文稿的整体风格设置幻灯片的母版和主题，增加幻灯片的实用性和美观性。

## 5.4.1 幻灯片母版

幻灯片的母版可用来为所有幻灯片设置默认的版式和格式，在 PowerPoint 2016 中有 3 种母版，分别为幻灯片母版、讲义母版和备注母版。

### 1. 制作幻灯片母版

幻灯片母版是最常用的母版，它包括标题区、内容区、日期区、页脚区和数字区，这些区域实际上就是占位符。幻灯片母版可以控制演示文稿中除标题版式外的大多数幻灯片，从而使整个演示文稿的所有幻灯片风格统一。

1）添加幻灯片母版

单击“视图”选项卡“母版视图”选项组中的“幻灯片母版”按钮，切换到幻灯片母版视图。单击“幻灯片母版”选项卡“编辑母版”选项组中的“插入幻灯片母版”按钮，将在当前母版中最后一个版式的下方插入新的母版，新插入的母版也默认自带 11 种版式。

在母版中也可以增加版式，先选择要添加版式的插入位置，然后单击“编辑母版”选项组中的“插入版式”按钮。插入的新版式其实是原版式的复制品，用户可以对其做相应的设置。

2）设置母版的布局结构

设置母版格式：进入“幻灯片母版”视图，在左窗格中选择母版（第一个缩略图），可以对其中的占位符以及占位符中的文本进行设置，其操作类似于演示文稿中的幻灯片操作。

设置版式的布局：在“幻灯片母版”选项卡“母版版式”选项组中，可为版式添加占位符、显示和隐藏标题和页脚占位符等。

设置版式的背景：选定需要设置背景的版式，在“幻灯片母版”选项卡的“背景”组中可进行相应设置。

3）复制母版和版式

进入“幻灯片母版”视图，右击需要复制的幻灯片母版，在弹出的快捷菜单中选择“复制幻灯片母版”命令，在“幻灯片浏览”任务窗格中可看到复制出的新母版。同理，也可以复制版式。

4）重命名母版和版式

在“幻灯片母版”视图中，右击需要重命名的母版，在弹出的快捷菜单中选择“重命名母版”命令，弹出“重命名版式”对话框，在“版式名称”文本框中输入母版名称，单击“重命名”按钮即可。同理，可以重命名版式。

5）删除母版和版式

进入“幻灯片母版”视图，选择需要删除的母版，单击“编辑母版”选项组中的“删除”按钮即可。右击需要删除的版式，在弹出的快捷菜单中选择“删除版式”命令即可删除相应版式。

### 2. 制作讲义母版

讲义母版主要以讲义的方式展示演示文稿内容，也用于控制讲义的打印格式，可以将多张幻灯片制作在同一个页面中。

单击“视图”选项卡“母版视图”选项组中的“讲义母版”按钮，切换到讲义母版视图中。在出现的“讲义母版”选项卡中可进行相应的设置。如单击“页面设置”选项组“讲义方向”下拉列表中的“纵向”或“横向”按钮，设置讲义母版的方向；单击“背景”选项组中的“背景样式”按钮，可设置相应的背景样式。

### 3. 制作备注母版

备注母版主要用于设置备注的格式。在备注母版中，主要包括一个幻灯片占位符和一个备注页占位符，可以对所有备注页中的文本进行格式编排。

单击“视图”选项卡“母版视图”选项组中的“备注母版”按钮，切换到备注母版视图。在出现的“备注母版”选项卡中可进行相应的设置。如单击“页面设置”选项组中的对话框启动器按钮，弹出“页面设置”对话框，可以设置幻灯片大小和方向；在“占位符”选项组中，取消勾选“页眉”“页脚”“页码”复选框，可隐藏幻灯片中的页眉、页脚和页码；单击“背景”选项组中的“背景样式”按钮，可设置相应的背景样式。

## 5.4.2 幻灯片主题的设计

每个演示文稿都包含了一个主题，默认的是 Office 主题，它具有白色背景，同时包含默认的字体和不同深度的黑色。

### 1. 更换演示文稿主题

打开演示文稿，单击“设计”选项卡“主题”选项组右下角的“其他”按钮，在弹出的列表框中选择一种主题样式，即可看到演示文稿被应用了新的主题样式，如图 5-44 所示。

图 5-44　更改主题

#### 2. 保存自定义主题

当用户对一个演示文稿的母版、背景、颜色或效果等进行设置时，就已经自定义了一个新的主题。一旦将这个主题保存下来，就相当于保存了这一系列设置，并可以用到其他演示文稿中。

打开一个应用了母版的演示文稿，单击“视图”选项卡“母版视图”选项组中的“幻灯片母版”按钮；在“幻灯片母版”选项卡的“背景”选项组中可进行颜色、字体、效果等设置；关闭幻灯片母版视图，单击“设计”选项卡“主题”选项组右下角的“其他”按钮，在下拉列表中单击“保存当前主题”按钮即可。

## 5.5 设置幻灯片的放映效果

PowerPoint 2016 提供了丰富的动画效果，可以通过为幻灯片中的文本对象添加、更改与删除动画效果的方法，增加幻灯片对象的多样动感性。

### 5.5.1 幻灯片的动画

#### 1. 为对象添加动画效果

可以为幻灯片中的文本、文本框、图片、形状、表格、SmartArt 图形等对象添加动画效果，赋予它们进入、退出、大小或颜色变化等视觉效果。

选择要设置动画的对象，单击“动画”选项卡“动画”选项组右下角的“其他”按钮，然后选择所需的动画效果，进行“进入”“退出”“强调”“动作路径”等设置。如果没有看到需要的效果，可以单击“更多进入效果”“更多强调效果”“更多退出效果”“其他动作路径”按钮，打开相应的对话框进行设置。还可以单击“动画”选项卡“高级动画”选项组中的“添加动画”按钮对文本对象进行动画设置；单击“动画”选项组中的“效果选项”按钮设置动画播放方向和播放形状。

用户可设置单个动画效果，也可设置多个动画效果，将动画应用于对象后，对象旁边会出现编号标记，编号标记表示各动画发生的顺序。

#### 2. 利用“动画窗格”进行设置

单击“动画”选项卡“高级动画”选项组中的“动画窗格”按钮，打开“动画窗格”任务窗格，该窗格中依次列出了本幻灯片已设置的动画。选定某动画后，单击右侧的下拉按钮，或右击该动画，打开一个功能菜单，在菜单中可以选择“单击开始、从上一项开始或从上一项之后开始”等命令，可设置动画的开始方式；选择“效果选项”命令，可以设置声音效果、播放后的效果等；选择“计时”命令，可以设置动画的延迟时间、播放的重复次数等。

选定“动画窗格”中的某个动画，单击“动画”选项卡“计时”选项组中的“向前移动”和“向后移动”按钮，可以对选定的动画重新排序。

#### 3. 使用动画刷

“动画刷”的功能与设置格式的“格式刷”类似。这个功能可以将设置动画时的所有属性（如动画效果、计时、重复、开始等）都进行复制。

在幻灯片中选定设置好动画效果的对象，单击“动画”选项卡“高级动画”选项组中的“动画刷”按钮，然后单击需要复制动画效果的对象即可。

若在选定设置好动画效果的对象之后，双击“动画刷”按钮时，即可将同一动画应用到演示文稿的多个对象之中。

**【提示】**PowerPoint 2016 的动画效果说明。“进入”：对象以某种方式进入幻灯片放映视图中；“退出”：对象以某种方式从幻灯片放映视图中退出；“强调”：对象在幻灯片放映视图中的变化方式；“动作路径”：和上述效果一起使用，指定对象的运动轨迹。

### 5.5.2 设置幻灯片的切换效果

幻灯片的切换效果是指在幻灯片演示期间从一张幻灯片过渡到下一张幻灯片时出现的动画效果。在为对象添加动画后，可以通过“切换”选项卡设置幻灯片的切换方式。

#### 1. 向幻灯片添加切换效果

选择幻灯片后，单击“切换”选项卡“切换到此幻灯片”选项组中要应用于该幻灯片的切换效果。若单击“其他”按钮，可从“切换到此幻灯片”库中选择更多切换效果。

如果要向演示文稿中所有幻灯片应用相同的幻灯片切换效果，则添加切换效果后，单击“切换”选项卡“计时”选项组中的“应用到全部”按钮。

#### 2. 设置切换效果的计时

在“切换”选项卡“计时”选项组中的“持续时间”文本框中输入时间，设置上一张幻灯片与当前幻灯片之间切换效果的持续时间。

通过“计时”选项组还可以设定当前幻灯片切换到下一张幻灯片的换片方式是单击鼠标换片，或经过指定时间后自动换片。

#### 3. 编辑切换效果的声音

选择要添加切换效果声音的幻灯片，单击“切换”选项卡“计时”选项组中的“声音”下拉按钮，在下拉列表中选择一种声音，即可改变幻灯片的切换声音。

如果不想将切换声音设置为系统自带的声音，可以在“声音”下拉列表中单击“其他声音”按钮，弹出“添加声音”对话框，通过该对话框可以将计算机中保存的声音文件应用到幻灯片切换动画中。

#### 4. 删除切换效果

选择需要删除切换效果的幻灯片，单击“切换”选项卡“切换到此幻灯片”选项组中的“无”按钮。

要删除演示文稿中所有幻灯片的切换效果时，首先删除当前幻灯片的切换效果，然后单击“切换”选项卡“计时”选项组中的“应用到全部”按钮即可。

### 5.5.3 幻灯片的放映

放映演示文稿就是将演示内容动态地展示出来，放映方法主要有 4 种，分别是从

头开始、从当前幻灯片开始、联机演示和自定义幻灯片放映。

**1. 放映前的准备工作**

1）隐藏幻灯片

在放映演示文稿前，可以通过隐藏某些幻灯片，有选择地展示演示文稿中的内容，即在放映时不显示某些幻灯片，但在普通视图下仍可查看隐藏的幻灯片。

选择要隐藏的幻灯片，单击“幻灯片放映”选项卡“设置”选项组中的“隐藏幻灯片”按钮。也可以在“幻灯片窗格”中右击需要隐藏的幻灯片，在弹出的快捷菜单中选择“隐藏幻灯片”命令。被隐藏的幻灯片编号上会出现一个斜线 1，表示该幻灯片已被隐藏。

如果需要取消对幻灯片的隐藏，再次单击“隐藏幻灯片”按钮即可。

2）排练计时

单击“幻灯片放映”选项卡“设置”选项组中的“排练计时”按钮，进入幻灯片放映视图，从第一张幻灯片开始放映演示文稿，并弹出“录制”工具栏。在“录制”工具栏中自动显示当前幻灯片的放映时间和累计的放映时间。可以单击工具栏中的“重复”按钮，将该幻灯片的排练计时归零并重新播放；单击鼠标或单击“下一张”按钮切换到下一张幻灯片，直至演示文稿放映完毕。放映结束后，系统会弹出提示框，显示文稿放映的总时间，单击“是”按钮，可将排练时间保存并自动切换到幻灯片浏览视图，每张幻灯片缩略图下方会显示该张幻灯片的放映时间。

用户也可以单击“幻灯片放映”选项卡“设置”选项组中的“录制幻灯片演示”按钮，通过相关按钮进行排练计时的设置。在“切换”选项卡“计时”选项组“换片方式”区域勾选“设置自动换片时间”复选框，也可设置幻灯片的播放时间。

3）录制旁白

“录制幻灯片演示”功能除了能进行排练计时外，还可以录制旁白。

单击“幻灯片放映”选项卡“设置”选项组中的“录制幻灯片演示”按钮，弹出“录制幻灯片演示”对话框，取消勾选“幻灯片和动画计时”复选框，然后单击“开始录制”按钮，即可在放映视图中录制旁白。当完成幻灯片旁白的录制后，会自动切换到幻灯片浏览视图，并在每张幻灯片中添加声音图标。

单击“设置”选项组中的“录制幻灯片演示”下拉按钮，在下拉列表中单击“从头开始录制”或“从当前幻灯片开始录制”按钮；也可以从展开的下拉列表中单击“清除”按钮，清除当前幻灯片的旁白或计时、所有幻灯片的旁白或计时。

4）设置幻灯片放映方式

单击“幻灯片放映”选项卡“设置”选项组中的“设置幻灯片放映”按钮，弹出“设置放映方式”对话框，可进行放映类型、放映选项、换片方式、绘图笔的默认颜色等设置。

**2. 放映幻灯片**

1）从头开始放映的 3 种操作方式

（1）单击“幻灯片放映”选项卡“开始放映幻灯片”选项组中的“从头开始”按钮。

（2）按【F5】键。

（3）选中第一张幻灯片，单击演示文稿下方的“幻灯片放映”按钮，即可实现从头开始放映。

2）从当前幻灯片开始放映的 3 种操作方式

（1）单击“幻灯片放映”选项卡“开始放映幻灯片”选项组中的“从当前幻灯片开始”按钮。

（2）按【Shift+F5】组合键。

（3）选中需要首张播放的幻灯片，单击演示文稿下方的“幻灯片放映”按钮，即可从当前选中的幻灯片开始进行播放。

3）联机演示

联机演示是一项免费公共服务，允许其他人在 Web 浏览器中查看自己的幻灯片放映，通过该功能，可以在任意位置通过 Web 与他人共享幻灯片放映。

单击“幻灯片放映”选项卡“开始放映幻灯片”选项组中的“联机演示”按钮，弹出“联机演示”对话框，单击“连接”按钮。如果希望允许观众下载演示文稿文件的副本，可勾选“允许远程查看者下载演示文稿”复选框。若要结束联机演示文稿，请按【Esc】键以退出"幻灯片放映"视图，然后单击"联机演示"选项卡中的"结束联机演示文稿"按钮。

4）自定义幻灯片放映

针对不同的场合和受众，演示文稿的放映顺序或内容可能会有所不同。演示者可以选择自定义放映顺序和内容。

单击“幻灯片放映”选项卡“开始放映幻灯片”选项组中的“自定义幻灯片放映”按钮，弹出“自定义放映”对话框，单击“新建”按钮，弹出“定义自定义放映”对话框，选择“在演示文稿中的幻灯片”列表框中所需要的幻灯片，添加到“在自定义放映中的幻灯片”列表框，如图 5-45 所示；可通过该对话框右边的调整顺序按钮，调整各幻灯片的播放顺序；编辑完成后单击“确定”按钮，即可完成自定义放映的创建。

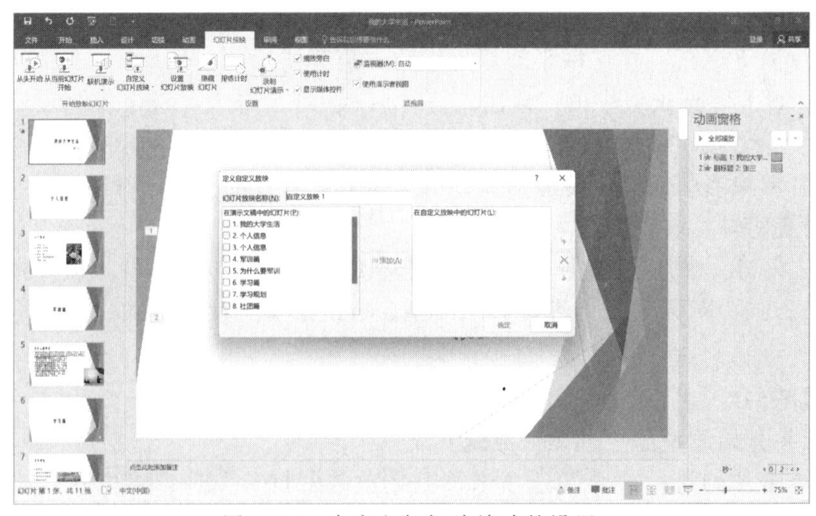

图 5-45　自定义幻灯片放映的设置

3. 控制放映过程

如果演示文稿中的幻灯片没有设置自动切换效果，在放映过程中可以进行手动控制，即用鼠标或键盘控制幻灯片的放映。

1）利用鼠标控制幻灯片放映

（1）单击，切换到下一张幻灯片或下一个动画。

（2）右击，弹出快捷菜单，可以选择“上一张”“定位至幻灯片”“结束放映”“屏幕”等命令。

2）利用键盘控制幻灯片放映

（1）按【Home】键跳至第一张幻灯片。

（2）按【End】键跳至最后一张幻灯片。

（3）按【←】【→】【Space】【Enter】等键切换到下一张幻灯片或下一个动画。

（4）按【Esc】键中途结束幻灯片放映。

3）利用幻灯片放映窗口按钮

演示文稿放映后，在屏幕左下角有一排控制按钮，单击相应按钮可以进行放映控制。

4）在幻灯片上做墨迹标记

在幻灯片放映过程中，单击屏幕左下角的按钮，打开命令列表，在命令列表中选择画笔，选择墨迹颜色，在需要添加墨迹标记的位置拖动，即可在幻灯片上绘制墨迹标记。如果添加的墨迹不符合需要，可以使用“橡皮擦”将已添加的墨迹清除。

为幻灯片的重点内容添加标记后，还可以将标记保留在演示文稿中。在结束放映时，演示文稿会弹出对话框询问用户是否保留墨迹注释。

## 5.6 演示文稿的输出

### 5.6.1 将演示文稿输出为其他格式文件

1. 将演示文稿创建为 PDF 文档

打开制作的演示文稿，选择“文件”→“导出”命令，依次单击“创建 PDF/XPS 文档”→“创建 PDF/XPS”按钮；弹出“发布为 PDF 或 XPS”对话框，使用默认的“PDF”文件类型，为文件命名并设置保存路径；单击下方的“选项”按钮，在弹出的对话框中进行细节选项的调整，设置完成后单击“确定”按钮。

2. 将演示文稿制作成视频文件

将演示文稿制作成视频文件可以使用常用的播放软件进行播放，并保留演示文稿中的动画、切换效果和多媒体等信息。

打开制作的演示文稿，选择“文件”→“导出”命令，单击“创建视频”按钮，在右边页面中可以对将要发布的视频进行详细设置，完成后单击“创建视频”按钮；弹出“另存为”对话框，默认的文件类型为 MPEG-4，设置好文件名和保存路径后，单击“保存”按钮；程序开始制作视频文件，在文档状态栏中可以看到制作进度，在制作过程中不要关闭演示文稿。

3. 将幻灯片保存为图片文件

打开演示文稿，选择“文件”→“另存为”命令，弹出“另存为”对话框，在“保存类型”下拉列表中选择一种图片文件类型；设置文件名及保存路径后，单击“保存”按钮；弹出的提示对话框中询问“您希望导出哪些幻灯片？”，单击“所有幻灯片”按钮将所有幻灯片保存为图片文件，也可以单击“仅当前幻灯片”按钮将当前幻灯片保存为图片文件。

4. 将演示文稿保存为 XML 格式

打开演示文稿，选择“文件”→“另存为”命令，弹出“另存为”对话框，在“保存类型”下拉列表中选择“PowerPoint XML 演示文稿”类型。设置文件名和保存位置后单击“保存”按钮。

5. 将演示文稿保存为幻灯片放映

打开演示文稿，选择“文件”→“另存为”命令，弹出“另存为”对话框，在“保存类型”下拉列表中选择“PowerPoint 放映”类型。设置文件名和保存位置后单击“保存”按钮。该文件包含演示文稿播放器，可以在没有安装 PowerPoint 程序的计算机上播放，观看时直接双击放映文件即可看到放映效果。

如果要对 ppsx 文件进行编辑，应先启动 PowerPoint 程序，选择“文件”→“打开”命令打开 ppsx 文件。

6. 将演示文稿打包成 CD

打开制作的演示文稿，选择“文件”→“导出”命令，单击“将演示文稿打包成 CD”按钮，在右窗格中单击“打包成 CD”按钮，弹出“打包成 CD”对话框。当前打开的演示文稿自动显示在“要复制的文件”列表中，如果要添加其他文件，可单击“添加”按钮，然后按提示操作即可。

7. 将演示文稿创建为讲义

可以将演示文稿创建成可在 Word 中编辑的讲义。该讲义包含演示文稿中的幻灯片和备注，可以使用 Word 设置讲义布局、格式和添加其他内容。

打开制作的演示文稿，选择“文件”→“导出”命令，单击“创建讲义”按钮，在右窗格中单击“创建讲义”按钮，弹出“发送到 Microsoft Word”对话框，选择所需的页面布局。若要确保对原始演示文稿所做的更新都反映在 Word 文档中，则单击“粘贴链接”按钮，然后单击“确定”按钮。

### 5.6.2 保护演示文稿

PowerPoint 对演示文稿提供了安全性设置，选择“文件”→“信息”命令，单击“保护演示文稿”按钮，可以选择对文稿进行“标记为最终状态”“用密码进行加密”“限制访问”“添加数字签名”等安全性设置，如图 5-46 所示。

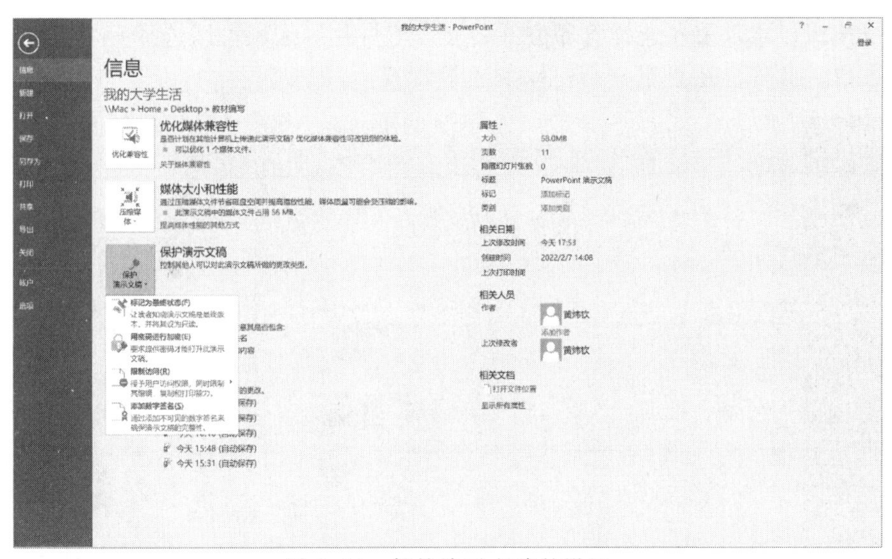

图 5-46 保护演示文稿的设置

1. 标记为最终状态

将演示文稿标记为最终状态后，演示文稿将变为只读文件，将禁用输入、编辑命令和校对标记。在演示文稿窗口左下端的状态栏中会显示“标记为最终状态”图标。

如果要从演示文稿中删除“标记为最终状态”图标，可再次单击“保护演示文稿”下拉列表中的“标记为最终状态”按钮。

2. 用密码进行加密

单击“保护演示文稿”下拉列表中的“用密码进行加密”按钮，弹出“加密文档”对话框，在“密码”文本框中输入密码即可。如果用户忘记密码，因没有找回密码的功能，无法将其恢复。

3. 限制访问

用户可从网站上下载安装“信息权限管理（IRM）”软件，使用 Windows Live ID 账户登录，进行信息权限管理配置，授予人员访问权限，限制其编辑、复制和打印的功能。

4. 添加数字签名

可以添加可见或不可见的数字签名来确保演示文稿的真实性和完整性。

### 5.6.3 打印演示文稿

1. 幻灯片页面设置

单击“设计”选项卡“自定义”选项组中的“幻灯片大小”按钮，可以设置幻灯片的宽高比。此外，还可以设置幻灯片的背景格式。

2. 设置演示文稿打印选项

选择“文件”→“打印”命令，弹出的界面如图 5-47 所示。在“打印”区域的“份数”文本框中输入要打印的份数；在“打印机”区域选择要使用的打印机；在“设置”区域的第一个选项中，可以看到默认打印方式为“打印全部幻灯片”，单击其右侧的下拉按钮，可以重新选择打印方式；在“幻灯片”区域可以选择一个页面打印的幻灯片张数。此外，还可以进行打印颜色等设置。

图 5-47　演示文稿打印设置

## 小　　结

本章主要介绍了 PowerPoint 2016 基础知识和基本操作，包括演示文稿的创建、幻灯片的制作及修饰、幻灯片放映效果的设置和演示文稿的输出设置。通过学习重点掌握幻灯片制作和修饰的基本操作以及幻灯片放映效果设置的方法与技巧，便于在今后的学习工作中熟练使用 PowerPoint。

## 习　　题

### 一、选择题

1. PowerPoint 2016 演示文稿文件的扩展名是（　　）。

　A. .ppsx　　B. .pptx　　C. .ppt　　D. .pps

2. 在 PowerPoint 2016 浏览视图下，按住【Ctrl】键并拖动某幻灯片，完成的操作是（　　）。

　A. 移动幻灯片　　B. 删除幻灯片　　C. 复制幻灯片　　D. 隐藏幻灯片

3. 演示文稿中，超链接中所链接的目标可以是（　　）。

　A. 计算机硬盘中的可执行文件　　B. 其他幻灯片文件

　C. 同一演示文稿中的某一张幻灯片　　D. 以上都可以

4. 在 PowerPoint 2016 中，停止幻灯片播放的快捷键是（　　）。

　A.【Enter】　　B.【Shift】　　C.【Esc】　　D.【Ctrl】

5. 若把幻灯片的设计模板设置为“平面”，应进行的一组操作是（　　）。

　A. 幻灯片放映→自定义动画→平面

B. 动画→幻灯片设计→平面

C. 插入→图片→平面

D. 设计→主题→平面

6. 在 PowerPoint 2016 中，要设置幻灯片循环放映，应使用（　　）选项卡。

A. “开始”　　B. “视图”　　C. “幻灯片放映”　　D. “审阅”

7. 如果要从一张幻灯片“溶解”到下一张幻灯片，应使用（　　）选项卡设置。

A. “动作设置”　　B. “切换”

C. “幻灯片放映”　　D. “自定义动画”

8. 在 PowerPoint 2016 中，能将文本中的简体字符转换成繁体字符的设置在（　　）选项卡中。

A. “审阅”　　B. “开始”　　C. “格式”　　D. “插入”

9. 在 PowerPoint 2016 中，对幻灯片重新排序、添加和删除等操作，以及审视整体构思都特别有用的视图是（　　）。

A. 幻灯片视图　　B. 幻灯片浏览视图

C. 大纲视图　　D. 备注页视图

10. PowerPoint 2016 中，幻灯片放映时想要跳过某张幻灯片，应使用（　　）。

A. 选择“开始”选项卡中的“隐藏幻灯片”按钮

B. 选择“插入”选项卡中的“隐藏幻灯片”按钮

C. 在幻灯片窗格中单击该幻灯片，选择“隐藏幻灯片”命令

D. 在幻灯片窗格中右击该幻灯片，选择“隐藏幻灯片”命令

11. PowerPoint 2016 幻灯片浏览视图中，若要选择多个不连续的幻灯片，在单击选定幻灯片前应该按住（　　）键。

A. 【Shift】　　B. 【Alt】　　C. 【Ctrl】　　D. 【Enter】

12. 在 PowerPoint 2016，选择“文件”→“新建”命令的功能是建立（　　）。

A. 一个新演示文稿　　B. 插入一张新幻灯片

C. 一个新超链接　　D. 一个新备注

13. 要为所有幻灯片添加编号，下列方法中正确的是（　　）。

A. 单击“插入”→“幻灯片编号”按钮即可

B. 在母版视图中，单击“插入”选项卡中的“幻灯片编号”按钮

C. 单击“视图”选项卡中的“页眉和页脚”按钮

D. 单击“审阅”选项卡中的“页眉和页脚”按钮

14. 在 PowerPoint 2016 中，若要插入组织结构图应该进行的操作是（　　）。

A. 插入自选图形

B. 插入来自文件中的图形

C. 单击“插入”选项卡中的“SmartArt 图形”按钮，在弹出的对话框中选择“层次结构”图形

D. 单击“插入”选项卡“图表”下拉列表中的“层次图形”按钮

15. 对于幻灯片母版的设置，可以起到的作用是（　　）。

A. 设置幻灯片放映方式

B. 定义幻灯片打印页面设置

C. 设置幻灯片的片间切换

D. 统一设置整套幻灯片的标志图片或多媒体元素

16. PowerPoint 2016 中，进入幻灯片母版的方法是（　　）。

A. 单击“开始”选项卡“母版视图”选项组中的“幻灯片母版”按钮

B. 单击“视图”选项卡“母版视图”选项组中的“幻灯片母版”按钮

C. 按住【Shift】键的同时，单击“演示文稿视图”中的“备注页”按钮

D. 按住【Shift】键的同时，单击“演示文稿视图”中的“幻灯片浏览”按钮

17. 从头播放幻灯片文稿时，需要跳过第 5 ~ 9 张幻灯片接续播放，应设置（　　）。

A. 隐藏幻灯片　　B. 设置幻灯片版式

C. 幻灯片切换方式　　D. 删除 5 ~ 9 张幻灯片

18. 对幻灯片进行“排练计时”的设置，其主要作用是（　　）。

A. 预置幻灯片播放时的动画效果

B. 预置幻灯片播放时的放映方式

C. 预置幻灯片的播放次序

D. 预置幻灯片放映的时间控制

19. 为 PowerPoint 2016 中已选定的文字设置“陀螺旋”动画效果的操作方法是（　　）。

A. 单击“幻灯片放映”选项卡中的“动画方案”按钮

B. 单击“幻灯片放映”选项卡中的“自定义动画”按钮

C. 选择“动画”选项卡中的动画效果

D. 单击“格式”选项卡中的“样式和格式”按钮

20. 若使幻灯片按规定的时间实现连续自动播放，应进行（　　）。

A. 设置放映方式　　B. 打包操作

C. 排练计时　　D. 幻灯片切换

第6章

# 计算机网络与 Internet 技术基础 «‹

2020 年，面对错综复杂的国际形势和新冠疫情的严峻挑战，我国互联网行业直面风险，逆势而上，为我国有效防止新冠疫情，成为全球唯一实现经济正增长的主要经济体，圆满完成脱贫攻坚任务作出了突出贡献。

在习近平总书记关于网络强国的重要思想指引下，我国在以互联网为代表的信息通信技术各相关领域均取得前所未有的历史性成就，互联网基础设施建设全面覆盖，互联网普惠深入推进，数字经济欣欣向荣，高新技术加快探索，互联网治理逐步完善。我们正在以习近平同志为核心的党中央坚强领导下，走在通往网络强国的康庄大道上。

计算机网络是计算机技术与通信技术紧密结合的产物，它的产生使计算机体系结构发生了巨大变化，也成为社会发展和人们日常生活不可缺少的重要组成部分，计算机网络应用已经深入到各个领域。

## 6.1 计算机网络基础

计算机网络是计算机技术与通信技术相结合的产物，通信技术是计算机网络的基石。下面简单介绍有关通信的基本知识，然后讲解网络的定义、功能、分类和组成。

### 6.1.1 通信基础知识

数据通信是指计算机与计算机或数字终端之间进行的数据交换。

#### 1. 数据通信技术基本概念

1）数据通信

通信是把信息从一个地方传送到另一个地方的过程。用来实现通信过程的系统称为通信系统。对一个通信系统来说，必须具备 3 个基本要素，即通信的三要素：信源、信道和信宿。

信源：是信息产生和出现的发源地，既可以是人，也可以是计算机等设备。

信道：是信息传输过程中承载信息的传输介质。

信宿：是接收信息的目的地。

如果一个通信系统传输的信息是数据，则称这种通信为数据通信，实现这种通信的整个系统称为数据通信系统。

2）信息

一般认为信息是人们对现实世界事物存在方式或运动状态的某种认识。信息的表示形式可以是数值、文字、图形、声音、图像和动画等，是人们要通过通信系统传递的内容。信息总是与一定的形式相联系，这种形式实体就是数据。

3）数据

数据是把事物的某些属性规范化后的表现形式，它能被识别，也可以被描述，如十进制数、二进制数、字符、图像等。数据是传递信息的实体，而信息是数据的内容或解释。

数据可分为模拟数据和数字数据。

模拟数据是在一定的数值范围内可以连续取值的信号，是一种在某区间内连续变化的电信号，如气温的变化、声音的高低等。这种数据是一个连续变化的物理量，可以按照不同频率在各种不同的介质上传输。

数字数据是一种离散的脉冲序列，它取几个不连续的物理状态来代表数字，如年份、人数的取值。最简单的离散数字是二进制数字 0 和 1，它分别用信号的两个物理状态（如低电平和高电平）来表示。

数字数据比较容易存储、处理和传输，模拟数据经过处理也能变成数字数据。数字数据传输也有其缺点，如系统庞大、设备复杂等，所以在某些需要简化设备的情况下，还是采用模拟数据传输。总体来说，现在大多数的数据传输都是数字数据传输。

4）信道

信道是指通信系统中传输信息的通道，由传输介质及相应的附属信号设备组成。

与传输介质不同，信道可分为有线信道和无线信道；根据信道中所传递的信号不同，可以把信道分成模拟信道和数字信道。

5）带宽

信道带宽是指信道在不失真的情况下能够传输信号的频率范围。

信道容量是指信道在单位时间内可以传输的最大信号量。计量单位为“位/秒”，记为 bit/s。信道容量与信道带宽一般成正比关系，即信道带宽越大，信道容量就越大。

**2. 数据通信的传输媒体**

传输媒体又称传输介质，是通信中实际传输信息的载体，也就是通信网络中发送方和接收方之间的物理通路，是通信系统的主要组成部分。传输媒体可分为有线和无线两大类。双绞线、电话线、同轴电缆、光纤等是常用的有线传输媒体；微波、红外线、激光等是无线传输媒体。

1）双绞线

双绞线是一种最简单、最经济、最常用的传输媒体。它通常由 4 对 8 条（4 条单色线和 4 条花白相间线）绝缘的导线扭绞而成，如图 6-1 所示。

双绞线的传输速率为 10～1 000 Mbit/s，日常生活中最常见的电话线就是双绞线。双绞线可以传输模拟信号和数字信号，适合于短距离传输，特别是点对点通信。但线

路损耗大，易受各种电信号干扰，可靠性较差，不适用于高速大容量通信。

2）同轴电缆

同轴电缆是用的较多的传输媒体。它由内外两个导体组成，内导体是一根芯线，用于传输信号，外包一层屏蔽层；外导体是一系列以内导体为轴的金属细线组成的圆柱编织面，用于屏蔽外界干扰，最外面是塑料保护层，如图 6-2 所示。

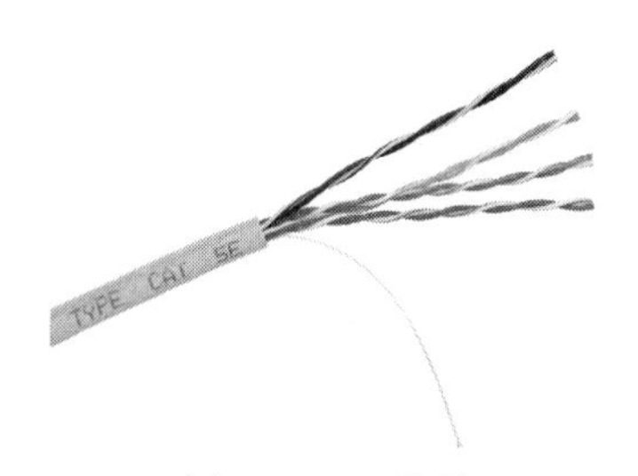

图 6-1　双绞线

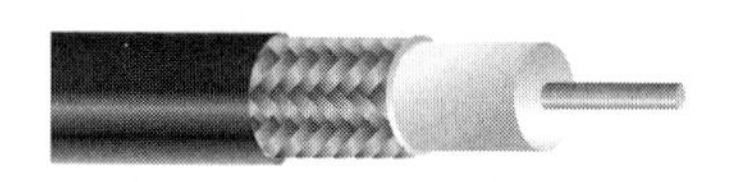
图 6-2　同轴电缆

同轴电缆可用于模拟信号和数字信号的传输，支持点对点连接，也支持多点连接。同轴电缆根据宽带和用途的不同可分为基带同轴电缆和宽带同轴电缆。同轴电缆具有较高的抗干扰能力，通信容量也较大，在有线传输中占有重要地位。

3）光纤

光纤是网络传输媒体中性能最好、应用前途最广的一种介质。光纤是一种能够传导光的传输媒体。光纤由纤芯和包层两部分组成，它由能够传导光波的石英玻璃纤维，外加保护层构成，如图 6-3 所示。根据光的全反射原理，光从折射率大的纤芯射向折射率小的包层界面时，在一定的条件下，光在界面处会全部被反射回纤芯中。所以光波束从光导纤维一端进入纤芯后，能够在纤芯与包层的界面上做多次全反射而曲折前进。

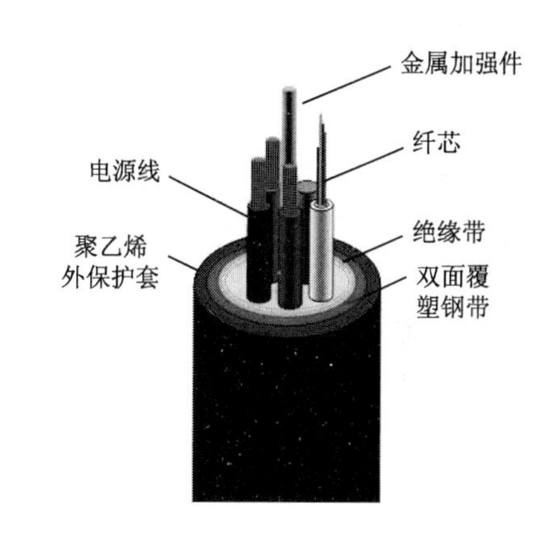

图 6-3　光纤

一根或多根光纤组合在一起形成光缆，光缆还包括一层能吸收光线的外壳。光纤的数据传输速率可达每秒几十吉比特（Gbit/s），传输距离达几百千米。光纤具有损耗低、传输速率高、传输距离远和抗电磁干扰能力强等优点，尤其是对环境因素有很强的抵抗能力。缺点是成本较高，相配套的设备也较贵。

无线传输媒体通过大气进行传输，目前有微波、红外线、激光、卫星通信等技术。无线电通信在无线电广播和电视广播中已经得到广泛使用，而且无线电通信现在广泛应用于电话领域，构成蜂窝式的无线电话网。便携式计算机的出现以及在军事、野外等特殊场合下移动式通信联网的需要，促进了数字化无线移动的发展。无线局域网也开始投入使用，能在一栋楼内提供快速、高性能的计算机联网技术。

**3. 常用的通信网络**

数据传输信道是实现数据传输的基础，也是数据通信网和数据通信系统的重要组成部分。

1）电话网络

公共交换电话网（PSTN）是将若干电话终端由通信线路与中心交换机按某种形式连接的通信网络。电话网具有覆盖面广、结构设计简单、使用简便等优点。电话网进行数据通信有两种形式：一是直接通过公用电话交换网，在两地用户之间实现数据的传输；二是利用电话网向用户提供固定持续的传输电路。电话网可以直接用来开放数据传输业务，在未出现公用数据网以前，大量的数据业务均集中在电话网中，电话网的传输质量与服务质量对数据通信的发展影响甚大。

2）移动电话系统

移动电话（Cellular Telephone）系统，即移动通信，是为在两个移动设备之间或一个移动单元和固定（地面）单元之间建立稳定的通信连接而设计的。由于其具有移动性、自由性，以及不受时间地点限制等特性，在现代通信领域，它已成为与卫星通信、光通信并列的重要通信手段。

现代的移动电话系统都采用蜂窝结构。蜂窝结构大大地提高了系统的容量，在概念上解决了无线频率拥挤的问题。

所谓蜂窝系统，是指将移动电话服务区划分为若干个彼此相邻的小区，每个小区设立一个基站的网络结构。由于这种单元格的划分类似于蜂窝的形状（六边形），多个小区相邻排列就像蜂窝的结构，故称为蜂窝电话系统，如图 6-4 所示。

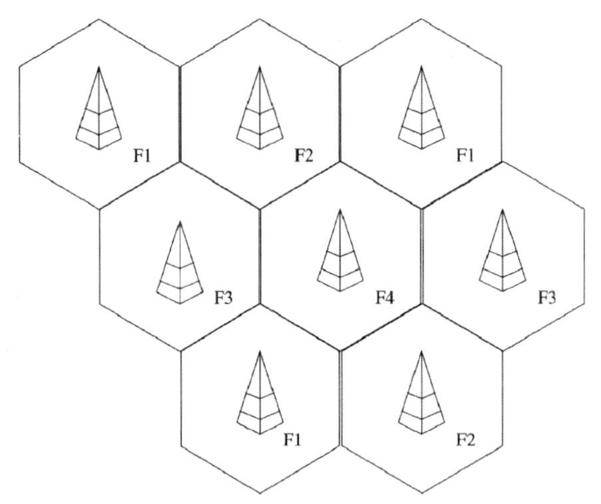


图 6-4　蜂窝电话系统原理图

目前我国的移动电话系统是 4G 和 5G 网络。5G 网络指的是在移动通信网络发展中的第五代网络，与之前的四代移动网络相比较而言，5G 网络在实际应用过程中表现出更加强化的功能，并且理论上其传输速度每秒能够达到数十吉字节，这种速度是 4G 移动网络的几百倍。对于 5G 网络而言，其在实际应用过程中表现出更加明显的优势及更加强大的功能。

2021 年 11 月 16 日，工信部召开“十四五”信息通信业发展规划新闻发布会。会上，工信部信息通信发展司司长谢存表示，目前，我国已建成 5G 基站超过 115 万个，占全球 70%以上，是全球规模最大、技术最先进的 5G 独立组网网络。

3）卫星通信系统

卫星通信系统由卫星和地球站两部分组成。卫星在控制系统中起中继站作用，把地球站发上来的电磁波放大后再返回另一地球站。卫星的接收和发送能力由卫星上的一个工作在吉赫兹范围内的中继装置转发器提供，这个中继装置称为转发器。一颗卫星上往往设有多个转发器以增大其传输能力。地球站则是卫星系统与地面公众网的接口，地面用户通过地球站出入卫星系统形成链路。由于静止卫星在赤道上空 36 000 km 高处，它绕地球一周时间恰好与地球自转一周（23 小时 56 分 4 秒）一致，从地面看上去如同静止不动一样，故称为地球同步卫星。只要 3 颗相隔 120° 的同步卫星就能覆盖整个赤道圆周。

使用卫星通信很容易实现越洋和洲际的全球通信。适合卫星通信的频率范围一般为微波频段，即 1～10 GHz 频段。随着应用的需求和深入，也开始使用一些新的频段，如 12 GHz、14 GHz、20 GHz 及 30 GHz 频段等。卫星通信系统的优缺点如下：

优点：通信范围大，只要在卫星发射的波束覆盖范围均可进行通信，覆盖面广；受自然灾害的影响不大；传输容量大；可以方便地实现广播和多址通信。

缺点：由于两地球站间电磁波传播距离超过 72 000 km，信号到达有延迟；10 GHz 以上频率段易受雨雪的影响，空间传播损耗比较大；天线易受太阳噪声和地面其他无线信号的影响。

4）综合业务数字网络

电话系统在很大程度上依赖于模拟信号进行通信，但是随着数字通信的不断增加，现有的电话系统已经无法满足各种业务的需要，于是综合业务数字网络（Integrated Services Digital Network，ISDN）应运而生。ISDN 是以电话综合数字网（IDN）为基础发展起来的网络，它以公共交换电话网作为通信网络，即利用电话线进行数字传输。它提供端到端的数字连接，允许在一个单独的系统中同时传送声音、数据、传真、视频等信号。

由于 ISDN 完全采用数字信道，因而能获得较高的带宽、较好的通信质量和可靠性。同时，用于在使用电话线路进行拨号上网时，不影响正常的电话使用。ISDN 为今后可能出现的新的通信业务提供了可扩展性。

5）Cable Modem 和 ADSL

Cable Modem（电缆调制解调器）是利用有线电视网进行数字传输的宽带接入技术。Cable Modem 与普通的电话调制解调器原理大致相同，将数据进行调制后在电缆的一个频率范围内传输，接收时再进行解调。Cable Modem 除了提供视频信号业务外，还能提供语音、数据等宽带多媒体信息业务。Cable Modem 采用分层树状结构，是一个较粗糙的总线网络，当线路上用户激增时，其速度将会减慢。此外，它必须兼顾现有的有线电视节目，而占用大部分带宽，其速率将受到影响。

ADSL（Asymmetric Digital Subscriber Line，非对称数字用户线）是 DSL 的一种非对称版本，也是一种调制技术。它能在现有电话线上传输高带宽数据以及多媒体和视频信息，并且允许数据和语音在一根电话线上同时传输。ADSL 技术提供的数据传输速率是不对称的，下行速率为 1.5～9 Mbit/s，上行速率为 16 kbit/s～1 Mbit/s。

ADSL 中的“非对称”概念是指在电缆中发送（上行信号）和接收（下行信号）的速率是不同的。一般在因特网浏览、视频点播时，上行信号速率要小于下行信号速率，两者之间具有“不对称”特征。

除速率外，ADSL 更为吸引人的地方是：它在同一铜线上分别传送数据和语音信号，数据信号并不通过电话交换机设备，减轻了电话交换机的负载，并且不需要拨号，一直在线，属于专线上网方式。这意味着使用 ADSL 上网并不需要缴付另外的电话费。

### 6.1.2 计算机网络的定义和功能

计算机网络是计算机技术与通信技术相结合的产物，它在当今社会中得到越来越广泛的应用，同时在计算机领域中也占据越来越重要的地位。

#### 1．计算机网络的定义

目前计算机网络比较公认的定义是：计算机网络是指在网络协议控制下，通过通信设备和线路实现地理位置不同且具有独立功能的多台计算机系统之间的连接，并通过功能完善的网络软件（即网络通信协议、信息交换方式及网络操作系统等）实现资源共享的计算机系统。其中，资源共享是指在网络系统中的各计算机用户均能享受网络内其他各计算机系统中的全部或者部分资源。

计算机网络综合应用了几乎所有的现代信息处理技术、计算机技术、通信技术的研究成果，把分散在广泛领域中的许多信息处理系统连接在一起，组成一个规模更大、功能更强、可靠性更高的信息综合处理系统。

#### 2．计算机网络的功能

计算机网络系统具有多种功能，其中最主要的功能是资源共享和快速远程通信，主要有以下几个方面：

1）资源共享

共享计算机系统的资源是建立计算机网络的最初目的。系统资源包括硬件、软件和数据，资源共享使分散资源的利用率大大提高，避免了重复投资，降低了使用成本。

2）快速远程通信功能

计算机网络的发展使得地理位置相隔遥远的计算机用户也可以方便地进行远程通信，这种通信方式是电话、传真或信件等现有通信方式新的补充，典型的例子就是电子邮件（E-mail）。远程通信可使分布在不同地区的计算机通过网络及时、高速地传递各种信息。

3）提高系统的可靠性和可用性

当网络系统中的某一个计算机负担过重时，可以通过网络将任务传送到另一台计算机中进行处理，使网络中的计算机负载均衡，提高了计算机的利用效率。此外，还可以让网络中的多台计算机共同处理同一个任务，当某一台计算机出现故障时，其他计算机可以继续处理该任务，从而提高了系统的可靠性。

4）集中管理和分布处理

计算机网络具有资源共享功能，使得在一台或多台计算机上管理其他计算机上的资源成为可能。例如，在飞机订票系统中，航空公司通过计算机网络管理分布于各地

的计算机，统筹安排机票的分配、预定等工作。

5）综合信息服务

当今的信息社会，商业、金融、文化、教育、新闻等各行业每时每刻都在产生并处理大量的信息，计算机网络能支持文字、图片、语音、视频等各种信息的收集、传输和加工工作，已成为社会公共信息处理的基础设施。综合信息服务就是通过网络为各行各业提供各种及时、准确、详尽的信息。

### 6.1.3 计算机网络的组成与分类

#### 1．计算机网络的组成

计算机网络包括计算机硬件、软件、网络体系结构以及通信技术等，主要有：

1）服务器

服务器是一台高性能的计算机，用于网络管理、运行应用程序、处理各个网络工作站的信息请求等，并连接一些外围设备。服务器为网络提供共享资源，根据其作用的不同分为文件服务器、应用程序服务器、通信服务器和数据库服务器等。

2）客户机

客户机又称工作站，连入网络中由服务器进行管理和提供服务的计算机都属于客户机，其性能一般低于服务器，客户机是网络用户直接处理信息和事务的计算机。

3）网络适配器

网络适配器又称网卡，用于将用户计算机与网络相连接。

4）网络电缆

网络电缆用于网络设备之间的通信连接，常用的网络电缆有双绞线、同轴电缆、光纤等。

5）网络操作系统

网络操作系统是用于管理网络的软件。常用的网络操作系统有 UNIX、Linux、Novell NetWare、Windows Server 2022 等。

6）协议

协议是网络设备之间进行相互通信的语言和规范。

7）网络软件

网络软件一方面授权用户对网络资源的访问，帮助用户方便、安全地使用网络；另一方面管理和调度网络资源，提供网络通信和用户所需的各种网络服务。一般包括网络协议、通信软件以及管理和服务软件等。

#### 2．计算机网络的分类

计算机网络的分类标准很多，按照网络覆盖地理范围的大小，将计算机网络分为局域网、城域网和广域网。

局域网（Local Area Network，LAN）作用范围较小，一般分布在一个房间、一栋建筑物或一个企事业单位内。地理范围在 10 m～1 km，传输速率在 10 Mbit/s 以上，目前常见局域网的速率有 100 Mbit/s 和 1 000 Mbit/s。局域网技术成熟，发展快，是计算机网络中最活跃的领域之一。

城域网（Metropolitan Area Network，MAN）作用范围为一座城市，地理范围为5～10 km，传输速率一般在10 Mbit/s以上，既可以是专用网，也可以是公用网，采用的技术基本上与局域网相似。

广域网（Wide Area Network，WAN）作用范围很大，可以是一个地区、一个省、一个国家及跨国集团，地理范围一般在10 km以上，传输速率相对较低。

按照网络拓扑结构来分，可以将计算机网络分为总线、星状、环状和混合型等。

按照网络的传输介质来分，可以分为双绞线网、光纤网、无线网等。

按照网络使用范围来分，可以分为公用网和专用网。

按照传输技术来分，可以分为广播网与点对点网。

## 6.2 计算机网络协议与体系结构

网络协议是计算机网络必不可少的，一个完整的计算机网络需要有一套复杂的协议集合，组织复杂的计算机网络协议的最好方式就是层次模型。将计算机网络层次模型和各层协议的集合定义为计算机网络体系结构（Network Architecture）。

### 6.2.1 网络协议的基本概念

所谓计算机网络协议，就是指为了使网络中的不同设备能进行正常的数据通信，预先制定的一整套通信双方互相了解和共同遵守的格式和约定。协议对于计算机网络而言是非常重要的，可以说没有协议，就不可能有计算机网络，协议是计算机网络的基础。

在Internet上传送的每个消息最少要通过三层协议：网络协议（Network Protocol），负责将消息从一个地方传送到另一个地方；传输协议（Transport Protocol），管理被传送内容的完整性；应用程序协议（Application Protocol），作为对通过网络应用程序发出的一个请求的应答，它将传输的消息转换成人类能识别的内容。

一个网络协议主要由语义、语法、时序3部分组成。

语义：“讲什么”，即需要发出何种控制信息，完成何种动作以及做出何种应答。

语法：“如何讲”，即数据与控制信息的结构和格式，包括数据格式、编码及信号电平等。

时序：“如何应答”，即对有关事件实现顺序的详细说明，如速度匹配、排序等。

### 6.2.2 网络体系结构

计算机网络体系结构可以定义为是网络协议的层次划分与各层协议的集合，同一层中的协议根据该层所要实现的功能来确定。各对等层之间的协议功能由相应的底层提供服务完成。

国际标准化组织（International Standards Organization，ISO）在20世纪80年代提出的开放系统互连参考模型（Open System Interconnection，OSI），将计算机网络通信协议分为7层，从下到上分别为物理层、数据链路层、网络层、传输层、会话层、表示层和应用层。每层各尽其职，其结构框架如图6-5所示。

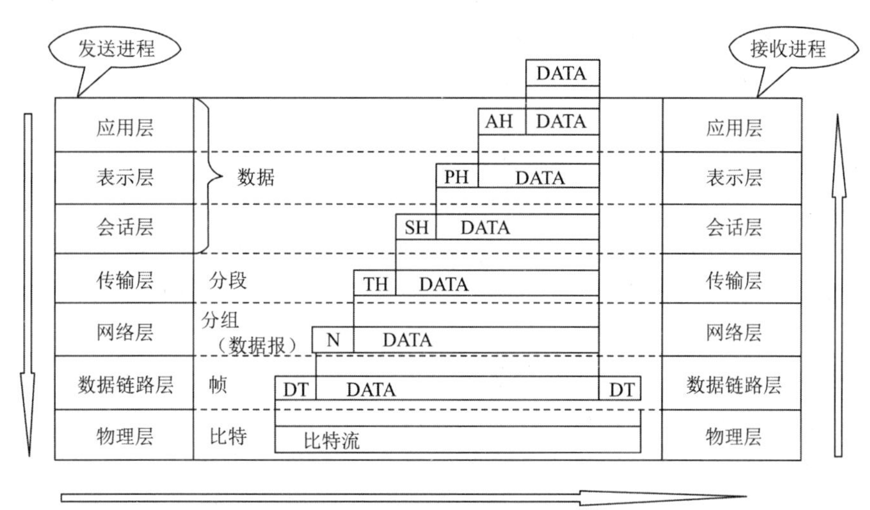


图 6-5　OSI 参考模型结构框架

分层的好处是利用层次结构可以把开放系统的信息交换问题分解到一系列容易控制的软硬件模块一层中，而各层可以根据需要独立进行修改或扩充功能；同时，有利于不同制造厂家的设备互连，也有利于大家学习、理解数据通信网络。

OSI 参考模型中，不同层完成不同的功能，各层相互配合通过标准的接口进行通信。

第 7 层应用层：OSI 中的最高层。为特定类型的网络应用提供了访问 OSI 环境的手段。应用层确定进程之间通信的性质，以满足用户的需要。应用层不仅要提供应用进程所需要的信息交换和远程操作，而且还要作为应用进程的用户代理完成一些为进行信息交换所必需的功能。包括：文件传送访问和管理（FTAM）、虚拟终端（VT）、事务处理（TP）、远程数据库访问（RDA）、制造报文规范（MMS）、目录服务（DS）等协议；应用层能与应用程序界面沟通，以达到展示给用户的目的。在此常见的协议有 HTTP、HTTPS、FTP、TELNET、SSH、SMTP、POP3 等。

第 6 层表示层：主要用于处理两个通信系统中交换信息的表示方式。为上层用户解决用户信息的语法问题。它包括数据格式交换、数据加密与解密、数据压缩与终端类型的转换。

第 5 层会话层：在两个节点之间建立端连接。为端系统的应用程序之间提供了对话控制机制。此服务包括建立连接是以全双工还是以半双工的方式进行设置，尽管可以在第 4 层中处理双工方式；会话层管理登录和注销过程。它具体管理两个用户和进程之间的对话。如果在某一时刻只允许一个用户执行一项特定的操作，会话层协议就会管理这些操作，如阻止两个用户同时更新数据库中的同一组数据。

第 4 层传输层：常规数据递送，面向连接或无连接。为会话层用户提供一个端到端的可靠、透明和优化的数据传输服务机制。包括全双工或半双工、流控制和错误恢复服务；传输层把消息分成若干个分组，并在接收端对它们进行重组。不同的分组可以通过不同的连接传送到主机。这样既能获得较高的带宽，又不影响会话层。在建立连接时传输层可以请求服务质量，该服务质量指定可接受的误码率、延迟量、安全性等参数，还可以实现基于端到端的流量控制功能。

第 3 层网络层：本层通过寻址建立两个节点之间的连接，为源端的运输层送来的分组，选择合适的路由和交换节点，正确无误地按照地址传送给目的端的运输层。它包括通过互联网络来路由和中继数据；除了选择路由之外，网络层还负责建立和维护连接，控制网络上的拥塞以及在必要时生成计费信息。常用设备有路由器等。

第 2 层数据链路层：在此层将数据分帧，并处理流控制。屏蔽物理层，为网络层提供一个数据链路的连接，在一条有可能出差错的物理连接上，进行几乎无差错的数据传输（差错控制）。本层指定拓扑结构并提供硬件寻址。常用设备有网卡、网桥、交换机等。

第 1 层物理层：处于 OSI 参考模型的最低层。物理层的主要功能是利用物理传输介质为数据链路层提供物理连接，以便透明地传送比特流。常用设备有（各种物理设备）集线器、中继器、调制解调器、网线、双绞线、同轴电缆。

数据发送时，从第 7 层传到第 1 层，接收数据则相反，参考图 6-5。

## 6.3 局域网组网技术

局域网（LAN）是指在某一区域内由多台计算机互连而成的计算机组，一般是方圆几千米以内。局域网可以实现文件管理、应用软件共享、打印机共享、工作组内的日程安排、电子邮件和传真通信服务等功能。局域网是封闭型的，可以由办公室内的两台计算机组成，也可以由一个公司内的上千台计算机组成。

### 6.3.1 局域网的特点及拓扑结构

#### 1．局域网的特点

局域网是指将小范围内有限的通信设备互连在一起的通信网。决定局域网特性的主要技术要素有 3 个：网络拓扑结构、传输介质与介质访问控制方法。

IEEE 802 局域网标准化委员会对局域网的定义为：局域网是一个数据通信系统，其传输范围在中等地理区域，使用中等或高等的传输速率，可连接大量独立设备，在物理信道上互相通信。

局域网的基本特点有：

（1）联网范围较小。一般分布在一个公司、校园、厂区或一个建筑物内等。

（2）传输速率高。它的传输速率范围一般为 1 ~ 10 000 Mbit/s。数据传输速率高达 100 000 Mbit/s 的高速局域网已经开始应用。

（3）误码率低。误码率低至 $10^{-8}$～$10^{-11}$。

（4）保密性好，可靠性高，便于安装和维护。

#### 2．局域网的拓扑结构

网络拓扑（Topology）结构是指用传输介质互连各种设备的物理布局。网络中的计算机等设备要实现互连，需要以一定的结构方式进行连接，这种连接方式称为“拓扑结构”，通俗地讲，就是这些网络设备是如何连接在一起的。拓扑结构可以分为 4 类：星状、总线、环状、混合型。

1）星状

星状拓扑结构网络由中心节点和其他从节点组成，中心节点可直接与从节点通信，而从节点间必须通过中心节点才能通信，如图 6-6 所示。在星状网络中，中心节点通常由一种称为集线器或交换机的设备充当，因此网络上的计算机之间是通过集线器或交换机相互通信的，是局域网最常见的方式。

2）总线

总线网络采用单根传输线作为传输介质，所有站点都通过相应的硬件接口直接连接到传输介质或总线上。使用一定长度的电缆将设备连接在一起，设备可以在不影响系统中其他设备工作的情况下从总线中取下，任何一个站点发送的信号都可以沿着介质传播，而且能被其他所有站点接收，如图 6-7 所示。总线拓扑的优点是：电缆长度短，易于布线和维护；结构简单，传输介质又是无源元件，从硬件的角度看，十分可靠。总线拓扑的缺点是：因为总线拓扑的网络不是集中控制的，所以故障检测需要在网络的各个站点上进行；在扩展总线的干线长度时，需重新配置中继器、剪裁电缆、调整终端器等；总线上的站点需要介质访问控制功能，这增加了站点的硬件和软件费用。

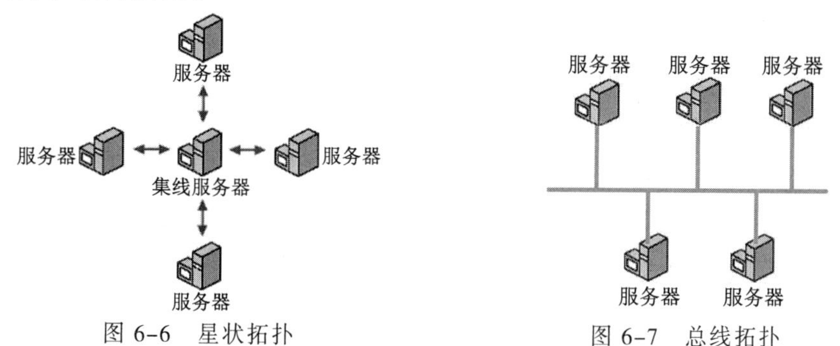


图 6-6　星状拓扑　　图 6-7　总线拓扑

这种网络拓扑结构中所有设备都直接与总线相连，它所采用的介质一般也是同轴电缆（包括粗缆和细缆），不过也有采用光缆作为总线传输介质的，如 ATM 网、Cable Modem 所采用的网络等都属于总线网络结构。

总线网络是一种比较简单的计算机网络结构，它采用一条称为公共总线的传输介质，将各计算机直接与总线连接，信息沿总线介质逐个节点广播传送。

3）环状

环状拓扑结构由连接成封闭回路的网络节点组成的，每一节点与它左右相邻的节点连接，如图 6-8 所示。环状网络的一个典型代表是令牌环局域网，它的传输速率为 4 Mbit/s 或 16 Mbit/s，这种网络结构最早由 IBM 推出，但被其他厂家采用。在令牌环网络中，拥有“令牌”的设备允许在网络中传输数据。这样可以保证在某一时间内网络中只有一台设备可以传送信息。在环状网络中信息流只能是单方向的，每个收到信息包的站点都向它的下游站点转发该信息包。信息包在环网中“旅行”一圈，最后由发送站进行回收。

这种结构的网络形式主要应用于令牌网中，在这种网络结构中各设备是直接通过电缆来串接的，最后形成一个闭环，整个网络发送的信息就是在这个环中传递，通常把这类网络称为“令牌环网”。实际上大多数情况下这种拓扑结构的网络不会使所有计算机真的要连接成物理上的环状，一般情况下，环的两端是通过一个阻抗匹配器来实现环的封闭的，因为在实际组网过程中因地理位置的限制不能真正做到环的两端物理连接。

4）混合型

混合型网络拓扑结构是由前面所讲的星状结构和总线结构的网络结合在一起的网络结构，这样的拓扑结构更能满足较大网络的拓展，解决星状网络在传输距离上的局限，而同时又解决了总线网络在连接用户数量方面的限制。这种网络拓扑结构同时兼顾了星状网络与总线网络的优点，在缺点方面得到了一定的弥补，如图 6-9 所示。

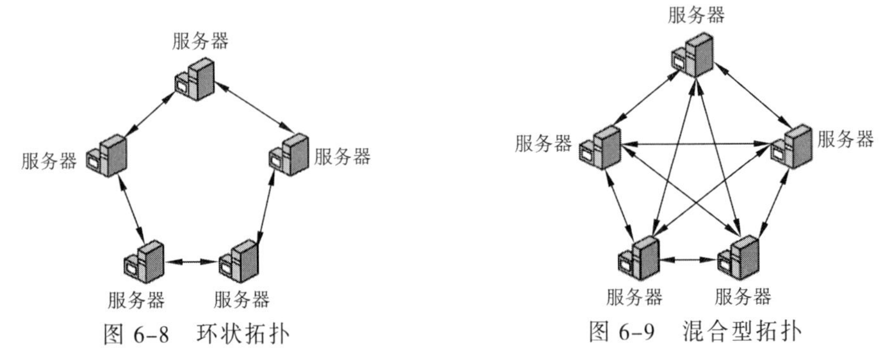


图 6-8　环状拓扑　　图 6-9　混合型拓扑

混合型网络拓扑结构主要用于较大型的局域网中，如果一个单位有几栋办公楼在地理位置上分布较远（当然是同一小区中），若单纯用星状网络组建整个公司的局域网，因受到星状网络传输介质——双绞线的单段传输距离（100 m）的限制很难成功；如果单纯采用总线结构布线则很难承受公司的计算机网络规模的需求。结合这两种拓扑结构，在同一栋楼层采用双绞线的星状结构，而不同楼层采用同轴电缆的总线结构，而在楼与楼之间也必须采用总线结构，传输介质当然要视楼与楼之间的距离而定，如果距离较近（500 m 以内）可以采用粗同轴电缆做传输介质；如果在 180 m 之内还可以采用细同轴电缆做传输介质；如果超过 500 m 则只能采用光缆或者粗缆加中继器来满足。

### 6.3.2　网络互连设备

网络互连时，必须解决如下问题：在物理上如何把两种网络连接起来。一种网络如何与另一种网络实现互访与通信，如何解决它们之间协议方面的差别，如何处理速率与带宽的差别。解决这些协调、转换机制的部件就是中继器、集线器、网桥、交换机、路由器和网关等。

#### 1．中继器

中继器是局域网互连的最简单设备，它工作在 OSI 体系结构的物理层，它接收并识别网络信号；然后再生信号并将其发送到网络的其他分支上。要保证中继器能够正常工作，首先要保证每一个分支中的数据包和逻辑链路协议是相同的，如图 6-10 所示。例如，在 802.3 以太局域网和 802.5 令牌环局域网之间，中继器是无法使它们通信的。

中继器没有隔离和过滤功能，它不能阻挡含有异常的数据包从一个分支传到另一个分支。这意味着，一个分支出现故障可能影响到其他每一个网络分支。

### 2. 集线器

集线器是有多个端口的中继器，简称 HUB，如图 6-11 所示。

图 6-10　中继器

图 6-11　集线器 Hub

集线器是一种以星状拓扑结构将通信线路集中在一起的设备，相当于总线，工作在物理层，是局域网中应用最广的连接设备，按配置形式分为独立型 HUB、模块化 HUB 和堆叠式 HUB 3 种。

智能型 HUB 改进了一般 HUB 的缺点，增加了桥接能力，可滤掉不属于自己网段的帧，增大网段的频宽，且具有网管能力和自动检测端口所连接的 PC 网卡速度的能力。

### 3. 网桥

网桥（Bridge）是一个局域网与另一个局域网之间建立连接的桥梁。网桥是属于数据链路层的一种设备，它的作用是扩展网络和通信手段，在各种传输介质中转发数据信号，扩展网络的距离，同时又有选择地将有地址的信号从一个传输介质发送到另一个传输介质，并能有效地限制两个介质系统中无关紧要的通信，如图 6-12 所示。网桥可分为本地网桥和远程网桥。本地网桥是指在传输介质允许的长度范围内互连网络的网桥；远程网桥是指连接的距离超过网络的常规范围时使用的远程桥，通过远程桥互连的局域网将成为城域网或广域网。如果使用远程网桥，则远程桥必须成对出现。

### 4. 交换机

交换式以太网数据包的目的地址将以太包从原端口送至目的端口。向不同的目的端口发送以太包时，就可以同时传送这些以太包，达到提高网络实际吞吐量的效果。网络交换机可以同时建立多个传输路径，所以在应用连接多台服务器的网段上可以收到明显的效果，如图 6-13 所示。

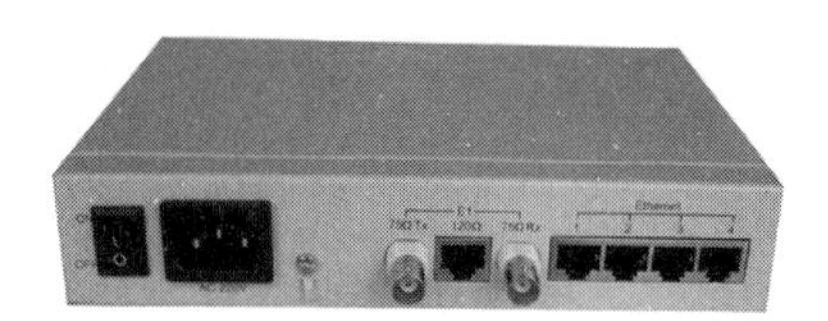
图 6-12　网桥

图 6-13　交换机

5. 路由器

路由器工作在 OSI 体系结构中的网络层，这意味着它可以在多个网络上交换和路由数据包。路由器通过在相对独立的网络中交换具体协议的信息实现这个目标。比起网桥，路由器不但能过滤和分隔网络信息流、连接网络分支，还能访问数据包中更多的信息，并用来提高数据包的传输效率，如图 6-14 所示。

路由器比网桥慢，主要用于广域网或广域网与局域网的互连。路由器分本地路由器和远程路由器，本地路由器是用来连接网络传输介质的，如光纤、同轴电缆和双绞线；远程路由器是用来与远程传输介质连接，并要求相应的设备，如电话线要配调制解调器，无线要通过无线接收机和发射机。

6. 网关

在一个计算机网络中，当连接不同类型而协议差别又较大的网络时，则要选用网关设备。网关的功能体现在 OSI 模型的最高层，它将协议进行转换，将数据重新分组，以便在两个不同类型的网络系统之间进行通信，如图 6-15 所示。由于协议转换是一件复杂的事，一般来说，网关只进行一对一转换，或是少数几种特定应用协议的转换，网关很难实现通用的协议转换。用于网关转换的应用协议有电子邮件、文件传输和远程工作站登录等。网关和多协议路由器（或特殊用途的通信服务器）组合在一起可以连接多种不同的系统。

图 6-14　路由器

图 6-15　网关

## 6.3.3　交换机组网及配置

对于使用两台以上的计算机组建局域网，一般需要用到交换机（Switch）等网络设备。如果组建的网络规模较小，计算机数量较少，只需一台交换机就可以满足网络连接的要求，可以采用单一交换机结构组图；如果网络中的计算机数量较多，一台交换机的端口数量不足以容纳所连接的计算机的数量，可以采用两台以上的交换机级联结构或堆叠式交换机结构组网。在实际应用中，人们常常将单一交换机结构、堆叠式交换机结构与多交换机级联结构结合起来实现企业网络的组建。

1. 交换机组网

用交换机组网的局域网特点是：组网成本低，施工、管理和维护简单。在网络结构上，把所有节点电缆集中在以交换机为中心的节点上。其连接方式基本上采用星状拓扑结构或星状总线结构，交换机位于节点的中心。

以交换机为节点中心的优点是当网络中某条线路或计算机出现故障时，不会影响

网络上其他计算机的正常工作。

根据交换机的安装方式，交换机可分为桌面型和机架结构两种。桌面型交换机造型精巧，通常直接放置在桌面上，端口数量较少，适用于中小型办公网络环境。机架结构的交换机端口数量较多，通常安装在机柜中或机架上。

较常用交换机的端口数量主要有 8 口、16 口和 24 口等几类。交换机带宽分为 100 Mbit/s、1 000 Mbit/s 和 10 000 Mbit/s 等。

2．安装和协议配置

1）有线网络

在 Windows 10 中配置网络，与过去在 Windows 7 中的操作有一些变化，它用设置代替了之前版本的控制面板功能。选择"开始"→"设置"命令，选择"网络和 Internet"选项，进入图 6-16 所示的窗口，可以通过形象化的映射图了解到自己的网络状况，在这里可以进行各种网络相关的设置。

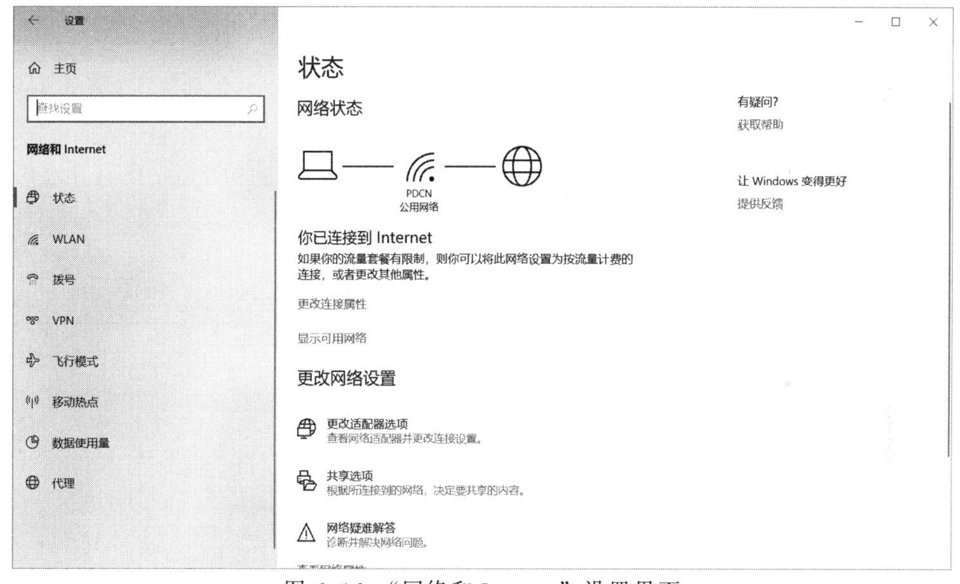


图 6-16 "网络和 Internet"设置界面

Windows 10 的安装程序会自动将网络协议等配置妥当，基本不需要手工介入，因此一般情况下只要把网线插入相应的接口即可，也可能会多一个 PPPOE 宽带拨号验证身份的步骤。建立 PPPOE 宽带拨号的具体步骤如下：

（1）在"网络和共享中心"窗口中，单击"更改网络设置"中的"设置新的连接或网络"按钮。

（2）在"设置连接或网络"窗口中，单击"连接到 Internet"按钮，单击"下一步"按钮。

（3）进入"连接到 Internet"窗口，选择"宽带（PPPOE）"单选按钮。

（4）接着，在"用户名"和"密码"文本框中输入从网络服务商（ISP）处获取的账号和密码，可以勾选"记住此密码"复选框，最后单击"连接"按钮，即完成整个 PPPOE 宽带拨号上网操作。

2）无线网络

当启用无线网卡后，单击系统任务栏中的“网络连接”图标，系统会自动搜索附近的无线网络信号，所有搜索到的可用无线网络就会显示在上方的小窗口中。每一个无线网络信号都会显示信号强度，如图 6-17 所示。

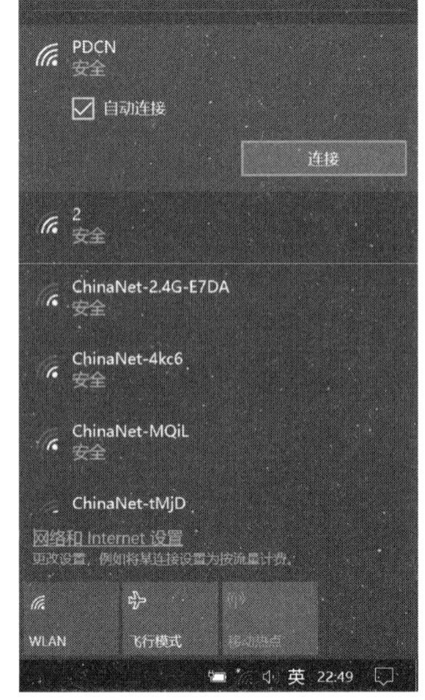

图 6-17　搜索到的无线网络信号

对于没有加密的网络，单击要连接的无线网络，然后单击“连接”按钮，稍等片刻，即可开始上网。如果要连接的是加密的网络，需要输入相应的“安全密钥”，即所谓的无线加密密码，单击“确定”按钮完成无线网络连接设置。最后，可以看到所选的网络右侧有个“已连接”标签，说明连接成功。

3. 网络连接状况检查

（1）查看桌面右下角的网络图标有没有红色的×，如果有，说明是物理连接不通，需要检查网络，或者是网卡和网线的接触不良。

（2）如果本地物理连接正常，网络仍然不通，可以用测试命令 Ping。Ping 127.0.0.1，如果通，说明网卡没有问题。否则，可能是网卡安装、驱动等问题。

（3）确定本机没有问题后，如果不能访问因特网，一般是宽带拨号的问题。检查拨号设置是否正确，如果设置正确，仍然不能拨号成功，应该咨询运营商，寻求解决。

## 6.4　因特网的技术与应用

Internet 是世界上最大、覆盖面最广的计算机因特网，它的中文译名为“因特网”，人们也常称为“互联网”。Internet 使用 TCP/IP 将全世界不同国家、不同地区、不同部门和结构的不同类型的计算机、国家主干网、广域网、局域网等，通过网络互连设备高速互连，因此把因特网称为“网络的网络”。

### 6.4.1　因特网的基本技术

有人说 Internet 很复杂又很神秘，即使是网络专家也未必能全部了解 Internet 全部的内涵。又有人说 Internet 其实很简单，只要会用鼠标和浏览器，任何人都可以在 Internet 世界里遨游。

1. Internet 的基本概念

Internet 是位于世界各地的成千上万的计算机相互连接在一起形成的，可以相互通信的计算机网络系统，它是当今最大、最著名的国际性资源网络。它就像在世界各地的计算机之间架起的一条条高速公路，各种信息在上面快速传递。这种高速公路像蜘蛛网一样构成网状结构，使人们得以在全球范围内交换各种各样的信息。

今天的 Internet 已经远远超过了网络的含义，它是一个社会。

从网络通信技术角度看，Internet 是一个基于 TCP/IP 通信协议连接各个国家、地区以及各个机构的计算机网络的数据通信网。

从信息资源的角度看，Internet 是集各个领域、各个学科的各种信息资源于一体，为网络上用户所共享的信息资源网。

一般用户完全可以不必关心 Internet 是如何组合在一起的，也可不必知道 TCP/IP 的细节，大多数用户上网的目的是获取有用的信息，如收发邮件、浏览新闻、与人交流等。

### 2. Internet 的产生与发展

Internet 的前身是美国国防部高级研究计划局（ARPA）在 1968 年研制的计算机实验网络（ARPANet），旨在帮助军方人员利用计算机进行信息交换。由此而来的一系列研究及成果标志着一个崭新的网络时代的开端，并为后来的 Internet 发展奠定了基础。因此，人们把 ARPANet 称为 Internet 的前身。

Internet 的真正发展是从 1988 年开始的，这一年美国国家科学基金会（NSF）把在全国建立的五大超级计算机中心用通信干线连接起来，组成基于 IP 协议的计算机通信网络 NSFNET，并以此作为 Internet 的基础，实现同其他网络的连接。之后，其他联邦部门的计算机网络相继并入 Internet。从此以后，NSF 计算机中心一直肩负着扩展 Internet 的使命，最终将 Internet 向全社会开放。

今天的 Internet 已经渗透社会生活的各个方面，人们通过 Internet 可以随时了解最新的生活信息、新闻动态等。

### 3. 因特网的通信协议——TCP/IP

Internet 是建立在把全世界的网络集合起来的基础上的，这些网络可能存在许多不同类型的计算机，因此必须有个共同的东西通过某种方式把所有这一切都没有障碍地集合在一起，这就是 TCP/IP 协议。

TCP/IP 协议的实际名称来自于最重要的两个协议，TCP（Transmission Control Protocol，传输控制协议）和 IP（Internet Protocol，因特网协议）。实际上，TCP/IP 协议一词并不仅仅是指这两个协议，而是常常用来代表与 TCP/IP 协议相关的一组协议，如文件传输协议（FTP）、远程终端访问协议（Telnet）、邮件传输协议（SMTP）等，但在习惯上把 Internet 的通信协议统称为 TCP/IP 协议。

根据 TCP/IP 协议的内容，将其分为网络接口层、网络层、传输层和应用层。常用的 TCP/IP 协议集如图 6-18 所示。

<table>
<tr><td>应用层</td><td colspan="4">Telent、FTP、HTTP、P2P</td><td colspan="2">SNMP、TFTP、NFS、P2P</td></tr>
<tr><td>传输层</td><td colspan="4">TCP</td><td colspan="2">UDP</td></tr>
<tr><td>网络层</td><td colspan="3">ARP</td><td colspan="2">IP</td><td>ICMP</td></tr>
<tr><td rowspan="2">链路层</td><td rowspan="2">以太网</td><td rowspan="2">令牌网</td><td>FDDI</td><td colspan="2">HDLC</td><td>PPP</td></tr>
<tr><td colspan="2">802.2</td><td colspan="2">802.3</td></tr>
</table>

图 6-18　TCP/IP 协议

### 4. 因特网的接入方式

网络的丰富资源吸引着每个人，要想利用这些资源，首先必须将用户的计算机接入因特网。所谓接入方式，是指用户采用什么设备、通过什么数据通信网络系统或线路接入网络。根据所采用的数据通信网络系统类型，接入网络大致可分为如下几种方式：

1）拨号上网

这是因特网发展之初最常用的上网方式，只要有公用电话交换网的电话线、计算机，再配置一个调制解调器（Modem），即可访问因特网资源。

拨号上网适用于个人使用，它具有费用便宜、连接地点灵活等优点，但受电话线的制约，也存在传输速率低、稳定性差等缺点。这种拨号上网方式已淘汰。

2）专线接入

专线接入 Internet 一般将整个局域网接入因特网，在这种情况下，局域网中的任何一台计算机都可以访问 Internet。所以，整个局域网接入 Internet 必须租用带宽较高的专线，以提高访问 Internet 的速度，减少网络拥挤。

3）宽带接入 ADSL

ADSL（非对称数字用户线路）的重要特征是能够在现有的电话线上实现大容量、多媒体信息的传输，目前被普遍认为是具有良好应用前景的宽带接入技术。

ADSL 中“非对称”的概念是指上行、下行的速率不同。一般在因特网浏览、视频点播等网络应用时，上行信号的速率要小于下行信号的速率，两者之间具有“不对称”特征。其次，ADSL 带宽是独享的，不会因为业务量或接入用户数量的增加而导致服务质量的下降，一旦发生故障也只会影响单个用户。

4）无线接入

所谓无线接入，主要是指从交换节点到用户终端部分或全部采用无线手段的接入技术。无线接入可以分为移动接入和固定接入两大类。如移动电话和一部分笔记本计算机的常用 WAP（Wireless Application Protocol）接入都是典型的移动接入。应用日益广泛的无线局域网 WLAN（Wireless Local Area Network）、微波接入、卫星接入技术则属于固定接入。借助于无线接入技术，无论何时何地，人们都可以轻松地接入因特网。

### 6.4.2 IP 地址与域名

为了实现网络上不同计算机之间的通信，除使用相同的通信协议 TCP/IP 之外，每台计算机都必须有唯一的地址，即网络地址 IP。为了不让用户记住复杂的 IP 地址，给 Internet 上的每个服务器取了一个名字，这就是域名。

#### 1. IP 地址

庞大的 Internet 中有众多的主机，若要进行信息交流，则每台网络计算机都要有唯一的地址。这就像在日常生活中朋友之间互相通信，就必须知道通信地址一样，IP 地址就是 Internet 中每一台主机的唯一标识。

1）IP 地址的构成

IPv4 地址共 32 位（4 字节），每个字节用十进制数表示，其取值范围为 0～255。字节之间以圆点“.”分隔，称为点分十进制表示。例如，某台主机的 IP 地址为 00111010 11000111 01011001 10101000，写成点分十进制表示形式是 58.199.89.168。

在 Internet 中，所有的 IP 地址都由国际组织（Network Information Center，NIC）负责统一分配，目前全世界共有 3 个这样的网络信息中心。

（1）InterNIC：负责美国及其他地区。

（2）ENIC：负责欧洲地区。

（3）APNIC：负责亚太地区。

我国申请 IP 地址要通过 APNIC，APNIC 的总部设在日本东京大学。申请时要考虑申请哪一类的 IP 地址，然后向国内的代理机构提出。

由于 IP 地址资源有限，不可能每一台连网的计算机都分配一个 IP 地址。用户上网时由 Internet 服务提供商（Internet Service Provider，ISP）分配一个临时 IP 地址，称为动态 IP 地址，断网后该 IP 地址被收回。

查看本机 IP 地址的步骤如下：

（1）打开“网络和共享中心”窗口。

（2）单击左侧的“更改适配器设置”超链接，打开“网络连接”窗口。

（3）双击“本地连接”，在“常规”选项中单击“详细信息”按钮，即可看到本机的 IPv4 地址，如图 6-19 所示。

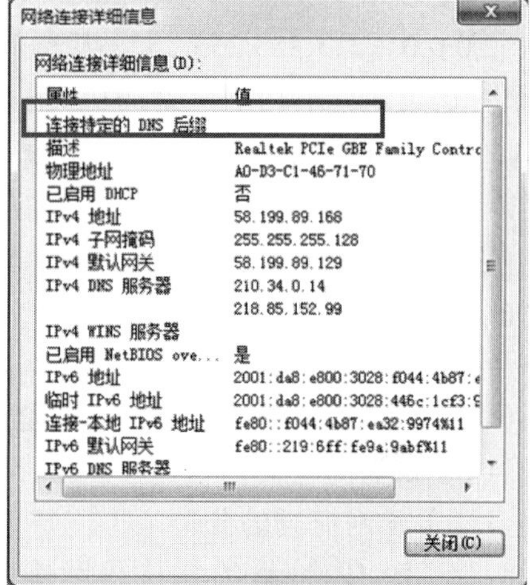


图 6-19 本机 IP 地址

2）IP 地址的分类

Internet 由众多独立的网络互连而成，每个网络包含若干台计算机。由于这个原因，IP 地址分为网络号和主机号两部分。根据网络规模的大小，把 IP 地址分为 A、B、C、D、E 共 5 类，其中常用的是 A、B、C 这 3 类，如图 6-20 所示。

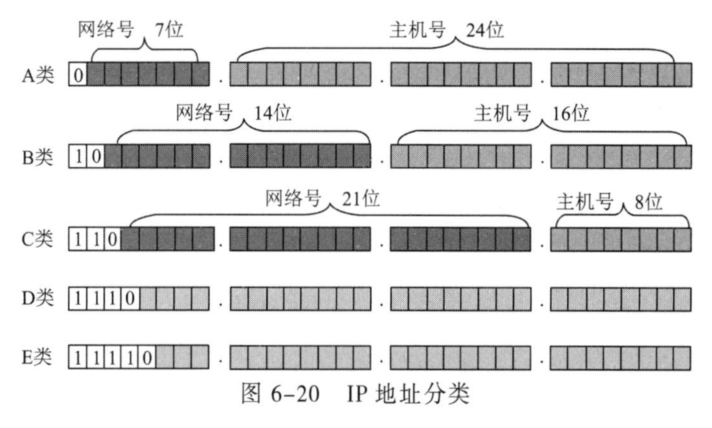


图 6-20 IP 地址分类

（1）A 类地址：该类地址的第一个字节的首位为二进制数 0，其他 7 位为网络号，后 3 个字节为主机号。因此，A 类地址的表示范围是 1.0.0.0～127.255.255.255（全 0 是无效地址，127 开头的 IP 地址是保留回环地址，不能出现在网络上），其所能表示的网络数有 126 个，每个网络中的主机有 $2^{24}-2$ 个（主机地址全 0 表示当前网络 IP，全 1 表示该网络的广播地址，均不能分给具体的主机使用）。这类地址适用于具有大量主机的大型网络。

（2）B 类地址：该类地址的第一个字节的前两位为二进制数 10，其他 6 位和第二字节为网络地址，后两个字节为主机号。因此，B 类地址的表示范围是 128.0.0.0～191.255.255.255，其所能表示的网络数有 $2^{14}$ 个，每个网络中的主机有 $2^{16}-2$ 个。这类地址适用于中等规模主机数的网络。

（3）C 类地址：该类地址的第一个字节的前 3 位为二进制数 110，其他 5 位和第二、三字节为网络地址，最后一个字节为主机号。因此，C 类地址的表示范围是 192.0.0.0～223.255.255.255，其所能表示的网络数有 $2^{21}$ 个，每个网络中的主机有 $2^{8}-2$ 个。这类地址适用于小型局域网。

**2. 子网掩码**

子网掩码的格式与 IP 地址格式相似，也是 4 个字节共 32 位，字节之间以圆点“.”分隔，由一连串连续的“1”和连续的“0”组成。“1”对应网络号和子网号字段，“0”对应主机号字段。

1）子网掩码的作用

子网掩码不能单独存在，它必须结合 IP 地址一起使用，用于划分 IP 地址中的网络地址和主机地址。

2）子网掩码的分类

A 类 IP 地址的默认子网掩码为 255.0.0.0；B 类 IP 地址的默认子网掩码为 255.255.0.0；C 类 IP 地址的默认子网掩码为 255.255.255.0。

**3. 域名系统**

IP 地址是用数字来表示一台主机的地址，难以记忆，且不能表现其含义。为了便于对网络地址的记忆和分层管理，引入域名管理系统（Domain Name System，DNS），通过 IP 地址与域名之间的一一对应关系，使用户避开难以记忆的 IP 地址，而用域名来标识网络中的计算机。

在 Internet 中，每个域都有各自的域名服务器，负责注册该域内的主机，建立本域内主机的域名和 IP 地址对照表。当域名服务器收到域名时，将域名解释为对应的 IP 地址。

1）域名地址的结构

域名采用分层结构，自左向右分别为：

```
主机名.三级域名.二级域名.顶级域名
```

域名一般用英文字母（大小无区别）、汉语拼音、数字、汉字或其他字符表示。各级域名之间用圆点“.”分隔，从右到左各部分之间是上层对下层的包含关系。

例如，www.xm.gov.cn 表示厦门市人民政府官网的域名地址，cn 代表中国的计算机网络，gov 代表政府，xm 代表厦门市，www 代表万维网。

2）顶级域名的分类

顶级域名有两种类型：组织或机构顶级域名和国家或地区顶级域名。为了表示主机所属组织或机构的性质，Internet 的管理机构给出了 7 个顶级域名。常见的通用顶级域名如表 6-1 所示，常见的国家或地区域名如表 6-2 所示。

表 6-1 通用国际顶级域名

| 传统域名 | 含义 | 新增域名 | 含义 |
|---|---|---|---|
| com | 商业机构 | biz | 商业、企业机构 |
| edu | 教育机构 | info | 信息服务机构 |
| gov | 政府部门 | firm | 公司企业机构 |
| int | 国际机构 | shop | 销售公司和企业 |
| mil | 军事机构 | web | 万维网机构 |
| net | 网络机构 | arts | 文化娱乐机构 |
| org | 非营利组织 | rec | 消遣娱乐机构 |
| ac | 科研机构 | nom | 个人 |

表 6-2 常见的国家或地区域名

| 域名 | 国家或地区 | 域名 | 国家或地区 | 域名 | 国家或地区 |
|---|---|---|---|---|---|
| au | 澳大利亚 | nz | 新西兰 | my | 马来西亚 |
| be | 比利时 | es | 西班牙 | pt | 葡萄牙 |
| fl | 芬兰 | ch | 瑞士 | il | 以色列 |
| de | 德国 | gb | 英国 | jp | 日本 |
| ie | 爱尔兰 | at | 奥地利 | no | 挪威 |
| it | 意大利 | ca | 加拿大 | se | 瑞典 |
| nl | 荷兰 | dk | 丹麦 | cn | 中国 |
| ru | 俄罗斯 | fr | 法国 | us | 美国 |
| br | 巴西 | in | 印度 | kr | 韩国 |

4．IP 地址和域名的关系

在 Internet 中，每一台计算机都有唯一的 IP 地址，但不是所有上网的计算机都有域名地址。例如拨号上网的计算机就没有域名，但它有 IP 地址。

每一个 IP 地址都指向唯一的计算机，但每个域名的指向并不唯一。例如，域名 www.baidu.com，所对应的 IP 有 115.239.211.112、115.239.210.27、111.13.100.91、180.97.33.108、220.181.112.244、61.135.169.121、112.80.248.74 等。智能域名解析系统会根据用户的网络，选择一个最快的服务器 IP 推荐给用户连接。

IP 与域名的对应关系不是唯一的。一台主机可以有多个 IP，也可以有多个域名。一些企业和公司为了防止域名被别人抢注，通常将与公司或产品形象相关和相近的名称全部注册成域名，这些域名都指向同一个 IP 地址，因而用户使用任何一个域名上网都能登录主页，如嘉庚学院域名，www.xujc.com 和 www.xujc.cn 就是指向同一个服务器。

5．IPv6 协议

网际协议第 6 版（Internet Protocol version 6，IPv6）是网际协议的最新版本，用作互联网的网络层协议。用它来取代 IPv4 主要是为了解决 IPv4 地址枯竭问题，同时它也在其他方面对于 IPv4 有许多改进。

现今的互联网络发展蓬勃，截至 2018 年 1 月，全球上网人数已达 40.21 亿，IPv4 仅能提供约 42.9 亿个 IP 位置。虽然当前的网络地址转换及无类别域间路由等技术可延缓网络位置匮乏之现象，但为求解决根本问题，从 1990 年开始，互联网工程工作小组开始规划 IPv4 的下一代协议，除要解决即将遇到的 IP 地址短缺问题外，还要发展更多的扩展，为此 IETF 小组创建 IPng，以让后续工作顺利进行。1994 年，各 IPng 领域的代表们于多伦多举办的 IETF 会议中，正式提议 IPv6 发展计划，该提议直到同年的 11 月 17 日才被认可，并于 1996 年 8 月 10 日成为 IETF 的草案标准，最终 IPv6 在 1998 年 12 月由互联网工程工作小组以互联网标准规范（RFC 2460）的方式正式公布。

1）IPv6 编码

IPv6 具有比 IPv4 大得多的编码地址空间。这是因为 IPv6 采用 128 位的地址，而 IPv4 使用的是 32 位。因此新增的地址空间支持 $2^{128}$（约 $3.4\times10^{38}$）个地址，具体数量为 340 282 366 920 938 463 463 374 607 431 768 211 456 个，也可以说成 $16^{32}$ 个，因为 32 位地址每位可以取 16 个不同的值。

网络地址转换是当前减缓 IPv4 地址耗尽最有效的方式，而 IPv6 的地址消除了对它的依赖，被认为足够在可以预测的未来使用。就以地球人口 70 亿人计算，每人平均可分得约 $4.86\times10^{28}$ 个 IPv6 地址。

2）IPv6 格式

IPv6 二进位制下为 128 位长度，以 16 位为一组，每组以冒号“:”隔开，可以分为 8 组，每组以 4 位十六进制方式表示。例如，2001:0db8:85a3:08d3:1319:8a2e:0370:7344 是一个合法的 IPv6 地址。类似于 IPv4 的点分十进制，同样也存在点分十六进制的写法，将 8 组 4 位十六进制地址的冒号去除后，每位以点号“.”分组，例如，2001:0db8:85a3:08d3:1319:8a2e:0370:7344 则记为 2.0.0.1.0.d.b.8.8.5.a.3.0.8.d.3.1.3.1.9.8.a.2.e.0.3.7.0.7.3.4.4，其倒序写法用于 ip6.arpa 子域名记录 IPv6 地址与域名的映射。

同时 IPv6 在某些条件下可以省略。每项数字前导的 0 可以省略，省略后前导数字仍是 0 则继续，如下组 IPv6 是等价的：

2001:0DB8:02de:0000:0000:0000:0000:0e13

2001:DB8:2de:0000:0000:0000:0000:e13

2001:DB8:2de:000:000:000:000:e13

2001:DB8:2de:00:00:00:00:e13

2001:DB8:2de:0:0:0:0:e13

可以用双冒号“::”表示一组 0 或多组连续的 0，但只能出现一次。如果四组数字都是零，可以被省略。遵照以上省略规则，下面这两组 IPv6 都是相等的：

2001:DB8:2de:0:0:0:0:e13

2001:DB8:2de::e13

### 6.4.3 万维网 WWW

WWW（World Wide Web，万维网）简称 Web 或 3W，它使用“超文本”技术，将 Internet 中不同地点的 WWW 服务器中的数据链接起来，用户只要轻点鼠标，就可以浏览世界各地网站中的文本、图片、音频和视频等信息。

**1．万维网的基本概念**

1）超文本（Hyper Text）

超文本与文本（Text）的差别在于链接方式不同。文本的内容是线性有序的，它不可能从一个条目跳转到与此相关但不连续的其他条目；而超文本的链接方式除了线性链接外，还可有非线性链接，它可以从一个条目跳转到与此相关但不连续的其他条目，超文本的链接方式可以是无序的。

2）超链接（Hyper Link）

超链接在本质上属于一个网页的一部分，它是一种允许同其他网页或站点之间进行连接的元素。各个网页链接在一起后，才能真正构成一个网站。所谓的超链接，是指从一个网页指向一个目标的连接关系，这个目标可以是另一个网页，也可以是相同网页上的不同位置，还可以是一个图片，一个电子邮件地址，一个文件，甚至是一个应用程序。而在一个网页中用来超链接的对象，可以是一段文本或者是一个图片。当浏览者单击已经链接的文字或图片后，链接目标将显示在浏览器上，并且根据目标的类型来打开或运行。

3）超文本标记语言（HTML）

超文本标记语言是标准通用标记语言下的一个应用，也是一种规范，一种标准，它通过标记符号来标记要显示的网页中的各个部分。网页文件本身是一种文本文件，通过在文本文件中添加标记符，可以告诉浏览器如何显示其中的内容（如文字如何处理、画面如何安排、图片如何显示等）。浏览器按顺序阅读网页文件，然后根据标记符解释和显示其标记的内容，对书写出错的标记将不指出其错误，且不停止其解释执行过程，编制者只能通过显示效果来分析出错原因和出错部位。但需要注意的是，对于不同的浏览器，对同一标记符可能会有不完全相同的解释，因而可能会有不同的显示效果。

使用 Edge 浏览器打开任意一个网页，选择“查看”→“源文件”命令，即可看到当前网页的 HTML 源代码。

4）超文本传输协议（HyperText Transfer Protocol，HTTP）

HTTP 是一个客户端和服务器端请求和应答的标准（TCP）。客户端是终端用户，服务器端是网站。通过使用 Web 浏览或者其他工具，客户端发起一个到服务器上指定端口（默认端口为 80）的 HTTP 请求，应答的服务器上存储（一些）资源，如 HTML 文件和图像。对于符合要求的请求，服务器将相应的 HTML 源码用 HTTP 协议封装后传送给客户端，客户端收到后，使用浏览器解释该源码，最终以图文并茂的页面形式展现出来。

5）Web 站点

Internet 上连接着为数众多的各种类型的服务器，如 Web 服务器、FTP 服务器等。

Web 站点即 Internet 中某一台 Web 服务器，或存放 Web 资源的主机。

6）主页（Home Page）

主页就是 Web 站点的第一个 Web 页面，它是该站点的出发点。通过主页进入网站的其他页面，或引导用户访问其他 WWW 网址的页面，其文件名一般为 index 或 default 等。

### 2. 统一资源定位符

统一资源定位符（Uniform Resource Locator，URL）用于表示 Internet 中某一项信息资源的访问方式和所在位置。

URL 由两部分组成，前一部分指出访问方式，后一部分指明某一项信息资源在服务器中的位置，由冒号和双斜线“://”隔开。URL 的格式为：

```
协议名称://主机地址[:端口号]/路径/文件名
```

格式中各部分的含义如下：

（1）协议名称：指明 Internet 资源类型，即服务方式。

（2）主机地址：指明网页所在的服务器域名地址或 IP 地址。

（3）端口：指明进入一个服务器的端口号，它是用数字来表示的，一般可省略。

（4）路径：指明文件所在服务器的目录或文件夹路径。

（5）文件名：指明目录或文件夹中某个具体文件名称。

其中协议名称和主机地址这两部分不可省略。

以下是某 URL 地址的实例：

```
http://baike.baidu.com/view/245485.htm
```

显然，URL 通过逐步缩小范围的方法，在浩瀚的 Internet 中确定某一个文件的位置。上例中，协议名称 http 排除了 Internet 其他类型的服务器，只剩下 WWW 服务器；主机地址 baike.baidu.com 在众多的 WWW 服务器中确定某一台 WWW 服务器（百度百科）；路径 view 指明该台服务器中的一个文件夹 view；文件名 245485.htm 指定该文件夹内的具体文件。

访问 FTP 的 URL 地址实例：

```
ftp://58.199.89.168
```

注意与网页浏览协议 http 的区别。

### 3. 网页浏览器

网页浏览器（Web Browser）是用于浏览网页的客户端程序。在安装 Windows 10 时，已经捆绑安装了微软公司的 Microsoft Edge 浏览器。比较流行的还有火狐（Firefox）、谷歌浏览器（Chrome）、360 浏览器、搜狗浏览器等。

浏览器通过 HTTP 协议与网页服务器交互并获取网页内容。一个网页中可以包含多个文件，每个文件分别从服务器获取。浏览器支持除 HTML 之外的广泛的文件格式，如 JPEG、PNG、GIF 等图像格式，并且支持各种插件，浏览器还支持其他 URL 类型及其相应的协议，如 FTP、Gopher、HTTPS 等。

#### 4. 搜索引擎

Internet 是一个巨大的信息资源库，每天都有新的信息被添加到其中，并以惊人的速度增长。在数以亿计的网页中，快速有效地查找到所需要的信息，就要借助搜索引擎。

搜索引擎其实也是一个网站，只不过该网站专门为用户提供信息检索服务。搜索引擎主动搜索 Internet 中各 Web 站点中的信息并进行索引，然后将索引内容存储到大型数据库中。当用户进行查询时，搜索引擎向用户提供所有指向这些网站的链接。

按工作方式，搜索引擎可分为主题搜索引擎和目录搜索引擎两种。

1）主题搜索引擎

主题搜索引擎通过程序（Spide）自动搜索网站的每一个网页，并把每个网页中代表超链接的相关词汇放入数据库。主题搜索引擎的优点是信息量大、更新及时、无须人工干预；缺点是返回信息过多，包括很多无关信息，用户必须从搜索结果中进行筛选。

主题搜索引擎的代表是“谷歌”和“百度”等。主题搜索引擎通过关键字搜索，返回搜索结果的网页链接。其中百度深刻理解中文用户的搜索习惯，开发出关键词自动提示，用户输入拼音，就能获得中文关键词的正确提示。

2）目录搜索引擎

目录搜索引擎是依靠专职编辑或志愿人员人工收集和处理网页信息。目录搜索引擎的用户界面是分级结构，首页提供了最基本的几个大类的入口，用户可以逐级向下访问，直至找到自己感兴趣的类别。此外，用户也可以利用目录搜索引擎提供的搜索功能直接查找与关键字相关的信息。目录搜索引擎只能在数据库保存的站点描述中搜索，因此站点的动态变化不会反映到搜索结果中，这也是目录搜索引擎与主题引擎之间的一个主要区别。

目录搜索引擎的国内代表有“腾讯”“新浪”“搜狐”等。

### 6.4.4 Microsoft Edge 浏览器的设置

Microsoft Edge 是微软公司推出的网页浏览器，也是使用最广泛的网页浏览器之一。

#### 1. Microsoft Edge 的使用

1）启动 Microsoft Edge

单击任务栏中的按钮，或者选择“开始”→“Microsoft Edge”命令，可打开 Microsoft Edge 窗口，Microsoft Edge 界面如图 6-21 所示。

2）使用 URL 地址浏览网页

由于 HTTP 是 Edge 默认的传输协议，URL 前面的“https://”可以省略。在 Edge 窗口的地址栏中输入 URL 地址 www.sina.com.cn，按【Enter】键打开网站主页，如图 6-22 所示。

图 6-21　Edge 11 界面

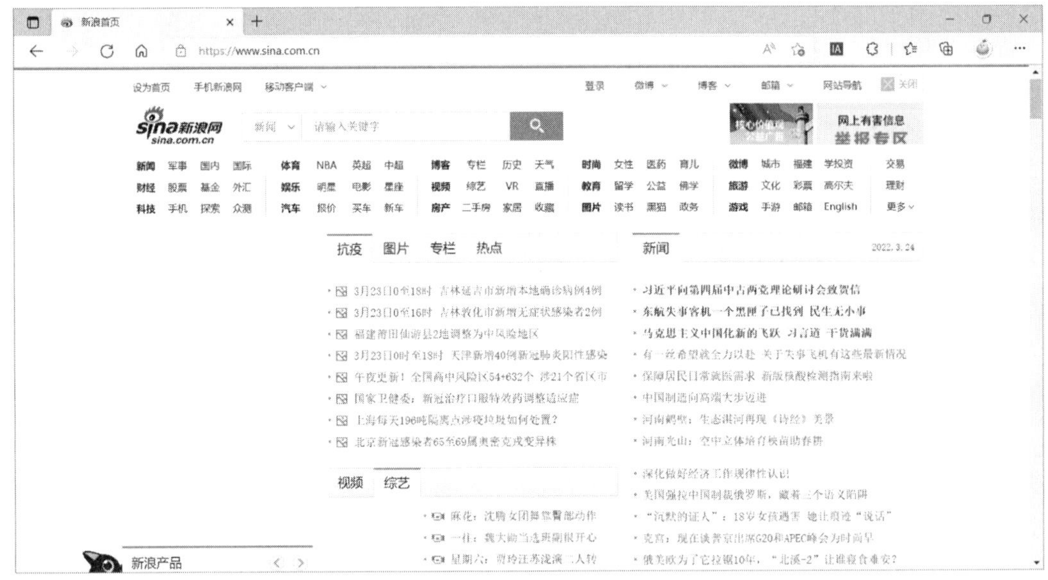


图 6-22　新浪网主页

3）使用收藏夹

所谓收藏夹，就是一个文件夹，在该文件夹下可以建立子文件夹。它的主要功能是帮助收集那些浏览过并可能今后会再次访问的站点。有了收藏夹，就可以尽情地将自己认为有价值的站点添加进去。

收藏的基本操作：

（1）把网页添加到收藏夹。

① 常规添加法：打开 Edge 浏览器，在右上角有个五角星，单击该五角星打开“收藏夹”任务窗格，单击带+号的五角星按钮（将此页添加到收藏夹），在弹出的对话

框中输入新的名称，再选择存放路径。如果想把网址保存到新的目录中，单击“新建文件夹”按钮，输入目录名称再确定即完成收藏夹的添加工作。

② 快捷键添加法：按【Ctrl+D】组合键，后续操作同上。

（2）整理收藏夹。随着精彩网址的不断添加，要在 Edge 收藏夹查找某个网址时会很麻烦。这就需要整理 Edge 收藏夹：

① 在“收藏夹”窗格中可以添加、修改、删除收藏夹目录整理窗口。

重命名：点选一个文件夹或一条记录，然后单击“重命名”按钮，重新输入新名称。

移动：点选一个文件夹或若干条记录，然后按住鼠标左键不放并上下移动鼠标到适当位置，再释放鼠标即可完成。或者用鼠标选定操作目标后，单击“移至文件夹”按钮，再选择目标文件夹并确定也可以达到目的。

删除：选定操作目标，再单击“删除”按钮即可。

② 调整收藏夹排列顺序。打开收藏夹并右击，在弹出的快捷菜单中选择“按名称排列”命令即可。

（3）收藏夹的备份。重装系统以后会发现收藏夹中的“宝贝”都没有了，要想避免这种情况的发生，就要提前备份。可以直接将收藏夹的文件和目录复制到一个安全的目录下；也可以使用 Edge 的收藏夹导出功能：打开 Edge 窗口，单击收藏夹按钮→单击“...”→“导出收藏夹”命令，填写文件名，保存即可。

4）下载程序

（1）在 Edge 地址栏中直接输入网址 https://im.qq.com/download 并按【Enter】键，登录腾讯 QQ 下载主页，如图 6-23 所示。

图 6-23 腾讯 QQ 下载主页

（2）在该页面中，单击 QQ PC 版下的“下载”按钮，再右击“立即下载”按钮，在弹出的快捷菜单中选择“另存为”命令，弹出图 6-24 所示的对话框，即可完成相应文件的下载。

图 6-24 “另存为”对话框

2. Microsoft Edge 的设置

Edge 设置主要在 Edge 的“设置”选项中进行设置和修改。

【例 6.1】设置 Edge，清除过去 7 天的浏览记录及保存的信息。

操作步骤：打开 Edge 浏览器，单击左上侧的“...”按钮，在弹出的菜单中选择“设置”命令，在打开的页面中单击“隐私、搜索和服务”超链接，在右侧单击“清除浏览数据”超链接，单击“选择要清除的内容”按钮，将“时间范围”设置为过去 7 天，单击“立即清除”按钮。具体过程如图 6-25～图 6-27 所示。

图 6-25 选择“设置”命令

图 6-26 设置

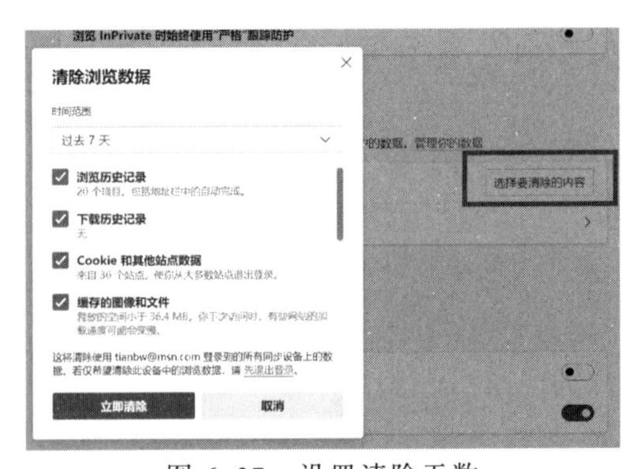


图 6-27 设置清除天数

同时，也可以进行主页设置、Edge 历史访问记录清理、Edge 访问临时文件清理、Cookies 缓存、已存密码等清理设置。

### 6.4.5 电子邮件

电子邮件简称 E-mail，是 Internet 用户之间使用最频繁的服务之一。电子邮件速度快，可靠性高，它不像电话那样要求通信双方同时在场，可以一信多发，可以将文字、图像、语音等多媒体信息集成在一个邮件中发送。

1. 电子邮件的工作原理

电子邮件系统是采用“存储转发”的方式传递邮件。发件人不是把电子邮件直接发到收件人的计算机中，而是发送到 ISP 服务器中，这是因为收件人的计算机并不总是开启或总是与 Internet 建立连接，而 ISP 的服务器每时每刻都在运行。ISP 的服务器相当于“邮局”的角色，它管理着众多用户的电子邮箱，ISP 在服务器的硬盘上为每个注册用户开辟一定容量的磁盘空间作为“电子邮箱”，当有新邮件到来时，就暂时存放在电子信箱中，收件人可以不定期地从自己的电子邮箱中下载邮件。

收发电子邮件目前常采用的协议是 SMTP（Simple Mail Transfer Protocol，简单邮件传输协议）和 POP3（Post Office Protocol 3，第三代邮局协议）。SMTP 将电子邮件从发件人的计算机发送到 ISP 服务器，收件人通过 POP3 把电子邮件从服务器下载到用户的计算机中。电子邮件的工作原理如图 6-28 所示。

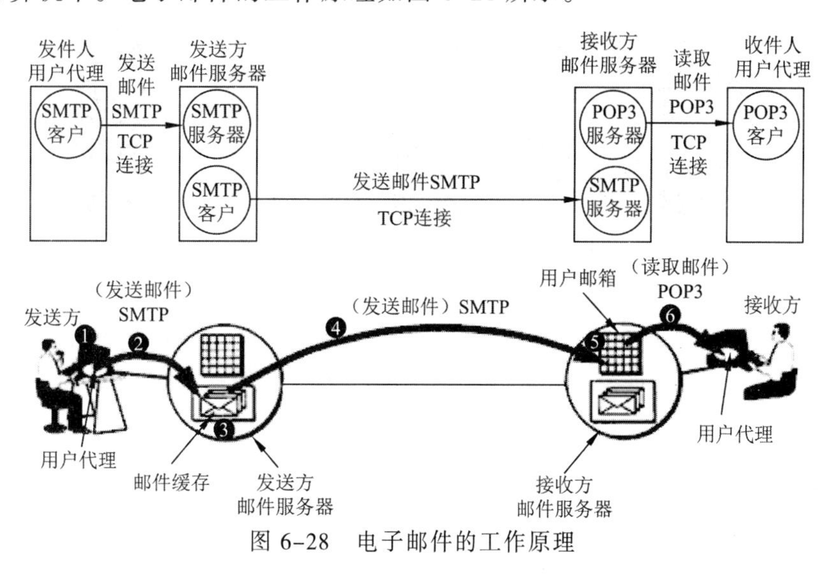


图 6-28　电子邮件的工作原理

2. 电子邮件地址

收发电子邮件需要一个“邮箱”，即 E-mail 账号，可以向 ISP 申请。电子邮件的格式为用户名@主机域名。

例如，有一个电子邮件的地址是 teacher2015@126.com。其中，用户名即账号是“teacher2015”；“@”符号表示英文单词 at，意思是“在”；主机域名即 ISP 服务器的域名，“126.com”是网易公司服务器的域名。

3. 电子邮件客户端软件

邮件客户端通常指使用 IMAP/APOP/POP3/SMTP/ESMTP 协议收发电子邮件的软件，用户不需要登录网页邮箱就可以收发邮件。最常用的电子邮件客户端程序是

Windows 系统附带的电子邮件程序 Outlook Express，此外，中文最大的邮件客户端是已被腾讯收购的软件 Foxmail。

**4．电子邮箱的申请与使用**

1）申请免费电子邮箱

目前几乎所有个人电子邮箱都是免费的，国内比较有名的邮件服务商有网易、新浪、搜狐等。下面以申请网易的 126 免费邮箱为例讲解申请过程。

（1）打开浏览器，在地址栏中输入 URL 地址 http://www.126.com 并按【Enter】键，打开“126 网易免费邮——你的专业电子邮局”窗口，单击“注册”按钮，如图 6-29 所示。

图 6-29 “126 网易免费邮——你的专业电子邮局”窗口

（2）在“注册”窗口中单击“注册字母邮箱”，按要求填写相应的内容，选择“同意‘服务条款’和‘隐私权相关政策’”复选框，最后单击“立即注册”按钮，接着出现中文验证码，填写对应的验证码内容并提交即可注册成功，如图 6-30 ~ 图 6-32 所示。

图 6-30 注册信息

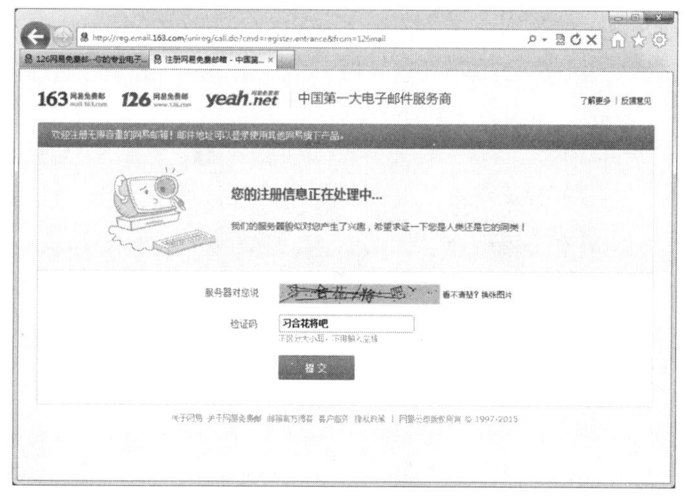

图 6-31　注册验证码

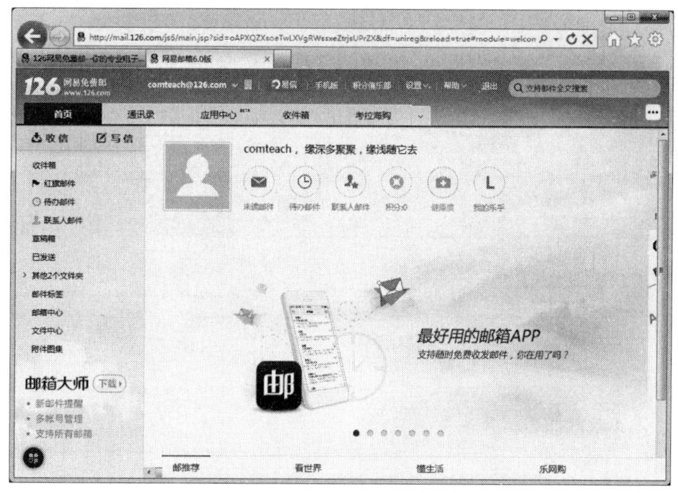

图 6-32　注册成功进入邮箱

2）网页版收发邮件

（1）打开 www.126.com 网址，输入所注册的账号和相应的密码，登录邮箱系统。

（2）收信与查看收件箱。单击“收信”按钮会立即收取邮件服务器上的邮件，单击“收件箱”按钮查看已收取的邮件，如图 6-33 所示。

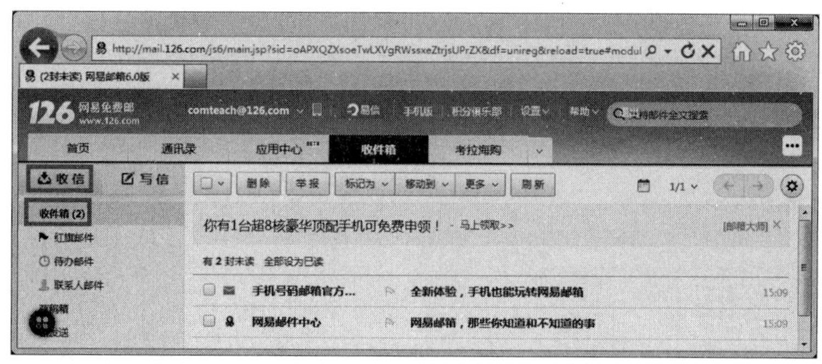

图 6-33　邮箱窗口

（3）对邮件标识标签。打开收件箱中某邮件，如果有需要，可以对此进行单独标识，如设为“红旗”，设置后，可以在“收件箱”左侧单击“红旗邮件”，查看所有被标识“红旗”的邮件，如图 6-34 所示。

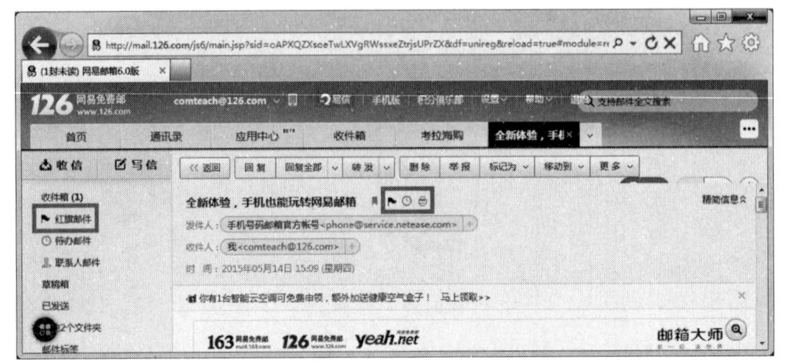

图 6-34　设置标签

（4）撰写电子邮件。单击“写信”按钮，进入具体的发信界面。按要求，填写相应的信息后，单击“发送”按钮即可将该邮件发送出去，如图 6-35 所示。

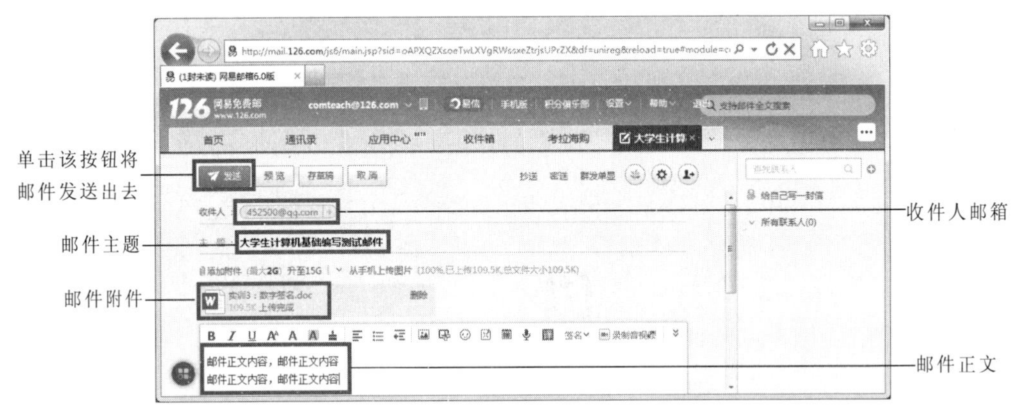


图 6-35　撰写电子邮件

（5）查看已发送的邮件。邮件发送成功后，默认会自动保存在邮箱系统的“已发送”文件夹中，可以打开查看所有发送的邮件，并且未发送成功的邮件系统会特别提示，而且收件箱一般会收到一封退信，说明发送失败的原因，如图 6-36 所示。

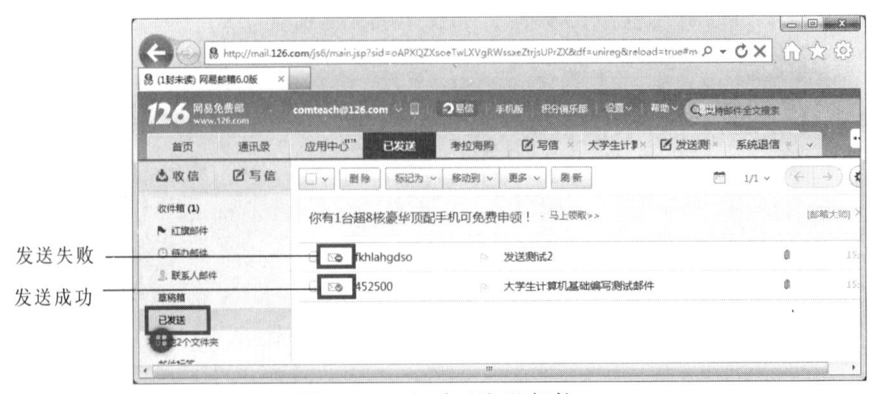


图 6-36　查看已发送邮件

### 6.4.6 网盘的应用

网盘又称网络 U 盘、网络硬盘，是由互联网公司推出的在线存储服务，向用户提供文件的存储、访问、备份、共享等文件管理功能。用户可以把网盘看成一个放在网络上的硬盘或 U 盘，不管是在家中、单位或其他任何地方，只要连接因特网，就可以管理、编辑网盘中的文件。不需要随身携带，更不怕丢失。

#### 1. 国内有名的网盘

1）百度云网盘

百度云网盘是百度 2012 年正式推出的一项免费云存储服务，首次注册即可获得 5 GB 的空间，首次上传一个文件可以获得 1 GB 的空间，登录百度云移动端，就能立即领取 2 048 GB 永久免费容量。目前有 Web 版、Windows 客户端、Android 手机客户端、Mac 客户端、iOS 客户端和 WP 客户端。用户可以轻松地将文件上传到网盘上，普通用户单个文件最大可达 4 GB，并可以跨终端随时随地查看和分享。百度网盘提供离线下载、文件智能分类浏览、视频在线播放、文件在线解压缩、免费扩容等功能。

2）阿里云盘

阿里云盘是阿里巴巴全球资深技术团队倾力打造的一款个人网盘，主要优点为速度快、不打扰、够安全、易于分享，为 C 端用户提供存储备份及智能相册等服务的网盘产品。

阿里云盘于 2020 年 10 月开启内测，在内测阶段需凭邀请码使用，预约公测可获取容量。2021 年 3 月 22 日，阿里云盘正式启动公测，无须邀请码。目前已正式开放给所有用户使用。

阿里云盘特点：

（1）极速下载。不限速，对每个人都是如此，因为速度是用户体验数字世界的基本保障。阿里既提供丰富的在线浏览和编辑功能，也保证在用户需要时轻松下载到本地。

（2）极速上传。将来每个人的内容资产都会存储在云端，阿里乐于帮助用户完成这一步。不止极速，还提供秒传、手机相册自动备份、微信/QQ 群文件自动备份等丰富功能（仅安卓端）。

（3）超大文件快传。文件大小不该成为问题，阿里支持最高 2 TB 超大文件，每个人都可以自由上传，高于市面上大部分产品的付费会员权益。

3）115 网盘

初次登录即可拥有 150 GB 的空间，使用中还可以扩容，通过参加一系列活动（计算机、手机客户端连续登录）可达 8 TB 乃至无限。优越的在线存储技术，分布式网络存储系统架构，让用户无论何时何地，都可快速访问、下载、上传。可针对文件、文件夹共享，再也不用发送一堆分享链接给好友。独特的加密体系、安全功能令用户无后顾之忧，而分享更为简单，只需要单击即可。批量文件，一次选中，全部上传，同样，可批量转移、复制、共享、删除……在线查看图片，在线听歌，在线查看文档，在线修改文档。基于云存储的记事本功能，多终端支持，记事本转发及共享功能，让记事本不只是记事。

4）天翼云盘

天翼云盘是中国电信面向个人及家庭用户推出的云存储服务产品，定位“个人与家庭的数据中心”，为个人及家庭用户提供手机相册备份、多端文件共享、家庭相册分享、云端视频回看等云存储服务。用户同时可拥有个人及家庭云存储空间，通过通信录邀请家人加入，实现一人上传文件，全家共享，还可通过电视、电脑多端同步浏览、观看家庭照片、视频等。

天翼云盘已为超过 4 亿用户提供云存储服务。

国内还有一些其他网盘也比较好用，如腾讯微云、新浪网盘、坚果云、联想企业网盘、华为网盘、搜狐企业网盘等。

**2. 国外有名的网盘**

1）Box

提供免费 5 GB 网络硬盘空间，上传稳定，不掉线。申请后需要收信，单击链接激活账户。

2）OneDrive

微软旗下推出的免费网盘，25 GB 空间，单个文件限制 50 MB 之内，永久保存。速度一般，但很稳定。

3）MediaFire

无限容量空间免费网盘、无限带宽、无限上传/下载次数、不限速度，单个文件 100 MB 以内，无须注册即可上传文件，不限上传文件类型，无存储时间限制，上传图片支持外链。

4）FanBox

一个拥有 Microsoft 风格的在线操作系统，可以上传图片、音乐、视频等内容与朋友分享，共 2 GB 存储空间。

5）ADrive

免费网盘，最大单个文件可达 2 GB，上传文件默认不共享，可以选择将上传的文件共享给他人。Flash 上传界面，无须下载插件，可以一次上传多个文件。缺点是功能不多，速度偏慢。

国外还有一些其他网盘也比较好用，如 SugarSync、DropBox、Gdrive、S3、Yandex 等。

**3. 百度云盘客户端**

1）登录界面

现在大多数网盘服务商，都提供客户端程序。下面挑选一款比较常用的百度网盘客户端“百度网盘”讲解其部分功能，界面如图 6-37 所示。

2）主界面

如果已有百度账号，可以用它直接登录，或者使用新浪、QQ、人人网等合作账号登录。登录成功后，界面如图 6-38 所示。

图 6-37　百度网盘登录界面

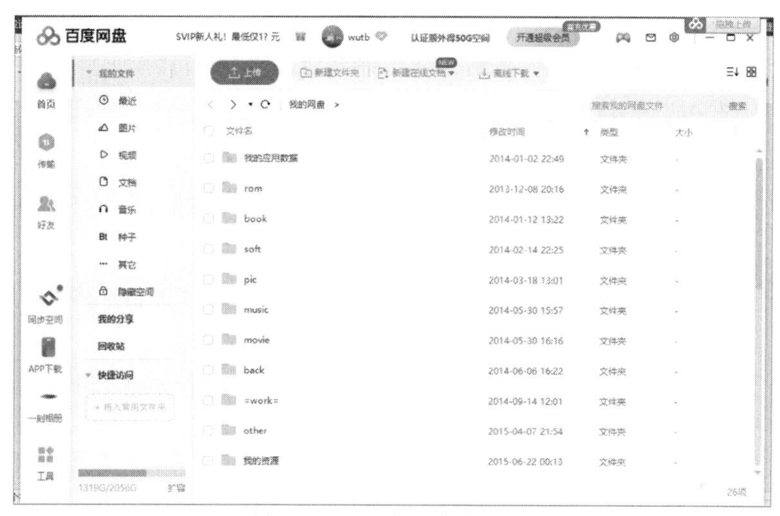

图 6-38　百度网盘主界面

3）上传文件

（1）单击“上传”按钮，如图 6-39 所示。

（2）在弹出“请选择文件/文件夹”对话框中选择文件或者文件夹，如图 6-40 所示。

图 6-39　上传文件

图 6-40　选择要上传的文件/文件夹

（3）开始上传，单击右侧的传输列表，可以查看具体上传的细节，如图 6-41 所示。

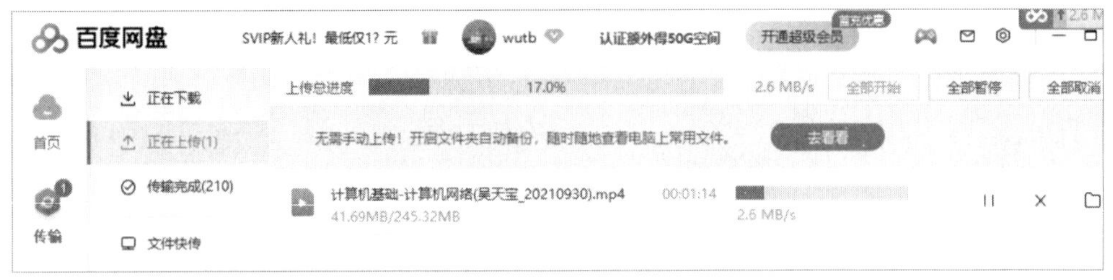


图 6-41　正在上传文件

4）上传文件的大小限制

上传文件最大支持 4 GB；支持批量上传，每次可选择 1 000 个文件。

5）分类模式的作用

上传到百度网盘中的文件，会被自动智能分类，分成图片、视频、文档、音乐等分类，方便查找，如图 6-42 所示。

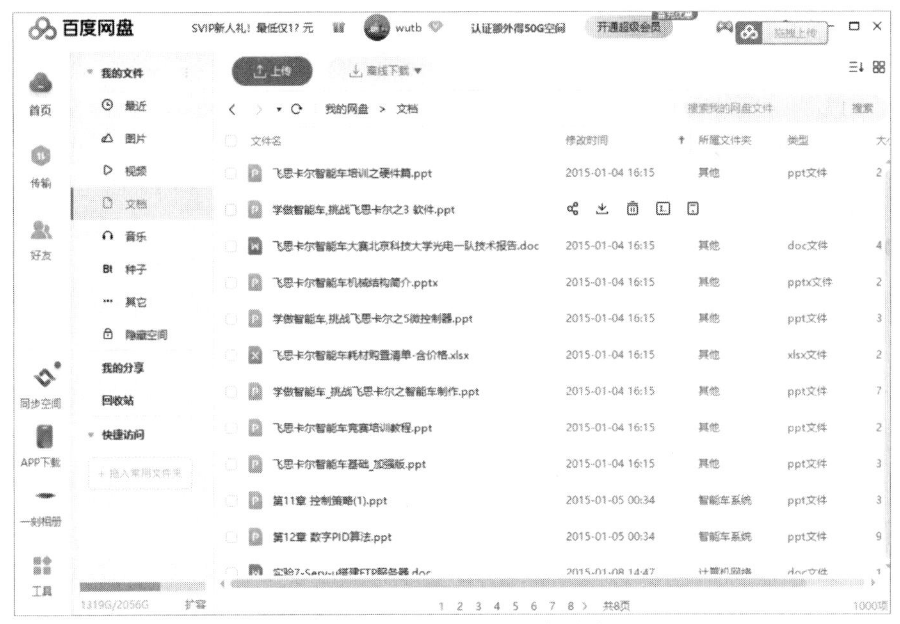


图 6-42　百度网盘的文件分类

百度网盘的功能很多，限于篇幅，本书只介绍这些简单操作。详细使用说明可参考官网的帮助文档。

## 6.5　中国互联网应用发展状况

2021 年上半年我国个人互联网应用呈持续稳定增长态势。其中，网上外卖、在线医疗和在线办公的用户规模增长最为显著，增长率均在 10%以上。基础应用类应用中，搜索引擎、网络新闻的用户规模较 2020 年 12 月分别增长 3.3%、2.3%；商务交易类应用中，在线旅行预订、网络购物的用户规模较 2020 年 12 月分别增长 7.0%、

3.8%；网络娱乐类应用中，网络直播、网络音乐的用户规模较2020年12月均增长3%以上。

不同年龄段在应用使用上呈现出不同的特点。20～29岁年龄段网民对网络音乐、网络视频、网络直播等应用的使用率在各年龄段中最高，分别达84.1%、97.0%和73.5%。30～39岁年龄段网民对网络新闻类应用的使用率最高，达83.4%。10～19岁年龄段网民对在线教育类应用的使用率最高，达48.5%。

十亿网民开启“十四五”数字经济发展新篇章。截至2021年6月，我国网民总体规模超过10亿，庞大的网民规模为推动我国经济高质量发展提供强大内生动力，加速我国数字新基建建设、打通国内大循环、促进数字政府服务水平提升，具体表现在如下三个方面：

**1. 数字新基建加速建设，为网民增长夯实基础**

截至2021年11月底，我国5G网络建设及应用持续有序推进，主要城市5G覆盖不断加快。我国已建成全球规模最大5G独立组网网络，累计开通5G基站115万个，覆盖全国所有地级以上城市，5G终端连接数达3.65亿户。

**2. 数字消费有效稳定疫情冲击，推动国民经济持续稳定增长**

一方面，以电商为代表的数字化服务向四五线城市及乡村下沉，带来城乡双向消费交流互动，在提升下沉市场数字化便利的同时，带来经济增长新引擎；另一方面，随着低龄及高龄网民群体规模不断增长、消费能力不断提升，拉动如医疗健康、二次元、电竞等特定领域消费需求，构成新消费格局。

**3. 数字政府建设有力提升政务服务水平，不断增进人民福祉**

政务服务“好差评”制度体系全面建设，进一步提升企业和群众办事的便利度和获得感、拓展服务途径，落实以人民为中心的服务理念。一方面，全国一体化政务服务平台在疫情期间推出返岗就业、在线招聘、网上办税等高频办事服务700余项，加大政务信息化建设统筹力度；另一方面，各省市推动政务服务向移动端延伸，不断加强地方政务信息化建设，提升地方政务信息系统的快速部署和弹性扩展能力。

## 小　　结

本章介绍了计算机网络的一些基础知识与Internet相关最基本的概念及应用。需要了解数据通信的几个基本概念：数据通信、信息、数据、信道、带宽，掌握计算机网络的定义以及相关分类，了解局域网组网技术。掌握IP地址和域名的概念与分类。了解万维网的基本概念，掌握网页浏览器Edge的一些具体设置，掌握电子邮件的概念、邮件地址格式以及收发电子邮件，了解网盘的一些基本概念等。

## 习　　题

### 一、选择题

1. 数据通信的系统模型由（　　）3部分组成。

A. 数据、通信设备和计算机 B. 信源、数据通信和信宿
C. 发送设备、同轴电缆和接收设备 D. 计算机、连接电缆和网络设备

2. 调制解调器的主要作用是（ ）。
A. 将模拟信号转换成数字信号 B. 将数字信号转换成模拟信号
C. 将模拟信号和数字信号互相转换 D. 将串行信号转换成并行信号

3. ISDN是（ ）的英文缩写。
A. 非对称数字用户线路 B. 电缆调制解调器
C. 综合业务数字网络 D. 蜂窝电话系统和公用电话系统

4. ADSL中的“非对称”的概念是指（ ）。
A. 上行信号速率大于下行信号速率
B. 上行信号速率小于下行信号速率
C. 上行信号速率和下行信号速率相同
D. 上行信号速率大于8.448 Mbit/s

5. ADSL是运行在（ ）上的一种新的高速宽带技术。
A. 普通电话线 B. 有线电视线
C. 专用电话线 D. ADSL专用线

6. 下面不属于局域网网络拓扑结构的是（ ）。
A. 总线 B. 星状 C. 复杂型 D. 环状

7. IPv4地址的二进制位数为（ ）。
A. 32 B. 48 C. 128 D. 156

8. 以下IP地址中，属于B类地址的是（ ）。
A. 112.200.12.23 B. 210.123.22.33
C. 167.111.122.21 D. 58.199.89.10

9. 在OSI七层结构模型中，最低层是（ ）。
A. 表示层 B. 网络层 C. 应用层 D. 物理层

10. 在因特网域名中，com通常表示（ ）。
A. 商业组织 B. 教育机构 C. 政府部门 D. 军事部门

11. TCP/IP协议在Internet中的作用是（ ）。
A. 定义一套网间互连的通信规则或标准
B. 定义采用哪一种操作系统
C. 定义采用哪一种电缆互连
D. 定义采用哪一种程序设计语言

12. 在电子邮件服务中，（ ）用于邮件客户端将邮件发送到服务器端。
A. POP3 B. IMAP C. SMTP D. ICMP

13. 一个学校的计算机网络系统，属于（ ）。
A. WAN B. MAN C. LAN D. SAN

14. 如果使用Edge浏览网站信息，这使用的是因特网的（ ）服务。
A. FTP B. WWW C. E-mail D. Telnet

15. 使用（　　）命令可用于测试计算机网络是否连通。

A. ftp　　B. ipconfig　　C. cmd　　D. ping

## 二、简答题

1. 常用的网络互连设备有哪些？
2. 什么是 IP 地址？什么是域名？两者有什么关系？
3. 说明统一资源定位符 URL 的格式和含义。
4. 如何打开某网站和登录某 FTP 服务器?
5. 实际申请一个电子邮箱，并收发邮件；申请一个网盘，并进行上传下载操作。

第 7 章

# 计算机信息安全

随着计算机信息技术的发展，网络成为生活和学习不可或缺的工具。而网络环境复杂，网络信息安全犯罪层出不穷。当代大学生应该加强网络信息安全教育，学习和了解我国网络信息安全相关法律法规，在利用信息技术时，学会正确分辨是否对错，做遵纪守法的好公民。

随着互联网的快速发展和信息化程度的不断提高，信息存储与信息传输的安全问题日益凸显。为了适应新计算、新网络、新应用和新数据为特征的信息安全产业发展的需要，信息资源的防卫从一般性防卫变成了一种普通性防范，存在于计算机及应用的方方面面。本章主要介绍计算机信息安全的基本概念、关键技术、计算机病毒及防治方法。

## 7.1 信息安全的基本概念

### 7.1.1 信息安全与信息系统安全

信息安全通常划分为两类：狭义信息安全与广义信息安全。狭义信息安全是建立在密码学的基础，辅以计算机技术、网络通信技术与编程等方面的内容，早期的中国信息安全专业通常都是以狭义信息安全为基准；广义信息安全则不仅包含了狭义信息安全的全部技术，而且融合了管理技术、思想道德与法律规范，广义信息安全体现的是一门综合性学科，而不再是传统意义上的单纯技术。

1. 信息安全

信息安全指信息在存储、处理和传输过程中都必须受到安全保护，不受偶然或者恶意的原因使数据遭到破坏、篡改、泄露。在计算机系统中信息应具有保密性、完整性和可用性特点，可以连续可靠正常地运行，尽量避免信息服务中断，保证信息安全。计算机信息安全具有如下五大特征：

（1）完整性：指信息在传输、交换、存储和处理过程中保持不被修改、破坏和丢失的特性，即保持信息原样性，使信息能正确生成、存储、传输，数据信息的首要安全因素是其完整性。

（2）保密性：信息按照要求不可以泄露给非授权的个人、实体、过程，或提供其利用的特性，即杜绝有用信息泄露给非授权个人或实体，并且强调有用信息只被授权

对象使用的特征。更通俗地讲，就是说未授权的用户不能够获取敏感信息。对纸质文档信息，只需要保护好文件，不被非授权者接触即可。而对计算机及网络环境中的信息，不仅要制止非授权者对信息的阅读，而且还需要阻止授权者将其访问的信息传递给非授权者，以致信息被泄露。

（3）可用性：指网络信息可被授权实体正确访问，并按要求能正常使用或在非正常情况下能恢复使用的特征。系统在运行时能正确存取所需信息，当系统遭受攻击或破坏时，能迅速恢复并能投入使用。可用性是衡量网络信息系统面向用户的一种安全性能。

（4）不可否认性：指通信双方在信息交互过程中，确信是参与者本身，以及参与者所提供的信息的真实同一性，即所有参与者都不可能否认或抵赖本人的真实身份，以及提供信息的原样性和完成的操作与承诺。

（5）可控性：指网络系统中的信息传播及具体内容能够实现有效控制的特性，即网络系统中的任何信息要在一定传输范围和存放空间内可控。除了采用常规的传播站点和传播内容监控这种形式外，最典型的如密码的托管政策，当加密算法交由第三方管理时，必须严格按规定可控执行。

#### 2. 信息系统安全

信息系统是由计算机硬件、网络和通信设备、计算机软件、信息资源、信息用户和规章制度组成的，处理信息流为目的的人机一体化系统。信息系统安全是指存储信息的计算机硬件、数据库等软件的安全和传输信息网的安全。

存储信息的计算机、数据库如果受到损坏，信息将丢失或损坏。信息的泄露、窃取和篡改也是通过破坏信息系统的安全进行的。信息安全依赖于信息系统的安全，确保信息系统的安全是保证信息安全的手段。

### 7.1.2 信息安全的实现目标

信息系统所有的信息安全技术都是为了达到一定的安全目标，其核心包括保密性、完整性、可用性、可控性和不可否认性5个安全目标。信息安全的保密性、完整性和可用性主要强调对非授权主体的控制。而对授权主体的不正当行为如何控制？信息安全的可控性和不可否认性恰恰是通过对授权主体的控制，实现对保密性、完整性和可用性的有效补充，主要强调授权用户只能在授权范围内进行合法的访问，并对其行为进行监督和审查。

除上述信息安全外，还有信息安全的可审计性（Audibility）、可鉴别性（Authenticity）等。信息安全的可审计性是指信息系统的行为人不能否认自己的信息处理行为。与不可否认性的信息交换过程中行为可认定性相比，可审计性的含义更宽泛一些。信息安全的可鉴别性是指信息的接收者能对信息的发送者的身份进行判定，它也是一个与不可否认性相关的概念。

为了达到信息安全的目标，各种信息安全技术的使用必须遵守一些基本原则：

（1）最小化原则。受保护的敏感信息只能在一定范围内被共享，履行工作职责和职能的安全主体，在法律和相关安全策略允许的前提下，为满足工作需要，仅被授予其访问信息的适当权限，称为最小化原则。敏感信息的“知情权”一定要加以限制，是在“满足工作需要”前提下的一种限制性开放。

（2）分权制衡原则。在信息系统中，对所有权限应该进行适当的划分，使每个授权主体只能拥有其中的一部分权限，使它们之间相互制约、相互监督，共同保证信息系统的安全。如果一个授权主体分配的权限过大，无人监督和制约，就隐含了“滥用权力”的安全隐患。

（3）安全隔离原则。隔离和控制是实现信息安全的基本方法，而隔离是进行控制的基础。信息安全的一个基本策略就是将信息的主体与客体分离，按照一定的安全策略，在可控和安全的前提下实施主体对客体的访问。

在这些基本原则的基础上，人们在生产实践过程中还总结出一些实施原则，他们是基本原则的具体体现和扩展，包括整体保护原则、谁主管谁负责原则、适度保护的等级化原则、分域保护原则、动态保护原则、多级保护原则、深度保护原则和信息流向原则等。

## 7.2 信息安全的关键技术

### 7.2.1 安全威胁

随着网络与通信技术的不断发展，信息传输更加便捷，信息资源在全球范围内传送，使得信息全球化进程在不断向前推进，与此同时它所产生的负面影响也越来越大，计算机安全也存在一系列潜在的侵害：如计算机网络病毒时时刻刻都在威胁着终端的用户数据；有数以万计的黑客站点通过 Internet 不停地发布信息，并提供各种工具和技术以利用这些漏洞破解保密信息系统；另一方面，计算机使用存储设备保存数据，一旦存储设备出现故障，数据丢失或损害计算机系统的完整性，任何信息都面临着设备故障导致数据破坏的严重问题。总体而言，计算机信息面临的安全威胁主要有以下几个方面：

（1）信息泄露。信息中的敏感数据有意或无意泄露给某个非授权的实体或被有意或无意丢失，它通常包括信息在传输中或存储介质中泄露与丢失，或是在通过建立隐蔽隧道时被窃取。

（2）破坏信息的完整性。攻击者以非法手段窃得对数据的使用权，敏感数据信息被非授权地进行增删、修改或破坏而受到损失，干扰用户正常使用。

（3）拒绝服务。主要是指攻击者不断地对网络进行干扰，改变其正常工作的作业流程，执行无关程序使系统瘫痪，影响正常用户的使用，甚至使信息使用的合法用户被排斥、无条件地被阻止，不能进入计算机网络系统或不能得到响应服务。

（4）非法使用（非授权访问）。某一资源被某个非授权的人，或以非授权的方式使用，恶意添加或修改重要数据或重发某些重要信息。

（5）窃听。攻击者利用各种可能的合法或非法的手段窃取系统中的信息资源和敏感信息。例如对通信线路中传输的信号搭线监听，或者利用通信设备在工作过程中产生的电磁泄露截取有用信息等。

（6）业务流分析。通过对系统进行长期监听，利用统计分析方法对诸如通信频度、通信的信息流向、通信总量的变化等参数进行研究，从中发现有价值的信息和规律。

（7）伪装。通过欺骗通信系统（或用户）实现非法用户冒充成为合法用户，或者特权小的用户冒充成为特权大的用户的目的。

（8）旁路控制。攻击者利用系统的安全缺陷或安全性上的脆弱之处获得非授权的权利或特权。例如，攻击者通过各种攻击手段发现原本应保密，但是却又暴露出来的一些系统"特性"，利用这些"特性"，攻击者可以绕过防线守卫者侵入系统的内部。

（9）授权侵犯。被授权以某一目的使用某一系统或资源的某个人，却将此权限用于其他非授权的目的，也作"内部攻击"。

### 7.2.2 信息系统不安全因素

一般而言，信息系统的不安全因素存在于计算机硬件设备、软件系统、网络通信、用户使用和安全防范机制。

**1. 计算机硬件故障**

信息系统硬件运行环境包括网络平台、计算机主机和外围设备。计算机硬件系统是信息系统的运行平台，应具有防盗、防震、防火、防风、防电磁干扰、防静电等条件。如火花、强磁场、雷电、强光对计算机的破坏都是非常巨大的，它们更是威胁到人们的生命财产安全。计算机工作时电压必须要稳定，而且在计算机工作期间不能断电。另外，作为信息安全的基本要求，硬件系统在工作过程中必须保持良好的状态，使系统始终处于运行模式，如果不采取可靠措施，尤其是存储备份措施，一旦出现丢失数据，将会造成巨大的损失。

在数据存储模型中，设备故障是客观存在的。例如，电流波动干扰、设备自然老化、突发停电等。因此需要可靠的数据备份技术即本地备份、远程备份等，确保在突发事故的情况下，数据信息仍保持其完整性。

**2. 软件设计中存在的安全问题**

对信息系统的攻击通常是通过计算机服务器、网络设备或系统软件中存在的漏洞进行的。任何系统软件都存在一定的缺陷，在发布后需要进行不断升级、修补。

应用程序设计的漏洞和错误也是安全的一大隐患，如在程序设计过程中代码本身的逻辑安全性不完善，脚本源码本身的逻辑安全性不完善，脚本源码的泄露，特别是连接数据库的脚本源码的泄露等。对于一些特别的应用，从程序开始设计时就应考虑一些特别的安全措施，如 IP 地址的检验、恶意输入的控制、用户身份的安全验证等。

漏洞修复的周期较长、进程缓慢，日益增多的漏洞和每日新增漏洞也是信息系统的主要安全隐患。

**3. 网络威胁**

信息在计算机网络中面临被截取、篡改、破坏等安全威胁，这些威胁主要来自攻击、通常分为被动式攻击和主动式攻击。

（1）被动式攻击：主要是对数据的非法截取。它主要是收集数据信息而不是进行访问，数据的合法用户对这种活动一点也不会觉察到。被动攻击包括嗅探、信息收集、监听明文、解密通信数据、口令嗅探、通信量分析等。对被动攻击的检测十分困难，因为攻击并不涉及数据的任何改变。然而阻止这些攻击是可行的，因此对被动攻击强调的是阻止而不是检测。

（2）主动式攻击：指避开或打破安全防护、引入恶意代码（如计算机病毒），破坏数据和系统的完整性。包含攻击者访问他所需信息的故意行为，比如，远程登录到指定机器的端口找出公司运行的邮件服务器的信息；伪造无效 IP 地址去连接服务器，使接收到错误 IP 地址的系统浪费时间去连接非法地址。主动式攻击包括拒绝服务攻击、分布式拒绝服务（DDos）、信息篡改、资源使用、欺骗、伪装、重放等攻击方法。

**4．用户使用中存在的安全问题**

（1）各类软件的安装。在软件系统安装中，为了简化安装过程，大多数操作系统、应用程序、安装程序都激活了尽可能多的功能，安装了大多数用户所不需要的组件。这些组件通常存在较多危险的安全漏洞。虽然软件开发商经常发布一系列软件补丁程序，但是用户一般不会主动使用，因此这些需要补丁的程序便成为用户系统的漏洞。

（2）没有口令或使用弱口令的账号。口令是大多数系统的第一道防御线，是各种安全措施可以发挥作用的前提。身份认证技术包括静态密码、动态密码（短信密码、动态口令牌、手机令牌）、USB KEY、IC 卡、数字证书、指纹虹膜等。默认口令或弱口令都会为非法授权用户入侵系统提供便捷通道。口令选择最好是字母、数字与特殊符号的组合，这样可以增加被破解的难度。

（3）没有备份或者备份不完整。当设备出现故障数据丢失时，如果数据没有备份或者备份不完整，则无法还原数据。

**5．安全防范机制不健全**

为保护信息系统的安全，必须采用必要的安全防范机制，例如，访问控制机制、数据加密机制、防火墙机制等。如果缺乏必要的安全防范机制，或者安全防范机制不完整，必然为恶意攻击留下可乘之机。

（1）未建立完善的访问控制机制。访问控制机制又称存取控制，是基本的安全防范措施之一。访问控制是通过用户标识和密码阻截未授权用户访问数据资源，限制合法用户使用数据权限的一种机制。缺乏或使用不完善的访问控制机制直接威胁信息数据的安全。

（2）未使用数据加密技术。数据加密是将传输的数据转换成表面上毫无逻辑的数据，只有合法的接收者拥有合法的密钥才能恢复成原来的数据，而非法窃取得到的则是毫无意义的数据。由于网络的开放性，网络技术和协议是公开的，攻击者远程截获数据变得非常容易，如果不使用数据加密技术，后果是不堪设想的。

（3）未建立防火墙机制。防火墙是一种系统保护措施，可以是一个软件或者软件与硬件设备的组合，能够防止外部网络不安全因素的涌入。如果没有建立防火墙机制，将容易入侵计算机系统。

通常防火墙可以实现如下功能：

① 过滤进出网络的数据，强制性实施安全策略。

② 管理进出网络的访问行为。

③ 记录通过防火墙的信息内容和活动。

④ 对网络攻击进行检测和报警。

### 7.2.3 安全策略

信息系统存在诸多不安全因素，信息安全的任务是保护信息和信息系统的安全。为保障信息系统的安全，必须建立完整、可靠的数据备份机制和行之有效的数据灾难恢复方法，必须实施系统及时升级、及时修补，封堵自身的安全漏洞的措施。随着计算机应用和计算机网络的发展，信息安全问题日趋严重。所以必须采用严谨的防范态度、完备的安全措施以及严格的管理制度保障在传输、存储、处理过程中的信息仍具有完整性、保密性和可用性。信息安全策略是指为保证提供一定级别的安全保护所必须遵守的规则。实现信息安全，不但靠先进的技术，而且也得靠严格的安全管理、法律约束和安全教育。

**1. 信息存储安全技术**

由于计算机通常使用存储设备保存数据，因此一旦存储设备出现故障，数据丢失或损害所带来的损失将是灾难性的。任何信息都面临设备故障导致数据破坏的严重问题。为解决这样的问题，就需要采取冗余数据存储的方案。所谓冗余数据存储，是指数据同时被存放在两个或两个以上的存储设备中。由于存储设备同时损坏的可能性很小，因此即使发生存储设备故障，数据总会从没有出现故障的存储设备中恢复，从而保证了数据的安全。

冗余数据存储安全技术不是普通的数据定时备份。采取普通的数据定时备份方案，一旦存储设备出现故障，会丢失没有备份的数据，并不能确保数据的完整性。因此，为了保障信息的可靠存储，需要动态地实现数据备份。实现数据动态冗余存储的技术有磁盘镜像、磁盘双工备份和双机备份等。

1）磁盘镜像技术

磁盘镜像的工作原理是系统产生的每次输入/输出操作都在两个容量和分区一致的磁盘上执行，而这一对磁盘看起来就像一个磁盘一样，两块磁盘上存储的数据高度一致，从而实现数据的动态冗余备份。例如，在操作系统的控制下，只要对一个磁盘进行输入（写）操作，就同时对另一个磁盘也进行输入（写）操作，而且内容完全一致，就如同一个副本输入。如果输入信息的这个磁盘损坏了，则数据可以从另一个完好的磁盘中恢复。

Windows 2000 Server 以上版本的操作系统中配备了支持磁盘镜像的软件，只需要在服务器上安装两块硬盘，通过对操作系统进行相关的配置，就可以实现磁盘镜像技术。

磁盘镜像技术也会带来一些问题，如无用数据占用存储空间、消耗磁盘资源、降低服务器运行速度等。

2）磁盘双工技术

磁盘双工技术需要使用两个磁盘驱动控制器，分别驱动各自的硬盘。例如，两个磁盘驱动器分别接到不同的磁盘控制器上，由于每块硬盘都拥有自己独立的磁盘驱动控制器，就可以减少软件控制重复写操作的时间消耗。操作系统在执行磁盘写操作时，同时向两个磁盘驱动器发出写命令，输出数据，因此大大提高了数据的存储速度；即使有一个控制器出现故障，系统仍然可以利用另外一个控制器读取另一个磁盘驱动器内的数据，可以提高磁盘访问效率的功能，因此服务器对用户的数据存储服务不会终止。磁盘双工备份不仅保护了数据的完整性，而且还提供了一定的数据可用性支持。

3）双机热备份技术

双机热备份（Host Standby）就是一台主机作为工作机（系统服务器），另一台主机作为备份机（备份服务器）。在系统正常情况下，工作机为系统提供支持，备份机监视工作机的运行情况（工作机同时监视备份机工作是否正常），当工作机出现异常停机时，启动备份机，并接管异常工作机业务，继续支持运营，从而在不需要人工干预的情况下，保证信息系统能够不间断运行。待机工作恢复正常后，系统管理员通过系统命令或自动方式，将备份机的工作切换回工作机。也可激活监视程序，监视备份机的运行，此时备份机和工作机的地位相互转换。

双机热备份技术是一种软硬件结合的较高容错应用方案。该方案是由两台服务器系统和一个外接共享磁盘阵列柜（也可没有，而是在各自的服务器中采取 RAID 卡）和相应的双机热备份软件组成的。这个容错方案中，操作系统和应用程序安装在两台服务器的本地系统盘上，整个网络系统的数据是通过磁盘阵列集中管理和数据备份的。数据集中管理采用双机热备份系统，将所有站点的数据直接从中央存储设备读取和存储，并由专业人员进行管理，极大地保护了数据的安全性和保密性。用户的数据存放在外接共享磁盘阵列中，在一台服务器出现故障时，备机主动替代主机工作，保证网络服务不间断。

双机热备份系统采用“心跳”方法保证主系统与备用系统的联系。所谓“心跳”，指的是主从系统之间相互按照一定的时间间隔发送通信信号，表明各自系统当前的运行状态。一旦“心跳”信号停止表明主机系统发生故障，或者备用系统无法收到主机系统的“心跳” 信号，则系统的管理软件认为主机系统发生故障，主机停止工作，并将系统资源转移到备用系统上，备用系统将替代主机发挥作用，以保证网络服务运行不间断。

对于高度重视的数据，不仅需要同时将数据存储在不同的存储设备中，还需要将不同的存储设备远距离分开放置，以避免火灾、地震等引起数据丢失。双机备份技术的优势是系统服务器和备份服务器可以异地放置，充分满足数据安全的要求。

4）快照技术

快照技术（Snapshot）通过创建某个时间点的故障表述，构成某种形式的数据快照，快照技术是防范数据丢失的有效方法之一。

快照是针对整个磁盘卷册进行快速的档案系统备份，与其他备份方式最主要的不同点在于“速度”。进行磁盘快照时，并不牵涉任何档案复制动作。即使数据量再大，通常可以在一秒之内完成备份动作。通过快照技术进行在线数据恢复，当存储设备发生应用故障或者文件损坏时，可以进行及时数据恢复，将数据及时恢复成快照产生时间点的状态。快照的另一个作用是为存储用户提供另外一个数据访问通道，当原数据进行在线应用处理时，用户可以访问快照数据，还可以利用快照进行测试等工作。因

此，所有存储系统，不论高中低端，只要应用于在线系统，快照就成为一个不可或缺的功能。

快照技术具有如下用途：

（1）数据备份。快照可以在数据库系统持续运行的情况下进行备份。

（2）回退保护。快照可以用来提供一种将系统回退到某个已知时刻的正常状态方法。

（3）节省存储空间。快照的使用常常是缺乏足够的空间来实现完整的数据复制。

5）磁盘克隆

磁盘克隆（Disk cloning）又称硬盘复制，是一种通过计算机软件或硬件的方式，把硬盘内容完整地复制（克隆）到另一台硬盘的过程。一般来说，若是通过软件方式来复制，都会把整个硬盘的内容写进一个硬盘备份档中，以待下次恢复时，再从备份档中把内容恢复过来。

硬盘克隆技术可用于系统恢复的过程，把原来的硬盘内容全数清除，然后再从“干净”的数据档案中把计算机原先应有的内容恢复过来。这种做法，可以确保计算机能恢复应有的功能之余，亦能铲除留存在硬盘内的计算机病毒。这在一些网吧、学校或训练学院很常用，可以确保用户在有意无意中改动系统的设置。如果病毒感染计算机，可以通过重新激活而快速恢复系统至“干净”的状态。通过对计算机及克隆软件的设置，计算机可以通过定时重启而恢复系统，当系统出现问题时自动恢复。

为新计算机的安装做准备：通过硬盘克隆软件，可以把标准设置的软件安装到计算机中，让新用户可以即时应用，而无须等候安装。这种做法，在原装计算机及大公司的计算机部门尤为普遍。

硬盘升级：购买新的硬盘后，可以利用软件把旧硬盘的内容全数复制到新硬盘中，免去重新安装的麻烦。

全面的系统备份：用户可以利用软件为计算机的操作系统及已安装的软件进行一次全面备份，以节省日后要恢复系统时所花的时间。

系统恢复：对于 OEM 厂商，一般会连同计算机附送一张系统恢复的光盘，以便用户能够把系统恢复至出厂时的状况。

6）海量存储技术

（1）磁盘阵列。磁盘阵列（Redundant Arrays of Independent Disks，RAID）有“独立磁盘构成的具有冗余能力的阵列”之意。磁盘阵列是由多个独立磁盘组合成一个容量巨大的磁盘组，提供数据备份的技术。利用这项技术，将数据切割成许多区段，分别存放在各个硬盘上。磁盘阵列还能利用同位检查（Parity Check）的观念，在数组中任意一个硬盘出现故障时，仍可读出数据，在数据重构时，将数据经计算后重新置入新硬盘中。

RAID 技术分为几种不同等级，分别可以提供不同的速度、安全性和性价比。根据实际情况选择适当的 RAID 级别可以满足用户对存储系统可用性、性能和容量的要求。常用的 RAID 级别有以下几种：

① RAID 1：又称镜像方式，也就是数据的冗余。在整个镜像过程中，只有一半

的磁盘容量是有效的（另一半磁盘容量用来存放同样的数据）。同 RAID 0 相比，RAID 1 首先考虑的是安全性，容量减半、速度不变。

② RAID 0+1：为了达到既高速又安全，出现了 RAID 10（又称 RAID 0+1），可以把 RAID 10 简单地理解成由多个磁盘组成的 RAID 0 阵列再进行镜像。

③ RAID 3 和 RAID 5：都是校验方式。RAID 3 的工作方式是用一块磁盘存放校验数据。由于任何数据的改变都要修改相应的数据校验信息，存放数据的磁盘有好几个且并行工作，而存放校验数据的磁盘只有一个，这就带来了校验数据存放时的瓶颈。RAID 5 的工作方式是将各个磁盘生成的数据校验切成块，分别存放到组成阵列的各个磁盘中去，这样就缓解了校验数据存放时所产生的瓶颈问题，但是分割数据及控制存放都要付出速度上的代价。

按照硬盘接口的不同，RAID 分为 SCSI RAID、IDE RAID 和 SATA RAID。其中，SCSI RAID 主要用于要求高性能和高可靠性的服务器/工作站，而台式机中主要采用 IDE RAID 和 SATA RAID。

（2）网络存储。网络存储 NAS（Network Attached Storage，网络附着存储）即将存储设备通过标准的网络拓扑结构（如以太网）连接到一群计算机上。NAS 是部件级的存储方法，它的重点在于帮助解决迅速增加存储容量的需求。网络存储结构大致分为 3 种：直连式存储（DAS）、网络存储设备（NAS）和存储网络（SAN）。

① 直连式存储（DAS）：这是一种直接与主机系统相连接的存储设备，如作为服务器的计算机内部硬件驱动。到目前为止，DAS 仍是计算机系统中最常用的数据存储方法。DAS 的存储设备是通过电缆（通常是 SCSI 接口电缆）直接连接服务器。I/O（输入/输出）请求直接发送到存储设备。DAS 又称 SAS（Server-Attached Storage，服务器附加存储），它依赖于服务器，其本身是硬件的堆叠，不带有任何存储操作系统。

② 网络存储器（NAS）：最大存储容量是指 NAS 存储设备所能存储数据容量的极限，通俗地讲，就是 NAS 设备能够支持的最大硬盘数量乘以单个硬盘容量。这个数值取决于 NAS 设备的硬件规格。不同的硬件级别，适用的范围不同，存储容量也就有所差别。通常，一般小型的 NAS 存储设备会支持几百吉字节的存储容量，适合中小型公司作为存储设备共享数据使用。中高档的 NAS 设备应该支持太级别的容量（1 TB=1 000 GB）。

③ 存储区域网络（SAN）：是一种将磁盘或磁带相关服务器连接起来的高速专用网，采用可伸缩的网络拓扑结构，可以使用光纤通道连接，也可以使用 IP 将多台服务器和存储设备连接在一起。将数据存储管理集中在相对独立的存储区域网内，并且可以提供 SAN 内部任意节点之间的多路可选择数据交换。SAN 独立于 LAN 之外，通过网关设备与 LAN 连接，是一个专门的网络，SAN 的高速及其良好的扩展性使它更适用于电子商务，如应用于银行、电信等行业。

7）热点存储技术

P2P（Peer-to-Peer）存储：P2P 对等互连或对等技术，可以看作分布式存储的一种，常用于对等网络的数据存储系统，P2P 可以提供高效率的、负载平衡的文件存取

功能。

云存储：作为云计算概念上延伸和发展出来的一个新的概念，通过集群应用、网络技术或分布式文件系统等功能，将网络中大量各种不同类型的存储设备通过软硬件，集合起来协同工作，共同对外提供数据存储和业务访问功能的一个系统。云计算系统运算和处理的核心是大量数据的存储和管理，需要配置大量的存储设备，云计算系统运算就转变成一个云存储系统。云存储由大量服务器组成，同时为大量用户服务。云计算系统采用分布式存储的方式存储数据，用冗余存储方式保证数据的可靠性。

**2. 信息防范技术**

信息系统安全性是当今信息社会的一个关注焦点和研究热点，但是目前计算机体系结构大部分仍采用冯·诺依曼计算机模型，从理论上还无法消除病毒的破坏和黑客攻击，最佳的方法则是减少攻击对系统造成的破坏，防止计算机病毒、防止恶意软件、防止黑客攻击。安全防范技术是实施信息安全措施的保障，为了减少信息安全问题带来的损失，保证信息安全，可采用多种安全防范技术。

1）数据加密技术

所谓数据加密（Data Encryption）技术，是指将一个信息（又称明文）经过加密钥匙及加密函数转换，变成无意义的密文，而接收方则将此密文经过解密函数、解密钥匙还原成明文。加密技术是网络安全技术的基石。

数据加密技术涉及的常用术语如下：

（1）明文：需要传输的原文。

（2）密文：对原文加密后的信息。

（3）加密算法：将明文加密为密文的变换方法。

（4）密钥：控制加密结果的数字或字串。

（5）专用密钥：又称对称密钥或单密钥，加密和解密时使用同一个密钥，即同一个算法。如 DES 和 MIT 的 Kerberos 算法。单密钥是最简单的方式，通信双方必须交换彼此的密钥，当需给对方发信息时，用自己的加密密钥进行加密，而在接收方收到数据后，用对方所给的密钥进行解密。当一个文本要加密传送时，该文本用密钥加密构成密文，密文在信道上传送，收到密文后用同一个密钥将密文解出来，形成普通文体供阅读。在对称密钥中，密钥的管理极为重要，一旦密钥丢失，密文将无密可保。这种方式在与多方通信时因为需要保存很多密钥而变得很复杂，而且密钥本身的安全就是一个问题。

系统的保密性不依赖于对加密体制或算法的保密，而依赖于密钥。密钥在加密和解密的过程中使用，它与明文一起被输入给加密算法，产生密文。对截获者的破译，事实上是对密钥的破译。密码学对各种加密算法的评估，是对其抵御密码被破解能力的评估。攻击者破译密文，不是对加密算法的破译，而是对密钥的破译。理论上，密文都是可以破译的，但是，如果花费很长的时间和代价，其信息的保密价值也就丧失了，因此其加密也就成功了。目前主要有密钥机制，即对称密钥和公开密钥两种。

对称密钥是最为古老的密钥技术，一般“密电码”采用的就是对称密钥。由于对称密钥运算量小、速度快、安全强度高，因而如今仍广泛被采用。如 DES 是一种数据分组的加密算法，它将数据分成长度为 64 位的数据块，其中 8 位用作奇偶校验，剩余的 56 位作为密码的长度。第一步将原文进行置换，得到 64 位的杂乱无章的数据组；第二步将其分成均等两段；第三步用加密函数进行变换，并在给定的密钥参数条件下，进行多次迭代而得到加密密文。

公开密钥又称非对称密钥，加密和解密时使用不同的密钥，即不同的算法，虽然两者之间存在一定的关系，但不可能轻易地从一个推导出另一个。有一把公用的加密密钥，有多把解密密钥，如 RSA 算法。非对称密钥由于两个密钥（加密密钥和解密密钥）各不相同，因而可以将一个密钥公开，而将另一个密钥保密，同样可以起到加密的作用。在这种编码过程中，一个密码用来加密消息，而另一个密码用来解密消息。在两个密钥中有一种关系，通常是数学关系。公钥和私钥都是一组十分长的、数字上相关的素数（是另一个大数字的因数）。有一个密钥不足以翻译出消息，因为用一个密钥加密的消息只能用另一个密钥才能解密。每个用户可以得到唯一的一对密钥，一个是公开的，另一个是保密的。公共密钥保存在公共区域，可在用户中传递，甚至可印在报纸上面传递。而私钥必须存放在安全保密的地方。任何人都可以有公钥，但是只有本身能有自己的私钥。公开密钥的加密机制虽提供了良好的保密性，但难以鉴别发送者，即任何得到公开密钥的人都可以生成和发送报文。

表 7-1 列举了用穷举法破解密钥所需要的平均破译时间。

表 7-1　密钥长度和破译时间

| 密 钥 长 度 | 破译时间（搜索 1 次/μs） | 破译时间（搜索 100 万次/μs） |
|---|---|---|
| 32 | 35.8 | 2.15 ms |
| 56 | 1 142 年 | 10 小时 |
| 128 | $5.4\times10^{24}$ 年 | $5.4\times10^{18}$ 年 |

从表 7-1 中的数据可以看出，即使使用每微秒搜索 100 万次的计算机系统，对于 128 位的密钥来说，破译仍是不可能的。因此，为了提供信息在网络传输过程中的安全性，所用的策略无非是使用优秀的加密算法和更长的密钥。

2）数字签名

数字签名（又称公钥数字签名、电子签章）是一种类似写在纸上的普通的物理签名，使用公钥加密领域的技术实现，是用于鉴别数字信息的方法。

数字签名一般采用非对称加密技术（如 RSA），通过对整个明文进行某种变换，得到一个值，作为核实签名。接收者使用发送者的公开密钥对签名进行解密运算，如其结果为明文，则签名有效，证明对方的身份是真实的。当然，签名也可以采用多种方式，例如，将签名附在明文之后。数字签名普遍用于银行、电子贸易等。数字签名不同于手写签字：数字签名随文本的变化而变化，手写签字反映某个人的个性特征是不变的；数字签名与文本信息是不可分割的，而手写签字是附加在文本之后的，与文本信息是分离的。值得注意的是，能否切实有效地发挥加密机制的作用，关键问题在于密钥的管理，包括密钥的生存、分发、安装、保管、使用以及作废全过程。

数字签名是在密钥控制下产生的，在没有密钥的情况下，模仿者几乎无法模仿出数字签名。数字签名技术是一种消息完整认证和身份认证的重要技术。数字签名技术

具有如下特点：

（1）不可抵赖：签名者事后不能否认自己签过的文件。

（2）不可伪造：签名应该是独一无二的，其他人无法伪造签名者签名。

（3）不可重用：签名是消息的一部分，不能被挪用到其他文件上。

从接收者验证签名的方式可将数字签名分为真数字签名和公认数字签名两类。在真数字签名中，签名者直接把签名消息传送给接收者，接收者无须借助第三方就能验证签名。而在公证数字签名中，把签名的信息由被作公证者的可信的第三方发送者发送给接收者，接收者不能直接验证签名，签名的合法性是通过公证者作为媒介来保证，也就是说接收者要验证签名必须同公证者合作。

在信息技术迅猛发展的时代，电子商务、电子政务、电子银行、远程税务申报这样的应用要求有电子化的数字签名技术支持。在我国数字签名是具有法律效力的。2000 年，我国的《合同法》首次确认了电子合同、电子签名的法律效力。2005 年 4 月 1 日起，我国首部《电子签名法》正式实施。以网银为例，近几年网上银行交易额阶跃式发展，每一笔交易都需要电子签名保障。

3）防火墙技术

防火墙在某种意义上可以说是一种访问控制产品。它在内部网络与不安全的外部网络之间设置障碍，阻止外界对内部资源的非法访问，防止内部对外部的不安全访问。防火墙主要由服务访问规则、验证工具、包过滤和应用网关 4 部分组成。防火墙位于计算机和它所连接的网络之间，该计算机流入、流出的所有网络通信和数据包都要经过此防火墙。通过防火墙可以阻止黑客利用不安全的服务对内部网络的攻击和不可预测的干扰。通过网络防火墙还可以很方便地实现数据流的监控、过滤、记录和报告等功能，较好地隔断内部网络与外部网络的连接，网络规划清晰明了，从而有效地防止跨越权限的数据访问。

常用防火墙主要有包过滤防火墙、应用代理防火墙和状态检测防火墙 3 种。

（1）包过滤防火墙。数据包过滤是指在网络层对数据包进行分析、选择和过滤。选择的数据是系统内设置的访问控制表（又称规则表），规则表指定允许哪些类型的数据包可以流入或流出内部网络。通过检查数据流中每一个 IP 数据包的源地址、目的地址、所用端口号、协议状态等因素或它们的组合来确定是否允许该数据包通过。包过滤防火墙一般可以直接集成在路由器上，在进行路由选择的同时完成数据包的选择与过滤，也可以由一台单独的计算机完成数据包的过滤。数据包过滤防火墙的优点是速度快、逻辑简单、成本低、易于安装和使用，网络性能和透明度好，广泛地用于 Cisco 公司的路由器上。缺点是配置困难，容易出现漏洞，而且为特定服务开放的端口存在潜在的危险。例如，“天网个人防火墙”就属于包过滤类型防火墙，根据系统预先设定的过滤规则以及用户自己设置的过滤规则来对网络数据的流动情况进行分析、监控和管理，有效提高了计算机的抗攻击能力。

（2）应用代理防火墙。应用代理防火墙能够将所有跨越防火墙的网络通信链路分为两段，使得网络内部的客户不直接与外部的服务器通信。防火墙内外计算机系统间应用层的连接由两个代理服务器连接实现。优点是外部计算机的网络链路只能到达代理服务器，从而起到隔离防火墙内外计算机系统的作用；缺点是执行速度慢，操作系统容易遭到攻击。代理服务在实际应用中比较普遍，如学校校园网的代理服务器一端接入 Internet，另一端接入内部网，在代理服务器上安装一个实现代理服务的软件，如 WinGate Pro、Microsoft Proxy Server 等，就能起到防火墙的作用。

（3）状态检测防火墙。状态检测防火墙又称动态包过滤防火墙。状态检测防火墙在网络层由一个检查引擎截获数据包并抽取出与应用状态有关的信息，以此作为数据来决定该数据包是接受还是拒绝。检查引擎维护一个动态的状态信息表并对后续的数据包进行检查，一旦发现任何连接的参数有意外变化，该连接就被终止。状态检测防火墙克服了包过滤防火墙和应用代理防火墙的局限性，能够根据协议、端口及 IP 数据包的源地址、目的地址的具体情况来决定数据包是否可以通过。在实际使用中，通常可以综合以上几种技术，使防火墙产品能够满足安全性、高效性、适应性和易管性的要求，集成防毒软件的功能来提高系统的防毒能力和抗攻击能力。例如，瑞星企业级防火墙 RFW-100 就是一个功能强大、安全性高的混合型防火墙，它集网络层状态包过滤、应用层专用代理、敏感信息的加密传输和详尽灵活的日志审计等技术，可根据用户的不同需求，提供强大的访问控制、信息过滤、代理服务和流量统计等功能。

4）入侵检测技术

入侵检测系统（Intrusion Detection Systems，IDS）能够依照一定的安全策略，通过软件、硬件对网络和系统的运行状况进行监视，尽可能发现各种攻击企图、攻击行为或攻击结果，它扩展了系统管理员的安全管理能力，保证网络系统资源的机密性、完整性和可用性。入侵检测时通过对行为、安全日志审计数据或其他网络上可以获得的信息进行操作，检测到对系统的闯入或闯入的企图。入侵检测的作用包括威慑、检测、响应、损失情况评估和攻击预测。

入侵检测在对网络活动进行实时检测时，系统处于防火墙之后，是防火墙的延续，可以和防火墙及路由器配合工作，用来检查一个网段上的所有通信，记录和禁止网络活动，可以通过重新配置来禁止从防火墙外部进入恶意流量。入侵检测系统能够对网络上的信息进行快速分析或在主机上对用户进行审计分析，通过集中控制台管理与检测。

理想的入侵检测系统功能主要有：

（1）用户和系统活动的监视与分析。

（2）系统配置及脆弱性分析和审计。

（3）异常行为模型的统计分析。

（4）重要系统和数据文件的完整性监测与评估。

（5）操作系统的安全审计和管理。

（6）入侵模型的识别，包括切断网络连接、记录事件和报警等。

本质上入侵检测是一种典型的“窥探设备”，它不跨接多个物理网段（通常只有一个监听端口），无须转发任何流量，只需要在网络上被动地、无声息地收集它所关心的报文即可。IDS 分析及入侵检测阶段一般通过特征库匹配、基于统计分析和完整性分析等技术手段进行。其中，前两种方法用于实时的入侵检测，而完整性分析则用于事后分析。

各种相关网络安全的黑客和病毒都是依赖网络平台进行的，而如果在网络平台上

就能切断黑客和病毒的传播途径，那么就能更好地保证安全。IDS与网络交换设备的联动，是指交换机或防火墙在运行过程中，将各种数据流的信息上报给安全设备，IDS系统可以根据上报信息和数据流内容进行检测，在发现网络安全事件时，进行有针对性的动作，并将这些对安全事件反应的动作发送到交换机或防火墙上，由交换机或防火墙实现精确端口的关闭和断开，这就是入侵防御系统（Intrusion Prevention System，IPS）。IPS技术是在IDS检测的功能上又增加了主动响应功能，力求做到一旦发现有攻击行为，立即响应并且主动断开连接。

### 7.2.4 信息安全法律法规及道德规范

随着网络的发展，互联网已经成为人们工作、学习和生活的重要帮手。网络在带来信息获取极大便利的同时，各种违规违法行为也时有发生。大学生是掌握一定网络知识技术，同时又喜欢探索，研究新事物的群体，如果网络信息安全法律意识薄弱，就容易发生违法犯罪行为。大学生应该时刻关注与学习网络信息安全的相关法律法规，增强法律意识，规范网络行为，自觉维护网络空间的伦理健康和法律秩序。

1）国外网络信息安全法律法规建设

20世纪90年代，计算机和通信设备快速普及，网络快速发展。为了维护网络环境下信息领域安全，世界各国制定了专门的法律保护网络信息安全。如德国在1997年通过了《信息和通信服务规范法》，这是世界上第一部规范互联网的法律。

2）我国网络信息安全法律法规建设

我国也高度重视网络信息安全法律法规的建设，早在1994年就颁布了《中华人民共和国计算机信息系统安全保护条例》。此后，陆续出台了一大批网络信息安全法律法规，表7-2列出了我国部分网络信息安全法律法规。

表7-2 我国部分网络信息安全法律法规

| 法律法规名称 | 发布日期 |
| --- | --- |
| 《中华人民共和国计算机信息系统安全保护条例》 | 1994年2月18日 |
| 《中华人民共和国计算机信息网络国际联网管理暂行规定》 | 1996年2月1日 |
| 《计算机信息网络国际联网安全保护管理办法》 | 1997年12月30日 |
| 《中华人民共和国电子签名法》 | 2004年8月28日 |
| 《信息网络传播权保护条例》 | 2006年5月18日 |
| 《电信和互联网用户个人信息保护规定》 | 2013年7月16日 |
| 《中华人民共和国网络安全法》 | 2016年11月7日 |
| 《中华人民共和国密码法》 | 2019年10月26日 |
| 《中华人民共和国数据安全法》 | 2021年6月10日 |
| 《中华人民共和国个人信息保护法》 | 2021年8月20日 |

3）当代大学生应遵守的网络行为规范

作为国家未来发展的生力军，大学生应该认真学习了解相关法律法规，增强防范意识，避免不当行为，引发违法犯罪行为。

（1）不要在网络上随意散播他人信息。《中华人民共和国刑法》第二百五十三条规定了侵犯公民个人信息罪：违反国家有关规定，向他人出售或者提供公民个人信息，情节严重的，处三年以下有期徒刑或者拘役，并处或者单处罚金；情节特别严重的，处三年以上七年以下有期徒刑，并处罚金。

（2）鉴别网络信息真伪，不要在网络上转发或散播不实言论。网络传播不实言论根据情节轻重，轻者属于扰乱公共秩序，受到《治安管理处罚法》处罚。严重者可能触犯《刑法》，构成诽谤罪等。

（3）不要利用所掌握的计算机知识和技术进行网络入侵和破坏，黑客攻击不是网络游戏，而是违法犯罪行为。《中华人民共和国网络安全法》第二十七条：任何个人和组织不得从事非法侵入他人网络、干扰他人网络正常功能、窃取网络数据等危害网络安全的活动。

（4）不要制作传播网络病毒，《中华人民共和国刑法》第二百八十六条："故意制作、传播计算机病毒等破坏性程序，影响计算机系统正常运行，后果严重的，依照第一款的规定处罚。"

## 7.3 计算机病毒及防治

### 7.3.1 计算机病毒的基本知识

20 世纪 60 年代初，美国麻省理工学院的一些青年研究人员，在做完工作后，利用业余时间玩一种他们自己创造的计算机游戏。做法是编制一段小程序，然后输入到计算机中运行，并销毁对方的游戏程序，而这却成为计算机病毒的雏形。

病毒一词广为人知是得力于科幻小说。一部是 20 世纪 70 年代中期大卫·杰洛德（David Gerrold）的 *When H.A.R.L.I.E. was One*，描述了一个叫"病毒"的程序和与之对战的叫"抗体"的程序；另一部是约翰·布鲁勒尔（John Brunner）1975 年的小说《震荡波骑士》（*Shakewave Rider*），描述了一个叫作"磁带蠕虫"在网络上删除数据的程序。

#### 1. 计算机病毒

计算机病毒（Computer Virus）是编制者在计算机程序中插入的破坏计算机功能或者数据的代码，能影响计算机使用，能自我复制的一组计算机指令或者程序代码。计算机病毒与医学上的"病毒"不同，计算机病毒不是天然存在的，是人利用计算机软件和硬件所固有的脆弱性编制的一组指令集或程序代码。它能潜伏在计算机的存储介质（或程序）中，条件满足时即被激活，通过修改其他程序的方法将自己精确复制或者演化的形式放入其他程序中。计算机病毒具有独特的自我繁殖复制能力、互相传染以及激活再生等生物病毒特征。它们能把自身附着在各种类型的文件上，当文件被复制或从一个用户传送到另一个用户时，它们就随同文件一起蔓延开来，又常常难以根除，从而感染其他程序，对计算机资源进行破坏。计算机病毒是人为造成的，对其他用户的危害性很大。

2. 计算机病毒的特征

作为一段程序，病毒与正常的程序一样可以执行，以实现一定的功能，达到一定的目的。但病毒一般不是一段完整的程序，而需要附着在其他正常的程序之上，并且不失时机地传播和蔓延。所以计算机病毒具有普通程序没有的如下特征：

（1）传染性。传染性是病毒的基本特征。计算机病毒通过修改别的程序将自身的复制品或其变体传染到其他一切符合传染条件无毒的对象上，实现自我复制和自我繁衍。这些对象可以为程序、系统中的某一个部件或是硬件移动存储设备，如硬盘、U盘、可擦写光盘、移动终端等；也可以通过网络渠道进行传播。是否具有传染性是判别一个程序是否为计算机病毒的最重要条件。

（2）繁殖性。很多病毒使用高级语言编写，可以衍生出各种不同于原版本的新的计算机病毒，称为病毒变种，可以像生物病毒一样进行繁殖，当正常程序运行时，它进行自身复制，繁殖、感染的特征是判断某段程序是否为计算机病毒的重要条件。变种病毒造成的后果可能比原版病毒更加严重，自动变种是当前病毒呈现出的新特点。

（3）破坏性。任何病毒入侵系统，使计算机中毒后，都会对系统及应用程序产生不同程度的影响。轻者会降低计算机的工作效率，占用系统资源，重者可导致系统崩溃。病毒的破坏性主要取决于病毒设计者的目的，体现病毒设计者的真正意图。病毒经常会导致正常的程序无法运行，把计算机内的文件删除、损坏、破坏引导扇区及BIOS、破坏硬件环境等。

（4）潜伏性。计算机病毒在进入系统后，依附于其他媒体寄生，通常不会马上发作，可长期隐藏在系统中，除了传染以外不进行破坏，以提供足够的时间繁殖扩散，当潜伏到条件成熟才发作。病毒在潜伏期间不破坏系统，因而不易被用户发现。潜伏性越好，其在系统中的存在时间就越长，病毒的传染范围就会越大，病毒只有在满足特定触发条件时才能启动。

（5）隐蔽性。具有隐蔽性的病毒一般都要求很高的编程技巧，程序短小精悍，时隐时现、变化无常，这类病毒处理起来非常困难。通常都依附在正常程序中或存储设备较隐蔽的地方，目的是不让用户发现它的存在，通过病毒软件只能检查出来少数病毒。如果不经过代码分析，病毒程序与正常程序是不容易区分的。通常计算机在受到病毒感染后仍能正常运行，用户不会感到任何异常。正是由于病毒的隐蔽性使得在用户还没有觉察的情况下便扩散了。

（6）可触发性。编制计算机病毒的人，一般都为病毒程序设定了一些触发条件即一个条件控制，这个条件根据病毒编制者的设定，可以是系统时钟的某个时间或日期，系统运行了某些程序等。病毒的触发机制将检查预定条件是否满足，一旦条件满足，计算机病毒就会“发作”，使系统遭到破坏，否则就会继续潜伏。例如，著名的“黑色星期五”病毒，每逢13号星期五发作，时间便是触发的条件。

（7）非授权性。一般正常的程序是先由用户调用，再由系统分配资源，完成用户交给的任务，其目的对用户是可见的、透明的。而病毒具有正常程序的一切权限，它隐藏在正常程序中，当用户调用正常程序时，它窃取到系统的控制权，先于正常程序执行，病毒的动作、目的对用户是未知的，是未经用户允许的。病毒对系统的攻击是主动的，不以人的意志为转移。从一定程度上讲，计算机系统无论采取多么严密的保护措施都不可能彻底排除病毒对系统的攻击，而保护措施充其量只是一种预防的手段而已。

随着计算机软件和网络技术的发展，网络时代的病毒又具有很多新的特点，如利用系统漏洞主动传播、主动通过网络和邮件系统传播时，传播速度极快、变种多。病毒与黑客技术融合，具有多种攻击手段，更具有危害性。

**3. 计算机病毒类型**

1）按照病毒破坏性分类

（1）良性病毒。除了传染时减少存储的可用空间，显示图像或发出声音等，对系统没有其他影响。

（2）危险病毒。这类病毒在计算机系统中造成严重的危害。

（3）灾难性病毒。这类病毒可以删除程序、破坏数据、消除系统内存区和操作系统中一些重要的信息。

2）根据病毒的传染方式分类

（1）系统引导区型病毒。主要通过引导盘在操作系统中传播，感染计算机操作系统中的引导区，蔓延到硬盘，并能感染到硬盘中的“主引导记录”。系统在引导操作系统前先将病毒引导入内存，进行繁殖和破坏活动。

（2）文件型病毒。是文件感染者，又称“寄生病毒”。它运行在计算机存储器中，通常感染扩展名为.COM、.EXE、.SYS 等类型的文件，然后通过被传染的文件进行传染扩散到计算机系统中。

（3）混合型病毒。具有引导区型病毒和文件型病毒两者的特点，它的危害比系统引导型和文件型病毒更为严重。这种病毒不仅感染系统引导区，也感染文件。

（4）宏病毒。是一种寄存于文档或模板的计算机病毒，主要利用文档的宏功能将病毒带入宏的文件中。例如，病毒程序寄存在 Office 文档的宏代码中。

3）根据算法划分

（1）伴随型病毒。这类病毒并不改变文件本身，它们根据算法产生 EXE 文件的伴随体，具有同样的名字和不同的扩展名（COM），如 XCOPY.EXE 的伴随体是 XCOPY-COM。病毒把自身写入 COM 文件并不改变 EXE 文件，当 DOS 加载文件时，伴随体优先被执行，再由伴随体加载执行原来的 EXE 文件。

（2）“蠕虫”型病毒。通过计算机网络传播，不改变文件和资料信息，利用网络从一台机器的内存传播到其他机器的内存，计算机将自身的病毒通过网络发送。有时它们在系统中存在，一般除了内存不占用其他资源。

（3）寄生型病毒。除了伴随和“蠕虫”型，其他病毒均可称为寄生型病毒，它们依附在系统的引导扇区或文件中，通过系统的功能进行传播，按其算法不同还可细分为以下几类：

① 练习型病毒。病毒自身包含错误，不能进行很好的传播，如在调试阶段的一些病毒。

② 诡秘型病毒。它们一般不直接修改 DOS 和扇区数据，而是通过设备技术和文

件缓冲区等对DOS内部进行修改，使用比较高级的技术。利用DOS空闲的数据区进行工作。

③ 变型病毒（又称幽灵病毒）。这一类病毒使用一个复杂的算法，使自己每传播一份都具有不同的内容和长度。它们一般的做法是一段混有无关指令的解码算法和被变化过的病毒体组成。

4）根据病毒传染渠道划分

（1）驻留型病毒。这种病毒感染计算机后，把自身的内存驻留部分放在内存（RAM）中，这一部分程序挂接系统调用后合并到操作系统中，它处于激活状态，一直到关机或重新启动。

（2）非驻留型病毒。这种病毒在得到机会激活时并不感染计算机内存，病毒在内存中留有小部分，但是并不通过这一部分进行传染，这类病毒也被划分为非驻留型病毒。

**4. 典型计算机病毒**

1）"爱虫"病毒

"爱虫"病毒是一种"蠕虫"病毒，前面说过"蠕虫"病毒主要就是通过占用内存和网络资源达到使网络瘫痪的目的。"爱虫"就是个典型的例子，它通过Microsoft Outlook 电子邮件系统传播，邮件的主题为"I Love You"，包含一个附件（"Love-LcUcr-for-you.txt.vbs"）。一旦在Microsoft Outlook中打开这个附件，系统就会自动复制并向通信簿中的所有电子邮件地址发送这个病毒。用户感染该病毒后，邮件系统会变慢，且可能导致整个网络系统崩溃，这个病毒对于电子邮件系统具有极大的危险性。

**【提示】** "爱虫"病毒同时会感染并破坏文件名为*.VBS、*VBE、*.JS、*.JSEE、*.CSS、*.WSH、*.SCT、*.HTA、*.JPG、*JPEC、*.PM3和*.MP2等12种数据文件。

2）QQ群蠕虫病毒

QQ群蠕虫病毒利用QQ快速登录接口，把各类广告虚假消息发送到好友QQ号、群空间、群消息，并且修改QQ个人资料、空间、微博等，导致垃圾消息泛滥。

3）CIH病毒

CIH病毒的破坏力之强令任何一个计算机使用者都为之咋舌。首先，CIH病毒将感染Windows 9X及在Windows 9X下运行的扩展名为*.exe、*.com、*.vxd、*.vxc的应用程序，自解压文件、压缩文件和压缩包中的这4种扩展名的程序也会受到感染，复制到硬盘上压缩名为CAB中的压缩文件中的Windows 98以及备份包中的Windows 98文件均会受到感染，也就是说，CIH病毒会毁坏掉磁盘上的所有系统文件；其次，CIH病毒会感染硬盘上的所有逻辑驱动器，以硬盘中2048个扇区为单位，从硬盘主引导区开始依次向硬盘中写入垃圾数据，直到硬盘中数据被全部破坏为止，最坏的情况是硬盘所有数据（含全部逻辑盘数据）均被破坏。然而，更为可怕的是CIH病毒还会破坏主板上的BIOS，使CMOS的参数回到出厂时的设置，假如用户的CMOS是FlashRom型的，那么主板将会报废。

4）YAI 病毒

YAI（You And I）是第一个国内编写的大规模流行的“黑客”病毒，它是由重庆的一个大学生编写的。YAI 属于文件型病毒，通过各种存储介质和因特网传播，主要以附件的形式传递。在 YAI 病毒感染 Windows 系统的可执行文件并执行了染毒文件后，系统没有任何特殊现象，即在毫无征兆的情况下能够将病毒激活，使之侵入系统。当染毒的*.exe 文件被运行后，会在当前目录下生成*.TMP 和*.TMP.YAI 两个文件，同时此病毒自动搜索系统内的可执行文件，并将这些可执行文件感染。

5）“圣诞节”病毒

“圣诞节”病毒也是一种极度恶性病毒，它不但能删除计算机上的文件，而且通过破坏计算机的 FlashBIOS，使其完全瘫痪。在破坏 FlashBIOS 时，该病毒的作者使用了与 CIH 病毒一样的手法——这种病毒能感染 Windows 95、Windows 98 及 Windows NT，这种病毒在每年 12 月 25 日发作。

6）比特币矿工病毒

比特币矿工病毒作者利用中了木马后或者留有后门的计算机产生比特币，病毒伪装成热门电影的 BT 种子，骗取网民下载，中毒计算机就会变成比特币挖矿机，成为病毒作者的矿工。在比特币火爆后，不法分子又开发专门盗窃比特币钱包的病毒。

7）验证码大盗手机病毒

验证码大盗出现在淘宝交易中，欺骗买家或卖家在手机上扫描二维码，查看订单详情或者打折优惠。一旦中毒，验证码大盗将截获淘宝官方发送的相关验证码信息，通过重置淘宝支付宝账号密码，将支付宝内的资金盗走。

8）游戏外挂捆绑远控木马

网络游戏种类繁多，网游玩家人数也逐年增长，相关的游戏外挂也层出不穷，新型病毒作者将功能外挂捆绑上远控木马病毒，传播给游戏玩家。病毒作者不再是直接盗取中毒用户的账号，而是做长期监控，一旦发现用户有好的装备或者高级账号时将中毒用户的账号盗走。

9）磁碟机病毒

磁碟机病毒又名 dummycom 病毒。病毒感染系统可执行文件，能够利用多种手段终止杀毒软件运行，并可导致被感染计算机系统出现蓝屏、死机等现象，会对局域网发起 ARP 攻击，并篡改下载链接为病毒链接，弹出钓鱼网站。严重危害被感染计算机的系统和数据安全。

10）勒索病毒

勒索病毒是一种新型计算机病毒，主要以邮件、程序木马、网页挂马的形式进行传播。勒索病毒文件一旦被用户点击打开，会利用连接至黑客的 C&C 服务器，进而上传本机信息并下载加密公钥和私钥。然后，将加密公钥私钥写入到注册表中，遍历本地所有磁盘中的 Office 文档、图片等文件，对这些文件进行格式篡改和加密；加密完成后，还会在桌面等明显位置生成勒索提示文件，指导用户去缴纳赎金。

### 7.3.2 计算机病毒的传播途径与防治

1. 计算机病毒的传播途径

1）移动存储设备

存储介质如U盘、移动硬盘等，因可移动，通常会成为计算机病毒的传播介质。当这些感染病毒的存储设备插入其他计算机后，病毒会马上发生作用，导致计算机系统受到破坏。

2）网络传播

网络日益普及，网络资源丰富，同时又有共享性，这使得网络成为病毒迅速、大范围传播的主要途径。

（1）电子邮件。电子邮件是病毒通过互联网进行传播的主要媒介。病毒主要依附在邮件的附件中，而电子邮件本身并不产生病毒。当用户下载附件时，计算机就会感染病毒，使其入侵至系统中，伺机发作。由于电子邮件一对一、一对多的这种特性，使其在被广泛应用的同时，也为计算机病毒的传播提供一个良好的渠道。

（2）下载文件。病毒被隐藏在互联网上传播的程序或文档中，用户一旦下载了该类程序或文件而不进行查杀病毒，感染计算机病毒的概率将大大增加。病毒可以伪装成其他程序或隐藏在不同类型的文件中，通过下载操作感染计算机。

（3）浏览网页。当用户浏览不明网站或误入“钓鱼”网站，在访问的同时，病毒便会在系统中安装病毒程序，使计算机不定期的自动访问该网站，或窃取用户的隐私信息，给用户造成损失。

（4）聊天通信工具。QQ、微信等即时通信聊天工具，无疑是当前人们进行信息通信与数据交换的重要手段之一，成为网上生活必备软件，由于通信工具本身安全性的缺陷，加之聊天工具中的联系列表信息量丰富，给病毒的大范围传播提供了极为便利的条件。目前，仅通过QQ这一种通信聊天工具进行传播的病毒就达百种。

2. 计算机病毒的防治

1）安装杀毒软件并及时更新

杀毒软件可以保证用户在使用计算机时的安全性，防止病毒的入侵和扩散。同时，要及时更新杀毒软件，升级安全补丁。对于大部分病毒，都是通过系统安全漏洞进行传播，养成定期杀毒和更新病毒库的习惯，就能减少中毒的可能性。

2）提升病毒防范意识

在计算机使用过程中，用户要增强防范意识，养成安全操作习惯。对来历不明的网页链接谨慎对待,更不要通过这些链接下载文件并打开。不要随意启用系统共享功能。下载和安装相关软件时，注意一些软件的捆绑，及时删除这些不必要的数据和程序。

3）定期开展数据备份

定期对计算机进行备份处理，特别是重要文件应及时备份，可将重要文件保存至移动存储器或云存储器中，避免出现文件的丢失，造成损失。

4）加强对计算机系统的安全检查

计算机用户可以利用杀毒软件等定期对计算机系统展开检查与防护，除了可以清除网络活动过程中产生的大量垃圾，保证计算机的运行效率，同时也可以及时发现并清除隐藏的病毒。

## 小　　结

随着计算机网络和通信技术的不断发展，社会信息化进程不断向前推进，计算机信息安全问题也日益突出。本章初步介绍了涉及计算机信息安全的相关技术，重点描述了安全策略和防御技术。

## 习　　题

**一、选择题**

1. 计算机病毒是编译或插入计算机程序中的一段（　　）的程序代码或命令，它具有一定的自我复制能力。

A. 伪装普通文件　　B. 破坏计算机功能
C. 由自然界传染　　D. 不可消除

2. 防火墙的主要功能有（　　）。

A. 保障网络安全　　B. 提供网络访问的统计数据
C. 防止内部信息外泄　　D. 以上都是

3. 计算机宏病毒可能出现在（　　）文件类型中。

A. .C　　B. .exe　　C. .doc　　D. .com

4. 防止内部网络受到外部攻击的主要防御措施是（　　）。

A. 防火墙　　B. 杀毒程序　　C. 加密　　D. 备份

5. 蠕虫病毒主要通过（　　）媒体传播。

A. 软盘　　B. 光盘　　C. 因特网　　D. 手机

6. 如果将病毒分类为引导型、文件型、混合型病毒，则分类角度是（　　）。

A. 按破坏性分类　　B. 按传染方式分类
C. 按针对性分类　　D. 按链接方式分类

7. 下列选项中不属于计算机病毒特征的是（　　）。

A. 破坏性　　B. 潜伏性　　C. 传染性　　D. 免疫性

**二、简答题**

1. 简述计算机信息安全的策略？
2. 什么是计算机病毒？计算机病毒产生的原因是什么？

第8章

# 多媒体技术

随着科学技术的不断进步，多媒体应用越来越广泛地出现在人们的生活、工作和学习中。网络和多媒体技术的运用，拓展了大学生学习资源的渠道，拓宽了学习途径。大部分学生课外都会通过网络自主学习，它也成为大学生提高自主学习能力的重要途径。但由于网络中存在海量信息，在增加大学生学习途径、传播知识的同时，也容易使学生沉溺于休闲娱乐等，从而学习效率低下。因此，当代大学生应形成良好的网络文化素养，正确、合理地利用网络和多媒体技术，增强自主学习能力。

多媒体技术是指通过计算机对文字、数据、图形、图像、动画、声音等多种媒体信息进行数字化处理和管理，使用户可以通过多种感官与计算机进行实时信息交互的技术，又称计算机多媒体技术。多媒体技术的发展改变了计算机的使用领域，使计算机能够广泛应用于工业生产管理、学校教育、公共信息咨询、商业广告、军事指挥与训练，甚至家庭生活与娱乐等领域。

## 8.1 多媒体技术概述

### 8.1.1 多媒体技术的发展

随着信息技术的飞速发展，多媒体技术得到了非常广泛的应用。不仅仅是在计算机领域，在人们的生产、生活中都随处可见多媒体技术的应用，在当今这个信息时代，多媒体技术成为不可或缺的重要信息技术。常见的多媒体技术应用领域如下：

（1）计算机辅助教育和培训。

（2）广告与影视娱乐。

（3）多媒体出版与图书。

（4）数字图书馆与数字博物馆。

（5）移动通信与数字电视。

（6）远程会议与远程医疗。

（7）多媒体办公与协同工作。

（8）军事与科学研究。

目前多媒体技术的发展趋势是把计算机技术、通信技术和大众传媒技术融合在一起，建立更广泛意义上的多媒体平台，实现更深层次的技术支持和应用。

### 8.1.2 多媒体的基本概念

1. 媒体

媒体一词来源于拉丁语 Medium，意为两者之间。它是指信息在传递过程中，从信息源到受信者之间承载并传递信息的载体和工具，也可以把媒体看作为实现信息从信息源传递到受信者的一切技术手段。例如，用来存储信息的磁盘、光盘，传输信息的电缆，表示信息的声音、图形和图像等。

2. 多媒体

多媒体一词译自英文Multimedia，表示以交互方式将文本、图形、图像、音频、视频等多种媒体信息，经过计算机设备获取、操作、编辑、存储等综合处理后，以单独或合成的形态表现出来的技术和方法。

3. 多媒体技术

多媒体技术（Multimedia Technology）是利用计算机对文本、图形、图像、声音、动画、视频等多种信息综合处理、建立逻辑关系和人机交互作用的技术。简单来说，能对多种载体上的信息和多种存储体上的信息进行处理的技术。

4. 多媒体计算机

多媒体计算机是对具有多种媒体处理能力的计算机系统的总称。

### 8.1.3 多媒体技术的特性

1. 多样性

多媒体技术可以接收外部图像、声音、录像及各种媒体信息，经计算机加工处理后以图片、文字、声音、动画等多种方式输出，实现输入/输出方式的多样化，改变了计算机只能输入/输出文字、数据的局限。

2. 交互性

交互就是通过各种媒体信息，使发送方或接收方都可以进行编辑、控制和传递。交互性向用户提供更加有效的控制和使用信息的手段和方法，可以使用户对待媒体信息时由被动方式变为主动方式。

3. 集成性

多媒体技术的集成性主要是指以计算机为中心，综合处理多种信息媒体的特性，是能够对信息进行多通道统一获取、存储、组织与合成。主要表现在两方面：多媒体信息的集成、操作工具和设备的集成。

### 8.1.4 多媒体信息处理的关键技术

多媒体技术指的是将图形、图像、声音、视频和动画等多媒体信息通过计算机进行采集、处理、存储和传输的各种技术的统称，对应生成了各种多媒体技术，包括多媒体信息编码和数字化处理过程、多媒体信息压缩技术、多媒体信息存储技术和多媒体网络通信技术。其中多媒体信息编码和数字化处理过程服务于处理过程，多媒体信息压缩技术和多媒体信息存储技术服务于存储过程，多媒体网络通信技术服务于传输过程。

1．多媒体信息编码和数字化处理过程

声音、图像和视频都是模拟信号，而计算机只能处理二进制的数字信号，为了在计算机中处理多媒体信息，必须先将声音、图像、视频等模拟信号转换成计算机能够处理的数字信号。模拟信号数字化的过程主要有3步：采样、量化、编码。

采样：是以固定的时间间隔（采样周期）抽取模拟信号的幅度值（振幅）。采样后得到的是离散的声音振幅样本序列，仍是模拟量。

量化：是指把采样得到的信号的幅度的样本值从模拟量转换成数字量。

编码：是指把采样量化后得到的数字音频信息按照一定的数据格式表示并存储到计算机的过程。

2．多媒体数据压缩技术

数字化的声音、图像和视频的数据量是非常巨大的，这对于信息的存储、传输、处理等都带来了很大的压力。最有效的解决方法就是对数据进行压缩编码，所以说数据压缩编码技术是多媒体技术中的核心技术。采用优化的压缩编码算法对数字化的音频和视频信息进行压缩编码后，不仅节省了大量的存储空间，而且提高了通信的传输效率，并且使媒体的实时播放成为可能。

3．多媒体数据存储技术

数字化的多媒体信息经过压缩后，仍需要大量的存储空间，解决这一问题的关键是数据存储技术。多媒体数据信息量大和实时性传输的特点要求计算机的存储系统必须具备容量大和速度快的特点。

多媒体存储技术包括多媒体数据库技术和海量数据存储技术。多媒体数据库的特点是数据类型复杂、信息量大，同时多媒体数据中的声音和视频图像都是与时间有关的信息，在很多场合要求实时处理（压缩、传输、解压缩），同时多媒体数据的查询、编辑、显示和演播都对数据库技术提出了更高的要求。常用的存储设备如下：

（1）激光存储器：CD、VCD、DVD。

（2）活动存储器：移动硬盘、优盘、可读/写光盘。

4．多媒体通信技术

多媒体通信要求网络能够综合地传输、交换各种信息，在计算机网络上传送声音、图像数据，要求传输过程要保证速度和质量。因此，多媒体通信要求有足够的可靠带宽、高效调度的组网方式、传输的差错时延处理等。

## 8.2 多媒体计算机系统组成

多媒体计算机系统是指能够综合处理文本、图形、图像、动画、音频、视频等多种媒体信息的计算机系统。

多媒体计算机系统主要由多媒体计算机硬件系统和多媒体计算机软件系统组成。

### 8.2.1 多媒体计算机硬件系统

多媒体计算机硬件系统主要包括以下几部分：

1. 主机

用于多媒体制作系统的计算机要求内存、硬盘容量较大，如个人机、工作站、超级微机等。

2. 音频处理设备

音频处理设备主要包括声卡、音响、扬声器（俗称麦克风）等。

（1）声卡：又称音频卡，是多媒体计算机中必不可少的设备。由扬声器、音响等设备所采集的音频信息是模拟信号，计算机能够处理的是二进制的数字信号，声卡的作用是实现模拟信号和数字信号之间的转换。声卡可以将扬声器、音响等模拟信号的声音转换成数字信号，采集到计算机中进行处理；然后再将处理完的数字信号转换成模拟信号在耳机、音响等设备上播放。声卡主要分为集成式和板卡式两种类型。绝大多数用户使用的是集成式声卡，只有一些做音乐处理的专业人士或音乐爱好者等少数人单独配置独立声卡。

（2）音响：音箱通过自带功率放大器，对输入的音频信号进行放大处理后由音箱本身回放出声音。

（3）扬声器：是将声音信号转换为电信号的能量转换设备。

3. 视频处理设备

视频处理设备主要包括显卡、视频采集卡、视频压缩卡等。

（1）显卡：是连接显示器和主板的重要元件，其主要功能是将计算机的输出信息转换成字符、图形和颜色等信息，传送到显示器上显示。显卡分为集成显卡和独立显卡。

集成显卡是将显卡做在主板上，其显示效果与处理性能相对较弱，优点是功耗低、发热量小。

独立显卡是自成一体的一块独立的板卡，插在主板的扩展插槽上，其显示效果和性能都优于集成显卡，缺点是系统功耗大，发热量也偏大。

（2）视频采集卡：可以将视频信号采集到计算机中，以数据文件的形式保存在硬盘上，是进行视频处理必不可少的硬盘设备。

（3）视频压缩卡：可以将采集到的模拟信号或数字信号进行压缩并存储，以节省空间。

4. 多媒体计算机的辅助媒体设备

（1）输入设备：扫描仪、摄像机、数码照相机、录音机等。

（2）输出设备：打印机、绘图仪、音箱、电视机等。

### 8.2.2 多媒体计算机软件系统

多媒体计算机软件系统分为多媒体系统软件和多媒体应用软件。

### 1. 多媒体系统软件

多媒体系统软件包括多媒体操作系统、多媒体驱动软件、多媒体处理软件。

(1)多媒体操作系统：用来管理多媒体设备、信息和软件，能够实现多媒体环境下多任务的调度，能对音频、视频进行处理和控制，能提供多媒体信息处理的基本操作和管理。

(2)多媒体驱动软件：是相关多媒体硬件的驱动程序，用来保证多媒体设备的正常使用。如扫描仪、数码照相机和数码摄像机等硬件设备与计算机的连接。

(3)多媒体处理软件：多媒体处理软件可以对不同的多媒体信息进行加工，如音频处理软件（Cool Edit、GoldWave），视频处理软件（Director、会声会影），图像处理软件（Photoshop、CorelDRAW），动画制作软件（Flash、Adobe ImageReady）等。

### 2. 多媒体应用软件

多媒体应用软件是在多媒体创作平台上设计开发的面向应用领域的软件系统。例如，各种多媒体辅助教学系统、多媒体的电子图书等。

## 8.3 多媒体信息的数字化和压缩技术

### 8.3.1 数字音频及处理

声音是携带信息的重要媒体。随着多媒体信息处理技术的发展，计算机处理能力的增强，音频处理技术不断增强并得到广泛应用，如视频伴音、游戏伴音、IP 电话、音乐创作等。多媒体涉及多方面的音频处理技术，如音频采集、语音编码/解码、音乐合成、语音识别与理解、音频数据传输、音频–视频同步、音频效果与编辑等。

#### 1. 声音的物理特性

声音是振动产生的，如敲一个茶杯，它振动发出声音；拨动吉他的琴弦，吉他就发出声音。但是仅仅振动还产生不了声音，例如，把一个闹钟放在一个密封的罐子里，抽掉空气，无论闹钟怎么震动，也没有声音。因为声音要靠介质来传递，如空气。所以声音是一种波，又称声波。声波传进人的耳朵，人们才感觉到了声音。

声音是机械振动在弹性介质中传播的机械波，振动越强，声音越大。振动频率越高，音调则越高。

声波的物理元素包括振幅、频率和周期。3 种物理元素分别决定了声音的音量、振动强弱和声波之间的距离。

#### 2. 音频信息概念及其数字化过程

声音信号是典型的连续信号，不仅在时间上是连续的，而且在幅度上也是连续的，这种时间和幅度上都连续的声音信号称为模拟音频。计算机中信息都采用二进制数字 0 和 1 表示，用二进制数字表示的声音信号，称为数字音频。数字音频在时间上是断续的，由一个数据序列组成。

数字音频是由模拟音频数字化得到的，其过程包括采样、量化和编码 3 个步骤。

1）采样

采样是以固定的时间间隔（采样周期）抽取模拟信号的幅度值（振幅）。采样后得到的是离散的声音振幅样本序列，仍是模拟量。

采样频率是决定音频质量的重要因素之一。采样的频率越大则音质越有保证，所需的存储量也越大。由于采样频率一定要高于录制的最高频率的两倍才不会产生失真，而人类听力范围是 20 Hz～20 kHz，所以采样频率至少要 20 kHz×2=40 kHz，才能保证不产生低频失真。当今主流音频采集卡上采集频率一般分为 22.05 kHz、44.1 kHz、48 kHz 3 个等级。22.05 kHz 只能达到 FM 广播的声音品质，44.1 kHz 则是理论上的 CD 音质界限，48 kHz 则更加精确一些。对于高于 48 kHz 的采样频率人耳已无法辨别出来，所以没有使用价值。

2）量化

量化是指把采样得到的信号的幅度的样本值从模拟量转换成数字量。转换成的数字量的位数称为量化精度，位数越多，转换越真实，声音质量也越高，所需的存储量也越大。因此，量化的位数即量化精度是决定音频质量的第二个因素。

采样和量化的过程实际上是将通常的模拟音频信号的电信号转换成二进制码的 0 和 1，这些 0 和 1 便构成了数字音频文件。所用到的主要设备便是模拟/数字转换器（Analog to Digital Converter，ADC）。反之，在播放时则是把数字音频信号还原成模拟音频信号再输出，所用的设备为数字/模拟转换器（Digital to Analog Converter，DAC）。

3）编码

编码是指把采样量化后得到的数字音频信息按照一定的数据格式表示并存储到计算机中的过程。

**3. 音频文件格式**

音频文件通常分为两类：声音文件和 MIDI 文件。声音文件是指通过声音录入设备录入的原始声音，直接记录了真实声音的二进制采样数据，通常文件较大；而 MIDI 文件则是一种音乐演奏指令序列，相当于乐谱，可以利用声音输出设备或与计算机相连的电子乐器进行演奏，由于不包含声音数据，其文件尺寸较小。

较流行的音频文件有 WAV、MP3、WMA、RM、MID 等。

（1）Wave 文件（.WAV）。Wave 格式文件是 Microsoft 公司开发的一种声音文件格式，用于保存 Windows 平台的音频信息资源，被 Windows 平台及其应用程序所广泛支持，但其文件尺寸较大，多用于存储简短的声音片段。

（2）MPEG 文件（.MP1、.MP2、.MP3）。MPEG 文件是对 Wave 声音文件进行压缩而成的。根据压缩质量和编码复杂程度不同可分为 3 层：MPEG Audio Layer 1/2/3，分别对应 MP1、MP2、MP3 这 3 种声音文件。3 种文件的压缩比例分别为 4：1、6：1～8：1 和 10：1。一个 3 分钟的音乐文件压缩成 MP3 后大约是 4 MB，同时其音质基本保持不失真。

（3）RealAudio 文件（.RA、.RM、.RAM）。RealAudio 是 Real Networks 公司开发的一种新型音频文件格式，主要用于在低速率的广域网上实时传输音频信息。网络连接速率不同，客户端所获得的声音质量也不尽相同，速率越快，声音质量越好。

（4）WMA 文件（Windows Media Audio）。WMA 是继 MP3 后最受欢迎的音乐格

式，在压缩比和音质方面都超过了 MP3，能在较低的采样频率下产生好的音质。WMA 有微软的 Windows Media Player 播放器做强大的后盾，网上的许多音乐纷纷转向 WMA。

（5）MIDI 文件（Musical Instrument Digital Interface）。MIDI 是数字音乐/电子合成乐器的统一国际标准，它定义了计算机音乐程序、合成器及其他电子设备间交换音乐信号的方式，可用于为不同乐器创建数字声音，可以模拟大提琴、小提琴、钢琴等常见乐器。在 MIDI 文件中只包含产生某种声音的指令，计算机将这些指令发送给声卡、声卡按照指令将声音合成出来，相对于声音文件，MIDI 文件显得更加紧凑，其文件尺寸也小得多。

**4. 常用的音频处理软件**

1）Windows 自带的录音机

Windows 系统中提供了“录音机”小软件，使用该软件可以录制、混合、播放和编辑声音，以 WAV 格式文件进行保存。下面以 Windows 10 系统下的“录音机”为例进行简要介绍。

（1）打开录音机：选择“所有程序”→“附件”→“录音机”命令，打开“录音机”，如图 8-1 所示。

（2）录音：插入麦克风，单击“录制”按钮即可进行录音，需要停止时单击“停止录制”按钮即可，如图 8-2 所示。

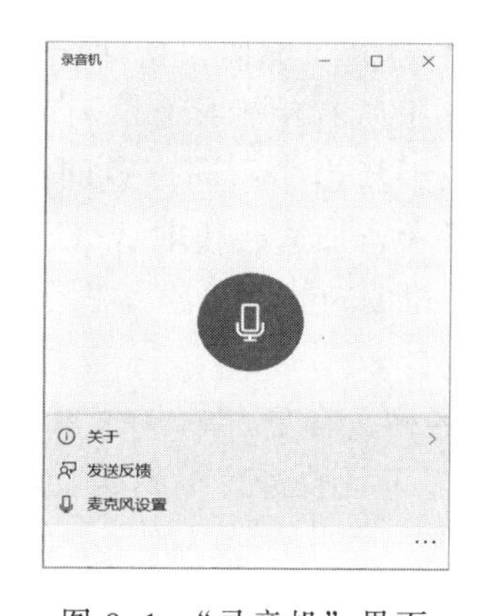


图 8-1 “录音机”界面

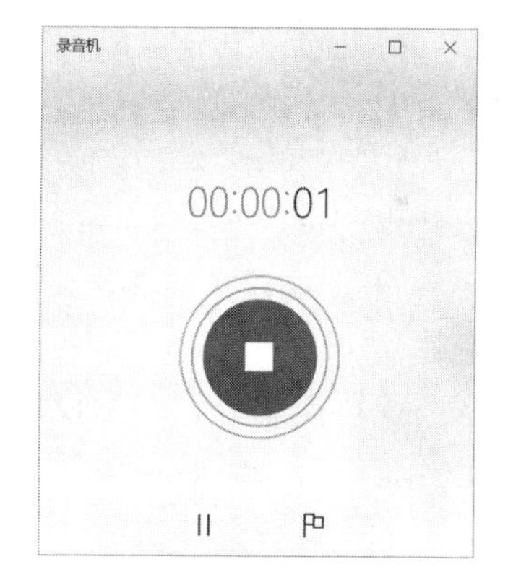


图 8-2 录音过程

2）Cool Edit Pro

Cool Edit Pro 是 Syntrillium 软件公司开发的音频处理软件，可以运行于 Windows 平台下，能高质量地完成录音、编辑、合成等多种任务。只要拥有它和一台配备了声卡的计算机，也就等于同时拥有了一台多轨数码录音机、一台音乐编辑机和一台专业合成器。

Cool Edit Pro 能记录的音源包括 CD、卡座、话筒等多种，并可以对它们进行降噪、扩音、剪接等处理，还可以给它们添加立体环绕、淡入/淡出、3D 回响等奇妙音效，制成的音频文件，除了可以保存为常见的.wav、.snd 和.voc 等格式外，也可以直接压缩为 mp3 或 Cool Edit Pro(.rm)文件，放到互联网上或通过 E-mail 发送给朋友，大家共同欣赏。如果需要，还可以刻录到 CD。借助于 Cool Edit Pro 对采样频率为

96 kHz、分辨率为 24 位录音的支持，还可以制作更高品质的 DVD 音频文件。

Cool Edit Pro 提供了一些“傻瓜”功能，不仅适合于专业人员，而且也适合于普通的音乐爱好者和用户使用，其界面如图 8-3 所示。

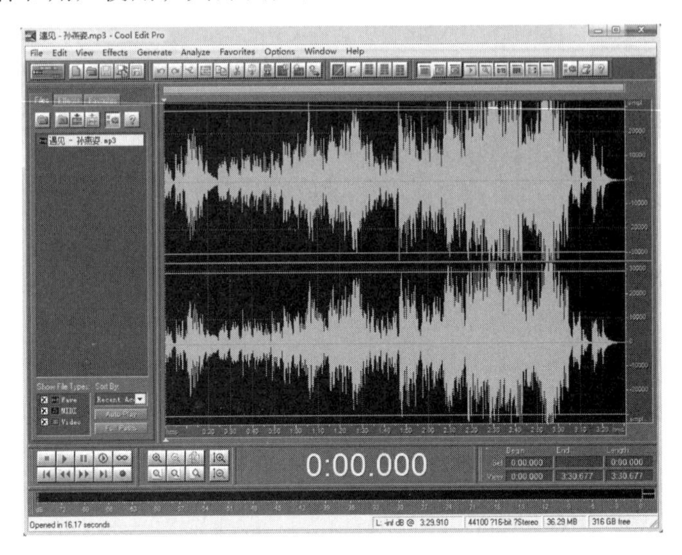


图 8-3　Cool Edit Pro 主界面

Cool Edit Pro 的主要功能包括波形的处理和音轨的处理。

波形处理：Cool Edit Pro 实现对音频波形文件的复制、剪切、粘贴、转换、频率采样，向波形文件中添加必要信息、视窗切换等几乎所有编辑操作。还可以进行波形反转/倒转、动态压缩/扩展/限幅、噪声门、淡入、淡出、不同声道间的混音，产生波形包络、数字混响、回声/三维回声、过滤、降噪、加速、扭曲音效、快速/科学滤波等效果，完成脑波频率编码、背景噪声抑制、相位扫描、合声、图示/参数频率均衡等特殊操作。

音轨控制：音轨控制台上，不仅可以显示音轨名称、音量、录音/回放设备选择，还可以对指定音轨进行静音、录音等设置操作。对多个音轨进行编辑属于比较专业的操作，在此不作深入介绍，查阅软件附带的联机手册，可得到详尽的帮助信息。

### 8.3.2　数字图像及处理

#### 1. 图像基础知识

能为视觉系统所感知的信息形式称为图像。

#### 2. 图像的类型

根据图像在计算机中的表示方式不同，分为矢量图形和位图图像两种。

1）矢量图形

矢量图使用直线和曲线描述图形，这些图形的元素是一些点、线、矩形、多边形、圆和弧线等，它们都是通过数学公式计算获得的。例如，一幅花的矢量图形实际上是由线段形成外框轮廓，由外框的颜色以及外框所封闭的颜色决定花显示出的颜色。

矢量图又称面向对象的图像或绘图图像，繁体版本上称为向量图，是计算机图形学中用点、直线或者多边形等基于数学方程的几何图元表示图像。矢量图形最大的优点是无论放大、缩小或旋转等不会失真；最大的缺点是难以表现色彩层次丰富的逼真图像效果。

2）位图图像

位图又称点阵图或像素图，计算机屏幕是一张包含大量发光点（即像素）的网格，屏幕上的图像是由屏幕上的像素构成的，每个点用二进制数据描述其颜色与亮度等信息，这些点是离散的，类似于点阵。多个像素的色彩组合就形成了图像，称为位图。

在处理位图图像时，所编辑的是像素而不是对象或形状，它的大小和质量取决于图像中的像素点的多少，每平方英寸中所含像素越多，图像越清晰，颜色之间的混合也越平滑。计算机存储位图图像实际上是存储图像的各个像素的位置和颜色数据等信息，所以图像越清晰，像素越多，相应的存储容量也越大。

位图图像与矢量图像相比更容易模仿照片似的真实效果。位图图像的主要优点在于表现力强、细腻、层次多、细节多，可以十分容易地模拟出像照片一样的真实效果。由于是对图像中的像素进行编辑，所以在对图像进行拉伸、放大或缩小等处理时，其清晰度和光滑度会受到影响。

**3. 常见图像文件格式**

（1）BMP 格式：Bitmap（位图）是 Windows 操作系统中的标准图像文件格式，能够被多种 Windows 应用程序所支持。随着 Windows 操作系统的流行，BMP 位图格式也被广泛应用。BMP 格式的图像文件结构简单，未经过压缩，因此，其数据量比较大。它最大的优点就是能被大多数软件“接受”，可称为通用格式。

（2）JPEG 格式：也是应用最广泛的图像格式之一，它采用一种特殊的有损压缩算法，将不易被人眼察觉的图像颜色删除，从而达到较大的压缩比（可达到 2：1 甚至 40：1），在获取极高的压缩率的同时还能展现十分丰富生动的图像，换句话说，就是可以用最少的磁盘空间得到较好的图像质量。同时，JPEG 还是一种很灵活的格式，具有调节图像质量的功能，允许用不同的压缩比例对这种文件进行压缩，例如最高可以把 1.37 MB 的 BMP 位图文件压缩至 20.3 KB。JPEG 格式主要应用在网络和光盘读物上。因为 JPEG 格式的文件尺寸较小，下载速度快，使得 Web 页有可能以较短的下载时间提供大量美观的图像，因此 JPEG 成为网络上最受欢迎的图像格式，各类浏览器也均支持 JPEG 图像格式。

（3）GIF 格式：20 世纪 80 年代，美国一家著名的在线信息服务机构 CompuServe 针对当时网络传输带宽的限制，开发出了 GIF 图像格式。GIF 格式的特点是压缩比高，磁盘空间占用较少，所以这种图像格式迅速得到了广泛应用。最初的 GIF 只是简单地用来存储单幅静止图像（称为 GIF87a），后来随着技术发展，可以同时存储若干幅静止图像进而形成连续的动画，使之成为当时支持 2D 动画为数不多的格式之一（称为 GIF89a），而在 GIF89a 图像中可指定透明区域，使图像具有非同一般的显示效果。Internet 上大量采用的彩色动画文件多为这种格式的文件，又称 GIF89a 格式文件。此外，考虑到网络传输中的实际情况，GIF图像格式还增加了渐显方式，也就是说，在图像传输过程中，用户可以先看到图像的大致轮廓，然后随着传输过程的继续而逐步看清图像中的细节部分，从而适应了用户“从朦胧到清楚”的观赏心理。GIF 的缺点是不能存储超过 256 色的图像。尽管如此，由于 GIF 图像文件短小、下载速度快、可用许多具有同样大小的图像文件组成动画，其在网络中的应用还是非常广泛的。

（4）TIFF 格式：TIFF 格式是 Mac 中广泛使用的图像格式，它由 Aldus 和微软联合开发，最初是出于跨平台存储扫描图像的需要而设计的。它的特点是图像格式复杂、存储信息多。正因为它存储的图像细微层次的信息非常多，图像的质量也得以提高，故而非常有利于原稿的复制。该格式有压缩和非压缩两种形式，其中压缩可采用 LZW 无损压缩方案存储。不过，由于 TIFF 格式结构较为复杂，兼容性较差，因此有时软件不能正确识别 TIFF 文件（现在绝大部分软件都已解决了这个问题）。在 Mac 和 PC 上移植 TIFF 文件也十分便捷，因而 TIFF 现在也是微机上使用最广泛的图像文件格式之一。

（5）PSD 格式：这是 Photoshop 专用格式 Photoshop Document（PSD）。PSD 其实是 Photoshop 进行平面设计的一张“草稿图”，里面包含有各种图层、通道、遮罩等设计样稿，以便于下次打开文件时可以修改上一次的设计。在 Photoshop 所支持的各种图像格式中，PSD 的存取速度比其他格式快很多，功能也很强大。

（6）PNG 格式：PNG（Portable Network Graphics，可移植的网络图形）是一种新兴的网络图像格式。PNG 是目前保证最不失真的格式，它汲取了 GIF 和 JPG 两者的优点，存储形式丰富，兼有 GIF 和 JPG 的色彩模式。第一，它能把图像文件压缩到极限以利于网络传输，但又能保留所有与图像品质有关的信息，因为 PNG 是采用无损压缩方式减少文件的大小，这一点与牺牲图像品质以换取高压缩率的 JPG 有所不同；第二，PNG 的显示速度很快，只需下载 1/64 的图像信息就可以显示出低分辨率的预览图像；第三，PNG 同样支持透明图像的制作，透明图像在制作网页图像时很有用，可以把图像背景设为透明，用网页本身的颜色信息代替设为透明的色彩，这样可让图像和网页背景很和谐地融合在一起。PNG 的缺点是不支持动画应用效果。

（7）SVG 格式：SVG（Scalable Vector Graphics，可缩放的矢量图形）是一种开放标准的矢量图形语言，可设计高分辨率的 Web 图形页面。用户可以直接用代码来描绘图像，可以用任何文字处理工具打开 SVG 图像，通过改变部分代码使图像具有交互功能，并可以随时插入 HTML 中通过浏览器观看。SVG 提供了目前网络流行格式 GIF 和 JPEG 无法具备的优势：可以任意放大图形显示，但不会影响图像质量；文字在 SVG 图像中保留可编辑和可搜寻的状态；SVG 文件比 JPEG 和 GIF 格式的文件要小很多，因而下载也很快。

**4. 图像的数字化处理**

在计算机中处理图像，必须先把真实图像（照片、画报、图书、图纸等）通过数字化转变成计算机能够接受的显示和存储格式，然后再用计算机进行分析处理。图像的数字化过程主要分采样、量化与编码 3 个步骤。

（1）采样。采样的实质就是要用多少点来描述一幅图像，采样结果质量的高低用图像分辨率来衡量。简单来讲，对二维空间上连续的图像在水平和垂直方向上等间距地分割成矩形网状结构，所形成的微小方格称为像素点。一幅图像就被采样成有限个像素点构成的集合。例如，一副 640×480 像素分辨率的图像，表示这幅图像是由 640×480=307 200 个像素点组成的。如图 8-4 所示，左图是要采样的物体，右图是采样后的图像，每个小格即为一个像素点。

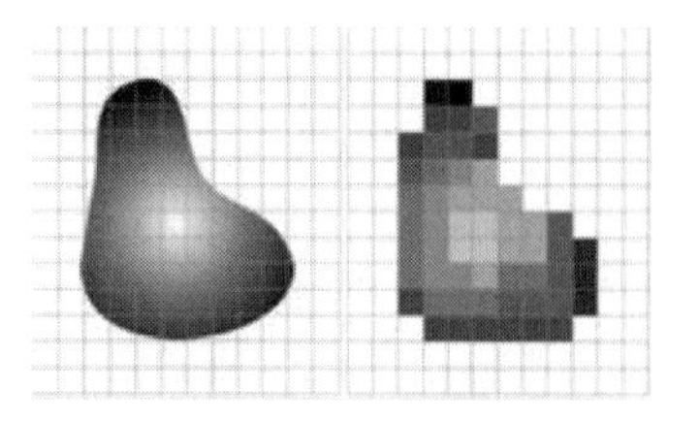

图 8-4　真实图像转换成数字图像的对比效果

在进行采样时，采样点间隔大小的选取很重要，它决定了采样后的图像能真实地反映原图像的程度。一般来说，原图像中的画面越复杂，色彩越丰富，则采样间隔应越小。采样间隔越小，图像样本越逼真，图像的质量越高，但要求的存储量也越大。

（2）量化。量化是指要使用多大范围的数值表示图像采样之后的每一个点。量化的结果是图像能够容纳的颜色总数，它反映了采样的质量。

例如，如果以 4 位存储一个点，就表示图像只能有 16 种颜色；若采用 16 位存储一个点，则有 $2^{16}$=65 536 种颜色。

所以，量化位数越来越大，表示图像可以拥有更多的颜色，自然可以产生更为细致的图像效果。但是，也会占用更大的存储空间。两者的基本问题都是视觉效果和存储空间的取舍。

（3）压缩编码。数字化后得到的图像数据量十分巨大，必须采用编码技术压缩其信息量。在一定意义上讲，编码压缩技术是实现图像传输与存储的关键。已有许多成熟的编码算法应用于图像压缩。常见的有图像的预测编码、变换编码、分形编码、小波变换图像压缩编码等。

**5．常用的图像处理软件**

1）Windows 画图工具

“画图”是 Windows 系统在附件中提供的一个简单的图像绘画程序，可以对各种位图格式的图片进行编辑，用户可以自己绘制，也可以进行屏幕截图，或者对其他来源的图像进行编辑修改。在编辑完成后，可以 BMP、JPG、GIF 等格式存档，还可以复制到其他文本文档中。下面以 Windows 10 系统提供的“画图”程序为例进行介绍。

（1）打开画图工具。选择“所有程序”→“附件”→“画图”命令即可打开画图程序。

（2）画图界面。屏幕中间矩形为白色画布，上方有“主页”和“查看”两个选项卡。“主页”选项卡可以进行图像的粘贴、裁剪、图像大小的调整、图像的旋转，还提供了部分绘图工具以及各种常用形状的绘制以及画笔颜色和画笔宽度等内容。“查看”选项卡提供了图像的缩放、标尺、网格线、全屏和缩略图切换等功能，如图 8-5 所示。

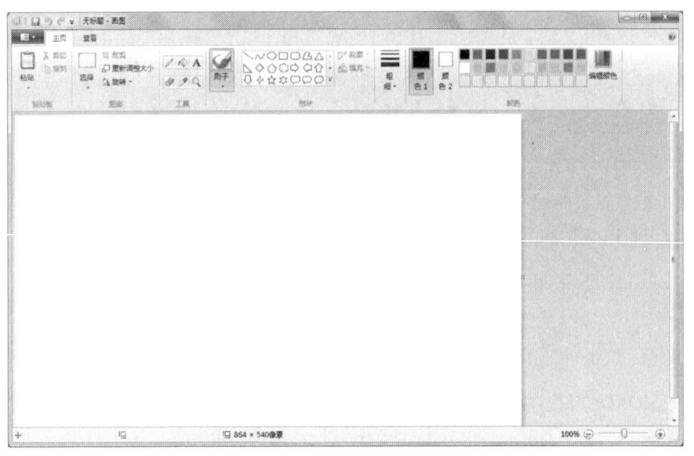

图 8-5 “画图”主界面

（3）屏幕截图。“画图”最常用的功能应该是配合键盘上的截图抓屏键保存当时的屏幕显示，按【Pr Scrn】键保存整个屏幕，按【Alt+Pr Scrn】组合键则只抓取当前活动窗口的区域，如图 8-6 和图 8-7 所示。

图 8-6 全屏截图效果

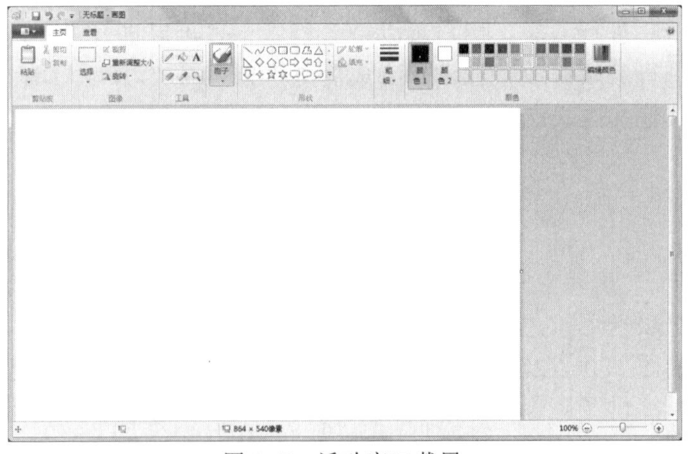

图 8-7 活动窗口截屏

2）Photoshop

Photoshop 是一款图像处理软件。由 Adobe 公司于 20 世纪 80 年代末期推出的专门用于图形图像处理的软件。Photoshop 功能强大、集成度高、并且适用面广、操作简便。它不仅提供了强大的绘图工具，可以绘制艺术图形，还能从扫描仪、数码照相机等设备采集图像，对它们进行修改、修复，调整图像的色彩、亮度，改变图像的大小，还可以对多幅图像进行合并增加特殊效果。

从功能上看，该软件可分为图像编辑、图像合成、校色调色及功能特效制作等。图像编辑是图像处理的基础，可以对图像做各种变换，如放大、缩小、旋转、倾斜、镜像、透视等；也可进行复制、去除斑点、修补、修饰图像的残损等。

Photoshop 可以处理图像尺寸和分辨率，可以按要求任意调整图像的尺寸，还可以在不影响尺寸的同时增减分辨率，以适应图像的要求。主界面如图 8-8 所示。

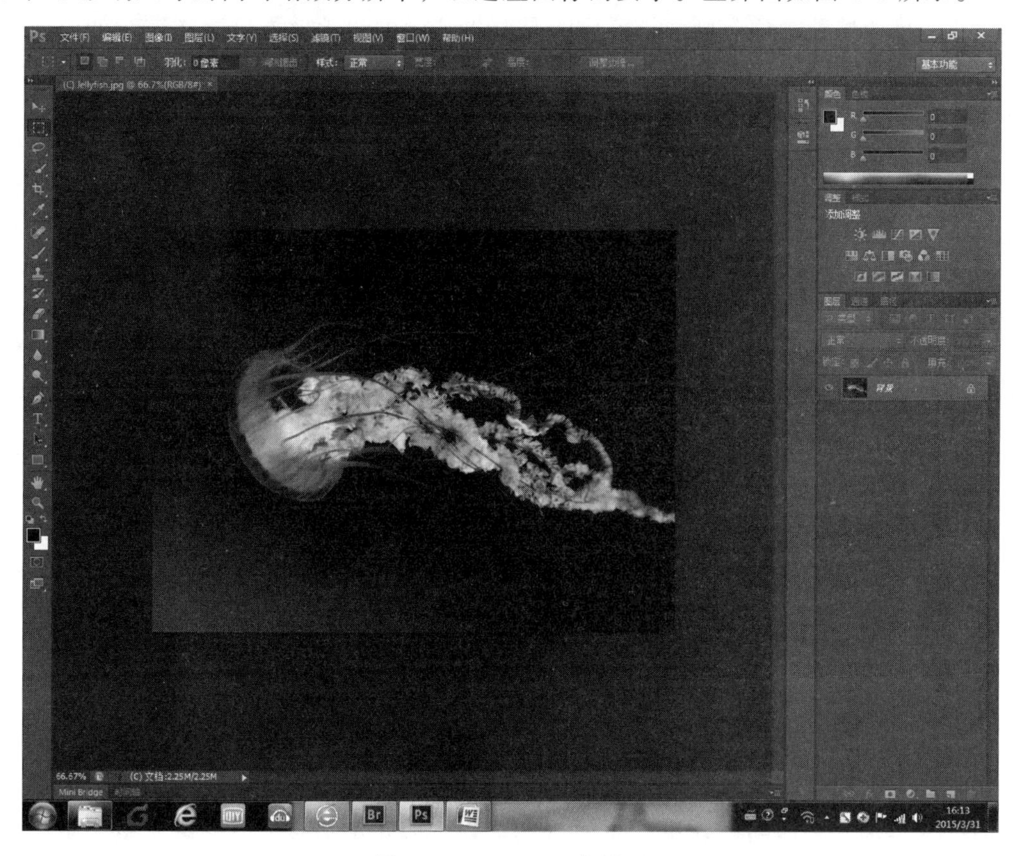


图 8-8　Photoshop 主界面

其主要功能如下：

（1）图层功能。支持多图层工作方式，可以对图层进行合并、合成、翻转、复制和移动等操作，特效也都可以用在图层的上面。此外图层还可以进行像素的色相、渐变和透明度等属性的调整。还可以将图像从一个图层复制到另一个图层之中。

（2）绘画功能。提供喷枪工具、画笔工具、铅笔工具、直线工具来绘制图形，此外还使用文字工具在图像中添加文本。

（3）选取功能。矩形选区工具和椭圆选区工具可以选择一个或多个不同大小或不同形状的范围。套索工具可以选取不规则形状的图形。魔术棒工具可以根据颜色范围自动选取所需部分。

（4）色调和色彩功能。对图像进行色彩色调的调整。

（5）图像的旋转和变形。可以将图像进行翻转和旋转，还可以将图像进行拉伸、倾斜和自由变形等处理。

### 8.3.3 数字视频及处理

#### 1. 视频的基本概念

人的眼睛具备一种"视觉暂留"生物现象，即在观察景物后，景物的印象仍在视网膜上保留短暂时间。因此，人的眼睛在每秒 24 张画面以上的播放速度下，就无法辨别出每个单独的静态画面，感觉上是平滑连续的视觉效果，这样连续的画面组成了视频。视频是若干连续的图像在时间轴上不断变化的结果。它的表示与图像序列、时间顺序有关。视频中的一幅图像称为帧，帧是构成视频的基本单元。

视频根据存储形式可分为模拟视频和数字视频。模拟视频的信息表示是时间和空间上连续的信号，如电视、广播等系统。而数字视频是以离散的数字化方式记录图像的信息。在计算机上通过视频采集设备捕捉的录像机、电视等视频源的数字化信息即为数字视频。

#### 2. 视频的数字化过程

视频信息的数字化过程包括视频的采集、压缩和编辑。

1）视频采集

视频采集是将摄像机、录像机、电视机等输出的模拟视频信号通过专用的模拟、数字转换设备，转换为二进制数字信息的过程。

在视频采集工作中，视频采集卡是主要设备，它分为专业和家用两个级别。专业级视频采集卡不仅可以进行视频采集，并且还可以实现硬件级的视频压缩和视频编辑。家用级的视频采集卡只能做到视频采集和初步的硬件级压缩，而更为"低端"的电视卡，虽可进行视频的采集，但通常没有视频压缩和编辑功能。

2）视频压缩

模拟视频信号数字化后，数据量是相当大的。因此需要很大的存储空间，同时存储的速度也要足够快，以满足视频数据连续存储的要求。解决这一问题的有效办法就是采用视频压缩编码技术，压缩数字视频中的冗余信息，减少视频数据量。视频压缩的主要指标如下：

（1）压缩类别：有损压缩和无损压缩，以及不同压缩比例的压缩方法。有损压缩会导致数据损失，压缩比例过高会导致图像质量下降。

（2）压缩比例：各种压缩方案支持不同的压缩比例，压缩比例越大，压缩和还原时需要的时间越多，采用有损压缩时图像的还原效果也越差。

（3）压缩时间：压缩算法通常需要较长时间才能完成，有些压缩方案可以通过专用硬件提高压缩速度。

3）视频编辑

采集后的视频文件需要经过编辑加工后才可在多媒体软件中使用。通常使用视频编辑软件完成这一任务。例如，取出图像中的污点、视频的混合、增加字幕、增加特效等效果。

编辑视频文件可以说是一件艺术性很强的工作，除了需要很好地应用某个专门软件的技巧之外，制作者还必须具有某种程度的艺术构思。

**3. 常见视频文件格式**

（1）AVI 格式：又称音频/视频交错格式，是由 Microsoft 公司开发的一种数字音频和视频文件格式。AVI格式允许视频和音频同步播放，但由于AVI文件没有限定压缩标准，因此 AVI 文件格式不具有兼容性。不同压缩标准生成的 AVI 文件，必须使用相应的解压缩算法才能播放。

AVI 格式一般用于保存电影、电视等各种影像信息。常用的 AVI 播放器主要有 Windows 中的 Media Player 等。

（2）MOV 格式（Quick Time）：是 Apple 公司开发的一种音频和视频文件格式，用于保存音频和视频信息。它支持 25 位彩色和支持领先的集成压缩技术，提供 150 多种视频效果并提供 200 多种 MIDI 兼容音响和设备的声音装置。

（3）MPEG 格式：MPEG（Moving Picture Experts Group，动态图像专家组）在保证影像质量的基础上，采用有损压缩算法减少运动图像中的冗余信息。MPEG家族中包括 MPEG-1、MPEG-2 和 MPEG-4 等在内的多种视频格式。平均压缩比为 50：1，最高可达 200：1。不但压缩效率高、质量好，而且在计算机上有统一的标准格式，兼容性相当好。

（4）RM 格式：RM（Real Media）格式是 Real Networks 公司开发的一种流媒体视频文件格式，它主要包含 RealAudio、RealVideo 和 RealFlash 3 部分。Real Media 可以根据网络数据传输的不同速率制定不同的压缩比率，从而实现在低速率的 Internet 上进行视频文件的实时传送和播放。这种格式的另一个特点是用户使用 RealPlayer 或 RealOnePlayer 播放器可以在不下载音频/视频内容的条件下实现在线播放。

RM格式是Real公司对多媒体世界的一大贡献，也是对在线影视推广的贡献。它的诞生，也使得流文件为更多人所知。这类文件可以实现即时播放，即先从服务器上下载一部分视频文件，形成视频流缓冲区后实时播放，同时继续下载，为接下来的播放做好准备。这种“边传边播”的方法避免了用户必须等待整个文件从 Internet 上全部下载完毕才能观看的缺点，因而特别适合在线观看影视。RM 主要用于在低速率的网上实时传输视频的压缩格式，它同样具有小体积而又比较清晰的特点。RM 文件的大小完全取决于制作时选择的压缩率，这也是为什么有时我们会看到 1 小时的影像只有 200 MB，而有的却有 500 MB。

（5）ASF 格式：ASF（Advanced Streaming Forma，高级串流格式）是微软公司开发的一种可直接在网上观看视频节目的视频文件压缩格式。其视频部分采用先进的 MPEG-4 压缩算法。ASF 应用的主要部件是 NetShow 服务器和 NetShow 播放器。主要优点包括本地或网络回放、可扩充的媒体类型、部件下载以及扩展性等。

（6）WMV 格式：WMV（Windows Media Video）格式是微软推出的一种流媒体格式，它是对“同门”的 ASF（AdvancedStreamFormat）格式升级延伸得来的。在同等视频质量下，WMV 格式的文件可以边下载边播放，因此很适合在网上播放和传输。

WMV 的主要优点包括本地或网络回放、可扩充的媒体类型、部件下载、可伸缩的媒体类型、多语言支持等。

4. 常用的视频处理软件

1）Windows Media Player

Windows Media Player 是微软公司出品的一款播放器，通常在 Windows 操作系统中作为一个组件内置，也可以从网络下载。该软件可以播放 MP3、WMA、WAV 等格式的文件。

Windows Media Player 可以让用户以全新的方式存储和欣赏所有数字媒体。用户可以更轻松地访问计算机上的所有音乐、视频、图片以及录制的电视节目。播放、查看、组织数字媒体，将其与便携设备进行同步以随时随地欣赏数字媒体，或在家里的各种设备上共享数字媒体；可以在一个地方完成所有这些操作，如图 8-9 所示。

图 8-9　Windows Media Player 主界面

2）视频剪辑器

“视频剪辑器”是 Windows 系统提供的制作电影的数字媒体程序，功能比较简单，可以组合镜头、声音、加入镜头切换的特效，只要将镜头片段拖入即可，适合家用摄像后的一些小规模的处理。通过“视频剪辑器”，可以简单明了地将多个视频和照片转变为电影、音频剪辑或商业广告。通过简单的操作即可完成剪裁视频，添加配乐和照片，添加“滤镜”效果，从而为用户制作的电影添加匹配的过渡和片头。其对视频的编辑和加工的功能非常强大，包括如下内容：

（1）添加视频或照片。首先在“项目库”中添加任何要使用的视频，然后开始制作电影并对其进行编辑。单击“项目库”选项卡“添加”选项组中的“来自这台电

脑”按钮，按住【Ctrl】键并单击要使用的视频和照片，然后单击“打开”按钮，最后右击，在弹出的快捷菜单中选择“放到情节提要中”命令，或者直接拖动到下方的“情节提要”。

（2）剪辑视频。若要剪辑视频的开头或结尾，以便在最终的电影中仅显示所需的视频部分，可选中“情节提要”中要剪辑的视频，单击上方的“剪裁”按钮，选择合适的“剪裁开始”和“剪裁结束”位置，即希望视频在电影中开始或停止播放的位置。

（3）拆分视频。可以将一个视频分割成两个较小的视频，然后继续进行编辑。例如，拆分视频后，可以将其中一个视频放到另一个视频之前以改变其在电影中的播放顺序。若要将一个视频拆分成两个，可选中“情节提要”中要拆分的视频，单击上方的“拆分”按钮，然后将“寻找”指示拖动到要分割视频的位置（右侧显示拆分后的“剪辑一”和“剪辑二”时长）。

（4）播放速度。可以在影音制作中更改视频的播放速度，使视频播放得更快或更慢。要更改视频的速度，可选中并右击“情节提要”中相应的视频，在弹出的快捷菜单中选择“编辑”→“速度”命令，默认是“常速”(1 倍速)，可以拖动到 1.25、1.5 或 1.75 倍速等，最快可达到 64 倍速，也可以拖动到 0.8、0.67 或 0.57 倍速等，最慢可达到 0.02 倍速。

其界面如图 8-10 所示。

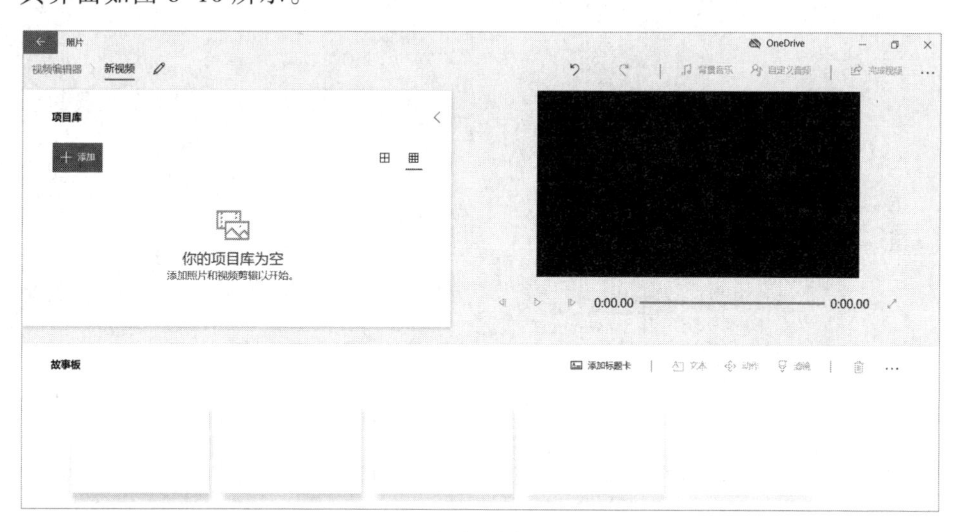


图 8-10 “视频剪辑器”主界面

3）Premiere

Premiere 是 Adobe 公司推出的一套非线性编辑软件，可以用它轻松实现视频、音频素材的编辑合成以及特技处理的桌面化。Premiere 功能强大，操作也非常简单，制作出来的作品绝对精美。其主界面如图 8-11 所示。Premier 包括以下的功能：

（1）编辑和剪接各种视频素材。以幻灯片的风格播放剪辑，具有变焦和单帧播放能力。使用 TimeLine（时间线）、Trimming（剪切窗）进行剪辑，可以节省编辑时间。

（2）对视频素材进行各种特技处理。Premiere 提供强大的视频特技效果，包括切换、过滤、叠加、运动及变形五种。这些视频特技可以混合使用，完全可以产生令人眼花缭乱的特技效果。

(3)在两段视频素材之间增加各种切换效果。在 Premiere 的切换选项中提供了近百种切换效果，每一个切换选项图标都代表一种切换效果。

(4)在视频素材上增加各种字幕、图标和其他视频效果，除此以外，还可以给视频配音，并对音频素材进行编辑，调整音频和视频的同步，改变视频特性参数，设置音频，视频编码参数以及编译生成各种数字视频文件等。

(5)强大的色彩转换功能能够将普通色彩转换成为 NTSC 或者 PAL 的兼容色彩，以便把数字视频转换成为模拟视频信号，通过录像机记录在磁带或者通过刻录机刻在 VCD 上面。

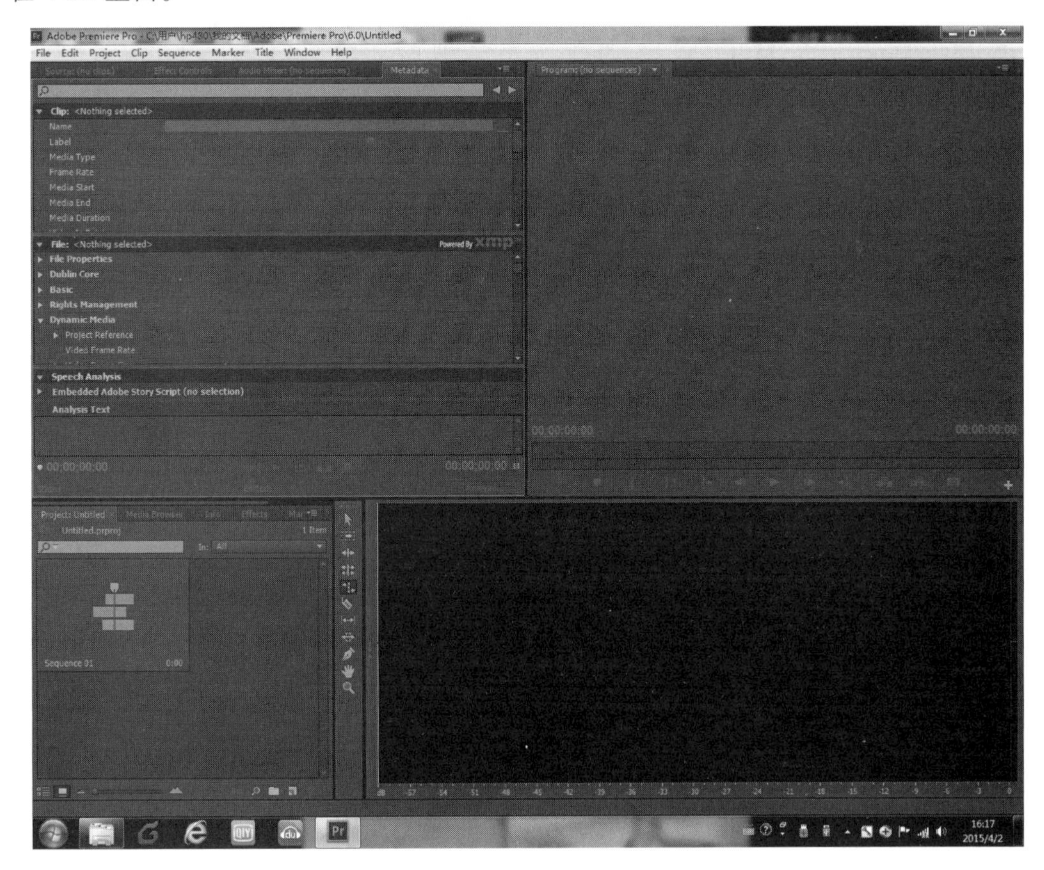


图 8-11　Premiere 主界面

### 8.3.4　多媒体数据压缩技术

#### 1. 多媒体数据压缩技术概述

在多媒体计算系统中，信息从单一媒体转到多种媒体；若要表示、传输和处理大量数字化了的声音、图片、影像视频信息等，数据量是非常大的。例如，一幅具有中等分辨率（640 像素 × 480 像素）真彩色图像（24 位/像素），它的数据量约为每帧 7.37 MB。若要达到每秒 25 帧的全动态显示要求，每秒所需的数据量为 184 MB，而

且要求系统的数据传输速率必须达到 184 Mbit/s。对于声音也是如此。若用 16 位/样值的 PCM 编码，采样速率选为 44.1 kHz，则双声道立体声声音每秒将有 176 KB 的数据量。由此可见音频、视频的数据量之大。如果不进行处理，计算机系统几乎无法对它进行存取和交换。因此，在多媒体计算机系统中，为了达到令人满意的图像、视频画面质量和听觉效果，必须解决视频、图像、音频信号数据的大容量存储和实时传输问题。解决的方法，除了提高计算机本身的性能及通信信道的带宽外，更重要的是对多媒体数据进行有效的压缩。

**2. 多媒体数据压缩技术分类**

多媒体数据压缩方法根据解码后数据是否能够完全无丢失地恢复原始数据，可分为两种：

（1）无损压缩：又称可逆压缩、无失真编码、熵编码等。工作原理为去除或减少冗余值，但这些被去除或减少的冗余值可以在解压缩时重新插入到数据中以恢复原始数据。它大多使用在对文本和数据的压缩上，压缩比较低，大致在 2∶1～5∶1 之间。由于压缩比的限制，仅使用无损压缩不可能解决图像和数字视频的存储和传输问题。

（2）有损压缩：又称不可逆压缩和熵压缩等。有损压缩方法利用了人的视觉对图像中的某些频率成分不敏感的特性，采用一些高效的有限失真数据压缩方法，允许压缩过程中损失一定的信息。虽然不能完全恢复原始数据，但是所损失的部分对于理解原始图像的影响较小，换来了较大的压缩比，大幅度减少多媒体中的冗余信息，其压缩效率远远高于无损压缩。有损压缩广泛应用于语音、图像和动态视频数据的存储与传输。

**3. 常见的国际压缩标准**

Internet 技术的迅猛发展与普及，推动了世界范围的信息传输和信息交流。在色彩缤纷、变幻无穷的多媒体世界中，用户如何选择产品，如何自由地组合、装配来自不同厂家的产品部件，构成自己满意的系统，这就涉及一个不同厂家产品的兼容性问题，因此需要一个全球性的统一的国际技术标准。国际标准化组织（International Standardization Organization，ISO）、国际电工委员会（International Electronics Committee，IEC）、国际电信联盟（International Telecommunication Union，ITU）等国际组织及 CCITT，于 20 世纪 90 年代领导制定了多个重要的多媒体国际标准，如 H.261、H.263、JPEG 和 MPEG 等标准。

（1）JPEG 标准：JPEG 是一个适用范围很广的静态图像数据压缩标准，既可用于灰度图像，也可以用于彩色图像。其目的是给出一个适用于连续色调图像的压缩方法，使之满足以下要求：

① 达到或接近当前压缩比与图像保真度的技术水平，能覆盖一个较宽的图像质量等级范围，能达到“很好”到“极好”的评估，与原始图像相比，人的视觉难以区分。

② 能适用于任何种类的连续色调的图像，且长宽比都不受限制，同时也不受限于景物内容、图像的复杂程度和统计特性等。

③ 计算的复杂性是可以控制的，其软件可在各种 CPU 上完成，算法也可用硬件实现。

（2）MPEG 标准。MPEG 标准除了对单幅图像进行编码外，还利用图像序列的相关特性去除帧间图像冗余，大大提高了视频图像的压缩比，在保持较高的突显视觉效果前提下，压缩比都可以达到 60～100 倍，但是该算法比较复杂，计算量大。MPEG 标准包括 3 个组成部分：MPEG 视频、MPEG 音频、视频与音频的同步。

4．压缩软件的使用

文件的压缩和解压缩软件是一类用来对数据文件进行压缩和解压缩的工具软件，用来减少资料数据文件占有的存储空间。常用的压缩解压缩软件有 WinRAR、WinZIP、Cab 等。本节简单介绍 WinRAR 压缩软件。

（1）解压 RAR 文件。在资源管理器中找到要解压缩的 RAR 文件。双击 RAR 压缩文件后，系统会进入 WinRAR 主界面。单击“释放到”按钮，进入“释放路径和选项”对话框。选择好解压文件的目录，单击“确定”按钮，即可将 RAR 文件进行解压缩。

（2）压缩文件。在资源管理器中选择要进行压缩的文件后右击，在弹出的快捷菜单中选择“添加到档案文件”命令。在“档案文件名字和参数”对话框中输入压缩文件的名字，单击“确定”按钮，即可完成文件的压缩处理。

# 小　　结

本章首先介绍了多媒体技术的发展现状、基本概念和技术特性等基本情况，分别对多媒体信息处理的关键技术进行了分析。随后对多媒体计算机系统的硬件部分和软件部分的组成进行了介绍。最后，较详细地介绍了多媒体信息的数字化和压缩技术，数字音频、数字图像、数字视频的基本概念和基本处理方法，以及多媒体数据的压缩和解压缩的技术实现方法和实现步骤等内容。

# 习　　题

一、选择题

1．多媒体计算机系统由（　　）组成。

A．计算机系统和各种媒体

B．多媒体计算机硬件系统和多媒体计算机软件系统

C．计算机系统和多媒体输入/输出设备

D．计算机和多媒体操作系统

2．多媒体技术的典型应用不包括（　　）。

A．计算机辅助教学（CAI）　　B．计算机支持协同工作

C．视频会议系统　　D．娱乐和游戏

3．下列设备中，多媒体计算机常用的图像输入设备不包括（　　）。

A．数码照相机　B．彩色扫描仪　C．键盘　D．彩色摄像机

4. 下列选项中，不属于计算机多媒体类型的是（　　）。

A. 程序　　B. 图像　　C. 音频　　D. 视频

5. 未进行数据压缩的、标准的 Windows 图像文件格式是（　　）。

A. GIF　　B. BMP　　C. JPEG　　D. TIFF

6. 使用 Windows 10 中的“录音机”进行录音，一般保存文件的格式为（　　）。

A. wav　　B. dat　　C. midi　　D. snd

7. 在多媒体计算机中常用的图像输入设备是（　　）。

A. 数码照相机　　B. 彩色扫描仪

C. 彩色摄像机　　D. 以上 3 项都是

8. 用 WinRAR 进行解压缩时，以下方法不正确的是（　　）。

A. 一次选择多个不连续排列的文件，然后用鼠标左键拖到资源管理器中解压

B. 一次选择多个连续排列的文件，然后用鼠标左键拖到资源管理器中解压

C. 在已选的一个文件上右击，选择相应的命令解压

D. 在已选的一个文件上单击，选择相应的命令解压

9. 以下文件格式中，视频文件格式为（　　）。

A. avi　　B. wav　　C. gif　　D. pdf

10. 默认启动“画图”的方法是单击（　　）。

A. 程序→启动→辅助工具→画图　　B. 程序→系统→辅助工具→画图

C. 程序→附件→画图　　D. 控制面板→附件→娱乐→画图

11. 以下有关 Windows Media Player 的说法中，正确的是（　　）。

A. 媒体播放机可以用于为视频文件添加视频特效

B. 媒体播放机既能够播放视频文件，也能够播放音频文件

C. 媒体播放机可用于播放所有格式的视频文件

D. 媒体播放机只能观看视频文件，不能播放音频文件

12. 下列说法不正确的是（　　）。

A. 图像都是由一些排成行列的像素组成的，通常称为位图或点阵图

B. 图形是用计算机绘制的画面，又称矢量图

C. 图像的数据量较大，所以彩色图（如照片等）不可以转换为图像数据

D. 图形文件中只记录生成图的算法和图上的某些特征点，数据量较小

13. 在数字音频信息获取与处理过程中，下述顺序中正确的是（　　）。

A. A/D 变换、采样、压缩、存储、解压缩、D/A 变换

B. 采样、压缩、A/D 变换、存储、解压缩、D/A 变换

C. 采样、A/D 变换、压缩、存储、解压缩、D/A 变换

D. 采样、D/A 变换、压缩、存储、解压缩、A/D 变换

14. 关于 MP3 文件，下列叙述正确的是（　　）。

A. 是一种在网络上非常流行的视频文件

B. MP3 文件格式是一种压缩格式文件

C. MP3 文件声音质量非常差，无法和 CD 质量相媲美

D. MP3 文件可以通过 Windows 10 自带的“录音机”程序生成

15. 色彩可用来描述（　　）。

A. 亮度、饱和度、色调　　B. 亮度、饱和度、颜色

C. 亮度、对比度、颜色　　D. 亮度、色调、对比度

16. 以下软件中，属于视频编辑类型软件的是（　　）。

A. Photoshop　　B. Premiere　　C. 画图程序　　D. 录音机

17. 衡量数据压缩技术性能好坏的重要指标不包括（　　）。

A. 压缩比　　B. 恢复效果　　C. 算法复杂度　　D. 去除噪声

18. 关于矢量图和位图的说法，正确的是（　　）。

A. 在计算机中只能加工位图

B. 矢量图适合用在照片和复杂图像上

C. 位图放大后容易失真

D. 矢量图是由像素排列而成的

19. 根据人眼的视觉暂留性，如果要让人的眼睛看到连续的动画或电影，画面刷新频率理论上应该达到。

A. 5 帧/秒　　B. 24 帧/秒　　C. 10 帧/秒　　D. 12 帧/秒

20. 图像分辨率是指（　　）。

A. 屏幕上能够显示的像素数目

B. 用像素表示的数字化图像的实际大小

C. 用厘米表示的图像的实际尺寸大小

D. 图像所包含的颜色数

## 二、简答题

1. 位图和矢量图形有哪些区别？
2. 简述多媒体系统的组成。
3. 简述多媒体信息处理的关键技术。
4. 常见的多媒体数据压缩方法有哪些？

# 参 考 文 献

[1] 《大学计算机基础》编写组. 大学计算机基础[M]. 2 版. 北京：中国铁道出版社有限公司，2019.

[2] 佛罗赞. 计算机科学导论（第 4 版）[M]. 吕云翔，等译. 北京：机械工业出版社，2020.

[3] 帕森斯，奥贾. 计算机文化（第 15 版）[M]. 吕云翔，等译. 北京：机械工业出版社，2014.

[4] 布鲁克希尔. 计算机科学概论（第 10 版）（英文版）[M]. 北京：人民邮电出版社，2009.

[5] 贾如春，李代席，赵晓波. 计算机应用基础项目实用教程：Windows 10+Office 2016[M]. 北京：清华大学出版社，2018.

[6] 方志军. 计算机导论[M]. 3 版. 北京：中国铁道出版社，2017.